メートル法による長さ，質量，体積

長さ
1 キロメートル (km) = 1000 メートル (m)
1 メートル (m) = 100 センチメートル (cm)
1 センチメートル (cm) = 10 ミリメートル (mm)
1 ミリメートル (mm) = 1000 マイクロメートル (µm)

質量
1 キログラム (kg) = 1000 グラム (g)
1 グラム (g) = 1000 ミリグラム (mg)
1 ミリグラム (mg) = 1000 マイクログラム (µg)

体積
1 リットル (L) = 1000 ミリリットル (mL)
1 ミリリットル (mL) = 1000 マイクロリットル (µL)
1 ミリリットル (mL) = 1 立方センチメートル (cm^3)

ヤード・ポンド法とメートル法とのあいだの単位換算

長さ
1 マイル (mi) = 1.61 キロメートル (km)
1 ヤード (yd) = 0.914 メートル (m)
1 インチ (in) = 2.54 センチメートル (cm)

質量
1 ポンド (lb) = 454 グラム (g)
1 オンス (oz) = 28.4 グラム (g)
1 ポンド (lb) = 0.454 キログラム (kg)

体積
1 U.S. クォート (qt) = 0.946 リットル (L)
1 U.S. パイント (pt) = 0.473 リットル (L)
1 液量オンス (fl oz) = 29.6 ミリリットル (mL)
1 ガロン (gal) = 3.78 リットル (L)

エネルギー
1 カロリー (cal) = 4.184 ジュール (J)
1 英熱量 (Btu) = 1055 ジュール (J) = 252 カロリー (cal)
1 フードカロリー = 1 キロカロリー (kcal) = 1000 カロリー (cal) = 4184 ジュール (J)

教養としての化学入門 第2版

未来の環境・食・エネルギーを考えるために

Kimberley Waldron 著
竹内敬人 訳

21st Century Chemistry 2nd Edition

化学同人

21st Century Chemistry 2e

Kimberley Waldron
Regis University

First published in the United States by W. H. Freeman and Company

Japanese translation rights arranged with
W. H. Freeman and Company
through Japan UNI Agency, Inc., Tokyo.

序　文

化学の進歩は速い．毎週のように，新しい発見が化学研究の方向を変えてしまうことがあるのです．かつて，化学はいくつかの専門分野に分かれておりそのうちのひとつに所属していました．今日の化学者は間口を広げて二つ以上の専門分野にまたがり，隣接する科学にも頻繁に手を伸ばしている．このように，化学の分野は極めて流動的で柔軟なので，今が化学者，あるいは化学を学ぶ者にとって最も刺激的な時代にあるといえましょう．

本書の初版は 2014 年に刊行されました．その後，化学の分野は広がり続け，他の科学の分野と混ざりあっています．化学の分野は 2014 年の時点では誰も予測できなかったさまざまな方向に発展していきました．このため本書のような教科書では，最新の材料を加えて絶えず更新し，活性化させることが重要です．

何人かの方の働きかけで第 2 版の出版が可能になりました．プログラムマネージャーの Beth Cole は，本書に対する私の思いに献身的に取り組み，出版に関するすべての側面に配慮してくれました。開発編集者の Allison Greco は第 2 版になされたすべての変更を，プロジェクトマネージャの Ed Dionne と Samathi Kumaran，ワークフロースーパバイザーの Susan Wein はわたしたち全員を予定通りに進行するようはからってくれました．

アーティストの Emiko Paul と Quade Paul は，章見出しの素晴らしく美しいアートを第 2 版も引き続き担当してくれました．以下の方がたはこの改訂の遺産を続けるのを助けてくれました．John Callahan は本書のカバーをデザインしてくれ，Cecillia Veras と Brittani Moganha konohon はこの本のねらいに生命を与えてくれる美しい写真を見つけだしてくれました．

何にもまして，私は家族に対して感謝したいです．　家族の忍耐と支えがなければ，この本を書くことはできなかったでしょう．

キンバリー・ウォールドロン

著者略歴

Trevor Brown Photography

キンバリー・ウォールドロン（Kimberley Waldron）はコロラド州デンバーにあるレジス大学 (Regis University) の化学の教授で，専門は無機化学だ．彼女はワシントン D. C. で育ち，バージニア大学で分析化学を学んで学士号を取得した．分析化学者としてデュポン社に勤務したのち，バージニア・コモンウエルス大学大学院に入学し，無機化学，とくに生物無機化学の研究で博士号を取得．その後，カリフォルニア工科大学で博士研究員として研究に従事する．コロラド州ボールダーに移り，生物工学会社に勤務した．彼女は 1995 年にレジス大学の教員となっている．現在は家族，つまり 2 匹のネコ，1 匹のイヌ，2 人の娘とともに，デンバーで暮らしている．

訳者序文

この本は，掛け値なしの大学初年級の化学の教科書です．あるいは化学の入門教科書といったほうがいいのかもしれません．いずれにしても，類書が数多く出版されているなかで，この本を紹介したいと思ったのには理由があります．この本で学んでみると，読者，とくにいままで化学を何となく煙たく思っていた人は，知らず知らずのうちに化学という世界にソフトランディングしているのに気づくでしょう．つまり，化学がそれほど煙たくなく，むしろ親しみすら感じるようになっているかもしれません．

では読者はなぜ，知らず知らずのうちに化学にソフトランディングしてしまうのでしょうか？　いくつか理由がありますが，第一にこの本が一般的な教科書のように，がっちりと構成されているのではなく，身近な題材から材料を選んでいる点です．第二に，この本は可能なかぎり説明を定性的にとどめています．たとえばpHのように，定量的に扱わざるをえない部分は別として，記述はやわらかく定性的です．

この本を学び終えた読者にはボーナスがあります．読者はいつの間にか，環境問題についての基礎的な知識と，自分自身で判断を下す力を身につけているのです．これはまさにこの本の著者が狙い，望んでいたことです．

そう考えますと，この本は大学初年級の化学の教科書としてだけではなく，環境問題を科学的に考えたいという市民にとっても格好の入門書になりそうです．この本に盛り込まれている科学的内容は，学ぼうという意欲さえあれば，すべて越えられるレベルのものばかりです．

要するに，この本は大学初年級の学生が，そして同時に市民が，化学にソフトランディングするための化学入門書であり，同時に環境化学の入門書です．入門書とはいいながらも，教科書としての筋は通っています．さらに化学を，環境化学をより深く学びたい人のための「基礎」です．これらの点がこの本のセールスポイントといえましょう．

さらにいくつかある，この本のセールスポイントをまとめました．

(1) 説明が実にていねいです．ポイントは，しばしば繰り返されます．化学をある程度学んだ読者には，「うっとおしい」と感じられるくらいていねいです．しかし，初学者にとっては助けになります．また説明が，見事な図とセットになっている点がこの本の特徴です．「図」というより「アート」といったほうがふさわしいかもしれません．単なる情報提供のためではなく，見ていて楽しいアートばかりです．

(2) 各章の導入の「おはなし」と二つのタイプの囲み記事，「natureBOX」と「The green BEAT」では，どちらも環境にまつわる，読んで面白い話題が数多く取りあげられています．まったく知らなかった話も数多くあります．

　話題の多くはアメリカのものですが，日本を含めた諸外国のものも少なくありません．とくに東日本大震災や地下鉄サリン事件は，とてもていねいに扱われています．日本の事例がもっと取りあげられたほうがよい，という考え方もありましょう．しかし，日本の情報は得やすいから，この本に頼らなくてもいいし，国際化の時代を考えると，海外の事例こそ，この本にふさわしいといえます．

(3)「女性が活躍する本だ」というのが，この本のきわだった特色です．著者が女性だということはさておいて，この本のなかで紹介される化学者の多くが――ほとんど，といっていいのかもしれません――女性です．この本ほど大勢の女性の活躍が紹介されている本を，私は他に知りません．何人の女性科学者の活躍がこの本で紹介されているか，数えてみるのも楽しそうです．

女性科学者の活躍するこの本の原題が『21st Century Chemistry』だったのもうなずけます．

なお，化学同人編集部の栫井文子氏には，この本の翻訳検討の段階から，最後の仕上げにいたるまでの全過程で，豊富なご経験を活かした適切な助言や，綿密な校訂作業で，おおいに助けていただきました．この場をかりてお礼申し上げます．

2016年7月

竹内　敬人

付記　この本を校正中の6月8日，うれしいニュースが飛び込みました．理化学研究所が発見した新元素（113番元素）がIUPACによって正式に認められ，ニホニウムと（暫定的ながら）命名されたニュースです．タイミングよく，この本の2章「原子」にこのニュースを紹介できました．

第2版の刊行によせて

著者は第2版の序文で，「化学の進歩は速く，毎週のように，新しい発見が化学研究の方向を変え，化学の分野が分裂し，それに伴ってはっきりしたいくつかの新しい分野が生じ，化学者たちはそのどれかのなかに自分の研究分野を見つけます」と述べています．教科書もそれにあわせてアップデートしなければならないのは自明です．著者が第2版に取り組まれたのもまさにそのためであり，したがって日本語版もそれに続いて第2版を刊行することにしました．

第2版刊行に関連して訳者が強調したいのは，この数年のあいだに，環境問題がよりひろく取り上げられ，問題視されるようになってきたことです．SDGs（持続可能な開発目標；sustainable development goals）やESG（環境・社会・ガバナンス；environmen，social，governance）といった用語が日常的に使われるようになっています．

化学と環境問題のつながりは，まったく思いがけないかたちで現れます．たとえば本書p.98のThe green BEATを読んでみてください．牛とメタンという，その思ってもみない組合せに，一寸驚かされるでしょう．

ところで, 環境問題に限らず, 変化, 進歩が激しい時代です。教科書もそれに合わせてアップデートが必要ですが、毎年版を改めるといったことはもとより不可能です．第2版日本語版についていえば，変化や進歩に少しでも対応するように，原本にない脚注をいくつか加えました．しかし，これは第2版刊行以前の変化や進歩に対応できるだけで，これから起こる変化や進歩には対応できません．

これから起こるであろう変化および進歩への対応は，読者自身に頑張っていただくしかありません．幸い現在はコンピュータでアクセスできるデータベースがあり，そこから最新の情報が得られるので，何とかなりましょう．私自身もWikipediaをおおいに利用しています．その際に注意しているのは，事が国際的な広がりをもつときには，日本語版だけでなく，英語版も参照することです．日本語版が英語版を訳したものではない場合，英語版のほうが詳しいことも多いようです．たとえば比較的新しい用語,「サーバファーム（server farm）」（本書p.180のThe green BEAT）を調べてみると，英語版のほうが詳しいし，また最後に原稿が用意された日付に大きな違いがありました．2022年2月2日現在で，更新日時には次のようになっています．

日本語版：最終更新2015年10月1日(木)06:21　協定世界時（UTC）
英 語 版：This page was last edited on 9 January 2022, at 10:47　協定世界時（UTC）

それでは本書とデータベースを上手に使い分けて，勉強を進め，深めてください．

最後に，普通の教科書と異なり，多くの図やさまざまなスタイルの読み物がちりばめられている本書第2版を，第1版に続いて見事に纏めて下さった化学同人編集部の栫井文子氏に改めて感謝申し上げたい．

2022年2月

竹内　敬人

この本の構成　本の中身をのぞいてみよう

章の導入部

エネルギーを生み出すダンスフロア，実験室でつくられたハンバーガー，グラフェン，消えゆく墓石，福島第一原子力発電所の大災害…．この本では，各章のはじめに科学のあらゆる側面を探訪する．テーマはさまざまだが，一つの共通点がある．読者を無理なく章の中身に引き込み，滑らかに，魅力たっぷりに各章で扱う中心トピックを紹介する．各章の導入の「おはなし」とともに，この章のテーマにふさわしいアートがうまく配置され，この章に対する活気に満ちた前奏曲となる．

Pavegen/WENN.com/アフロ

David Hall/USDA ARS

natureBOX

各章の真ん中あたりに置かれている natureBOX は，自然あるいは環境と，その章で扱われる材料とをつなぐ役割を果たしている．これらの話題は囲み記事以上のものであり，いま学んだものを本の世界から離れて外の世界に応用してみることを読者に提案している．これは章の途中の息抜きであり，読者が新しい知識を得て，それを楽しみながら考えていく機会を与える場所でもある．

THEgreenBEAT

短い科学ニュースとして，新聞の切り抜き記事のようなものを意図している．環境に関する話題を中心にし，各章の終わりに配置した．それぞれの話をさらに理解するためには，各章で学んだ化学の基本が必要となる．THEgreenBEAT は章の要約でもあり，読者が自分の得た知識を科学に関連したニュース記事を読み解くのに活用してみるよい機会となろう．

Ibrahim Asad/Dreamstime.com

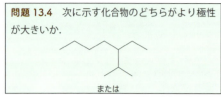

問題 13.4　次に示す化合物のどちらがより極性が大きいか．

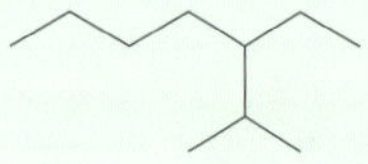

または

問　題

読者が各章を読み進むにつれて，ひと息入れて，自分がどのくらい理解しているかをチェックするのに役立つ．基本的な問題がほとんどで，また適当に置かれている．すべての問題について，問題のすぐあとに解答をつけている．

図：分子からマクロ物質まで

この本の科学を，見事なアートが支えてくれる．分子を描いた見事なアートは，鍵となる基本概念を強めてくれる．また，読者にとっても忘れがたい，鮮やかなアートだ．分子レベルで考える化学が日常生活のスケール，つまりマクロなスケールと結びつくことをこれらのアートで読者は感じてほしい．さらに重要なことだが，アートは構造と機能の関係を色鮮やかに示してくれる．

図 8.12　氷と水の密度
左側のビーカーには正確に 100 mL の液体の水が入っている．一方，右側のビーカーには正確に 100 mL の固体の氷が入っている．体積 100 mL の液体の水は体積 100 mL の氷よりも重いから，天秤の皿を下に押し下げる．

「相」と「状態」は同じことを意味するのか？
物質には気体，液体，固体の三つの相（phase）がある．しかし，化学反応式を書くときに，水溶液として知られる水に溶けた状態の物質を特定したい

ちょっと待って！

ときどき読者は，いま習った事柄のある側面について考えながら，ひと休みすることもあろう．著者は好奇心に満ちあふれた心には，どんな質問が自然に沸いてくるのかを予想しようと努めた．「ちょっと待って！」は，そういった質問が出たら，いったん教科書から離れて，自分なりに考えてもらう場だ．読者の答えが正しかったかどうかは，教科書をさらに読み進めていくと明らかになるだろう．時としてこれらの質問はこの本の主流から少しずれていることもあるので，囲み記事とした．読み飛ばしてもかまわない．

繰り返して登場するテーマ

本文中に載っている化学の八つのテーマで，この本を通して，異なった文脈で何度も現れる根本的な考え方である．読者が化学の最も基本的な概念を理解して自分のものにするために入れてある．これらの「テーマ」は，欄外にアイコンと数字で示した．そのテーマをここでまとめておく．

1. 世界中の科学者は，制御された実験と推論の根拠として，科学的研究法を用いる．科学的研究法は，同じ分野の科学者による審査と再現性の原則に基づいている．
2. 私たちが目で見ることのできるものは，何兆もの原子を含んでいる．一方，原子は肉眼で見ることができないくらい小さい．
3. 反対電荷は互いに引き合う．
4. 化学反応は電子の交換，あるいは再配列にすぎない．
5. 周期表の同じ族の元素は，ふるまいがよく似ており，同じような特性を示すことが多い．
6. 各炭素原子はほとんどの場合，他の四つの原子と結合するので，炭素を含む物質，つまり有機化合物の構造は予測できる．
7. 原子間のそれぞれの結合は，その結合を含む物質の特性と特徴を示す．
8. 人間が利用するために地球が供給できる原料はかぎられている．

CONTENTS

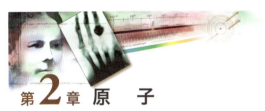

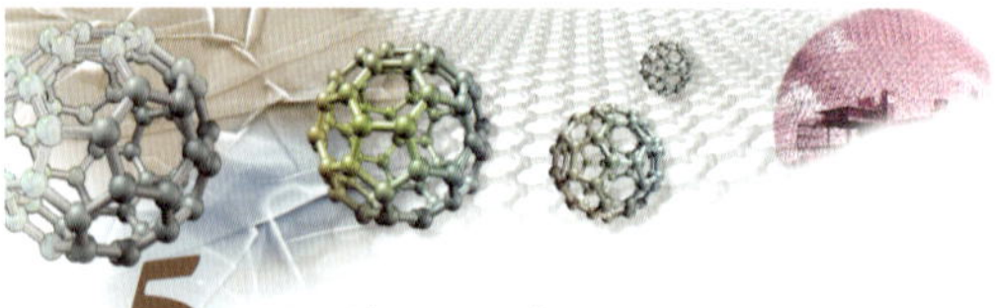

第5章 炭 素
——炭素，有機分子とカーボンフットプリント

KEYWORD 独自性原理／メタン／分子構造／正四面体／ネットワーク固体／多重結合／同素体／結合エネルギー／結合距離／カーボンフットプリント／フラーレン／温室効果ガス／炭化水素／ヘテロ原子／線構造式／全構造／官能基／スルフィド基／カルボン酸／アミン

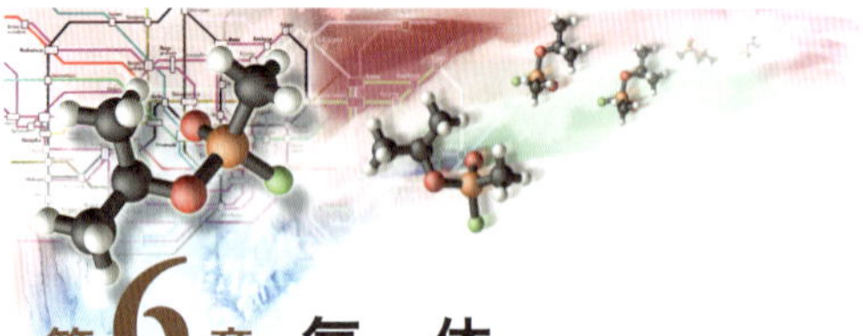

第6章 気 体
——大気中の気体とそのふるまい

KEYWORD 拡散／圧力／平均自由行程／大気圧／気圧計／ミリメートル水銀（mmHg）／大気（大気圧）／標準温度と圧力／モル／モル体積／アボガドロ数／変数／気体の法則／ボイルの法則／アボガドロの法則／アモントンの法則／シャルルの法則／水圧破砕／フラッキング／シェール

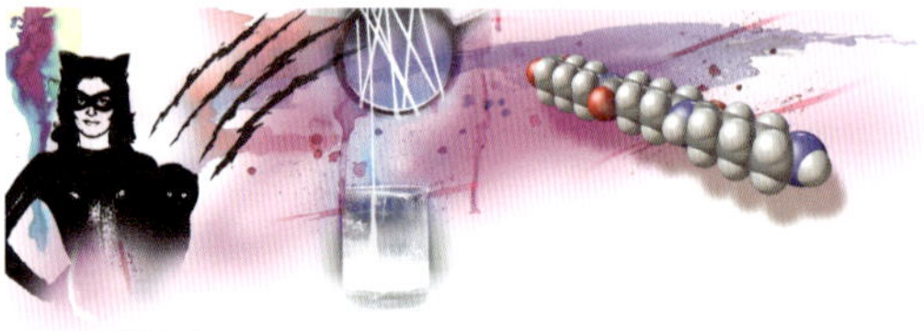

第7章 化学反応
——化学変化をどう追跡するか

KEYWORD 化学反応式／反応物／生成物／係数／質量保存の法則／原子スケール／実験室スケール／モル質量／化学量論／燃焼／副生成物／反応のエネルギー図／吸熱／発熱／活性化エネルギー／触媒／メタン

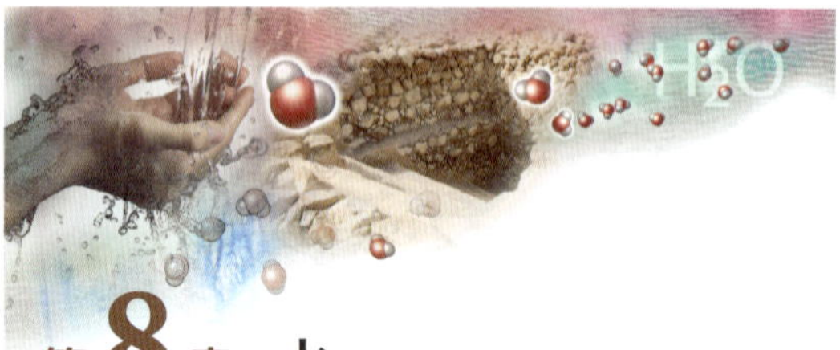

第8章 水
——水は人間と地球にとって不可欠なのか？

KEYWORD ウォーターフットプリント／飲用／新鮮な水／水の循環／蒸発／水蒸気／凝縮／沈殿／昇華／スーパーファンドサイト／安全飲料水法／凝集剤／分子間力／水素結合／双極子／双極子-双極子相互作用／密度／凝固点／融点／加熱曲線／比熱／パッシブソーラー／沸点

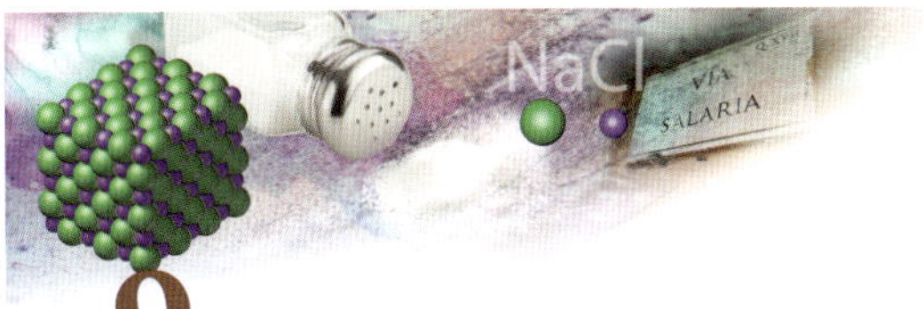

第9章 塩と水溶液
――塩の性質：塩はどのように水と相互作用するか

KEYWORD カチオン／アニオン／単原子イオン／単塩／複塩／多原子イオン／水和／イオン-双極子相互作用／水溶液／溶解／溶媒／溶質／解離／溶解度／飽和溶液／沈殿／平衡／電解質／濃度／モル濃度／質量パーセント／半透膜／浸透／低ナトリウム血症／水中毒／浮腫

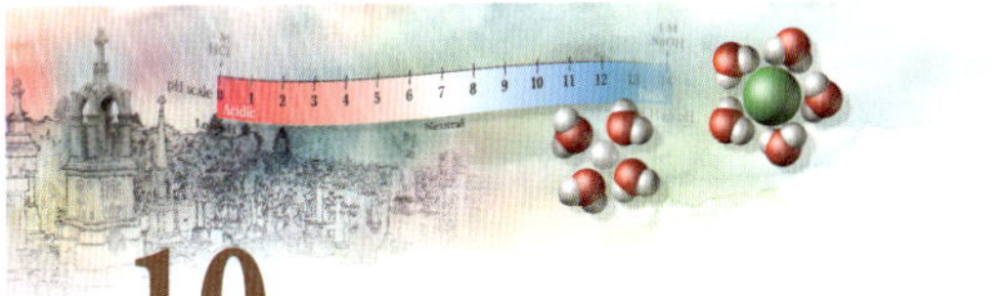

第10章 pH と酸性雨
――酸性雨と私たちを取り巻く環境

KEYWORD ヒドロニウムイオン／自動イオン化／水酸化物イオン／酸／酸性溶液／解離／強酸／弱酸／pH／中性／酸性／塩基性／塩基／指示薬／腐食／酸性雨／大気汚染防止法／環境保護庁（EPA）／ppb（10 億分の 1）／ppm（100 万分の 1）／火力発電所／燃焼排ガス脱硫／固定／富栄養化／デッドゾーン／触媒変換／緩衝剤／中和／石灰散布

第11章 原子力
――核化学の基礎

KEYWORD 放射性／核分裂／核反応／放射性壊変／α崩壊／β崩壊／γ放射／制御棒／連鎖反応／臨界質量／ラドン／放射性壊変系列／半減期／放射性トレーサー／シーベルト(Sv)／レム／受動核安全性

第12章 エネルギー・電力・気候変動
――電力を発生させ，エネルギーを保存する新しい方法

KEYWORD エネルギー／電力／パワー／ワット／熱力学第一法則／化石燃料／分別／ガソリン／燃費／温室効果／人為的温室効果／企業別平均燃費法（CAFE）／電気／燃料電池／化学電池／酸化／還元／酸化還元反応／陰極／電流／陽極／光合成／森林破壊／太陽エネルギー／太陽電池／半導体／電池／ネットメータリング

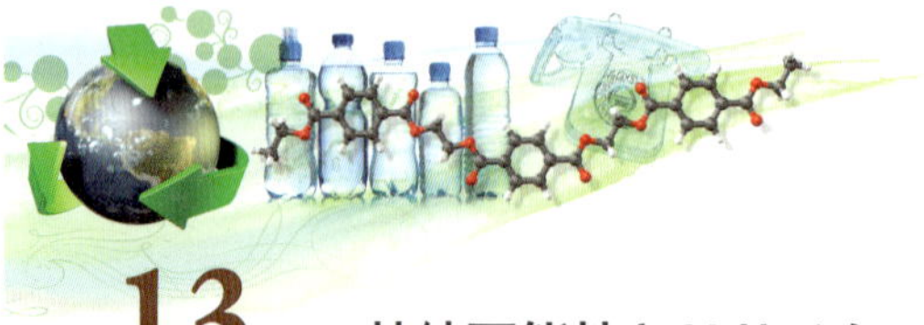

第13章 持続可能性とリサイクル

——資源の利用・再利用のためのよりよい方法をめざして

KEYWORD 生物分解／持続可能性／ライフサイクルアセスメント（LCA）／ゆりかごからゆりかごまで／ビスフェノールA（BPA）／モノマー／ポリマー／プラスチック／疎水性／親水性／アミド／架橋／結晶／熱可塑性ポリマー／熱硬化性ポリマー／樹脂識別コード／VOC／リサイクル／バイオプラスチック／軽量化

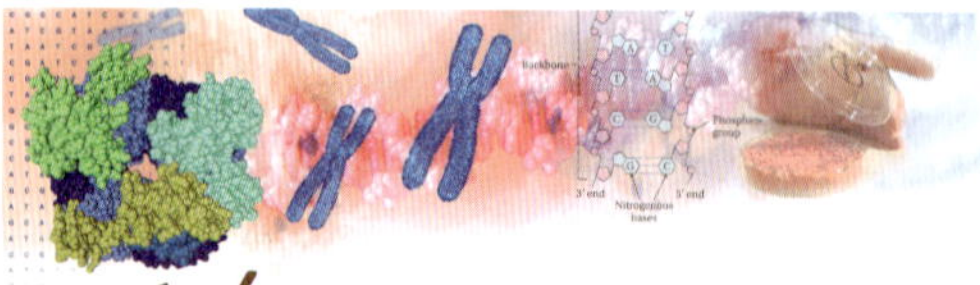

第14章 食べ物

——私たちが口にする食品の生化学

KEYWORD 栄養素／主要栄養素／生体分子／微量栄養素／栄養不良／タンパク質／アミノ酸／ペプチド結合／ジスルフィド結合／球状タンパク質／酵素／デオキシリボ核酸（DNA）／核酸／窒素塩基／ヌクレオチド／相補的塩基対／二重らせん／遺伝子／リボ核酸（RNA）／転写／遺伝子コード／トリプレット／翻訳／遺伝子工学／遺伝子組換え食品（GMO）／遺伝子導入作物／ボディマス指数（BMI）／炭水化物／糖類／糖／複合炭水化物／全粒穀物／食物繊維／脂質／疎水性／脂肪酸／トリアシルグリセリド／トランス脂肪酸／水素化／バイオディーゼル

age fotostock/age fotostock

CHAPTER 1

化学のおはなし

科学的方法：考える，測定する，また考える

この本の主題「化学」はいささか込み入ったテーマなので，テーマとの関連や内容を伝えてくれる「おはなし」を使って化学を教えることにしたい．最初の「おはなし」の舞台はインド．まさに結婚式が始まろうとしていて，花嫁は準備に忙しい．結婚式当日，花嫁はすべての時間を「あること」の準備に費やすが，それはご馳走でも，音楽でも，式場でもない．なんと，それはタトゥー（刺青）だ！　花嫁は自分でデザインした手の込んだタトゥーが手や足に塗られるのを辛抱強く待っている．

このタトゥー（写真参照）はヘンナ[*1]とよばれる植物からとれる赤褐色の色素からつくられ，この色素は数週間のうちに徐々に皮膚から消えていく．タトゥーは美しいだけではない．タトゥーには花嫁の健康を保つ殺菌作用と，強力な催淫作用があると信じられている．

ヘンナタトゥーの調製には何段階もの手順が必要だ．まず *Lawsonia inermis* という学名の灌木からヘンナをとってきて，レモンジュースに浸す．皮膚につけると，ヘンナは皮膚の何らかの物質と結合する．花嫁は結婚式に間に合うように，最後に色づけした皮膚を空気にさらして色を深める．ヘンナタトゥーができるまでの3段階それぞれには，化学がかかわっている．色素は植物からレモンジュースの力を借りて抽出され，抽出された物質は皮膚のなかで結合して特別な構造をつくり，最後にその物質は空気中で色を変える．化学，化学，化学…まさに化学づくしだ．

age fotostock/age fotostock

この「おはなし」が示すように，化学の世界はビーカーと実験台だけとはかぎらない．ヘンナが結婚式のために準備されるときも，燃料がエンジンのなかで燃焼しているときも，物質があるかぎり，化学が働いている．何かが錆びる，爆発する，成長する，あるいは腐敗するたびに，化学がかかわっている．それにこれら化学反応についての知識は，きみが何者か，また将来何になろうとしているかに関係なく役に立つ．おそらく最も重要なのは，化学を理解すると，きみは情報に通じた市民となり，環境問題や健康，食物，エネルギーなどのトピックに関して，思慮深い意思表示ができるようになることだろう．

この章では，科学におけるプロセスを，また科学者たちが日々何に励んでいるか学ぶ．また科学者たちが

＊1　ヘンナ（ヘナ）は，ミソハギ科の植物の名．和名は，指甲花（シコウカ）・ツマクレナイノキ・エジプトイボタノキ．学名は *Lawsonia inermis*．おもに，マニキュアやヘンナタトゥーなどの染料として古代から使用されてきたハーブ．

自分の成果を普及させるべく努め，別の科学者がそれに挑戦するさまを学ぶだろう．最後に，すべての科学者が用いる道具の使い方と，科学者たちが集めた情報をどう評価するかを学ぶ．

1.1 科学的方法とは

● この本は読者が現代の科学に関する事柄を理解するのに役立つ

人間が自然に対する考え方を大きく変えると，それは歴史を動かすこともある．20世紀は，人間の自然に対する理解，とくに物質，すなわち触ることができ，宇宙とそのなかのすべてものの特徴に関する理解において，世界を変える顕著な進歩を体験した．科学者たちの注意深い研究によって，核反応以外では破壊されない物質の最小単位「原子」の構造が明らかになった．一つの発見のあとに新しい発見がすみやかに続き，原子についての理解は完全に新しくなった．これらの科学の進歩は，科学者たちが何世紀にも及ぶ実験によって開発し，引っ張り上げてきた問いかけの方法によってなされた．

20世紀の半ば，原子に関する新しい発見があり，人間は核反応で核を分裂させることができるようになった．この知識は結局のところ，第二次世界大戦を劇的な形で終わらせた．アメリカは最初の原子爆弾を開発し，1945年の夏，日本の広島と長崎に投下した（図1.1）．それ以後，人間の原子についての理解に基づいて，原子力発電所での発電のような平和目的のためだけにエネルギーを使うようになった．11章「原子力」では核反応を詳しく扱う．

原子力発電所は危険な廃棄物を出すので，動力源としての核エネルギーの利用は，公にたたかわされる議論のなかで，最も意見が分かれるテーマだったし，これからも意見が分かれることだろう．原子力発電所から得られる動力に，有害な廃棄物をつくりだす危険を冒すだけの価値があるかどうかを判断しなければならない．原子力発電所に頼っている世界の国々，すなわちフランスやハンガリー，韓国，ベルギーなどの諸国は，厄介な問いを投げかけ，それに答えをださなくてはならなかった．原子力発電所は，きわめて危険な廃棄物，テロリストによる破壊活動，発電所の事故などの危険から市民を守っているだろうか？

この複雑な問いは，リヒタースケール[*2]でマグニチュード8.9の地震と，それに続く日本の東北地方の海岸を襲ったおそるべき津波のあと，ドイツ政府によって解答された．津波は2011年3月11日に福島第一原子力発電所を壊滅的に破壊し，放射性物質が放出された．津波による死者は最終的に15,000人に達した．この一連の惨事を受けて，自国の原子力発電所が津波に襲われる恐れがないにもかかわらず，ドイツ政府は，原子力発電所には国民を危険にさらすだけの価値はないと判断した．ドイツ政府の法令によると，2022年までにドイツのすべての原子力発電所は閉鎖される．

ドイツ市民になったつもりで考えてみよう．この決定をどう思えばよいのか？　原子力発電所の近くに住んでいるか？　原子力発電所が提供する安い電力の恩恵を受けているか？　いつの日か，きみたちはこれらの問いに答えなければならない．その意味で，科学がどう機能しているかを知るのは役に立つ．この本を読めば，読者はこれらの質問に答えるために，教育を受けた人間らしい意見の形成に必要な批判的思考を養うことができる．

きみの生涯を通じて，政治家や市民が，どこまでわれわれの知識が用いられるべきかを決定せざるをえない問題が多々あろう．科学的な問題を理解するのに必要な基本的な知識を提供することが，この本の目的の一つだ．

きみは原子力発電を論じた新聞記事を理解できるか？　環境に関する事柄を自分自身に納得させられる

AFP/時事

図1.1　原子爆弾の強烈さ
広島に投下された原子爆弾の爆発で生じた光は，後ろの建物の壁にバルブのハンドルの像を焼きつけたほどだった．爆弾は1945年8月6日に投下された．

*2 11章「原子力」注1参照．

か？　きみに怪しげな製品を売りつけようとする企みを見抜けるか？　この本を読んだあとの読者は，これら三つの問いにイエスと答えられるようになってほしい．また，問題や製品を知的に評価し，自分自身の信念やライフスタイルにマッチした結論が得られるようになっていることを望む．最終的には，この本で用いた化学を「見せる」という方法で教えた化学は，きみをよき有権者，よき親，よき市民にするだろう．

● 科学者は同僚による評価と再現可能性のシステムに従う

公開討論の場でよく耳にする質問は

(1) 科学者はどんな方面の研究を追求しても許されるのか？
(2) 研究者はどんな生物のクローンをつくることも，どんな分子を合成することも許されるのか？　たとえ，その生物や分子が危険をもたらすとしても．
(3) 政府は科学における自然の進歩をコントロールすべきか？
(4) では，科学における自然の進歩とは何か？
(5) 科学者は研究すべき重要な問題は何か，その問題に答えるべきか，それとも無視されるべきかをどう決めるのか？

科学者が研究の対象として何を選ぶかは，さまざまな要因で決まる．まず科学研究の自然の流れとして，科学者たちは論理的に次にくる問題を研究しようと思う．たとえばエネルギーの研究が進んで，新しい燃料源が見つかれば，論理的に次にくる問題はこの燃料について，なるべく多くを知ることだろう．科学者が研究テーマを選ぶ際に用いる第二の基準は，研究テーマが人類の福祉にどれだけ貢献するか，だ．

それぞれの科学者は，大問題のごく小さい部分に取り組んでいるにすぎない．たとえば，エーロゾルの缶に含まれているある物質がなぜ環境に害を及ぼすかを明らかにしたい，と頑張っている化学者を想像してみよう（図 1.2）．彼は缶のなかの化合物を少し変えて，害が依然として残るかどうかを調べようとする．同じ問題に独立して取り組んでいる第二の化学者は，エーロゾルの処方で，何かもう少し優しい物質に置き換えられないか試みる．第三の化学者は，この置き換えられた化合物が自然の水にどう影響するかを研究するかもしれない．実験が終了すると，それぞれの化学者は自分の発見を科学雑誌に投稿する．雑誌の編集者はそれらの投稿論文を，論文審査のため，レフリーを務めるその分野の専門家に送る．

論文を審査するレフリーは，データが正しく，実験が適切に計画され，最も論理的な結論が得られているかどうかを詳細に審査する．時にレフリーは実験を繰り返し試み，結果が別の実験室でも再現できるかどうかを確かめる．研究が受理されうると決まると，論文は発表され，より広い科学界のなかで入手可能になる．エーロゾルの缶と環境に関連した研究を行った 3 人の科学者は，それぞれの発見を，文献を通して読むことができる．そして自分の実験のデザインをさらに新しくする．このようにして，小さな進歩が次第に積み重なって，最初の問題に対する理解がいっそう広まっていく．時には飛躍的な発展が起こり，さらに新しい飛躍的な発展への道を拓く．論文審査，確認，再現性を含めた科学の実践のためのすべての方法は，科学がどのようにして進められ，重要な発見がどう世間に広まっていくかを示す．

● 科学的方法は科学の仮説を試す

世界中で認められている科学実験の一般的方法がすなわち**科学的方法**（scientific method）だ．科学的方法がどんなふうに働くか，例で見てみよう．きみは喫茶店でコーヒーを飲んでいるとしよう．たまたまテーブルからトーストが落ちるとき，バターを塗った側を

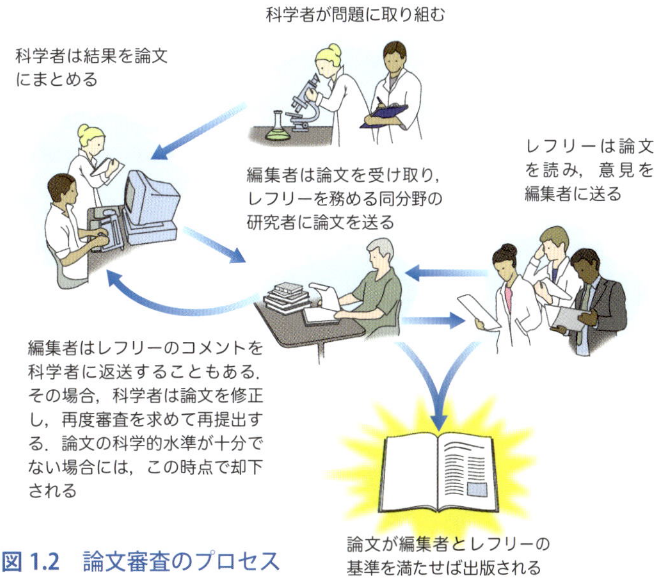

図 1.2　論文審査のプロセス

上にして落ちるか，それとも下にして落ちるか，どちらの場合が多いかという議論が耳に入る．どうやらバターを塗った側を下にして落ちるという意見が優勢のようだが，きみはそれに納得しない．そこできみは自分のキッチンでバターとトーストの実験を念入りに行うことにする．まず自然に関するある問題について，さしあたりの最良の推定として**仮説**（hypothesis）を立てることから始める．

きみの仮説：キッチンテーブルから落ちたパンまたはトーストは，上側を下にして落ちる

科学的仮説は，実験で証明できるという点で，他の種類の仮説とは異なることに注意しよう．哲学の授業に出席すると，たとえば人生の意義とか，死後の世界はあるのか，といった仮説についての議論を求められるかもしれない．しかしこれらの仮説は実験で証明できないという点で，科学的仮説ではない．

この本には「八つのテーマ」がちりばめられている（八つのテーマは iv ページに示した）．「八つのテーマ」は化学，あるいは科学全般の基本概念であり，この本のトピックを読み，学んでいくにつれて繰り返し表れ 1 る．これらは重要なので，テーマの番号を関連する議論の近く（欄外）に示した．

キッチン実験の準備として，きみはバターを塗ったパンを積み上げ，実験を始める．正しく行えば，きみの実験はどんなに頑固で疑い深い連中も納得させるだろう．最後に実験結果を公表するときは，起こりうるあらゆる異論に備えておかねばならない．そこで**図 1.3** に示すように，バターを塗ったパン，塗ってないパン，バターを塗ったトースト，塗っていないトーストのように，あらゆる組合せを準備しなくてはならない．

THEgreenBEAT ● 環境に関する話題

平均海面はどうやって測定するのだろう？

2006 年に公開された映画「デイ・アフター・トゥモロー」[*3] では，主人公の気象学者ジャック・ホール（デニス・クエイドが演じる）の地球温暖化（global warming）についての警告は無視され続けた．彼の警告を無視した政治家やその他の人々は，温暖化した地球が引き起こした，海面上昇によるマンハッタンの破壊的大洪水を含む強烈な環境災害を知って後悔した（が遅すぎた）．

映画はまさに最も大げさなハリウッド調であったが，ここ数年のうちに，人々はこれが映画の話ではなく，現実の話だと気づきはじめた．この暖まりつつある地球で海面上昇が感知できるようになったからだ（**図 1.4**）．家を暖めるために石炭を燃やす，自動車を走らせるためにガソリンを燃やすといった人間の活動の結果生じる，地球の温度の上昇を**地球温暖化**と表現する．また，海面 [*4] 上昇や島の消失といった，地球温暖化がもたらす効果を**気候変動**（climate change）という．これらの語は，後の章の本文やコラムでもっと詳しく説明し，12 章はもっぱらこの問題を扱う．

図 1.4 消えゆく島々
インドの南端の先にあるモルディブのバア環礁 Baa Atoll の写真．この島々は海面上昇の次の犠牲になる島々の一部．
Ibrahim Asad/Dreamstime.com

この本の執筆中にも，海面上昇の結果，いくつかの島が完全に水に覆われてしまった．「Disappearing Islands（消えゆく島）[*5]」をインターネットで検索すると，消えてしまう危険度が最も高い島，あるいはごく最近，住民が立ち退かざるを得なかった島についての情報などのウェブサイトが見つかる．

海面上昇によって島が消え，大陸の海岸線が変化した 50 年後の世界地図はどんなふうに見えるだろう？インターネットを使えば，そのような予言に基づいた地図が見つかるかもしれない．とはいえ，そのような予測の妥当性は海面測定の正確さによって決まる．だが海面測定は容易な業ではない．つまり海岸に出かけ，海と陸とが接するところを眺めるといった簡単な仕事ではない．

満潮と干潮がそれぞれ日に 2 回起こるので，海面の

図 1.3 トーストと科学的方法
このキッチン実験は，テーブルから落ちたトーストは，必ず上側を下にして床に落ちるという仮説を検証している．

まずパンの薄いひと切れをテーブルから滑り落とすことで実験を始めよう．テーブルの高さが重要なファクターになるかもしれないので，きみはテーブルの高さを測っておく．バターを塗ったトーストから始めることにし，バターを塗った側を上向きにして，1 枚テーブルから滑り落とす．実験を 19 回も繰り返し，結果を記録する．きみは同じだけの力を加え，手首を同じように動かすなど，可能なかぎり同じ条件で実験を繰り返す．

だが，実験はこれで終わったわけではない．同じ実験を，バターを塗ってないトースト，バターを塗ったパン，バターを塗ってないパン，それぞれ 20 回ずつ繰り返し，結果を記録しなくてはならない．バターを塗ったパンについては，まずバターを塗った側を上にする．バターを塗ってないパンとトーストについては，一方の側に赤インクで小さく○を描いて，これを各実験で，はじめに上向きにする．また，高さの異なるテーブルを使って同じ実験を試み，テーブルの高さの違い

レベルは定期的に変化している．海面の高さは季節の変動や天気のパターンによっても影響されるから，ただ 1 回の海面測定はあまり役には立たない．データは何年にもわたって集められ，平均化されなければならない．以前から海面測定は 19 年以上のあいだの平均をとることになっている．

海面の高さの追跡に伴う問題の一つに，研究者たちが用いる装置の精度がある．以前から海岸線で験潮儀[*6]を用いて海面の高さが測定されていた．しかし最上の験潮儀でも，その精度は± 1 cm にすぎない，つまり験潮儀はセンチメートル単位の測定はできるが，ミリメートル単位の測定はできないことを意味する．

NASA とフランスの国立宇宙センター（Centre National d'Etudes；CNES）の科学者からなる連合が，もう少し手の込んだ海面測定法を研究している．その一つは，ジェイソン-2（Jason-2）という人工衛星を使う方法だ．ジェイソン-2 の軌道，つまり高度はきわめて正確に追跡できる．手の込んだ計算を用いて，この人工衛星は科学者たちに，人工衛星が海面からどれだけ離れているかを教える．このデータを用いて，科学者たちは海面の正確な高さを± 1 mm の精度で求めることができる．これは験潮儀で得られるデータよりも 10 倍正確だといえよう．**図 1.5** にはジェイソン-2（黄色）とその先代たち，ジェイソン -1（緑色）と TOPEX[*7]（赤色）から，20 年にわたって得られた海面のデータが示されている．

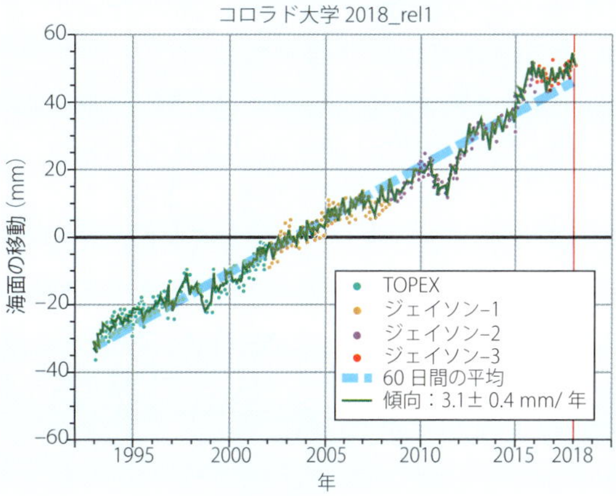

図 1.5 上昇する海面の測定
グラフは 1992 年から 2018 年のあいだに海面が次第に上昇する様子を示す．

*3『デイ・アフター・トゥモロー』：2004 年製作のアメリカ映画．地球温暖化によって突然訪れた気候変動に混乱する人々をリアルに描いた．
*4 海水面ともいう．この本では「平均海水面」の意味で用いられている．
*5 原著者は Disappearing islands（消えゆく島）と表現しているが，Sinking islands（沈みゆく島），さらには Sea level rise（海面上昇）とも表現されている．また，これらの語を Wikipedia などで検索すると，消えてしまった，あるいは消えつつある島の情報のほかに，この問題を扱った小説やゲームのタイトルになっていることがわかって，この問題への関心の高さがうかがわれる．
*6 検潮儀ともいう．
*7 アメリカ NASA とフランス CNES が共同で実施している海面高度計測プロジェクト．

が実験結果に影響するかどうかを調べる．5時間ものあいだ奮闘してトーストとパンをテーブルから落とした結果，きみは必要なデータを得る．

問題 1.1 次のどれが科学的仮説といえるか
(a) 黄色い光に当たると日焼けができる
(b) すべての人は霊魂をもつ
(c) 標識に示されている制限速度を守りながら，シカゴからフィラデルフィアまで12時間でドライブできる[*8]

解答 1.1 (a) と (c) は実験で確かめられるから科学的仮説．(b) は実験できないから科学的仮説ではない．

● 理論とは，十分に確証され，検証された仮説だ

きみの実験は次のことを明らかにする．

1. はじめにバターを塗った側を上向きにしておくと，トーストの場合もパンの場合も，90%はバターを塗った側を下にして床に落ちる．
2. バターを塗ってないと，トーストもパンも，はじめに赤丸をつけた上側を下にして床に落ちる．
3. テーブルの高さは影響を及ぼす．きみのテーブルよりほんの少し高いテーブルから落とされたパンは，バターを塗った，あるいは赤丸をつけた側を上にして床に落ちる．もっと高いテーブルから落ちるパンは，バターを塗った，あるいは赤丸をつけた側を下にして床に落ちる．

きみの仮説は正しかった！ バターを塗ったパンの90%は，バターを塗った側を下にして落ちる．しかし，バターは，パンとトーストがバターを塗った側を下にして床に落ちることに関係ない，ときみは推論する．バターが塗られていなくても，はじめに上を向いていた側が床に落ちたときに床に当たる側だ．また，パンがトーストされているかどうかも関係ない．机の高さが関係ありそうだ．

ここまでくれば，きみは実験結果の詳細な説明，すなわち**理論**（theory）を提出できる段階に達した．それぞれのパンが落ちながら回転するのを見たので，きみは次の理論を構築する．テーブルの高さは，パンが床に落ちるまでに何回回転するかを決める．そこできみはバターを塗ったトーストを食べているぶきっちょな連中に，トーストを少し高いテーブルで食べろと助言する．このバターを塗ったトーストのおはなしはおふざけにすぎないが，調査できる仮説から理論がどのようにして出てくるかを教えてくれる．

理論は証明できない．「トースト」実験で何か証明できただろうか？ 科学者は実験によって何かを証明できたことがあっただろうか．これらのすべての問いに対する答えは「ノー」．理論は実験結果の最新かつ最良の説明だ．しかし，理論は本質的に証明可能ではない．その後に行われる実験によって，それが間違っていると証明されるかもしれないからだ．いいかえれば，理論とは最新の実験によって正しいと証明された仮説といえよう．翌年には誰かが問題に光をより強く投げかける実験法を考案し，科学者たちに仮説を証明するための異なる実験を試す機会を与えるかもしれない．つまり証拠は理論を支持する反面，証拠が理論を否定するかもしれない．証拠は理論を証明できない，といってもいいだろう．

問題 1.2 科学での「仮説」と「理論」の違いを説明せよ．

解答 1.2 科学では，仮説は一つまたはそれ以上の実験成果の最良の推論ないし予備的な予言である．仮説から始めて，集めたデータがその仮説を支持するかどうかを決めてみる．理論は一つまたはそれ以上の実験から得られたデータを説明する．

● 科学者は実験データを理解しやすいようにモデルをつくる

化学では分子（分子は互いにつながっている原子の集団だ．4章「結合」で，分子という語をより正式に，かつ詳細に定義する）は球で表され，それらの球と棒，すなわち結合でつないだものが分子を表すことが多い．だが，球と棒で表された構造は物質を分類し組織化しようという科学者が発明したモデル（model）だということを忘れてはならない．モデルは現実の代理であり，自然を理解するための一つの手段といえる．この本を読んだあとの読者は，分子を互いに棒でつなげられた球として表すだろう．だが，これらの球と棒はあくまでモデルであって，現実ではないことを忘れないでほしい．

＊8 両都市間の距離は高速道路経由で約760マイル（＝1223キロメートル）．

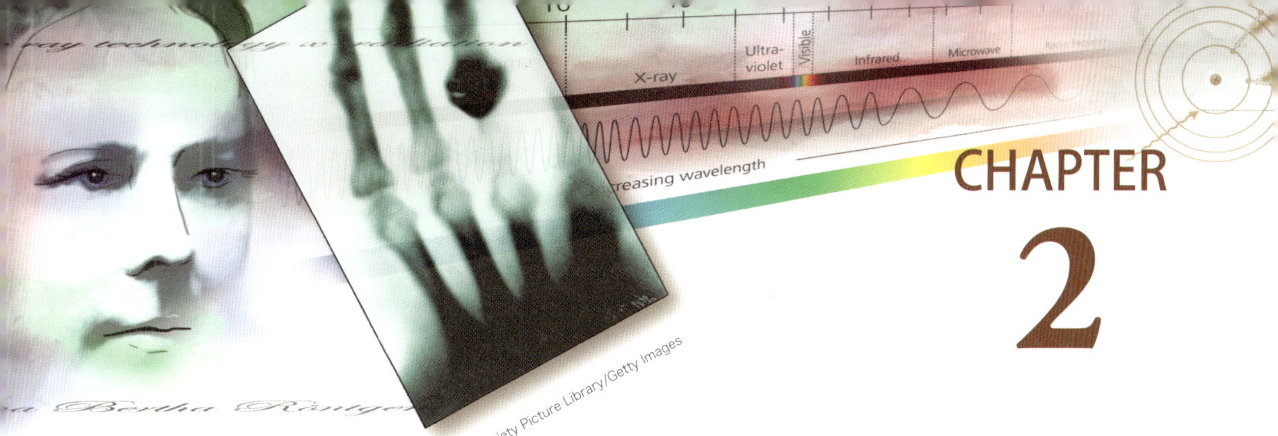

Science & Society Picture Library/Getty Images

CHAPTER 2

原　子

原子とそのなかに潜むもののすべて

時には愛という名のもとに犠牲をはらうことがある．また，科学の名において代償をはらわねばならないこともある．1895 年 12 月 22 日，アンナ・ベルタ・レントゲンは，夫のヴィルヘルムに，彼のつくりだした新しい"光線"の前に「左手を置いてくれ」と頼まれたとき，愛と科学の両方のために犠牲をはらったのだ．彼女は光線に 15 分間手をさらし，こうして最初の医用 X 線写真が得られた．

X 線は生身を通過できるが，骨や金属を通過できないので，アンナの X 線写真（すぐ下）には，結婚指輪と骨がくっきり写っていた．21 世紀の今日では，だれもが X 線写真を見慣れているが，19 世紀末の時点で，骨の像は前代未聞だった．当然ながら，アンナは自分の骨の像を見て当惑し，像が取られたらすぐに死んでしまうだろうと思った．実のところ，アンナはさらに 24 年間，生を保ったのだが．

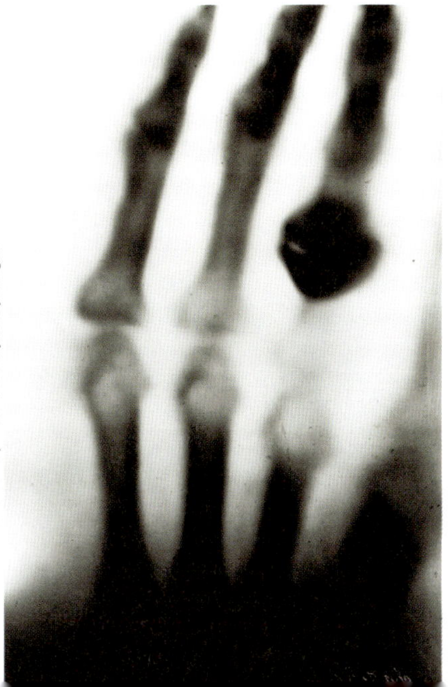

Science & Society Picture Library/Getty Images

当時の人々にとって，ある種の**放射線**（radiation）──一種のエネルギー放射と定義される──は血液や組織を通り抜けるが，骨のような硬い物質によって遮られることは，まるでサイエンス・フィクションの話のようにみえた（放射線については，このあとで詳しく述べる）．レントゲンの発明は一夜にして彼を名士にした．彼の発明が有用なのはすぐ明らかになり，1 年以内に X 線装置は医学用として，ヒトの体内を探索するのに用いられるようになった．

この章では，X 線や他の種類の光と，光が物質とどう相互作用するかを学ぶ．しかし，この章の核心は物質の最小単位──原子とそのなかに潜むもの──だ．これらのテーマは光とは一見関係なさそうだが，この章を学ぶとわかるように，原子とそのなかに潜むものと，光のふるまいのあいだには強いつながりがある．

2.1　原子：万物の基礎

● すべての物質は原子からなる

人間を取り巻く物理的世界のあらゆるもの──呼吸し，触り，味わい，見るものすべて──は物質だ．そして，すべての物質は，化学的手段や物理的方法では分割できない原子からなる（原子は核の力で分解される．このことは 11 章「原子力」で扱う）．

ほとんどすべての原子は 3 種類の粒子，すなわち正電荷を帯びた粒子，負電荷を帯びた粒子，（電荷を帯びていない）中性の粒子を含む．では，正電荷を帯びる
3 とは，どういうことだろう？ **電荷**（charge）を帯びた物質は，他の物質に引きつけられるか反発される．正電荷を帯びた二つの粒子は互いに反発する．負電荷を帯びた二つの粒子も同様にふるまう．しかし，正電荷を帯びた粒子と負電荷を帯びた粒子は互いに引き合う．

原子は常に正味の電荷をもたないから，正電荷をもつ粒子と負電荷をもつ粒子とが釣り合っていて，電荷の和はゼロになっている．したがって電荷が中和されるためには，3 個の負電荷を帯びた粒子をもつ原子は，3 個の正電荷を帯びた粒子をもたねばならない．原子内のこの 3 種類の粒子はそれぞれ質量をもち，原子の全質量にかかわっている．しかしあとでわかるように，ある粒子がはるかに大きくかかわる．次にこの 3 種類の粒子の電荷や質量について学ぼう．

現時点では 118 種の原子が知られ，科学者はそれぞれの種類ごとの原子を**元素**（element）とよんでいる．原子という語は，ちょうど「車」と同じような使い方で用いる．一方，元素という語はある特定の種類の原子をいうために用いる．それはちょうど「この車はホンダ，あの車はフォード」というのと同様に，「この元素の原子」や「あの元素の原子」などという．元素には固有の名前と，1 文字あるいは 2 文字からなる**元素記号**（atomic symbol）が与えられる．前見返しに元素の名前と記号の表を用意した．

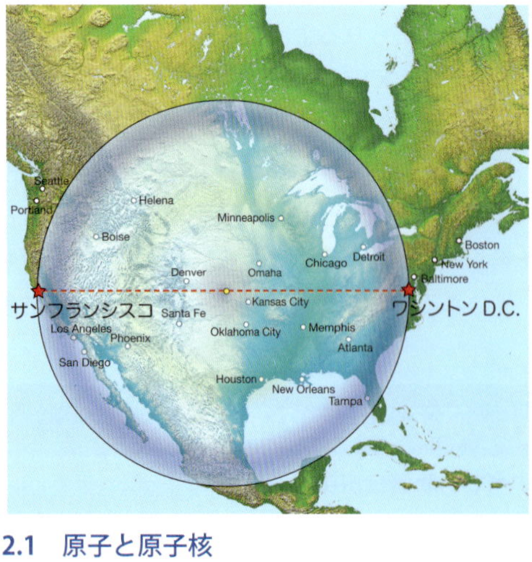

図 2.1 原子と原子核
北アメリカの地図上に描かれた円は，原子の外周を表しているとしよう．もし，この円の直径がサンフランシスコからワシントン D. C. までの距離を表すとすれば，カンサス州にあるデパート（黄色の点で示す）は相対的に原子核の大きさを表す．

● 原子はプロトン，中性子，電子の 3 種類の粒子からできている

すべての原子は共通の構造，すなわち雲のような負電荷に囲まれた，高密度で正電荷を帯びた**原子核**（nucleus）をもつ．最小の原子は水素で，元素記号は H だ．水素はその原子核内に**プロトン**[*1]（proton）とよばれる正電荷を帯びた粒子を 1 個もつ．この正電荷は核の周りの領域にある負電荷を帯びた粒子，すなわち**電子**（electron）によって打ち消される．典型的な原子は，**中性子**（neutron）とよばれる中性の粒子ももつ．この点で，水素は例外的だ．ほとんどの水素原子は中性子をもたないが，中性子を 1 個または 2 個もつものもある．一般に，中性子の数は自明とはいえない．化学者ですら，本やオンラインで調べたりする．2.3 節では，原子内での中性子の役割をもう少し詳しく調べる．

プロトンと中性子は原子核内でぎゅうぎゅう詰めになっており，原子核は原子のほんのわずかな空間を占めているにすぎない．それがどのくらい小さいかを知るために，北アメリカの地図を見てみよう．図 2.1 のように，誰かがワシントン D. C. とサンフランシスコを通る円を描いたとしよう．この円の直径が原子の直径だとすると，原子核の大きさは，カンサス州の真ん中のとあるデパートの大きさに相当する．原子は小さいものだが，原子核はそれに輪をかけて小さい．

原子核は原子の空間のごく一部を占めるにすぎないから，原子核もまた原子の質量のごくわずかを占めるだけだと思いたくなる．だが，この予測は「はずれ」．原子核のなかの粒子，プロトンと中性子はそれぞれ同程度の質量をもち，原子核の周りの空間を占める電子の，およそ 2000 倍の質量をもつ．電子は質量をもつとはいえ，プロトンや中性子の質量に比べると小さい．電子は原子の質量のごく一部だけにかかわる．

問題 2.1 次のもので，原子核中にないものはどれか．

電子，プロトン，トリトン，元素，中性子

解答 2.1 プロトン，中性子が原子核に含まれる．トリトンはギリシャ神話の神．元素は原子の種類

---

*1 この本では「陽子」でなく「プロトン」を用いる．

なので，原子核中にはない．

● 科学者は各元素を原子番号，すなわちその原子がもつ電子数で定義する

もし，ある原子が 2 価の正電荷を与える 2 個のプロトンと，2 価の負電荷を与える 2 個の電子をもつなら，その原子はヘリウムで記号は He．ヘリウムは中性子ももつため，ヘリウム原子に含まれる粒子の質量を足し合わせると，ヘリウムの質量は水素の質量より大きくなる．

ヘリウムの次の元素はリチウム Li だ．リチウム原子は 3 個のプロトンと，それに釣り合う 3 個の電子をもつ．リチウム原子は中性子ももつので，これらの粒子の質量の総和から，リチウムはヘリウムより重いとわかる．一方，ヘリウムは水素より重かった．

というわけで，プロトンを 1 個加えるたびに，別の名前と記号をもつ新しい種類の原子が得られる．実際，含まれるプロトンの数に応じて元素を命名する．つまり，ある元素のすべての原子は，同じ数のプロトンを含む．たとえば，どのヘリウム原子も常に 2 個のプロトンを含む．また，2 個のプロトンをもつ原子はすべてヘリウムだ．元素がもつプロトンの数，すなわち原子番号が元素を定義している．プロトンの数，元素記号，元素名の三つはセットになっている．図 2.2 に原子中の 3 種類の粒子の模式図を示す．

水素，ヘリウム，リチウムを含めてこれまでに見てきた例では，プロトンの数はいつも電子の数に等しい．すでに述べたように，すべての原子は正味の電荷をもたないし，このことはすべての原子にあてはまる．いいかえれば，ある原子がその原子核に含むプロトンの電荷は，その原子が核の周りにもつ同数の電子によって釣り合っている．

問題 2.2　元素は名称だけでなく，いくつかのアルファベットを組み合わせた記号をもつ．見返しの元素の表を参照しながら，次の原子番号をもつ元素の名称と元素記号を示せ．

(a) 56　(b) 52　(c) 10　(d) 87

解答 2.2　(a) バリウム Ba　(b) テルル Te　(c) ネオン Ne　(d) フランシウム Fr

問題 2.3　いくつかの元素は明らかに元素名の最初の文字に由来しない名称を記号としている（元素名と元素記号は起源が異なる多くの例がある）．見返しの周期表を参照しながら，次の原子番号をもつ元素の名称と元素記号を示せ．

(a) 19　(b) 74　(c) 82　(d) 26

解答 2.3　(a) カリウム（K：ラテン語のカリウムから）　(b) タングステン（W：ドイツ・ウォルフラムから）　(c) 鉛（Pb：ラテン語の鉛から）　(d) 鉄（Fe：ラテン語の鉄から）

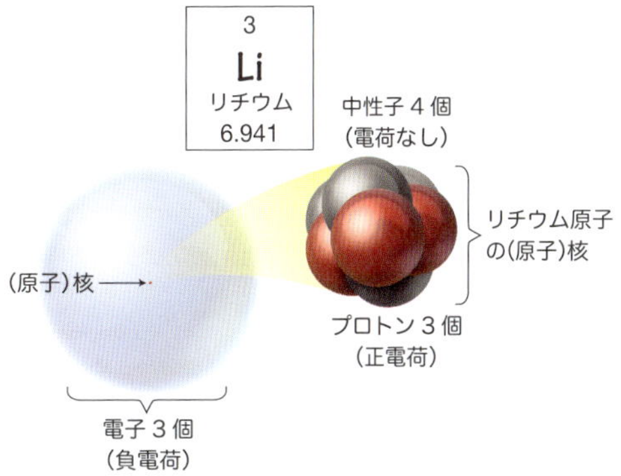

図 2.2　リチウム原子
すべてのリチウム原子の核は 3 個のプロトンを含む．ほとんどのリチウム原子は核内に 4 個の中性子を含むが，3 個しかもたないものもある．すべてのリチウム原子は原子核を取り巻く空間内に 3 個の電子をもつので，3 個のプロトンがもつ電荷と釣り合っている．

2.2　周期表をざっと見てみよう

● 周期表は化学を組織的に扱うときの中心的な原理

現在 118 の元素が公式に認められている．しかし 1860 年代に知られていた元素のリストは 65 程度だった．それ以後，（新しい）元素がリストに加えられ，名前がつけられたが，それらの元素はいかなる意味においても整理されていなかった．ところが，ロシアの化学者メンデレーエフ[*2] が元素を表示する新しい方法を公表したとき，すべてが一変した．風変わりな大学教授メンデレーエフは，ロシアにメートル法を導入するなど，さまざまな分野に手を出したことで知られる．図 2.3 の周期表には彼の肖像も示した．参照しやすいよう，周期表は見返しにも用意した．

メンデレーエフのオリジナルの周期表から発展した現代の周期表は，元素記号が並べられている．しかし，この 2 章と 3 章で学ぶように，周期表は単に原子を

*2 Dmitri Ivanovich Mendeleev (1834-1907)：ロシアの化学者．彼がノーベル賞を受賞できなかったのは不思議だ．

ドミトリ・メンデレーエフ

	1	2	3	4	5	6	7	8	9	10	11	12	13	14	15	16	17	18
1	1 H Hydrogen 1.008																	2 He Helium 4.003
2	3 Li Lithium 6.941	4 Be Beryllium 9.012											5 B Boron 10.81	6 C Carbon 12.01	7 N Nitrogen 14.01	8 O Oxygen 16.00	9 F Fluorine 19.00	10 Ne Neon 20.18
3	11 Na Sodium 22.99	12 Mg Magnesium 24.31											13 Al Aluminum 26.98	14 Si Silicon 28.09	15 P Phosphorus 30.97	16 S Sulfur 32.07	17 Cl Chlorine 35.45	18 Ar Argon 39.95
4	19 K Potassium 39.10	20 Ca Calcium 40.08	21 Sc Scandium 44.96	22 Ti Titanium 47.87	23 V Vanadium 50.94	24 Cr Chromium 52.00	25 Mn Manganese 54.94	26 Fe Iron 55.85	27 Co Cobalt 58.93	28 Ni Nickel 58.69	29 Cu Copper 63.55	30 Zn Zinc 65.39	31 Ga Gallium 69.72	32 Ge Germanium 72.64	33 As Arsenic 74.92	34 Se Selenium 78.96	35 Br Bromine 79.90	36 Kr Krypton 83.80
5	37 Rb Rubidium 85.47	38 Sr Strontium 87.62	39 Y Yttrium 88.91	40 Zr Zirconium 91.22	41 Nb Niobium 92.91	42 Mo Molybdenum 95.94	43 Tc Technetium 98	44 Ru Ruthenium 101.1	45 Rh Rhodium 102.9	46 Pd Palladium 106.4	47 Ag Silver 107.9	48 Cd Cadmium 112.4	49 In Indium 114.8	50 Sn Tin 118.7	51 Sb Antimony 121.8	52 Te Tellurium 127.6	53 I Iodine 126.9	54 Xe Xenon 131.3
6	55 Cs Cesium 132.9	56 Ba Barium 137.3	57–71 Lanthanides	72 Hf Hafnium 178.5	73 Ta Tantalum 180.9	74 W Tungsten 183.8	75 Re Rhenium 186.2	76 Os Osmium 190.2	77 Ir Iridium 192.2	78 Pt Platinum 195.1	79 Au Gold 197.0	80 Hg Mercury 200.6	81 Tl Thallium 204.4	82 Pb Lead 207.2	83 Bi Bismuth 209.0	84 Po Polonium	85 At Astatine	86 Rn Radon
7	87 Fr Francium	88 Ra Radium	89–103 Actinides	104 Rf Rutherfordium	105 Db Dubnium	106 Sg Seaborgium	107 Bh Bohrium	108 Hs Hassium	109 Mt Meitnerium	110 Ds Darmstadtium	111 Rg Roentgenium	112 Cn Copernicium	113 Nh Nihonium	114 Fl Flerovium	115 Mc Moscovium	116 Lv Livermorium	117 Ts Tennessine	118 Og Oganesson

57 La Lanthanum 138.9	58 Ce Cerium 140.1	59 Pr Praseodymium 140.9	60 Nd Neodymium 144.2	61 Pm Promethium	62 Sm Samarium 150.4	63 Eu Europium 151.9	64 Gd Gadolinium 157.3	65 Tb Terbium 158.9	66 Dy Dysprosium 162.5	67 Ho Holmium 164.9	68 Er Erbium 167.3	69 Tm Thulium 168.9	70 Yb Ytterbium 173.0	71 Lu Lutetium 175.0
89 Ac Actinium	90 Th Thorium 232.0	91 Pa Protactinium 231.0	92 U Uranium 238.0	93 Np Neptunium	94 Pu Plutonium	95 Am Americium	96 Cm Curium	97 Bk Berkelium	98 Cf Californium	99 Es Einsteinium	100 Fm Fermium	101 Md Mendelevium	102 No Nobelium	103 Lr Lawrencium

図 2.3 元素の周期表

配列したものではない．周期表は元素を分類する壮大なスキームであり，元素どうしの関係を理解する方法でもある．

周期表を読むのは本のページを読み進めるのと似ている．左上から右方向に読み進み，左に戻ってまた右方向に読んでいく．周期表の水平方向の行は**周期**（period）といい，左端に下へ向かって番号づけされる．一方，周期表の上部に沿って，1 からはじまり最右端の 18 までの数字がそれぞれの列につけられている．この縦の各列は**族**（group）とよばれる．

水素の元素記号 H は周期表の左上の隅にあり，その上に原子番号の 1 がある．（元素記号の下に示された数字は，すぐに扱うから心配しなくてよい）．水素 H の箱からはじまって右方向へ進むと，2 番目の元素 He とその原子番号 2 に出会う．左に戻って次の行には，リチウム，それに続くベリリウムが箱一つ右にある．もうひと飛びすると，ホウ素（B，原子番号 5）の箱になる．ホウ素の箱のところでひと休みしよう．

新しい箱へのひと飛びごとに，元素の原子番号が一つ増える．原子番号はプロトンの数に等しいから，ひと飛びごとにプロトンが増えることを意味する．また原子はプロトンと釣り合うだけの電子をもたなくてはならないから，電子が 1 個増えることも意味する．つまりホウ素は 5 個のプロトンと 5 個の電子（といくつかの中性子）をもつ．

では原子番号 42 を見てみよう．42 番元素はモリブデンで，その英語（molybdenum）はとりわけ発音しにくい元素の一つだ．モリブデンはプロトン 42 個と電子 42 個（それにいくつかの中性子）をもつ．周期表を左から右へと移動すると，ある元素は移動前にあった元素よりも多くのプロトンと電子（多くの場合，より多くの中性子も）をもつ．

周期表の下のほうへ旅を続けると，57 番元素ランタン（lanthanum，La）のところで問題に出くわす．ここで周期表の下の二つの行を迂回しなければならない．この二つの行，ランタノイド（上段）とアクチノイド（下段）の元素は周期表の下方にまとめられている．というのも，これらの元素は周期表の主要部分にうまくはまらないからだ．もしランタノイドとアクチノイドを周期表に押し込めようとすると，周期表は 18 でなく 32 の列をもつことになる．

問題 2.4 周期表の下の部分に，ランタノイド（上段）とアクチノイド（下段）という二つの行がある．周期表を見て，これら二つの周期の名称の由来を考えよ．

解答 2.4 どちらの名称も周期の最初の元素名に由来する．

ちょっと待って！
wait a minute . . .

なぜ元素は順番に発見されないのか？

いい質問だ．周期表の第 7 周期をよく見ると，118 番までの元素は連続して記載されているが，発見・確認・命名されたのは，順番どおりではない．どうして元素は順番に発見されないのか？　それは，もともとつくりやすく，観察しやすい元素があるからだ．114 番と 116 番の元素が発見されたとき，他の科学者がその観察結果を確認し，正式な名前がつけられた．一方で，発見されにくい元素は，発見されてから正式な名前がつくまでに時間がかかるというわけだ．

● 科学者は超ウラン元素を研究する

ここで周期表の主要部分，周期表の最後に近い位置にある原子番号 104 のラザホージウム（rutherfordium，Rf）に立ち戻ろう．ここで話は面白くなる．92 番元素ウラン（uranium, U）以後の元素はすべて人工元素で，まれな例外を除いて自然界には存在しない．これらを**超ウラン元素**（transuranium element）という．大きな原子番号をもつこれらの周期表の終盤に位置する元素は，近年人工的につくられた．

現在，科学者たちは世界のどこかで新しい元素をつくろうと，あるいはその存在を証明しようと努力している．本書を書いている時点で，最も大きな原子番号をもつ 118 番元素は，ロシアの物理学者 YURI Oganessian にちなんで，オガネソン (Oganesson, Og) という正式な名前が与えられた．

2004 年に，日本の理化学研究所の科学者たちは 113 番元素をつくったと報告した（図 2.4）．新元素の命名を監督する国際純粋・応用化学連合（IUPAC）と国際純粋・応用物理学連合（IUPAP）は，113 番元素に仮の「ウンウントリウム（ununtrium）」を与えた．2015 年にはこの元素の存在が正式に認められ，日本のチームはこの元素を日本の国名にちなんでニホニウム (Nihonium, Nh) と名づけた．

2.3　なぜ中性子は重要か

● ある原子は異なる数の中性子を含むことができる

原子は等しい数のプロトンと電子，それにいくつかの中性子を含むことを思い出そう．プロトン数はその元素を特徴づける．電子は原子の一番外側にある粒子だ．しかし，原子核内の中性子の役割は何だろうか？　中性子は何をするのだろう？　なぜ中性子に注意を払わなくてはならないのか？　原子内の中性子を調べ，なぜそれらが大切なのかを学ぼう．

原子核のなかの中性子とプロトンの数の和を**質量数**（mass number）という．

$$質量数 = プロトン数 + 中性子数$$

質量数は元素記号のあとに上つき添字として，あるいは元素名のあとに，図 2.5 のように示される．

ある元素の原子内の中性子数は，同じ元素の別の原子内の中性子数と異なることもある（プロトンの数が原子の性質を決めることを思い出そう）．**同位体**（isotope）は同じ数の電子と同じ数のプロトンをもつが，異なる数の中性子をもつ原子をさす．たとえば図 2.5 で見られるように，^{48}Ti も ^{50}Ti もチタン元素を表すが，これらはこの元素の同位体で，周期表によるとチタンは 22 個のプロトンをもつ．したがって，^{48}Ti

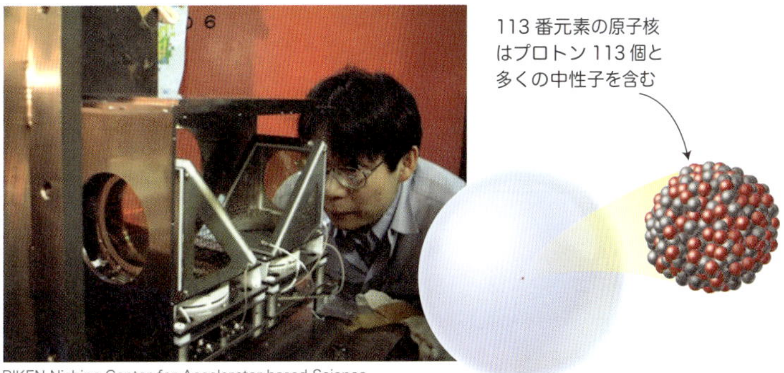
113 番元素の原子核
はプロトン 113 個と
多くの中性子を含む

RIKEN Nishina Center for Accelerator-based Science

図 2.4　新元素？
113 番元素をつくった日本の理化学研究所で，チームディレクターの森田浩介（1957-）（現九州大学教授）とともに，研究の推進役だったチームリーダーの森本幸司（1967-）．

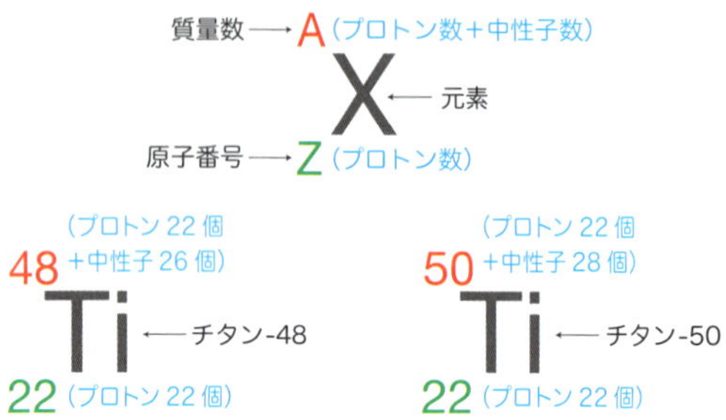

図 2.5　チタンの二つの同位体に対する元素記号

と ^{50}Ti はともにチタンだから，それぞれ 22 個のプロトンをもつ．中性子数の差は，二つの元素記号に示されている．質量数 48 の同位体では，中性子数は

$$\begin{aligned}\text{中性子数} &= \text{質量数} - \text{プロトン数} \\ &= 48 - 22 = 26\end{aligned}$$

質量数 50 の同位体では，中性子数は

$$\begin{aligned}\text{中性子数} &= \text{質量数} - \text{プロトン数} \\ &= 50 - 22 = 28\end{aligned}$$

どちらもチタンだから，どちらも 22 個のプロトンをもつ．ところが中性子数が異なるため，^{48}Ti と ^{50}Ti は互いに同位体だ．

問題 2.5　自然界で銀には ^{107}Ag と ^{109}Ag の同位体がある．(a) それぞれの同位体は何個のプロトン，中性子，電子をもつか．(b) 二つの銀の同位体のどちらがより大きい質量をもつと思うか．

解答 2.5

(a)

＋	プロトン数	中性子数	電子数
^{107}Ag	47	60	47
^{109}Ag	47	62	47

(b) 中性子数が多い ^{109}Ag の質量が大きい．

問題 2.6　空欄に適当な数か記号を入れて，下の表を完成させよ．最初の原子だけは例として解答を示した．

記号	^{35}Cl		
プロトン数	17	56	82
中性子数	18	82	
電子数	17		
質量数	35		208

解答 2.6　プロトン数から原子番号，したがって電子数がわかるから，あとは単純な計算で解答が得られる．

記号	^{35}Cl	^{138}Ba	^{208}Pb
プロトン数	17	56	82
中性子数	18	82	126
電子数	17	56	82
質量数	35	138	208

● 異なる場所から得られた物質の試料は同位体のはっきりした分布を示す

原子が互いに相互作用するとき，原子内の中性子数はとくに重要でない場合が多い．原子は同位体が関与しているかどうかに関係なく同様に反応する．しかし，同位体が重要な場合も少なくない．たとえば炭素原子の大部分は ^{12}C で，それに少量の ^{13}C, さらに少量の ^{14}C と ^{11}C からなる．生物のなかでは ^{12}C と ^{14}C との比は一定だが，生物が死ぬと，^{14}C の濃度は減少する（なぜそうなるかについては 11 章「原子力」で扱う）．

生物が死ぬと，^{12}C の量は変化しないのに，^{14}C は次第に減少していくので，^{12}C/^{14}C 比はだんだん大きくなる．つまり ^{12}C/^{14}C 比はかつて生きていた何者かの，現時点での年齢の指標になる．**放射性炭素年代測定**〔(radio) carbon dating〕とよばれるこの方法は，1991 年にハイカーたちによって発見されたオーストリアの先史的なアイスマン，エッツイ[*3] の年齢を決めるのに用いられた（**図 2.6**）．放射性炭素年代測定によると，彼は約 5300 年前に氷に閉じ込められた．

中性子は放射性炭素年代測定よりもさらに役に立つ．4 種類の元素についての，典型的な天然試料に含まれる各同位体の存在比を示す円グラフを**図 2.7** に示した．図によると，塩素（同位体 2 種）や炭素（同位体 3 種）のように同位体の種類が少ない元素もあれば，カルシウム（同位体 6 種）やスズ（同位体 10 種）のように同位体の種類が多い元素もある．

図 2.7 に示した同位体の存在比は，世界各地から集められた数多くの試料から得られた平均値だ．ある特定の場所から得られた試料は，図 2.7 の値とは異なるかもしれない．たとえば，ネブラスカのある農園から採取された泥には ^{35}Cl が 75.75％，^{37}Cl が 24.25％含

*3 約 5300 年前の男性のミイラ．エッツイ（Ötzi），エッツイ・ジ・アイスマンなどの愛称で知られる．

図 2.6　氷漬けのエッツイ
1991 年にイタリアとオーストリアの国境付近で，氷漬けのミイラになった状態で発見されたエッツイの年齢がおよそ 5300 歳だと炭素年代測定でわかった．エッツイの歯を調べ，彼が発見された場所から 19 km ほど離れた場所に住んでいたことが同位体研究で明らかになった．彼の最後の食事は鹿肉とシリアルで，矢で胸をいられたのが死因であり，11 か所もタトゥーをしていたことなどがわかっている．

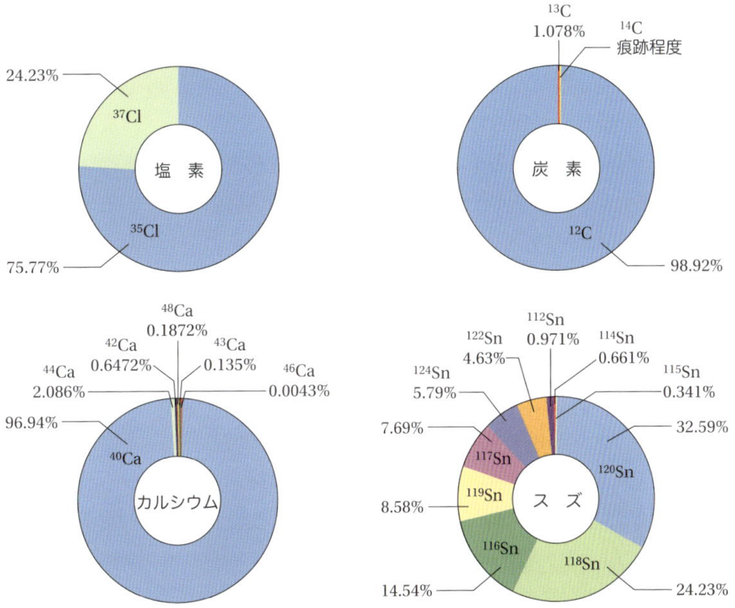

図 2.7　塩素，炭素，カルシウム，スズの同位体の天然存在比

まれている．一方，ベトナムのメコンデルタから採取された試料には ^{35}Cl が 74.31%，^{37}Cl が 25.69% 含まれている．科学者はこの種の同位体存在比の変化から，この泥の試料や岩のかけら，その他何にしても，次の例のように試料がどこから来たかを決めるのに利用している．

● 同位体測定は，古代の遺跡の起源など，さまざまな問題に答える

ギリシャのパルテノン神殿は女神アテナに捧げられたものだ．この最も重要で現存する古代ギリシャの建物の建築は，アテナ人の王国がその最盛期にあったころの，紀元前 447 年にはじまった．ジョージア大学の大学院生だったスコット・パイクは長年美術史家や考古学者の心をとらえていた問題，すなわちギリシャのパルテノンを建てた建築家たちが使ったこの大理石（**図 2.8**）はどこからもってこられたのかという問題に取り組んだ．大理石はカルシウム Ca，酸素 O，炭素 C からなる天然物だ．パイクは試料の産地によって，これら 3 種類の元素の同位体の相対的存在比は変わるという事実に興味をもった．

パルテノンはエルギンマーブル[*4]（Elgin marble）とよばれる繊細な大理石のフリーズ[*5]で飾られていた．古代のパルテノン彫刻家が用いた大理石の研究に

*4 エルギンマーブルは，パルテノン神殿を飾った諸彫刻．19 世紀にイギリスの外交官エルギン伯爵（1766-1841）がパルテノン神殿から削り取り，さらにそれらをイギリスにもち帰った．現在は大英博物館に展示されている．しかし，これは略奪行為だと，内外から激しい非難が起こった．大詩人バイロン（1788-1824）も非難を浴びせた一人だ．
*5 部屋や建物にめぐらした，水平の帯状の彫刻のある小壁．

図 2.8 古代ギリシャに見られる同位体
この写真はエルギンマーブルの一部．かつてエルギンマーブルは，紀元前 447 年に，ギリシャのアテネで建てられ，女神アテネに捧げられた神殿，パルテノンを飾っていた．

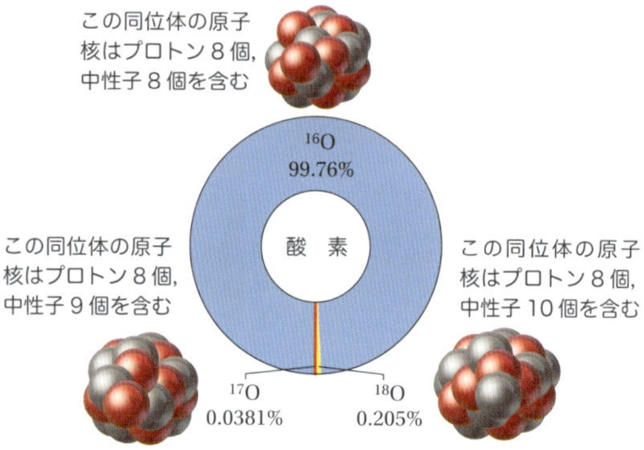

図 2.9 酸素の同位体分布

よると，それは図 2.9 に示した平均値 0.205%よりも多い ^{18}O を含んでいた．この情報に基づいて，パイクは問題の大理石が産出した可能性の高いペンデリコン山付近の南斜面にある多くの採石場にある大理石を調べた．パイクが集めたデータによると，^{18}O 同位体の最高%はペンデリコン山の山頂付近の採石場で得られた．エルギンマーブルはおそらくこの地域で産出したのだろうが，酸素同位体データの助けがなければ，このように産地を特定することは難しかっただろう．

問題 2.7 大理石は酸素の他に炭素とカルシウムを含む．(a) 図 2.7 を参照して，ほとんどの大理石試料は炭素のどの同位体を最も多く含むと考えるか．(b) ほとんどの大理石試料はカルシウムのどの同位体を最も多く含むと考えるか．

解答 2.7 (a) ^{12}C (b) ^{40}Ca

2.4 電子：化学者にとって最も重要な粒子

● 電子はとらえどころがない

これまでプロトンがなぜ重要かを学んできた．ある元素について，プロトンの数は常に一定で，プロトンは元素を定義する．中性子は一つの元素のすべての原子に同じ数だけあるのではないという点で，中性子も重要だ．このことから古代の骸骨の年代やギリシャの大理石の起源を知ることができた．しかし，化学の世界では，電子が議論の余地なくスーパースターだろう．化学者たちは莫大な時間を費やして電子のことを考えた．それはなぜだろう．

こんな場面を想像してみよう．カメラをもって夜中の町に出て，混んでいる市内の高速道路を走る車の写真を撮影する．高速道路の側に三脚を立て，カメラをセットして撮影すると，得られた写真は図 2.10 のようなものだろう．きみが撮影した瞬間に，それぞれの車は写真のどこにあるか，正確に答えられるだろうか．

この問いに対する答えはちょっと面倒だ．というのも，車はかなり高速で走っているので，写真を撮った瞬間，車の正確な位置が決められない．電子も同じようなものだ．電子の正確な位置を定めることはできない．そこで電子の位置に関してはあいまいな表現を用いることが多い．写真のなかの車を"光のしみ (smear)"というように，電子を"負電荷のしみ"といってもよかろう．

電子はとらえどころがなく，その位置を特定するのは難しいが，原子核の周りのある空間に位置を占める．一般的に，核の周りをすばやく動く電子のとらえどころのなさを，核の周りの電子を集合的に**電子密度** (electron density) として考えることもできる．しかし電子の一部は他の電子に比べ，核に近いところに

図 2.10 夜に自動車が高速で往来する様子
写真のなかの自動車の一つ一つの正確な位置を決められるか？この状況は高速で動いている，原子内の電子の位置の問題に似ている．

あるし，一部は遠く離れている．原子核から離れている電子は，原子あるいは原子団のあいだの相互作用で，
4 **化学反応**（chemical reaction）に関与することが多い．化学反応で原子は，電子を他の原子に与える，あるいは他の原子から電子を奪う，あるいは他の原子と電子を共有することができる．これらが起こる場合は，核から取れやすい，一番外側の電子が関係している．一番外側の電子は原子核のもつ正電荷による束縛がより小さいからだ．原子核に近い電子はより強く束縛されているので，化学反応のあいだも核の近くに留まることが多い．化学反応については 7 章で扱う．

問題 2.8 次の元素の原子 1 個にはいくつの電子が含まれるか．
（a）ジルコニウム Zr （b）フェルミウム Fm
（c）サマリウム Sm
解答 2.8 （a）ジルコニウム：40 （b）フェルミウム：100 （c）サマリウム：62

● エネルギー準位は，原子核の周りでの電子の分布を想像するよい方法

ある電子は化学反応に関与するが，別の電子は関与しないので，それぞれの電子が"場所"をもつと考えるのは便利かもしれない．ただし，電子の正確な位置を決めるのが難しいことは承知のうえだが．

原子内の電子の位置は，部分的ながら，核の周りの空間の大きさで定義する．それぞれの電子は負電荷をもつが，負電荷は互いに反発する．だから，たとえば 20 個の電子を核のごくそばに詰め込むことはできない．そのため，電子は核の周りに分布するが，その際，電子は負電荷を帯びているので，互いに反発するという事実の範囲内で，互いになるべく核に近づくようにする．

原子は，核から次第に離れていく一連のエネルギー準位をもっているとしよう．そうすると，この想像上のエネルギー準位に電子を詰め込むことはできる．核に最も近い準位は最低エネルギーの準位であり，それに続く準位のエネルギーは核から離れていくにつれて大きくなる．核に一番近い準位を第 1 エネルギー準位，次に核から遠い準位を第 2 エネルギー準位とよぶ．

原子のエネルギー準位を**図 2.11** にまとめた．図で各準位の上の数字は，それぞれの準位に入ることができる電子の数を示す．核から離れていくにつれ，各エネルギー準位に入る電子の数が増えていくのに注意しよう．最初の準位は電子が 2 個入るだけだが，第 4 エネルギー準位には 32 個の電子が入ることができる．**図 2.11** は原子内の電子の単純化されたモデルにすぎないことを覚えておこう．実際のエネルギー準位のモデルは，この図よりもっと複雑だ．実際の各エネルギー準位はより込みいった副準位（サブレベル）から成り立つが，この本では取り扱わない．

● 核との関連での電子の位置は，原子内での電子の役割を決める

原子内の電子を分類するこの方法では，二つの点が重要だった．まず，それぞれの電子は，他の原子内の電子などの粒子と同じ種類で，どれも 1 個の負電荷と同じ質量をもつ．だが，原子内の位置という点で，それぞれ異なる．電子の位置は，核がその電子をどのくらい強く束縛しているかを決める．二つ目は，原子内で電子が層をつくって配列している様子は，原子をよりわかりやすく視覚化するために科学者が考えだしたモデルにすぎないという点だ．**図 2.11** を見ると，電子は核から決まった距離にある一定の軌道に納まっているようだが，実はそうではない．しかし，この図は電子が核の周りの異なる環境にあることを理解する助けにはなる．

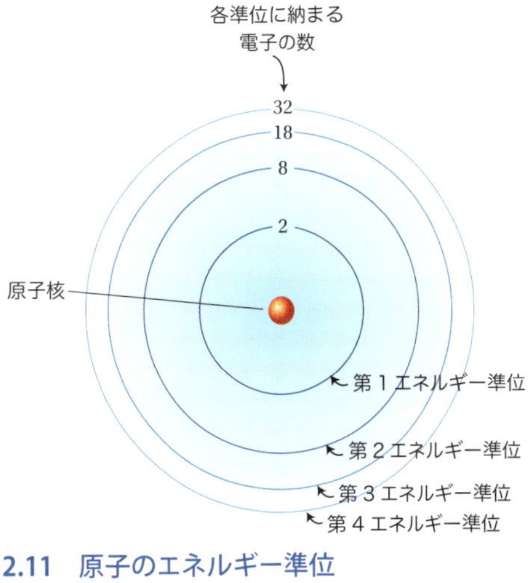

図 2.11 原子のエネルギー準位
この模式図は各エネルギー準位に"入る"ことができる電子の数を示す．少数の電子だけしかもたない原子は，それらの電子をはじめの数個のエネルギー準位に納めているが，大きな原子でより多くの電子をもつ場合は，原子核から遠い準位に電子を納める．このモデルでは，核の周りの場所に電子を配置することは，原子のふるまいを理解するのに役立つ．もっとも，この図は原子がどう見えるかを示しているわけではない．

2.5 光と原子との相互作用

● 電子は高エネルギー準位に励起される

もしきみが夕方，飛行機の窓側の席に座ったことがあったら，駐車場の照明や街路灯が青っぽいか，黄色っぽいかのどちらかだと気づくだろう．**図 2.12** はフィンランドのとある町の夜景だ．照明の色が 2 種類あることは容易に見てとれる．

この 2 色は 2 種類の元素，水銀（青っぽい）とナトリウム（黄色っぽい）とに関連している．青っぽい光を出すランプは水銀蒸気ランプ[*6]で水銀原子を含む．黄色っぽい光のランプはナトリウム蒸気ランプ[*7]とよばれ，ナトリウム原子を含む．どちらの型のランプも原子を満たした透明な容器からなる．原子に電気を通じると，その原子内の電子はエネルギーを得て，高エネルギー準位に移動する．それらの電子が緩和して元の低エネルギー準位に戻るときに，原子は光の形でエネルギーを放出する．起こっていることを理解するために，簡単な原子の水素を使って考えよう．

水素原子内の電子に電気でエネルギーを与えるとどうなるかを考えよう．水素原子は第 1 エネルギー準位に電子を 1 個もっている．この準位は電子に許された最低準位なので，この電子は**基底状態**（ground state）にあるという．電子がエネルギーを得ると，電子は高エネルギー準位に進む．そうなると，電子は**励起状態**（excited state）にあるという．では，どのエネルギー準位が励起状態なのだろう．答えは電子に与えられたエネルギーの量による．加えられたエネルギーが多いほど，電子はより高い準位に到達できる．

水素原子内の電子がエネルギーを得れば，電子は他のエネルギー準位にジャンプすることはできるが，他のエネルギー準位の途中までジャンプすることはできない．たとえば電子が水素原子の第 1 エネルギー準位から空いている第 2 エネルギー準位にジャンプするには，ある量のエネルギーが必要だ．必要量のエネルギーが原子に供給されると，ちょうどそれだけの量のエネルギーが電子のジャンプに使われる．供給されるエネルギーの量が不足していると，第 2 エネルギー準位へのジャンプは起こらない．

電子が高エネルギー準位に移動したあと，電子は基底状態に戻ることができる．その際，高エネルギー準位に移動するのに用いられたエネルギーは，多くの場合放射エネルギーの形で放出される．放射エネルギーは**光**（light）としても知られている．**図 2.13** に示すように，その光のエネルギーは水素原子の第 1 エネルギー準位と第 2 エネルギー準位のエネルギー差に等しい．この二つの準位間のジャンプに必要なエネルギーは，すべての水素原子に共通している．

水素原子の電子 1 個を第 5 エネルギー準位に励起し，その電子が第 2 エネルギー準位に飛び降りてき

---

*6 日本では単に水銀ランプ（水銀灯）とよばれている．
*7 日本では単にナトリウムランプ（ナトリウム灯）とよばれている．

Estea/Shutterstock

図 2.12　ヘルシンキ（フィンランド）の街路の夜景
街路灯には青っぽい光を出す水銀蒸気ランプと，黄色っぽい光を出すナトリウム蒸気ランプの 2 種類がよく使われる．

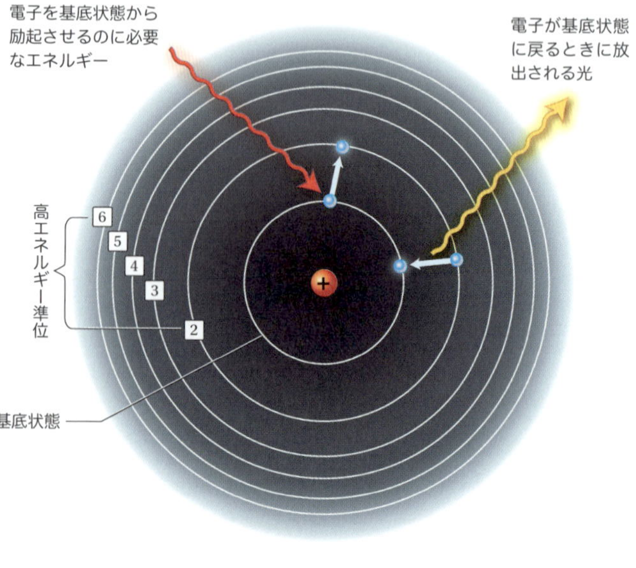

図 2.13　水素原子のエネルギー準位のあいだを移動する
水素原子の基底状態にある電子は，第 2 エネルギー準位に移動するのにちょうど必要なエネルギーによって励起できる．このエネルギーは光の形で，電子が基底状態に戻るときに放出される．

たときに放出する光は，ヒトの目には青く見える．青く見えるのは，青い光のエネルギーが，水素原子の第5エネルギー準位と第2エネルギー準位のエネルギー差にちょうど等しいからだ．だが，そもそも青い光とは何だろう．また光の色と光のエネルギーにはどういう関係があるのだろう．光と色の関係を完全に理解するには，まず光の本性を理解しなくてはならない．光が理解できれば，ナトリウム蒸気ランプと水銀蒸気ランプに戻ることができ，それらはなぜ固有の色をもつかを調べることができる．

● 光は電磁放射線である

たいていの人は光を電球や太陽からくる明るさと考えている．しかし，科学者はこの言葉をもう少し広い意味で定義している．科学の世界では，光は放射エネルギーの一種で，**電磁放射線**（electromagnetic radiation）ともいう．光にはさまざまな種類がある．電磁スペクトルはすべての種類の光の集合体を指す．電磁スペクトルはエネルギーの連続体であり，図 2.14 に示すように，スペクトルの異なる領域は光の異なる種類に対応する．それらの種類は異なる名前でよばれており，そのいくつかは，ラジオ波やマイクロ波など，きみたちにも馴染み深いだろう．アンナ・ベルタ・レントゲンの骨を観察するのに用いた光，すなわち X 線もその仲間だ．図 2.14 では，高エネルギーの光は左側に，低エネルギーの光は右側に示されている．

通常危険と分類されている種類の光は，スペクトルの高エネルギーの端にある．たとえば，紫外線（UV）はひどい日焼けを起こすことや，X 線からは重金属を用いる防曝対策で自身を守らねばならないことを知っている．図 2.14 の右側には，ラジオ波や赤外線などの，無害な光の種類がある．ほとんどの人はラジオ波が健康に有害だと心配していない（悪い音楽が放送される場合は別だが）．ヒトの目が感じることができる唯一の光，可視光線は電磁スペクトルのほぼ中央に位置している．

赤外線は熱との関連が注目される．赤外線を感じる

図 2.15　ネコの顔の赤外線写真
この写真では青い部分は冷たく，赤い部分は暖かい．

フィルムを装填したカメラは，写真に暖かい領域と冷たい領域の図を示してくれる．たとえばネコの顔の写真は，暖かい部分は赤く，冷たい領域は青く写る．きみの顔はどの部分が，どの色に写るだろう？　いいかえれば，顔のどの部分が暖かく，どの部分が冷たいだろうか？　答えは図 2.15 にある．

問題 2.9　次の種類の光をエネルギーの低い順に並べよ．

マイクロ波，ラジオ波，赤外線，
可視光線，ガンマ線

解答 2.9　ラジオ波 ＜ マイクロ波 ＜ 赤外線 ＜ 可視光線 ＜ ガンマ線

● エネルギーが大きいほど，光の波長は短い

ある種の光は他の光より有害なのはなぜだろう．図 2.14 をよく見ると，光はその**波長**（wavelength），すなわち光の一つのピークから次のピークまでの距離によって分類されていることがわかる．光の波のピークが詰まっているほど，光のエネルギーは高い．いいかえれば，図 2.16 が示すように，波長が短ければ短いほど，エネルギーは高くなる．光がもつエネルギーが大きいほど，その波長は短く，固体，たとえば人体を貫通する力が強い．

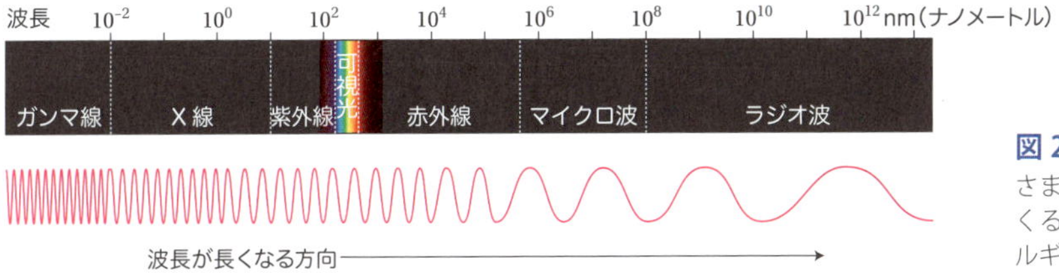

図 2.14　電磁スペクトル
さまざまな形の光が電磁スペクトルをつくる．高エネルギーの光は左側，低エネルギーの光は右側にある．

natureBOX・携帯電話を使うのは安全か?

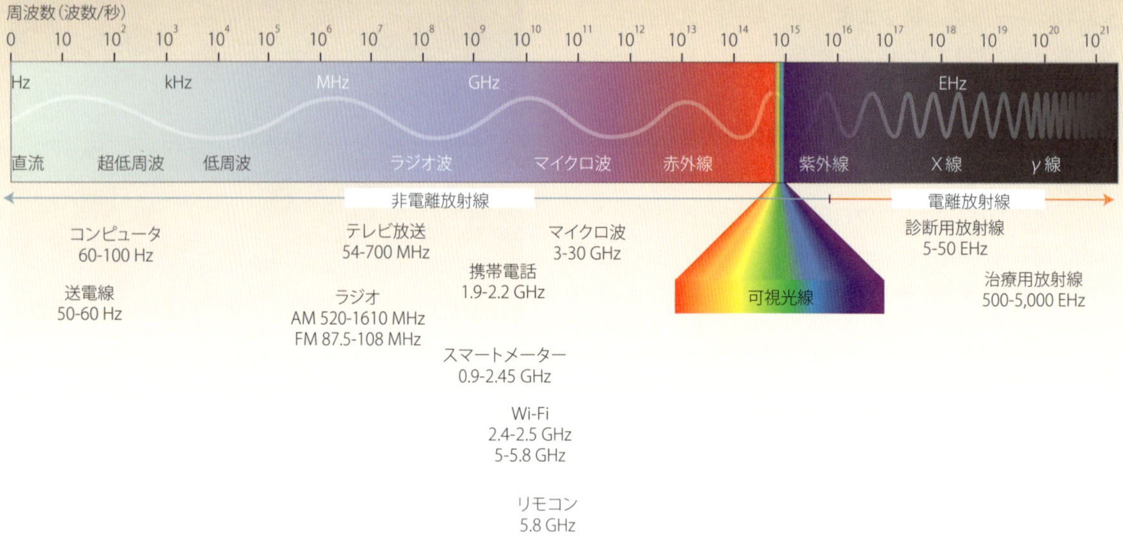

図 2A　電磁スペクトル

インターネットで「電磁波ブロッカー」を検索してみよう．携帯電話やその他の電子機器からの電磁波（ＥＭＲ，電磁放射線）を遮断し，有害な電磁波を浴びるのを減らす効果があるとうたった，さまざまな製品が表示されるだろう．携帯電話ユーザーは有害な放射線にさらされているのではないかという不安を抱いており，こうした製品は携帯電話の安全性に対する不安を解消するために考案されている．ネット市場には有害な電磁波から身を守ることをうたったステッカーや携帯電話ケース，さらにはジュエリーのようなガジェットがあふれているのだ．

たとえば君が 50 ドル(5500 円ほど)の電磁波ブロッカーを購入したとしよう．多くの場合，それは電話ケースに貼りつける小さなステッカーにすぎない．このステッカーがどのくらい有効かは，電話をかけてみればわかる．電話が通じて相手の声が聞こえれば，電話機は基地局アンテナと通信しているので，電話機が発する放射線をブロックできていないことになる．電磁波

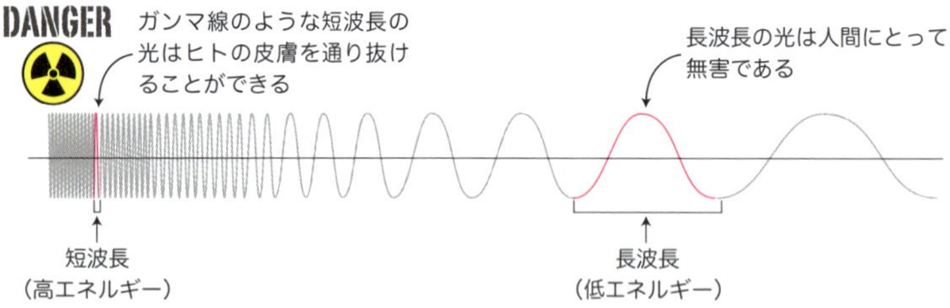

図 2.16　波長とエネルギー
波長は任意の隣接する二つの波のピークのあいだの距離をいう．図では短い波長の波は左側に，長い波長の波は右側に示されている．

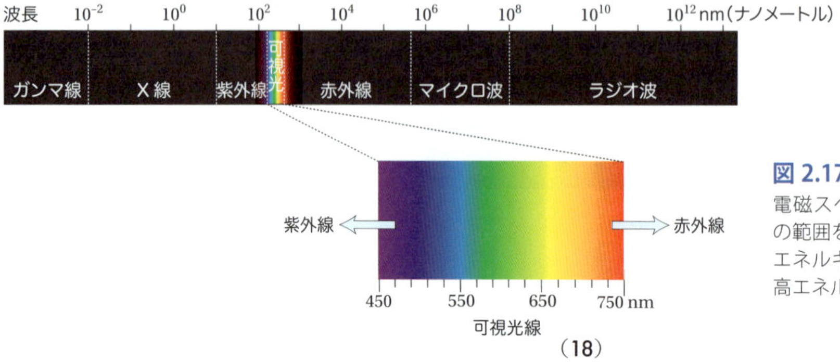

図 2.17　電磁スペクトルの可視領域
電磁スペクトルの可視領域波長 400-750 nm の範囲を含む．可視スペクトルの赤色端は低エネルギー末端，可視スペクトルの紫色端は高エネルギー末端だ．

ブロッカーの多くは，単なる金儲けのインチキであることがわかる．

しかし，多くの電磁波ブロッカーがインチキであるにしても，携帯電話の安全性について，心配しなければならないのだろうか？　携帯電話は実際に有害な放射線を出しているのだろうか？　これらの質問に答えるために，この章の始めで学んだ電磁スペクトル（図2.17）を思い出そう．**図 2A** の電磁スペクトルは，現在用いられているどの電子機器から放射線が放出されるかを示している．最も高エネルギーの放射線は図の右側に示している．X線のような放射線はエネルギーが最も高く，透過性も高いので，最も危険である．X線のような高エネルギーの放射線は身体に害を及ぼすので，鉛のエプロンを着けて身を守る．γ 線や X 線は電離放射線とよばれるタイプの放射線で，これらは細胞やデオキシリボ核酸（DNA），さらにがんを破壊する可能性のあるイオンを生じる．

携帯電話などの無線機器は，図の電磁スペクトルの左側にまとめられている電波を使って基地局アンテナと交信する．非イオン化放射線は低エネルギー側にあり，可視光よりもエネルギーが低い．非イオン化放射線は，細胞や DNA を破壊するほどのエネルギーをもたないため，安全である．われわれはこれら低エネルギーの放射線を絶えず浴びており，Wi-Fi や Bluetooth から AM，FM ラジオに至るまで広く用いられている．

携帯電話の使用は今や日常的になってきたので，安全性に対する研究を続けなくてはならない．ラジオ波は安全とされているが，携帯電話も本当に安全といえるだろうか？　携帯電話や Wi-Fi が世界的に普及したことで，その安全性を確認するための何十もの実験が行われた．現時点で，多くの研究が発表され，メタ統合研究として現状をとりまとめる研究もある．今のところ，電波のような非電離放射線は有害ではなく，がんを引き起こす原因にもならないと一般にはいわれている．

しかし，これらの一般的な見解には，いくつかの注意点もある．第一に，子どもの頭蓋骨は大人よりも薄いため，どんな種類の放射線も，大人の頭蓋骨より容易に通り抜ける．したがって，小児がんが携帯電話によって引き起こされるというはっきりした証拠はないけれど，携帯電話の使用には注意が必要である．

第二に，アメリカでのラットやマウスに対する電磁照射実験によると，携帯電話に用いられる周波数領域のラジオ波の照射によって生じた，ラットやマウスの脳や心臓の腫瘍が少数例だが見いだされた．この長期にわたる研究は今なお継続されており，その結果は時折発表されている．

携帯電話の使用は一般に安全と認められてはいるが，実験は続けられていて，携帯電話の使用が安全であるという証拠を与えるのか，あるいはその逆の証拠が得られるのか，今後も注意しつづける必要がある．アメリカ国立がん研究所は，携帯電話や放射線，がんに関するすべての実験の最新結果をオンラインで公表している．

電磁波の可視光線領域を拡大して**図 2.17** に示した．可視光線は電磁波の波長の範囲が 400 ～ 700 nm で，この範囲の光だけが人間の目に見える．光害 の問題を別にすれば，可視光線は人間に有害なほど高エネルギーではない．可視光線のなかで最もエネルギーが高いのは波長 400 nm の光だ．波長が 400 nm の光は紫色で，可視光線はより長い波長の光に紫，青，緑，黄，橙，赤と続く．可視光線の高エネルギー末端，紫の末端（400 nm 以下）を過ぎると，紫外線領域に入る．スペクトルの低エネルギー末端（750 nm 以上）を過ぎると，赤外線領域に入る．

● 線スペクトルはある元素に特有の光のパターンを示す

太陽光は可視光線領域のすべての色と，電磁スペクトルの他の領域からの光を含んでいる．太陽光あるいは白色光を，プリズムを通して観察すると，電磁波のすべての可視光線領域――紫，青，緑，黄，橙，赤――を見ることができる．この光の組合せはなじみ深い．虹として観測される色は，雨の水滴が小さいプリズムとして働いて分離した可視光線領域の電磁スペクトルにほかならない（**図 2.18**）．

原子が励起されると，電子は高エネルギー準位に昇位することを思い出そう．それらの電子が基底状態に戻るとき，多くの場合は光の形でエネルギーが放出される．虹のすべての色を放出する太陽とは異なり，あ

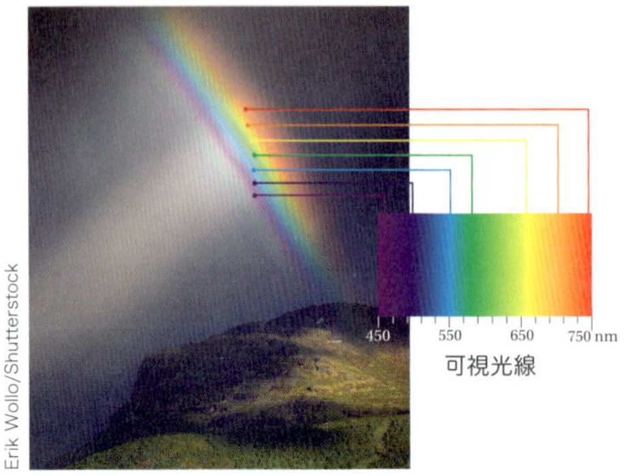

図 2.18 虹
可視光線の色は，雨のあと，空中に生じた水滴によって分離される．

る元素の励起された原子は，特定の波長の光だけを放出する．その波長は，その元素の原子のエネルギー準位の差に対応する．この特定の一連の波長を**線スペクトル** (line spectrum) とよぶ．

線スペクトルがどのように生じるかを理解するために，それぞれの原子には決まった固有のエネルギー準位があり，ある原子の二つのエネルギー準位には決まった量のエネルギー差があることを思い出そう．一つの原子が決まった量のエネルギーによって励起されると，その電子の一つがエネルギーを吸収して基底状態から高エネルギー準位に昇位する（**図 2.19 a**）．この変化が起こるためには，エネルギーは電子が離れる

THE green BEAT ● 環境に関する話題

電球は改良されたといえるだろうか？

2010 年 9 月 25 日金曜日は，白熱電球にとって暗い日となった．まさにこの日，バージニア州ウインチェスター市に近い町で，アメリカで最後の白熱電球製造工場がそのドアを閉じ，門に鎖をかけたのだ．ついに，人間に 150 年近くにわたって光を供給してきたエジソンの 19 世紀の発明品のスイッチが切られたのだ．工場の閉鎖は，その日に職を失った 200 人以上の従業員にとって苦いものだったし，白熱電球として知られる昔ながらの電球に懐かしさを感じ，電球が切れるたびに電球の保管場所まで取りにいくのをいとわない多くの人にとっても，ほろ苦いことだった．

平均的な白熱電球はエネルギー効率 10％で働くから，電球が受け取るエネルギーのほとんどは熱として失われる．エネルギー効率を高めるために，アメリカ政府は 2007 年にエネルギー独立安全保障法（Energy Independence and Security Act）を成立させた．この法律は一定のエネルギー効率の要求を満たさない白熱電球を 2014 年までに段階的に禁止するというものだ[*8]．この法律によると，白熱電球の販売は可能だが，それらは古い世代の白熱電球では到底満たせない厳しい新基準を満たさなくてはならない．新しい世代の白熱電球がいつの日か，誕生するかもしれない．

ここで電球型蛍光灯（Compact Fluorescent Lamp/lightbulb；CFL）が登場する．CFL はどこでも見かける渦巻き状のガラス管だ．3 ドルほどで CFL を買えるが，これは昔の白熱電球の値段のほぼ 3 倍だ．しかし，CFL は白熱電球のおよそ 10 倍長もちするので，最初にお金はかかるが，CFL に切り変えるとかなりの倹約になる．

CFL がどう働くかを知るために，原子構造のことを思い出そう．CFL に使われている元素は水銀（Hg）で，これは長年水銀灯に使われてきた．水銀灯は青色に見えるが，それは水銀原子のエネルギー準位の間隔が，たまたま可視光スペクトルの青色の光の放出を起こすからだ（この記事のあとのほうで述べるように，水銀は電磁波の非可視領域にも放射する）．

水銀は人間に対して毒性があるので，きみは水銀の毒性は大丈夫だろうかと心配になったかもしれない．多くの人がきみと同じ心配をしている．CFL は水銀を含むので，水銀が環境を汚染しないように捨てなければならない．含まれている量はわずかだが，どんなに少量でも，これらの電球は特別に処理して，特別に廃棄する必要がある（**図 2.20**）．昔の白熱電球は水銀を含んでいない．

水銀問題は気になるだろう．しかし CFL から得られる利益を考えると，多くの消費者は水銀が引き起こすトラブルを考慮しても，CFL を使うメリットがあると考えている．CFL を使えば，電球を買い，それを交

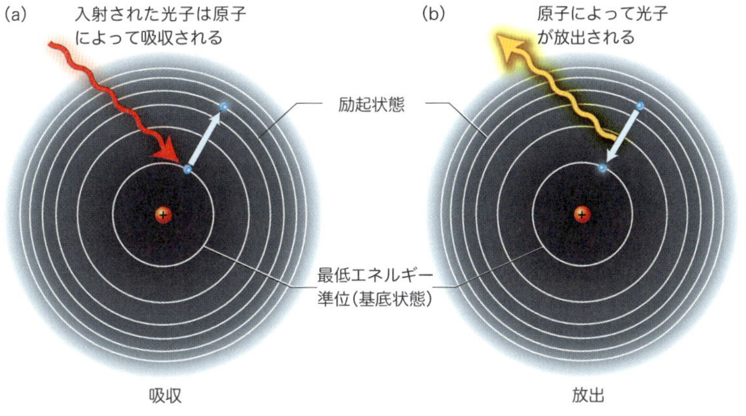

図 2.19　原子によるエネルギーの吸収と放出
（a）多くの場合，熱または光の形でエネルギーが与えられると，電子はエネルギーを吸収し，低エネルギー準位から高エネルギー準位に移動する．
（b）電子が元のエネルギー準位に戻るとき，この場合は光の形でエネルギーが放出される．

換するのに使う時間，エネルギー効率の悪い白熱電球を買うのに払うお金をうんと少なくできる．水銀のささやかな問題を別にすれば，CFL を嫌う理由がどこにあるというのか？

最近，ニューヨーク州立大学ストーニーブルック校の科学者たちがこの問いに答えた．彼らは原子構造の専門家で，CFL 内の水銀が人体に有害な紫外線を放出するかどうかを調べようとした．実際，すでに述べたように，水銀は電磁スペクトルの非可視光領域に大量の光，とくに紫外線を放出する．

CFL 電球を注意深く見ると，ガラスのなかに白い粉状の皮膜があることに気づくだろう． これは蛍光体（phosphor）とよばれるもので，水銀が放出する紫外線を可視光に変える働きをもつ．しかし，ストーニーブルック校の科学者たちは，電球はきつく巻かれたごく薄いガラスでつくられているので，電球のなかできつく巻かれた蛍光体は容易にひび割れするのではないかと考えた．ひび割れしたら，紫外線が逃げてしまう．

ストーニーブルック校での研究によると，消費者が入手できるほとんどの CFL には蛍光体にひび割れがあり，そこから漏れ出てくる紫外線はかなり多く，かつ有害だ．紫外線は日焼けを起こすだけではなく，皮膚がん，早老，傷の修復の遅れなどの原因となる．もし家で CFL を使っているのなら，少なくとも 60 cm は離れるほうがよい．電球の笠は CFL から出る有害な紫外線を遮るのに役に立つだろうか？　答えはノー．ランプの電源を入れる前に，日焼け止めを使うほうが賢明かもしれない．CFL の害と，ストーニーブルック校での研究成果が掲載されている 2012 年 7 月 25 日号の *Scientific American* の記事によると，「近距離で使用する CFL は，赤道で日光浴をするのと同じ」ようだ．

図 2.20　CFL 電球
消費者はこれらの新しい電球には水銀が含まれているという事実に向き合わなくてはならない．

*8　地球温暖化を防ぐため，電力消費量が大きく，寿命が短い白熱電球の生産・販売を中止し，電力消費量が小さく寿命が長い電球形蛍光灯や LED 電球への切り替えの動きが世界的に広がっている．とくにアメリカ，フランス，オーストラリアでは，白熱電球の生産と販売中止の方向が法律で定められた．

日本でも 2007 年，白熱電球の生産と販売を終了して CFL 電球と LED 電球のみを生産することが国策となった．CFL 電球についていえば，すでに 1980 年に東芝が世界初の電球形蛍光灯を，1984 年にその改良型を発売していた．しかし，CFL の時代は短かった．ほどなく，より省エネルギーで長寿命の LED 電球が主流になった．LED が発明された当初は，赤色や緑色のような比較的長波長の光しか出すことができなかった．その後，1990 年代に青色 LED が発明され，三原色の発光が可能になった．これによって常用の照明の基本条件といえる白色の発光が可能となったため，LED 電球は照明として急速に普及した．

LED 電球の利点はその長寿命だろう．白熱電球の寿命を 1000 時間とすれば，LED 電球の寿命は少なくともその数十倍といわれる．また，水銀を使用していない点は，従来の蛍光灯などが抱えている問題とは無縁だ．

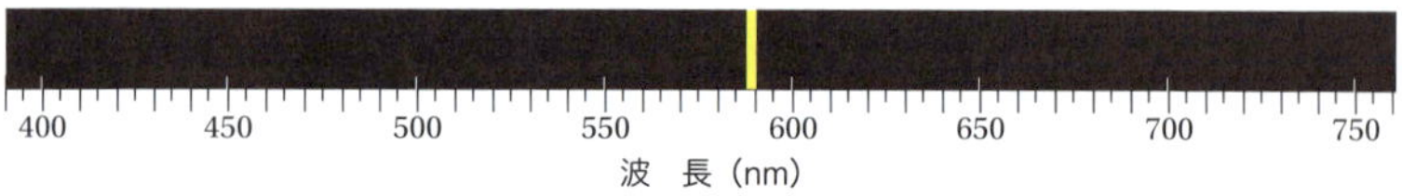

図 2.21 ナトリウムの線スペクトル
励起されたナトリウム原子は可視光線領域に波長 590 nm の明るい光を放出する．この黄色い光がナトリウム灯に特有の黄色い光のもとだ．

エネルギー準位と電子が到達するエネルギー準位のエネルギー差と，少なくとも同じでなければならない．電子が元の状態に戻るとき，吸収されたエネルギーは放出される．**図 2.19（b）**に示すエネルギーは光の形で放出される．電子が高エネルギー準位と低エネルギー準位のあいだを移動する結果として生じる光は，その元素に固有の線スペクトルをもつ．

多くの元素は可視光領域に線スペクトルを示す．たとえばナトリウムが励起すると，輝くような黄色になる．**図 2.21** に示すナトリウムの線スペクトルは，駐車場のナトリウム灯が電気によって励起されたのと同様に，ナトリウム原子が電気によって励起されて生じる．これらの電子が緩和によって基底状態に戻ると，さまざまな波長の光，その一部は可視光を放出する．ナトリウムの場合は，この可視光のなかで最も強いのは黄色の光であり，これがナトリウム灯の光だ．

図 2.22 は電気ではなく，炎の熱で励起された他の元素を示す．これらの元素は炎で熱せられ，電子が励起され，基底状態に戻るときに，明るい色の光を放出する．水銀は図 2.22 には含まれていないが，水銀灯が放出するのと同じ，強い青色の光を放出する．他の元素も花火に用いられる．花火では，特別の色をもった光のフラッシュを生じる．

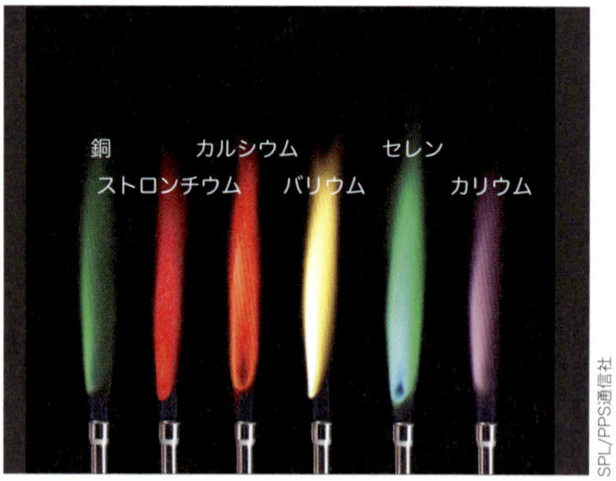

図 2.22 ある種の元素が炎のなかで示す固有の色（炎色反応）
ある元素を含む溶液に白金線を浸し，その白金線を炎のなかに入れると，炎はその元素に固有な色に着色する．すべての元素が鮮やかな色を示すわけではないが，ここに示した元素は鮮やかな色を示す．

問題 2.10 炎色反応を行うときには，きみは未知元素を含む溶液に白金線を浸し，その白金線を炎のなかに入れる．炎の色によってきみは未知元素を同定できる．なぜこのような方法で元素を分類できるか．

解答 2.10 各元素はそれぞれ固有のエネルギー準位の分布をもつ．これらのエネルギー差に対応する光はその元素に固有の色をもつ．

問題 2.11 次の可視光線の色を波長が増大する順に並べよ．

黄色，橙色，紫色，緑色，赤色

解答 2.11 紫色＜緑色＜黄色＜橙色＜赤色

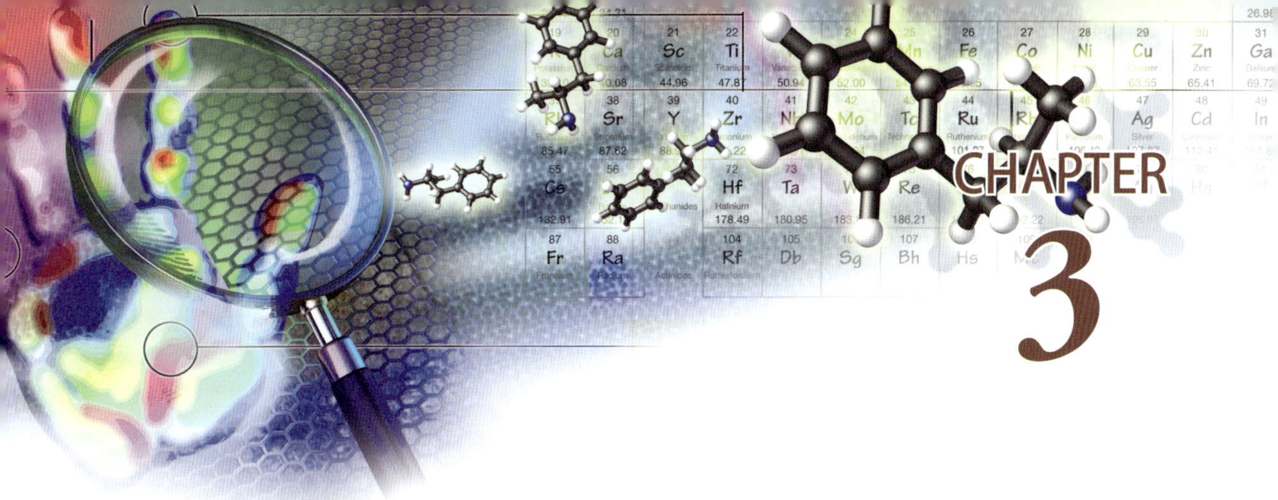

CHAPTER 3

すべてのもの

物質を体系づけ，分類するには？

ロカール[*1]の交換原理は犯罪捜査への科学技術の応用，すなわち犯罪科学の金科玉条となっている．その原理によると，二つの何かが互いに接触すると，一方から何らかの物質が必ず他方に移動する．たとえば，きみがふわふわの白いセーターを着て，黒いベルベットのソファーに座ったら，セーターのごく一部はソファーに残るだろう．一方，ソファーの一部はきみのセーターにくっつくだろう．ロカールの交換原理によると，たいていの犯罪者は現場に何かを残す一方で，現場から何かをもち去る．その"何か"は，髪の毛１本から，皮膚の細胞，セーターの糸くず，弾丸の痕跡に至るまで，あらゆる可能性がある．

Pixattitude/Dreamstime.com

犯人が現場に残したどんなに小さなかけらでも，探偵にとっては犯人を特定する手がかりになる．テレビで犯罪ドラマを見ると，法医学研究所は現場で見つけたどんなに小さなかけらでもその正体をあばくのに十分な，高性能の設備を整えている．犯罪学者は化学を心得ているので，見つけた小さなかけらの中身についても理解できる．結局のところ，髪の毛，皮膚，セーター，弾丸などは，ほかの物質と同様，いろいろな原子がさまざまに組み合わさってできている．犯罪学者は，物質の性質はそれらが含んでいる原子の種類で決まることを知っている．

この章では違う種類の物質と，それらの物質がどのようにつくられているかを扱う．なぜある原子は何かの役に立つのに，別の原子は役に立たないのだろうか？　この章ではすべての物質を観察し，何がそのなかにあるかを調べる．そうすれば，その物質に求められている役割を果たすのに何が必要か，なぜある種の原子が弾丸のなかではなく，セーターのなかに見つかるのか？　異なる種類の原子を見分け，筋の通った形でそれらをどう分類するのか？　こうした問いの答えが少しずつ得られてくる．では，読み続けて答えを手に入れよう．

*1 エドモン・ロカール（Edmond Locard, 1877-1966）：フランスの犯罪学者でリオン大学教授．犯罪科学の先駆者で，フランスのシャーロック・ホームズとよばれた．彼の交換原理，「すべての接触には痕跡が残る」は科学捜査の基本的な原則となった．推理小説作家ジュルジュ・シムノンは若いころにロカールの講義を聴講したことがあるという．

3.1　自然界で元素はどのように分布しているか

● 元素は金属，非金属，半金属に分類できる

２章ですべての物質は周期表に載っている元素から構成されることを学んだ．しかし，118 種類の元素には考えさせられることが多い．知っているすべての物質のなかに，元素がどう分布しているかは，どうやって知ることができるのだろう？　２章では，原子番号

92のウラン以降は人工元素で，特別な実験室で合成しなければならないことを学んだ．さしあたりはこれらの元素は横にのけておこう．というのも，これらの元素に出くわすことは滅多にないからだ（ただし11章「原子力」で核化学を学ぶときに，これらの元素をもっと詳しく学ぶ）．すると，原子番号1から92までの元素が残る．これらの元素は日常出くわす圧倒的多数の物質を構成している，まさに重要なグループといえる．では，どこから手をつけようか．

図3.1 の周期表のうち，**金属**（metal）の元素すべてをピンク色で示した．日ごろ出会う鉄や金，銀，ニッケルなどは，すべて金属だ．共通した特徴だが，それらの金属は，水銀を除いて固体で光沢をもつ．このように，金属が示す共通の性質を金属性という．すなわち，コインや耳飾り（ピアス），クリップ，フォークなどに成型できる．金属には延性，すなわち針金のように引き延ばすことができる性質がある．電気を容易に伝えるので，電線は金属でつくられる．また，金属は熱を容易に伝えるので（熱伝導性），やかんやなべは金属でつくる．熱伝導性は，コンロの炎からの熱を食べ物にうまく伝えてくれる．

図3.1の周期表で，**非金属**（nonmetal）の元素は青色で示した．非金属は通常固体か気体で，唯一液体で非金属の元素は臭素だ．金属とは異なり，固体の非金属元素は光沢がなく，色合いも鈍い．それらはもろく，金属性や延性はない．また，非金属には熱伝導性，電気伝導性もない．温度の変化に対して身を守るのに，何を使うかをちょっと考えてみよう．たとえば，セーターや靴下，鍋つかみ，毛布などがあるが，これらはみな断熱体であり，断熱体はすべて非金属の元素でできている．次に人体を電気から守ってくれるものを考えよう．電線の被覆は，その内部の電線を流れる電気と人体を隔ててくれる．被覆はたいていプラスチックでできているが，家庭で用いられるプラスチックは非金属元素でつくられている．

最後に，図3.1では**半金属**（metalloid）を緑色で示した．これらの元素は金属と非金属の中間にあり，両者の性質を併せもつ．半金属元素，すなわちケイ素，ゲルマニウム，アンチモンは半導体に用いられることが多い．半導体は固体で，ある条件下では電気伝導性を示す．きみのコンピュータ内でメモリが蓄えられているマイクロチップは，半導体でできている．

これまでおもに金属，非金属，あるいは半金属だけでできている物質の例を見てきた．実際のところ，自然界のほとんどはこれらの元素の複雑な混合物からできている．3.2節では，自然界にある複雑な系の二つの例を見てみよう．そして，その例のうち，周期表に載っていた各種の元素――金属，非金属，半金属――がどう分布しているかを見てみよう．まず，土のなかにある元素からはじめ，ついで自然界のもう一つの興味深い対象，すなわち人体のなかにある元素と比較してみよう．

問題3.1 次の元素は金属，非金属，それとも半金属か．

(a) チタン　(b) 硫黄　(c) ラドン

(d) ヘリウム　(e) ケイ素

解答3.1 (a) 金属 (b) 非金属 (c) 非金属 (d) 非金属 (e) 半金属

	1	2	3	4	5	6	7	8	9	10	11	12	13	14	15	16	17	18
1	1 H 1.008																	2 He 4.003
2	3 Li 6.941	4 Be 9.012											5 B 10.81	6 C 12.01	7 N 14.01	8 O 16.00	9 F 19.00	10 Ne 20.18
3	11 Na 22.99	12 Mg 24.31											13 Al 26.98	14 Si 28.09	15 P 30.97	16 S 32.07	17 Cl 35.45	18 Ar 39.95
4	19 K 39.10	20 Ca 40.08	21 Sc 44.96	22 Ti 47.87	23 V 50.94	24 Cr 52.00	25 Mn 54.94	26 Fe 55.85	27 Co 58.93	28 Ni 58.69	29 Cu 63.55	30 Zn 65.38	31 Ga 69.72	32 Ge 72.63	33 As 74.92	34 Se 78.97	35 Br 79.90	36 Kr 83.80
5	37 Rb 85.47	38 Sr 87.62	39 Y 88.91	40 Zr 91.22	41 Nb 92.91	42 Mo 95.95	43 Tc (99)	44 Ru 101.1	45 Rh 102.9	46 Pd 106.4	47 Ag 107.9	48 Cd 112.4	49 In 114.8	50 Sn 118.7	51 Sb 121.8	52 Te 127.6	53 I 126.9	54 Xe 131.3
6	55 Cs 132.9	56 Ba 137.3	57 La 138.9	72 Hf 178.5	73 Ta 180.9	74 W 183.8	75 Re 186.2	76 Os 190.2	77 Ir 192.2	78 Pt 195.1	79 Au 197.0	80 Hg 200.6	81 Tl 204.4	82 Pb 207.2	83 Bi 209.0	84 Po	85 At	86 Rn
7	87 Fr	88 Ra	89 Ac	104 Rf	105 Db	106 Sg	107 Bh	108 Hs	109 Mt	110 Ds	111 Rg	112 Cn	113 Nh	114 Fl	115 Mc	116 Lv	117 Ts	118 Og

図3.1 周期表

この周期表では，金属の元素はピンク色，非金属の元素は青色，半金属の元素は緑色で示した．

igor.stevanovic/Shutterstock

LesPalenik/Shutterstock

図 3.2　色が異なる土

● 土の見た目は含まれている元素の種類によっても変わる

図 3.2 は二つの異なる場所の土の写真だ．驚くような色の違いを見ると，この二つの土の試料は別物からできていて，自然界にある土の成分は場所によって異なるように思わせる．異なる土は見た目が違うだけではない．ある特定の場所の土の成分は，その土が植物を支える力を決める．穀物はある場所ではよく生育するが，他の場所では必ずしもそうでないことがよく知られている．土の色と湿り具合を砂漠と雨林で比較してみると，砂漠の土は色が薄く乾いているのに対し，雨林の土は豊かで色が濃く，湿っているのがわかる．図 3.2 の左右の写真がそれを示している．

土に含まれる水の量だけでなく，元素組成の違いも土の見た目の違いに現れる（図 3.3）．赤い土はおおむね鉄の濃度が高いのに対し，黒い土はマンガンを豊富に含んでいる．カルシウムの濃度が高い土は白っぽい．**図 3.3** の周期表は，各元素の箱の高さが，平均的な土壌試料に含まれる元素の存在量に比例するように描かれている．表をよく見ると，土の主成分は酸素とケイ素で，どちらも非金属だ．他にも多くの元素が土に含まれており，それらすべては土のなかで起こっている過程にとって重要といえる．

もう一つの非金属元素の炭素は，16 番目に多い．土のなかにあるほとんどの炭素は動植物の分解物に由来する．**有機**（organic）化合物とよばれる，炭素を基礎にした化合物は，かつては生体の一部であったが，いまは土によってリサイクルされている．有機物以外の物質は**無機**（inorganic）化合物とよばれる．土は金属も含んでいるが，非金属に比べて量は少ない．ミネラルや金属の塩を含む土の部分は，無機物と考えられる（5 章「炭素」で，この両者の違いを詳しく学ぶ）．

問題 3.2　次の元素を土中の存在比が減少する順に並べよ．

酸素　ナトリウム　炭素　アルミニウム　チタン

解答 3.2　酸素 ＞ アルミニウム ＞ ナトリウム ＞ チタン ＞ 炭素

● 土と同様，人体も金属と非金属の混ぜものだ

では，人体を構成している元素を調べてみよう．**図 3.4** は図 3.3 で土についてみたのと同様の周期表だが，ここではそれぞれの元素の箱の高さは人体中の各元素

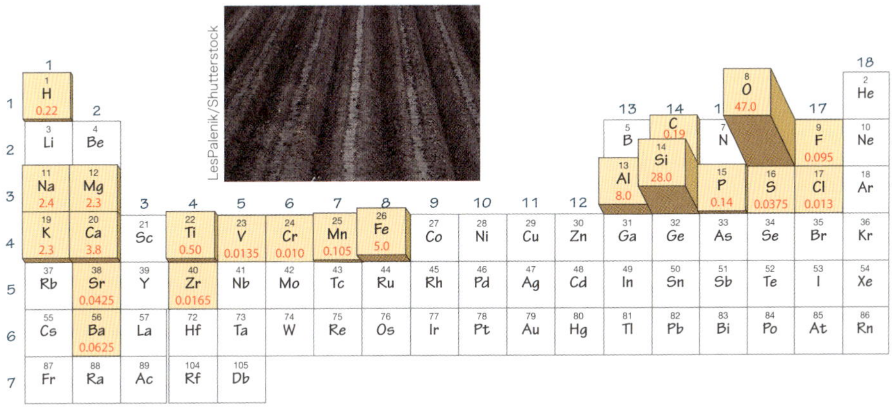

図 3.3　土のなかでの元素の分布

この周期表では，各元素の箱の高さは，典型的な土の試料内の元素の存在比（%）に比例している．存在比は元素記号の下に記してある．

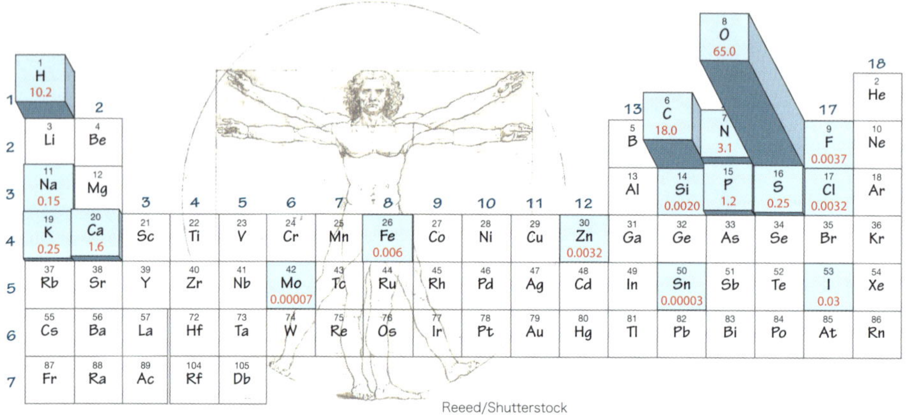

Reeed/Shutterstock

図 3.4 人体のなかでの元素の分布
この周期表では，各元素の箱の高さは，人体中の元素の存在比（%）に比例している．

の存在比を表している．二つの周期表にどんな類似点があるだろうか？ まず人体もまた，金属と非金属の混合物だとわかる．次に，人体で最も多い元素は非金属の酸素，炭素，水素だとわかる．土もおもに非金属からなるという点では同じだ．

さらに，人体に含まれる元素は概して周期表の上半分に分類されていると気づくだろう．表中で重いほうの元素はモリブデン，ヨウ素，スズだが，人体中にはごく少量含まれているだけだ．というわけで，人体はおもに周期表の上のほうの元素でできているといえる（図 3.3 を見ると，土についても同じことがいえそうだ）．ほとんどの生物は上のほうの軽い元素でできていて，重い元素は痕跡程度にしか含まれない．

問題 3.3 図 3.3 と 3.4 によると，どの元素が土と人体で最も重要な構成元素か．
解答 3.3 酸素．土のなかでは，酸素はおもに二酸化ケイ素の形で存在している．人体では水と，それ以外に，生命に必要な多くの物質の不可欠な部分として存在している．

3.2 周期表を旅する

● 科学者は元素を周期表のなかで，縦方向，あるいは横方向に並べる

2 章ではじめて見た周期表は，化学の主要な原理だ．本を読むように，周期表を左上から右に向かって読み進めることを学んだ．それから次の列の先頭に戻り，また右方向に読み進んで列の右端に達すると一つの**周期**（period）が終わる．再び左からはじめて右に進めば，次の周期を進むことになる．周期表で周期は 1 から 7 まで番号がつけられていて，周期表の左に縦並びに示されている．周期表のこれらの特徴は**図 3.5** に示した．

周期表の一つの周期のなかの元素は通常互いに似ていない．第 2 周期は反応性に富み，銀色に光る金属，リチウム Li からはじまる．「反応性に富む」とは何を意味するのだろう？ それは容易に反応することを意味する．次の箱に進むとベリリウムになるが，これも銀色の光沢をもつ金属で，他の元素とはリチウムほど容易に反応しない．次の元素はホウ素 B で，黒い塊だ．次は炭素 C．炭素はいろいろな形で存在し，その一つは黒い石炭のような塊になっている（炭素はきわめて重要なので，5 章「炭素」をまるまるこの元素にあてる）．次の元素は窒素 N で，ヒトが呼吸する空気の 78%を占める．次は酸素 O で，空気の 21%を占める．次の二つの元素，フッ素 F とネオン Ne も空気中で見つかる．

さっと見ただけだが，第 2 周期の元素には互いに共通な性質はなさそうだ．第 3 周期の元素を調べると，第 2 周期の元素の性質が繰り返されている，という面白いことに気づく．最初の元素ナトリウム Na はリチウム同様，反応性が高く，金属で光沢がある．第 3 周期の次の元素，マグネシウム Mg は第 2 周期のすぐ上の元素ベリリウムと同様の性質を示す．ケイ素はいくつかの性質を炭素と共有するし，O と S も同様の類似性を示す．F と Cl，Ne と Ar も同様で，2 章で学んだように，これらの列は族をつくる．

この本の見返しの周期表では元素の各列の頭に 1（左）から 18（右）までの数字が記されている．これらの数字つきの列を指示するときには普通**族**（group）

ちょっと待って！ wait a minute . . .

ある族が金属，非金属，半金属を含む場合，共通する性質をもつだろうか？

ある族は他の族に比べて互いによく似た性質をもつ元素を含んでいるのは確かだ．たとえばアルカリ金属（1 族）やハロゲン（17 族）では，すべての元素が互いによく似た性質をもつ．ところが 13 族や 14 族は，金属，非金属，半金属が混ざっている．これらの族の元素は変化に富み，族のなかで典型的な元素を選ぶのが難しい．おそらく，そのためにこれらの族はアルカリ金属やハロゲンのような共通の名称でよばれることが少ないのだろう．

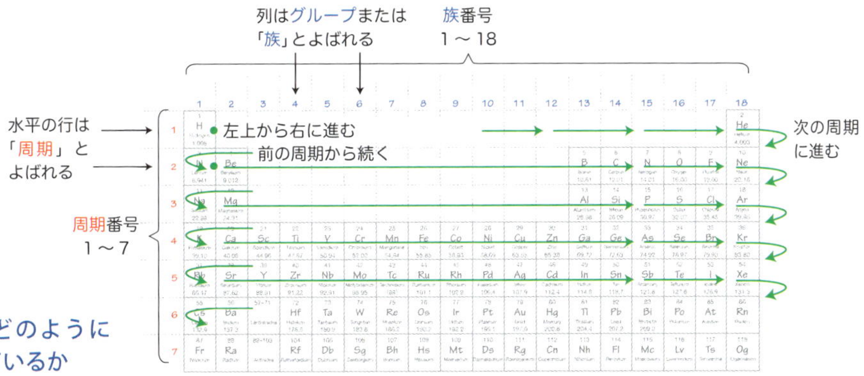

図 3.5 周期表はどのように構成されているか

という語を用いる．たとえば「これは 6 族元素だ」あるいは「18 族元素は気体」などという．これに対してより説明的な名前が必要な場合は，**類**（family）という語を用いる．たとえば左から 2 番目の列の元素は「アルカリ土類」とよぶ．同じ 2 族の元素は多くの性質を共有している．それらはすべて光る金属で，ある種の物質と同じように反応する．「族」という言葉はぴったりだ．というのも，人間の家族はそばかす，巻き毛，しし鼻などの特徴を共有するのと同じように，周期表で同じ族の元素は特徴を共有することが多い．

元素を族に分類することで，ある族に属する原子の挙動が予測できる．たとえば酸素が多くの他の物質と何らかの化学反応をするならば，同じ族の硫黄も同様に反応すると予測できる．その理由は周期表が「周期的」だからだ．周期表で，ある族は同じような性質をもつ元素を含み，周期表を左から右に読み進むにつれて，これらの性質が繰返し現れる．

問題 3.4 次の元素を周期表のそれぞれの族に分類し，族の番号を示せ．

イットリウム Y　ゲルマニウム Ge　ヨウ素 I
臭素 Br　スカンジウム Sc　ラドン Rn
ヘリウム He　炭素 C　フッ素 F　鉛 Pb

解答 3.4　3 族：Sc, Y,　14 族：C, Ge, Pb,　17 族：F, Br, I,　18 族：He, Rn

● 周期表内のそれぞれの族に含まれる元素は，その族の特性を共有している

周期表のいくつかの族を，ここできちんと紹介しよう．図 3.6 にはいくつかの族の場所が示されている．一番左側の二つの列からはじめよう．1 族と 2 族はそれぞれアルカリ金属，アルカリ土類金属として知られている．

周期表の最も左側にある二つの列は，3 族から 12 族までの元素，**遷移金属**（transition metal）によって，右側にある元素の大グループと隔てられている．遷移金属には，金，銅，鉄など，日ごろ出会う金属が含まれる．だが，ある遷移金属はよく知られているのに，イットリウムやニオブのように，あまり知られていない元素があるのはなぜだろう．理由は二つある．よく知っている元素の多くは，地殻——地球の一番上の層——に多く含まれ，採鉱が容易なのが第一の理由．これらの元素の多くは反応性が低く，他の物質となかなか反応しないのが第二の理由だ．銅や金はなかなか変色せず，長期間使用できるので，貨幣に用いられる．

17 族元素はハロゲンという．ハロゲン族の上のほうにあるフッ素，塩素はともに気体だ．すでに学んだが，臭素は液体，ヨウ素は固体だ．すべてのハロゲンは他の物質と容易に反応する．

ハロゲンと違い，18 族の貴ガスはすべて気体だ．

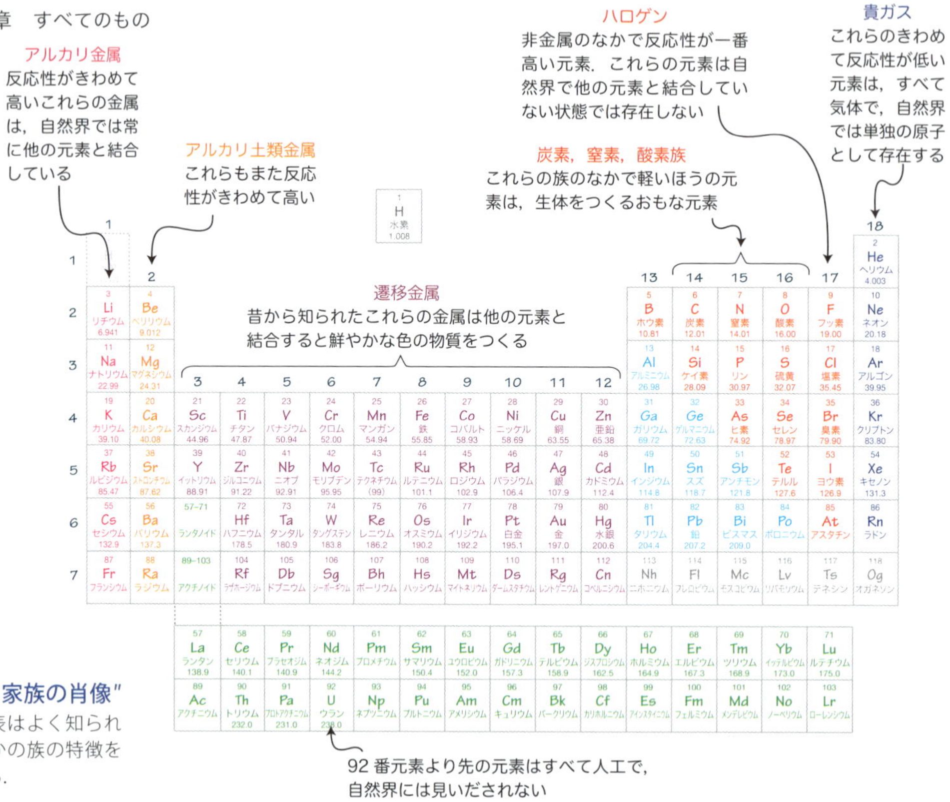

図 3.6 "家族の肖像"
この周期表はよく知られたいくつかの族の特徴を示している．

また，ハロゲンと違って貴ガスはきわめて反応しにくい．貴ガスという名前もそこからきている．なまけもの元素で，他の元素の原子と相互作用しない．

なぜアルカリ金属は反応性が高いのに，貴ガスは他の元素とまったく反応しないのだろう．何が金属を電気伝導体に，何が非金属を絶縁体にするのだろう．何がアルカリ金属，アルカリ土類金属に高い反応性を与えるのだろう．これらはとてもよい質問ではあるが，まだこれらの疑問に答える準備ができていない．これらの疑問に対する答えは，4章「結合」で学ぼう．とりあえずは目下取り組んでいる，物質を一般的な言葉で分類するという課題に集中しよう．これまでにどの元素が一般的で，また周期表がどう組織されているかについて，少しばかり学んだ．いまや「物質はどのように分類されるか」という，いままでも取り組んできた，より大きな課題に挑戦しよう．

問題 3.5 次の元素を周期表のそれぞれの族に分類し，族の番号を示せ．
(a) ヘリウム (b) 塩素 (c) ナトリウム
(d) マグネシウム

解答 3.5 (a) 18族 (b) 17族 (c) 1族
(d) 2族

3.3 物質を分類する

● すべての物質をきちんと分類するのは容易ではない

すべての物質を分類するのは容易な仕事ではない．というのも，分類の方法は互いに重なり合い，混乱を招くからだ．ばかげた例を考えてみる．すべての物質を「青い物すべて」と，「青くない物すべて」の2種類に分類するとしよう．これは簡単なアイデアのように見える．しかし「青さ」を定義しなくてはならなくなると，たちまち面倒になる．真っ黒だが，ちょっと青っぽい物質はどう扱うべきか？ だいたいのところオレンジ色だが，ちょっとした青いシミがあるようなものはどうなるのか？ 青というべきなのか？ トルコ石[*2]はどうなるのか？

今度は青さに加えて，丸さですべての物質を分類するとしよう．いまや青さと丸さを考慮しなければならない．この場合，青みを帯びた，部分的に丸いもの，あるいは卵形で青紫のものはどう分類するのだろう？

この例から，一見明快な分類でもあっさり挫折することがわかっただろう．青さと丸さについていえば，すべての物質を分類しようとすると，例外にぶつかり，何をどちらに分類するか決定しなければならなくなる．

*2 青色と緑色が混ざった不透明な鉱物．ターコイズともいう．

科学者たちは何世紀にもわたってこの種の困難に取り組んできた．その結果は長年かけてつくられた，重なり合った分類であった．

問題 3.6 次の物質を二つのグループに分類する方法を考えよ．いく通りもの方法があるから，解答もいく通りもある．

パンケーキ 1 切れ　角砂糖　J 文字の形に切り抜いたピンクの紙　5 ドル札　以前トランプが入っていたピンクの箱

解答 3.6 例をあげてみる．

二次元の物体と三次元の物体
ピンクのものとそうでないもの

● 日々の暮らしで出会う純物質は実は純粋ではない

身の周りを見てみよう．きみが見るもののすべては，周期表中の 118 種類の元素の何らかの組合せだ．きみがいま着ている衣類のほとんどは炭素，水素，酸素原子からできている．これらの元素は周期表の右上に集まっている．もしきみが騎士で，鎖かたびらを着ているなら，きみがいま着ているものはおもに金属からできている．鉄や銅などは周期表の中程に位置している．

人が見ることができないものも，周期表の 118 種類の元素の何らかの組み合わせてできている．この章の 3.5 節で，いま呼吸している空気は，おもに酸素と窒素，それにわずかな他の元素からなることを知る．こう考えてみると，118 種類の元素がつくりだす多様な世界を理解する手がかりはどうやって得られるのだろうか？　この節ではすべての物質を何らかのカテゴリーに分けてみる．

まず，すべての物質を純物質とそうでないものに分類してみる．だが,「純粋」をどうやって定義するのか．厳格な定義によると，もしある物質の試料が，その試料をつくる原子ではない他の原子を 1 個だけでも含めば，その物質は「絶対的に純粋」とはいえない．実際には，前述のような厳密さで，何が純粋か，何が純粋でないかは定義できない．というのも，そうすると，すべての物質は不純であり，分類は無意味だという結論にすぐに行きついてしまうからだ．だから，もう少し寛大にならなければならない．

たとえば，化学者が化学会社から高いお金を払って高純度の薬品を購入したとしよう．その薬品の純度はおそらくおよそ 99.99%．実際にはこれは結構高純度だと考えられ，この薬品は専門的には絶対的に純粋とはいえないが，きわめて純粋だといってしまう．というわけで，**純物質**（pure substance）という語をゆるく用い，純物質といえども少量の不純物を含んでいると認め，純物質を「少量の不純物を含むかもしれない元素ないし化合物」と定義する．**図 3.7** には日ごろ目にする，まあまあ純粋といえる物質の例を示す．

● 混合物は 1 種類より多い純物質を含む

日常生活のなかで出会う物質のほとんどは，より緩やかな定義のもとでも純物質ではなく，混合物だ．2 種類あるいはそれ以上の純物質が混ざっているものが混合物だ．オレンジジュース，シャンプー，アスファルト，スモッグ，ドアノブ，グアカモーレ[*3]，インクなどはすべて混合物といえる．

*3 メキシコ料理に使われるアボカドをつぶしてつくった濃いソース．

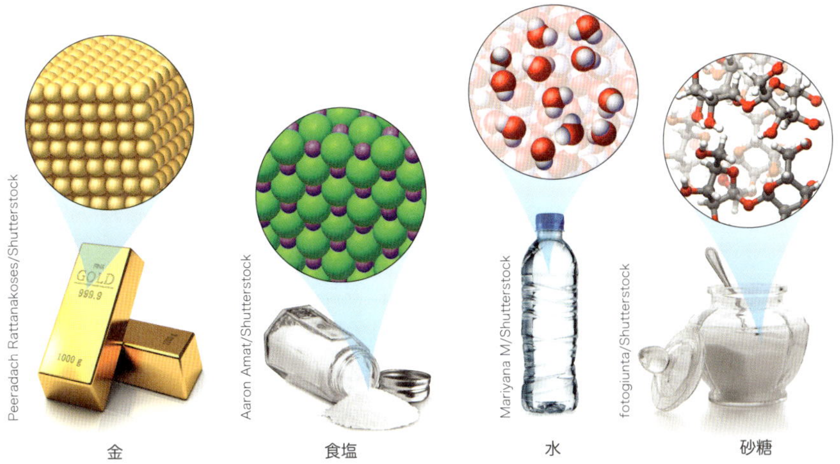

図 3.7 純物質の例
示した試料，金，食塩，水，砂糖は純物質．

natureBOX・金の採鉱にかかわる問題

地球上のほとんどの物質は混合物だ．ほとんどの元素は他の元素と結びついて化合物をつくり，それらの化合物は混じり合ってさらに混合物をつくる．そんなわけで，自然界で他と結びついていない純粋な元素は珍しい．ある種の金属は比較的純粋な形で地球上に存在する．なかでも金は究極の掘り出し物といえる．金は何世紀にもわたって求められ続けたし，金属として高い価値を与えられている．近年金は常に最高値をつけ，金探しは儲かる仕事になった．

この惑星の最外殻をつくる地殻に含まれている金はごく微量で，地殻のわずか 0.000 000 4％を占めるにすぎない．しかし，地殻の巨大な質量のおかげで，この小さな％でもけっこう大きい値になる．人間が金を掘りはじめる前，地中にあって採鉱可能な金は 36,000 トンと見積もられた．このうち 22,000 トン，すなわち 60％がすでに人間によって掘り出されている．明らかなことだが，見つけやすい金はとうに見つけられている．昔ながらの方法，選鉱鍋（pan）のなかの砂礫（されき）を川の流れで洗って貴重な物質（金）を分離する選鉱鍋法や，容易にたどり着ける鉱脈を見つけたとしても，多量の金は見つけられそうにない．残りの 40％を得るために，まず探索，ついで開発，抽出と精錬が必要だ．

金の採鉱は地球上で広く行われているが，他の金属の採鉱に比べて，金の採鉱は最もひどく環境を汚染する．その理由は，地殻中での金の含有量があまりにも希薄だからだ．金に富んだ鉱山でも，掘り出した鉱石 1 トンにつき，せいぜい数十グラムの金が得られる程度だ（**図 3 A**）．ワシントン・ポスト紙（2010 年 9 月 21 日）によると，18 カラットの標準的な結婚指輪を得るためには 20 トンもの岩石や鉱石を捨てなければならない．このため，金の採鉱は環境に多大の負荷を強要する．何トンもの岩を掘るためには土工機械[*4]が必要だが，この種の機械は温室効果ガスを大気に排出する（温室効果ガスは熱を捕まえて，地球温暖化を進める気体で，5 章「炭素」で詳しく学ぶ）．

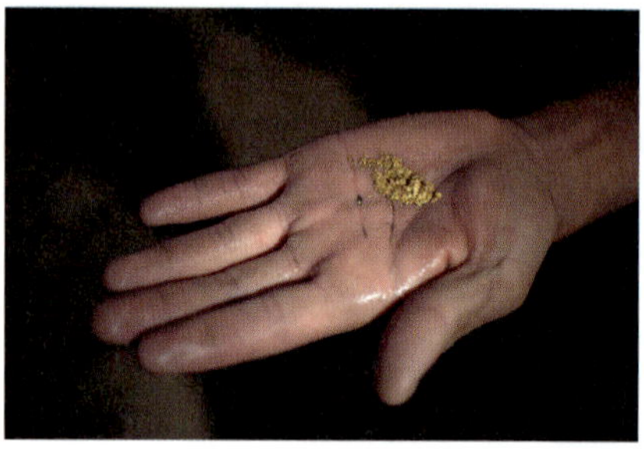
Jonas Gratzer/LightRocket/Getty Images

図 3 A　非常に大きな労働に対するわずかな報酬
ここに示したわずかな金は，一家族が 1 週間の重労働でようやく手に入れた．

混合物は均一であったり，塊であったり，あるいはその中間だったりする．混合物が滑らかな表面だと，さまざまな成分の境界がわからないこともある．この種の混合物を均一混合物，または溶液とよぶ．というのも，その外見は完全に均一に見えるからだ．湯にティーバッグを入れると，お茶の葉は何かしらの物質を湯のなかに出し，均一な混合物ができる．ティーバッグを取り除いても，お茶のなかに境界線，あるいは層は見えない．つまり完全に混合している．

不均一混合物は塊状で，一つの成分が終わって次に成分がはじまる境界が見える．試料中，ある場所から（境界を越えて）別の場所に移動すると組成が変わる．アイスティーは不均一混合物だ．アイスティーの場合，氷の塊とお茶の溶液，すなわち一つのものが別のものに混ざっているのが明らかだという意味で，この混合物には境界がある．つまりどの部分がお茶で，どの部分が氷なのかがわかる．しかし，7 月の暑い日にアイスティーを窓際に放置していれば，数時間後には不均一混合物が均一混合物になってしまったのに気づくだろう．

ドレッシング，マニキュア液，塗料のように，使う前に振り混ぜなければならないものはどうか．これらも不均一混合物だ．これらは自然に層をつくり，均一にするために振り混ぜなければならない．どんなに振り混ぜても，この種の混合物は不均一のままだ．たとえば，小さな粒や色の線を含んでいる練り歯磨きは不均一混合物で，どんなに混ぜても均一にはできない．**図 3.8** に均一混合物と不均一混合物の例を示した．問題 3.7 でどう分類するかを試みる．

混合物を考える際に液体に限定する必要はない．純金の塊を考えてみる．ごく少量の不純物を別にすると，これは金原子だけでできている．では金の指輪は金の冶金には，金を単離しやすくするための加熱段階，ロースティングを必要とする．まずいことに，ロースティングは鉱石のなかに含まれている水銀を空気中に放出させてしまう．周期表上，80 番元素の水銀は人体にとりわけ害をもたらす．EPA *5 によると，小規模金鉱山の作業は，世界的にみて空気中にある水銀の最大の放出源となっている．

金の採鉱は水も汚染する．金の採鉱冶金は，合法的になされた場合でも，ヒ素，水銀，銅などの金属を水に放出する．作業から出るものは「選鉱くず池」とよばれる小さいに池に貯められ，そこから汚染物質が小川，湖，河川に広がる．これまで注意深くバランスが取られたエコシステムのなかに暮らしていた魚やその他の生物は危険にさらされる．

金の採鉱が非合法的に行われている場所では，事情はもっとひどい．たとえばペルー東部のマドレ・デ・ディオス雨林は，合法，非合法両方の金の採鉱によって破壊されている（図 3 B）．ペルー政府によると，毎日 50 隻ものタンカーがこの地を目指してやってくる．タンカーが積んできた石油はジャングルから金を採掘するために昼夜を問わず運転を続ける土工機械のエネルギー源となる．これらの多くは非合法企業なので，環境についての規制に従わない．金と容易に結合するので，ペルーでは岩から金を抽出するために大量の水銀を使う．結局のところ，水銀はこの地方の環境に捨てられ，土や水が毒にさらされることになる．

図 3 B　ペルーのマドレ・デ・ディオス雨林での金の採鉱

写真は金の採鉱が行われているマドレ・デ・ディオス雨林の一地域を示している．この地帯では，水は金の採鉱に使われる水銀を含む副産物で汚染されている．

もう少し責任ある方法で得られた金を買うことはできるだろうか？　たぶんできる．どのように採鉱されたかに応じて，金をランクづけする試みがはじまっているからだ．しかし，ほとんどの金は（ランクづけの）ラベル抜きで売られている．金のリサイクルはさらによい方法だ．リサイクルが進めば，おそらく金の採鉱はほとんど不必要になる．というのも，すでに世界中で何トンもの金が採鉱され，金塊や装飾品，貨幣の形で流通しているからだ．金の採鉱が環境に及ぼす害を減らす最善の方法は，いまもっている金を再利用することだろう．

*4 Earth-moving machinery：ブルドーザーやショベルカー，削岩機などの巨大機械．

*5 EPA：アメリカ合衆国環境保護庁（US Environmental Protection Agency）．

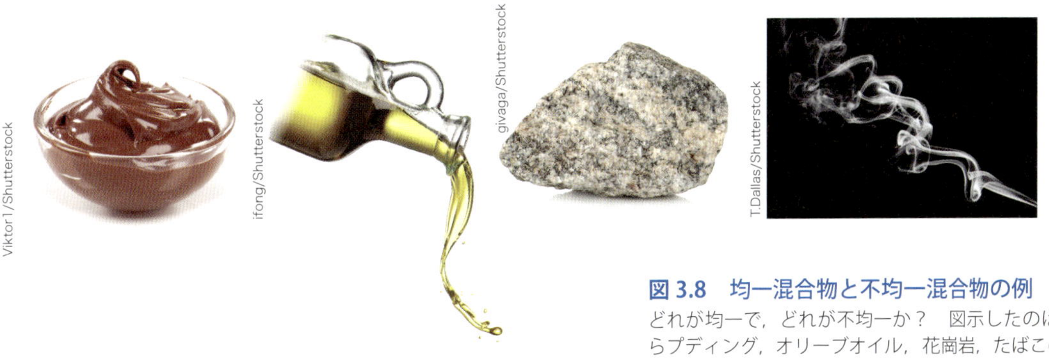

図 3.8　均一混合物と不均一混合物の例

どれが均一で，どれが不均一か？　図示したのは左からプディング，オリーブオイル，花崗岩，たばこの煙．

どうか？　宝飾の世界では，強化して装飾品に加工できるように，金を他の金属と混ぜる．できたものは何種類かの金属が混ざっているので，均一混合物であり，金属の混合物は**合金**（alloy）とよばれることが多い．気体も混合物になれる．いま，きみが呼吸している空気は，まさに均一混合物なのだ．

問題 3.7　図 3.8 の各混合物を均一か不均一かに分類せよ．

解答 3.7　均一：プディング，オリーブオイル

不均一：花崗岩，たばこの煙

3.4 化合物と化学式

● 含まれている異なる元素の種類の数で物質を分類できる

これまでのところ，物質を純物質と混合物の2種類に分類してきた．まず純物質に焦点を当て，混合物は次にまわそう．さらに純物質をただ1種類の元素を含む物質と，1種類以上の元素を含む物質に分類できる．ある純物質がただ1種類の元素を含むだけなら，単に「それは元素だ」といえばよい[*6]．それが2種類以上の元素を含むのであれば，**化合物**（compound）とよぶ．化合物は2種類あるいはそれ以上の元素を含む物質と定義できる．

この方式によると，元素は原子1個からなる場合もある．たとえばネオンは互いに結びついていない個々のネオン原子からなる．元素は，何らかの方法で結合した2個以上の原子からなることもある．たとえば，金はすべて互いに結合している無数の金原子からなる．自然界においてフッ素は互いに結合して対をつくる2個のフッ素原子からなる．それはフッ素だけを含むのでやはり元素だ．図3.9には元素と化合物の例を示した．

この本を通じて学んだように，ほとんどの物質は1種類以上の元素を含んでいるから，化合物といえる．化合物は**定比例の法則**（law of constant composition）に従う．この法則によると，ある化合物は各構成元素を決まった数含んでいる．そしてこの数はそれぞれの物質に固有だ．たとえばカフェインは化合物で，その各単位（分子）には炭素8原子，水素10原子，窒素4原子，酸素2原子を常に含む．定比例の法則によれば，カフェイン分子は常にこれらのそれぞれの原子を，常に正確に同じ数だけ含む．だれかがトルクメニスタン[*7]で飲むコーヒー，ロサンゼルスで飲むダイエットコーラ，ベルリンで飲む紅茶，これらの飲物に含まれるカフェインは常に同じ．カフェインは化合物であり，定比例の法則に従うからだ．

ある物質に含まれる原子の数を追跡するとき，「炭素8原子，水素10原子，窒素4原子，酸素2原子を常に含む」といちいち書くのは面倒だろう．いくらか時間を節約するために，科学者はこの種の情報を書き出すための**化学式**（chemical formula）とよばれる速記術を編み出した．この速記術によると，カフェインの化学式は $C_8H_{10}N_4O_2$ となる．化学式では元素記号は通常アルファベット順に並べられる（例外はこの本の後半で扱う）．元素記号につけられた添字は化合物が各原子をいくつ含むかを示す．化合物のなかで，ある原子が1個しか含まれていない場合は，数字の1は化学式では省略する．元素に対しても化学式を書くことができる．たとえば，ただ1個の原子として存在しているネオンは，単に Ne と書く．自然界では8個の原子が輪をつくって存在していることが多いが，その種の硫黄は，S_8 と書く．図3.10で典型的な化学式を分析してみる．

化学式に（　）が含まれている場合も少なくない．たとえば $Mg(OH)_2$ を見てみよう．この場合，OH は酸素原子1個と水素原子1個を表す．添字2は OH 単位が2個あることを示す．この式は，この化合物が全体としてマグネシウム（Mg）1原子，酸素原子（O）

*6 日本ではただ1種類の元素を含む純物質を「単体」とよぶが，この用語は国際的にはあまり用いられない．
*7 中央アジア南西部に位置する共和制国家．

(a) 元素　　(b) 化合物

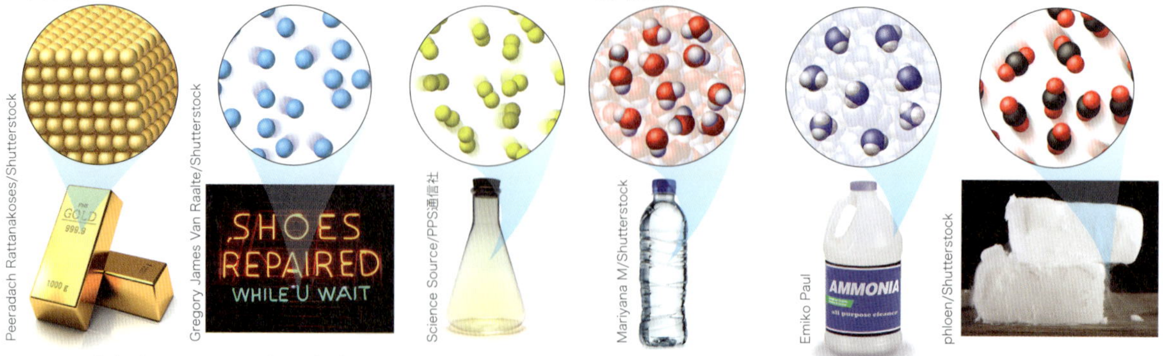

金（Au）　ネオン（Ne）　フッ素（F_2）　水　H_2O　アンモニア　NH_3　ドライアイス　CO_2

図3.9　元素と化合物
(a) 元素は，同じ元素の原子のみを含む．しかし，ネオンのようにそのものだけを含む原子だけでなく，金やフッ素ガスのような結合した原子もある．(b) 化合物は複数の元素の原子を含む．

図 3.10 化学式を分析する
カフェインは化合物で，その化学式をここに示す.

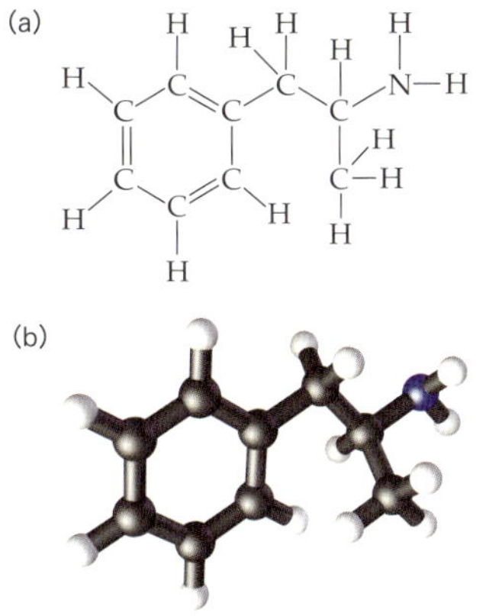

図 3.11 アンフェタミンの構造
(a) アデラールの4種の活性成分の基礎になっているアンフェタミンの構造と，そのなかに含まれている原子が互いにどのように結ばれているかを示す.
(b) アンフェタミンの分子模型．黒い球は炭素原子を，白い球は水素原子を，青い球は窒素原子を表す.

2個，水素原子（H）2個をもっていることを示す．O原子とH原子はある理由で1組になっているが，その理由は酸と塩基を扱う10章「pHと酸性雨」で述べる．ここでは（　）の後の添字は，（　）のなかのすべてをその数の倍にすることだけ知っておこう.

問題 3.8 どの物質が元素で，どれが化合物か.
(a) 塩化銀 AgCl　(b) 臭素 Br_2　(c) 三ヨウ化ホウ素 BI_3　(d) 三酸化モリブデン MoO_3
(e) ウラン U　(f) フッ素 F_2

解答 3.8 元素は1種類の原子のみを含む：(b)，(e)，(f)．1種類以上の元素を含むものは化合物：(a)，(c)，(d)

問題 3.9 次の各化合物に，各原子はそれぞれ何個含まれているか.
(a) $(NH_4)_2SO_4$　　(b) $(C_6H_5)_3P$

解答 3.9 (a) 窒素原子2個　水素原子8個　硫黄原子1個　酸素原子4個
(b) 炭素原子18個　水素原子15個　リン原子1個

● 構造式を眺めるとアデラールの化学式を決めることができる

化学式の最後の例は，アメリカの大学生のあいだで乱用されている処方薬を見てみよう．アデラール[*8]は注意欠陥多動性障害（ADHD）をもつ成人や子どもに処方されている．だが，この薬品はアンフェタミン[*9]系の薬の混合物だから，強い興奮作用があり，したがって悪用される危険性が高い．最近の研究によると，2012年にはアメリカの大学生の1/3以上がアデラールを試したことがあるようだ.

アデラールは4種の活性成分の混合物で，それらは**図 3.11** にその構造を示すアンフェタミンの仲間だ．これまでは線[*10]で描いた化合物の構造を示さなかったので，図3.11はこの本に出てきたこれまでの図とは違って見えるだろう．図3.11で原子を結びつけている線は原子間の結合を表している．4章「結合」でこの繋がりのことを詳しく学ぶ.

図3.11に示された化合物の化学式を書いてみよう．それぞれの種類の原子の数だけ取り出し，それらをいま学んだ方式で書く．この化合物では炭素原子9個，水素原子13個，窒素原子1個が含まれている．アンフェタミンの化学式 $C_9H_{13}N$ を書く際，元素をアルファベットで表し，化合物中のそれぞれの原子の数を示した添字を用いる．窒素の元素記号の後に1を書く必要がないことを思い出そう．数字が書かれていないときは1を補って考える.

---

*8 アデラール（Adderall）：刺激薬の一種で，注意欠陥多動性障害の治療に用いられる.
*9 アンフェタミン（amphetamine，α-methylphenethylamine）：中枢興奮作用をもつ薬物．強い中枢興奮作用などのため，反社会的行動や犯罪の原因になる可能性が指摘され，覚醒剤に指定されている.
*10 日本では原子と原子を結ぶ線を「価標」とよぶが，国際的にはこの本に見られるように，特別の用語を用いず，「line」を使っている例もある．日本でもこの傾向に合わせる動きがあるので，この本では「線」とした.

問題 3.10 カフェインの構造を次に示した．この構造から化学式を導け．

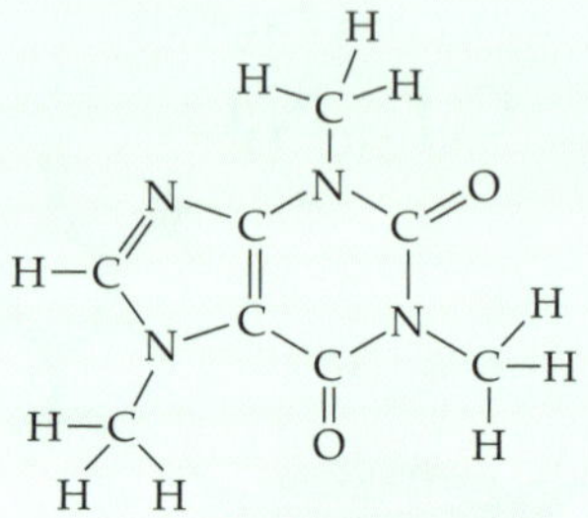

THEgreenBEAT ● 環境に関する話題

電子ゴミ

2008 年 6 月 14 日，グリーンピースのボランティアのグループが香港の港に静かに到着した．彼らはカリフォルニア州オークランドから到着して，まさに貨物を荷降ろししようとしている貨物船が停泊している波止場に近づいた．さらに貨物船に乗船して，コンテナの側壁に「有害廃棄物お断り」と書かれた旗印を貼った（**図 3.12**）．

彼らはコンテナの留め置き，中身の検査を要求した．なかには何が入っていたか？ 中身は使用済みの携帯電話，コンピュータ，モニタなどの電子機器が入っていた．たいへんな量だった．それらは使用済み電子機器の落ち着き先として知られている中国の汕頭（スワトウ）を目指していた．

AP/アフロ

図 3.12 使用済み電子機器を詰め込んだコンテナに貼られたグリーンピースの旗印

ではグリーンピースのグループは，中国に向かう壊れた電子機器の輸送のどういう点を気にしているのだろう．そしてきみたちにとっても，古い携帯電話やコ

	1	2	3	4	5	6	7	8	9	10	11	12	13	14	15	16	17	18
1	1 H 1.008																	2 He 4.003
2	3 Li 6.941	4 Be* 9.012											5 B 10.81	6 C 12.01	7 N 14.01	8 O 16.00	9 F 19.00	10 Ne 20.18
3	11 Na 22.99	12 Mg 24.31											13 Al 26.98	14 Si 28.09	15 P 30.97	16 S 32.07	17 Cl 35.45	18 Ar 39.95
4	19 K 39.10	20 Ca 40.08	21 Sc 44.96	22 Ti 47.87	23 V 50.94	24 Cr 52.00	25 Mn 54.94	26 Fe 55.85	27 Co 58.93	28 Ni 58.69	29 Cu 63.55	30 Zn 65.41	31 Ga 65.39	32 Ge 72.64	33 As 74.92	34 Se 78.96	35 Br 79.90	36 Kr 83.80
5	37 Rb 85.47	38 Sr 87.62	39 Y 88.91	40 Zr 91.22	41 Nb 92.91	42 Mo 95.94	43 Tc 98	44 Ru 101.1	45 Rh 102.9	46 Pd 106.4	47 Ag 107.9	48 Cd* 112.4	49 In 114.8	50 Sn 118.7	51 Sb 121.8	52 Te 127.6	53 I 126.9	54 Xe 131.3
6	55 Cs 132.9	56 Ba 137.3	57–71	72 Hf 178.5	73 Ta 180.9	74 W 183.8	75 Re 186.2	76 Os 190.2	77 Ir 192.2	78 Pt 195.1	79 Au 197.0	80 Hg* 200.6	81 Tl 204.4	82 Pb* 207.2	83 Bi 209.0	84 Po	85 At	86 Rn
7	87 Fr	88 Ra	89–103	104 Rf	105 Db	106 Sg	107 Bh	108 Hs	109 Mt	110 Ds	111 Rg	112 Cn	113 Nh	114 Fl	115 Mc	116 Lv	117 Ts	118 Og

57 La 138.9	58 Ce 140.1	59 Pr 140.9	60 Nd 144.2	61 Pm	62 Sm 150.4	63 Eu 151.9	64 Gd 157.3	65 Tb 158.9	66 Dy 162.5	67 Ho 164.9	68 Er 167.3	69 Tm 168.9	70 Yb 173.0	71 Lu 175.0
89 Ac	90 Th 232.0	91 Pa 231.0	92 U 238.0	93 Np	94 Pu	95 Am*	96 Cm	97 Bk	98 Cf	99 Es	100 Fm	101 Md	102 No	103 Lr

図 3.13 電子機器に含まれる元素を示す

電子機器に大量に含まれる元素を濃い紫色，かなり含まれている元素を中くらいの紫色，ごく少量含まれている元素をうすい紫色で示した．＊印をつけた元素は人体にとくに有害だ．

解答 3.10　化学式は $C_8H_{10}N_4O_2$.

3.5　物質が変化するとき

● 気体，液体，固体は物質の三つの状態

思考実験を試みよう．いま，きみは台所にいるとする．蓋つきのガラスびんに氷と水を少し入れ，蓋をきっちり閉める．次の節を読むあいだ，びんをそのままにしておこう．

容器内には，固体，液体，気体という物質の三つの**相**（phase）のどれが存在するのだろうか？　**固体**（solid）があることはわかる．びんに入れても固体はびんの形にはならないことを直観的に知っているので，固体を認識できる．いいかえれば固体は形を保つ．固

ンピュータやモニタのことを気にする理由があるのだろうか？　理由はある．これこそ急速に増大しつつある巨大な汚染の源だからだ．

使用済み電子機器は有害物質を含み，それらが適切に捨てられないと，環境に蓄積される汚染源となる．アメリカは使用済み電子機器――**電子ゴミ**（e-waste）[*11]ともいう――を自国でリサイクル，再使用する代わりに他国に送りつける．他の国も同様に労働が安価な国に送りつける．安価な労働は安価な廃棄を意味する．そのうえ，労働が安価な多くの国では，有毒物の捨て方や捨てる場所についての規制が甘い．国連のウェブサイトによると，「健康と安全の基準が最低な国々では労働が安価」．

電子ゴミは幅広い範囲の元素を含んでいる．人体に有害で大量に含まれている元素には，鉛（Pb），ベリリウム（Be），カドミウム（Cd），それに水銀（Hg）がある．**図 3.13** の周期表には電子機器に含まれている元素を強調して示した．

これらの元素は使用済み電子機器を扱う人たちや，それらを廃棄する場所の環境にとって最大の脅威だ．**図 3.14** は中国南部の貴嶼（グイユ）で労働者たちが電子ゴミを分解している様子を示した．この町だけで 5000 以上の家族経営規模の電子ゴミ分解作業所があり，その電子ゴミの 80%以上が中国以外の国から来たものだった．

使用済み電子機器が起こす汚染の量は，おもにそれらに何が起こるかで決まる．中国では多くの電子機器が裏庭の焼却炉で融解されて壊される．電子機器に含まれている金属は簡単にはとけないが，プラスチック部分は燃え，あとに貴重な金属を残す．プラスチックを含む電気機器が高温に熱せられると，プラスチック部分は溶け，燃えてきわめて有害な煙を出す．残念なことに，このようなやり方で得られる金属はごく少量なのに，大気あるいは水に放出される有毒物はきわめて高濃度だ．

毎年世界中で何百万トンもの電子ゴミがつくられて

Norman Ng/MCT/MCT via Getty Images

図 3.14　電子機器を分解する中国人労働者

いると見積もられている．そのうち，アメリカの責任は 300 万トンで，世界のどの国より多い．こうしたいきさつで，グリーンピースが 2008 年 7 月のあの日に香港の波止場に集まったのだ．

コンピュータの部品を壊してしまうのではなく，改装し再利用することで社会や環境にとっての大きな利益が得られる．再利用は電子機器をつくるのに用いる原材料を減らし，プラスチックを燃やすことで生じる汚染を低減できる．

人々が電子ゴミの問題を認識するようになり，コンピュータのメーカーはこの問題に関心を払うようになってきた．ある会社は買い戻し制度を提供している．別の会社は電子ゴミになっても出す有害物質が少ないプラスチックを使う試みをはじめた．グリーンピースは電子機器メーカーの年次調査を行い，「最もグリーンな」，そして「あまりグリーンでない」会社の名前のリスト[*12]を載せた Greener Electronics 報告を刊行している．もし，きみが何か新しい電子機器を買う予定なら，買う前にいま紹介したランキングを調べてみるのもよかろう．

＊11　日本では電気電子機器廃棄物あるいは廃電気・電子製品などとよばれているようだが，この本ではもっとわかりやすい「電子ゴミ」を用いる．

＊12　インターネットで greener electronics を検索すると，新しい情報が得られる．

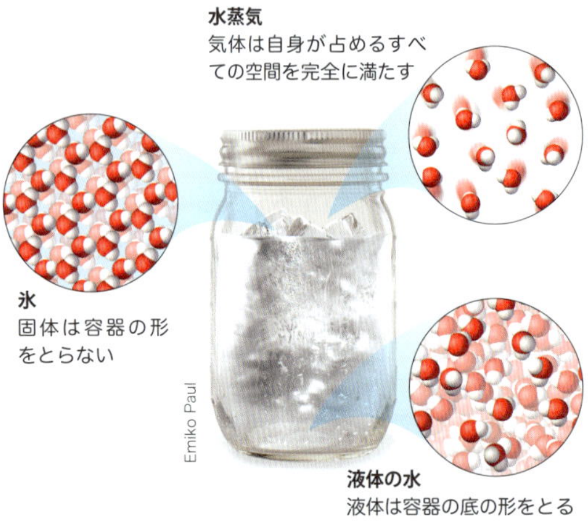

図 3.15 びんのなかの水の三つの状態

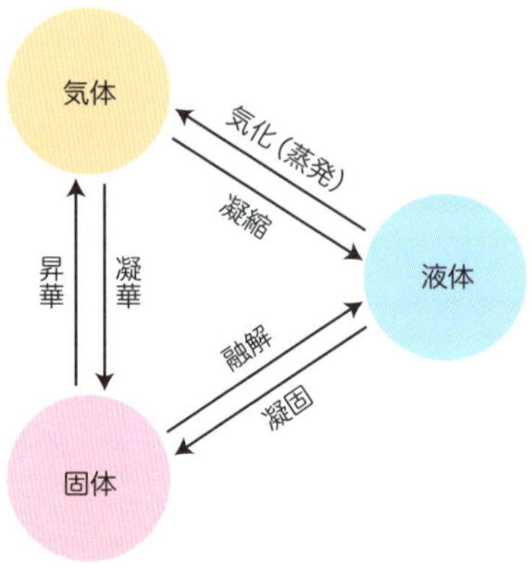

図 3.16 状態変化のまとめ

体は軟らかいものもあり，弾力のあるものもある．しかし，それでも形を保つ．だが，液体はそうではない．**液体**（liquid）をびんに入れると，液体は広がってびんの底に貯まる．液体の表面は平らで，水平だ．一方，**気体**（gas）に表面はなく，びんの底だけではなく，すべての隙間を埋める．

さて，台所に戻って，びんに半分入った氷水を見てみよう．びんのなかの水はどんな状態だろうか．液体の水と固体の水，すなわち氷があることはわかっている．では，気体はどうだろう？ 気体は見えるだろうか？ だが見えそうにもない．水の蒸気と空気が氷水の上にあるが，どちらも無色で目に見えない．それに氷水の上にある水蒸気はごくわずか．しかし，あることはあるのだ．つまり，容器のなかにある三つの状態の相互関係を図 3.15 に示す．一つの状態から別の状態への物質の変化は特別な言葉で表される．たとえば**沸騰**（boiling），**気化**（vaporization）は液体から気体への相変化を表す．**凝縮**（condensation）はその逆過程．固体，たとえば氷を熱いオーブンに入れれば，固体状態から液体状態への変化が起こる．これはもちろん**融解**（melting）で，その逆過程は**凝固**（freezing）という．気体から直接固体に変化する（**凝華**[*13]：deposition）ことも，固体状態から気体状態に直接変化する（**昇華**：sublimation）ことも可能だ．これらの用語はすべて図 3.16 にまとめた．状態変化については 8 章「水」で詳しく扱う．

＊13「昇華」の逆過程（気体 → 固体）に対しても同じ用語，「昇華」が用いられてきたが，令和 3 年度から使用された高等学校の化学の教科書では「凝華」が用いられている．

問題 3.11 次のそれぞれの状態変化を述べるのに，図 3.13 のどの用語を用いるか．

(a) 氷のように冷たいレモネードのグラスに，空気からの水蒸気が滑りやすい膜をつくった．

(b) 夏の暑い日に地元の貯水池の水位が下がった．

(c) 暖かい春の日に，きみが好きなスキーのシュプールが半どけになった．

(d) 寒い冬の夜，きみの犬の水入れの水が氷になった．

解答 3.11 (a) 凝縮 (b) 気化（蒸発） (c) 融解 (d) 凝固

● 多くの混合物は物理的方法で容易に分離される

混合物はさまざまな状態の物質を含んでいる．氷水は固体 - 液体の混合物の例といえる．エーロゾルとエーロゲルは液体と気体の混合物の例だ．一方，混合物が同じ状態の物質を含むこともある．たとえば，ローションやクリームはともに液体の油と水をかきまぜることでなんとか混合物にしたものだ（ローションはクリームより油の含量が少ない）．組成がどうであれ，混合物はそれぞれの物理的性質の差を利用して，純粋な物質に分けられる．物質が蒸発し，沸騰，融解，あるいは氷結する温度の差，密度，硬さ，色などといった物理的性質が利用できる．

例を見てみよう．コンタクトレンズ用溶液の主成分の食塩水を考える．食塩水はともに純物質の食塩，すなわち塩化ナトリウム NaCl と水の混合物だ．これは混合物だから，物理的方法で分離できるはず．ではどうやって？　一つは，すべての水が蒸発するまで溶液を放置する方法だ．残ったものは NaCl だ．水は蒸発するが塩化ナトリウムは蒸発しないという，二つの物質の物理的性質の差を利用したもので，物理的方法による分離といえる．

ある物質が**物理変化**（physical change）した場合，その物質は異なる物質に変化したわけではない．物理変化を認識する一つの方法は，その物質が別の物質に変化したかどうかを見ることだ．答えが「ノー」であれば，それはおそらく物理変化だろう．状態変化は，ある物質が別の物質に変化したわけではないから，物理的といえる．したがって，状態変化は逆行させることができる．たとえば，水蒸気を冷やせば水になる．気体状態から液体状態に戻ったわけだ．

問題 3.12　(a) かんなくず（木くず）とやすりくず（鉄粉）の混合物を分離する方法を二つ述べよ．
(b) 分離が終わると，どんな成分が残るか？　それぞれの成分は元素，化合物，均一混合物，不均一混合物のどれか？

解答 3.12　(a) 水を加えると，木は水面に浮くが，鉄は下に沈む．別法は，鉄は磁性をもつが木はもたないので，磁石で鉄を木から分離できる．
(b) 分離が終わったあと，鉄のやすりくず（元素）やかんなくず（不均一混合物）が残る．木は化合物と元素の複雑な混合物，かんなくずも混合物．

● 化学反応が起こると，ある物質は他の物質に変わる

物質は物理変化のほかに，**化学変化**（chemical change）も受ける．化学反応によって，ある物質は一つまたはそれ以上の他の物質に変えられる．化学変化は，その物質の化学式の変化で認識できる．化学変化でどんなことが起こるかを見るため，NaCl と水に分離した食塩水をもう少し検討しよう．

これらの化合物――NaCl と水――がともに純物質であり，純物質は物理的手段ではそれ以上に分解できないことを知っている．では，水に化学変化を起こさせると，どうなるだろうか？

水の化学式は H_2O で，化合物であり，水素 2 原子と酸素 1 原子を含む．水分子内の原子間にある強い相互作用を断ち切ると化学変化を起こすことができる．たとえば雷が池に落ちると，池の水の一部は水素と酸素に変化する．稲妻は巨大なエネルギー源だから，水のなかで酸素 1 原子が水素 2 原子と結びついている力を断ち切る．池に落ちた雷は純物質の水を他のもの，すなわち水素と酸素という二つの純物質――ともに元素――に変えたのだから，化学変化が起こったといえる．図 3.17 に物理変化と化学変化の違いを示す．

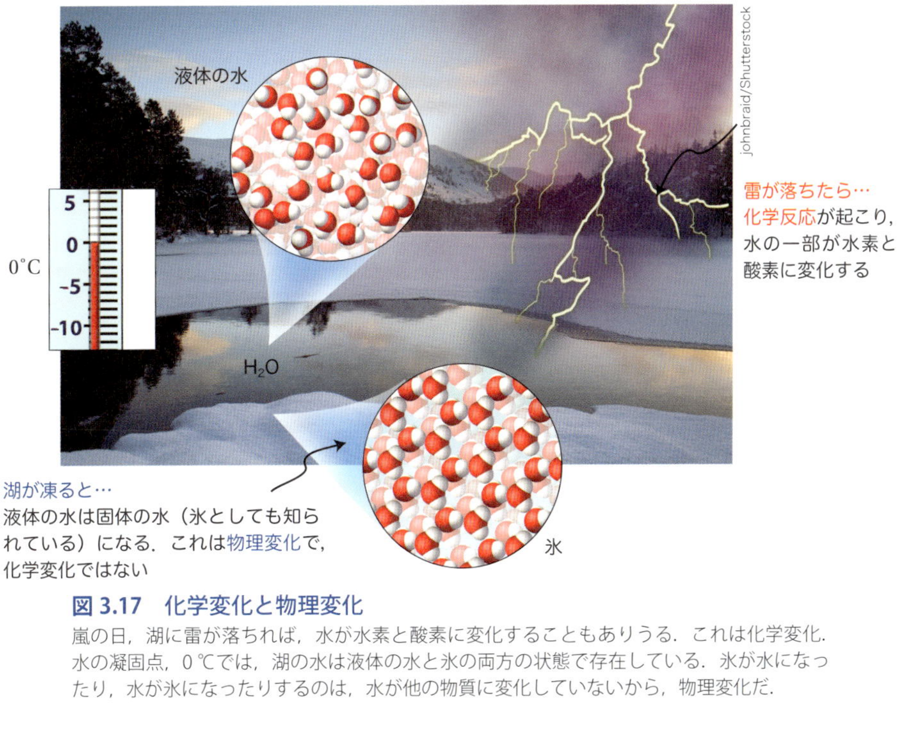

図 3.17　化学変化と物理変化
嵐の日，湖に雷が落ちれば，水が水素と酸素に変化することもありうる．これは化学変化．水の凝固点，0 ℃では，湖の水は液体の水と氷の両方の状態で存在している．氷が水になったり，水が氷になったりするのは，水が他の物質に変化していないから，物理変化だ．

問題 3.13 次の変化は物理変化か，化学変化か．
(a) 車のエンジンのなかでオクタンが燃焼する
(b) 水が 0℃で凍る
(c) 夏の日，湖の水が蒸発する

解答 3.13 (1) オクタンは空気中の酸素と化合して，一酸化炭素，二酸化炭素，水，その他の化合物を生じるので，オクタンの燃焼は化学変化．
(b) 水が凍ると氷ができるが，これもやはり H_2O．したがって，凝固は物理変化．
(c) 湖のなかの液体の水は気体となって空気に入る．液体の水から気体の水への変化はやはり物理変化．

問題 3.14 図 3.15 に示された人体に有害な元素の共通点は何か？

解答 3.14 これらの元素はすべて金属．

age fotostock/age fotostock

化学結合

原子を束ねる力を理解するために

2002 年に公開された映画『007 ダイ・アナザー・デイ』[*1] でジェームス・ボンドは，イカルス（Icarus[*2]）とよばれるソーラーフォーカス[*3]装置の制御に関連して，悪漢グスタフ・グラーヴェスと対決した．この装置は強力で，すべてのものを焼き尽くすことができるので，この装置を利用して地球を支配しようとするグスタフを仕留めなければならなかった．

イカルスはサイエンス・フィクションのなかの「おはなし」のように見えるかもしれないが，太陽炉（solar furnace[*4]）は現実の世界にも存在する．最大の太陽炉は，スペインとの国境近くのフランスの日当たりのよい町オデイヨ（Odeillo）にある．この設備では 10,000 個の鏡が，当たった太陽光を焦点に集中させる．集められた太陽光は強力無比で，実際，この太陽炉のなかでは 3800 ℃に達するため，その高温にはどんなものも耐えられない．

age fotostock/age fotostock

ダイヤモンドの融点は約 3500 ℃で，最もとけにくい物質の一つだが，そのダイヤモンドすら，この太陽炉のなかではとけてしまう．

鉄の融点は 1535 ℃でもっと低いから，太陽炉の熱には耐えられない．おもに鉄でできているやかんや鍋はコンロの上でとけることはない．コンロの上部はそれほどの高温にならないからだ．コンロの熱は食べ物を焦がすが，コンロの最も高温部でも食塩はとけたりしない．明らかにこれらの物質のあいだには，どこかに根本的な違いがある．だが，どんな違いだろうか？

この章は原子を束ねている力の説明にあてる．これらの力が物質の性質を理解するのを助けてくれるので，章を通じてこの問題に取り組む．たとえば，原子を束ねている力は，食べ物はコンロの火で調理されるが，食塩や食べ物を入れている鍋はとけないという事実に直接関係している．これらの物質——食物，食塩や金属製のやかん——は原子の異なる組合せからできていて，それらの原子は異なる種類の力で結びついている．その力によって，食べ物などは容易に壊れるが，食塩や金属製のやかんではそう簡単には壊れない．これは

---

*1『007 ダイ・アナザー・デイ（Die Another Day）』はジェームス・ボンドを主人公とするスパイアクション映画．2002 年公開．日本での公開は 2003 年．
*2 装置の名称は地球近傍小惑星イカロスからとられた．イカロスは近日点では水星よりも太陽に近づくので，ギリシア神話に登場するイカロス（Ikaros）にちなんで命名された．
*3 太陽光を 1 点（焦点）に集める装置．後述する太陽炉の強力なものと考えられる．
*4 レンズや反射鏡などで太陽光を集光し高温をつくりだす装置．

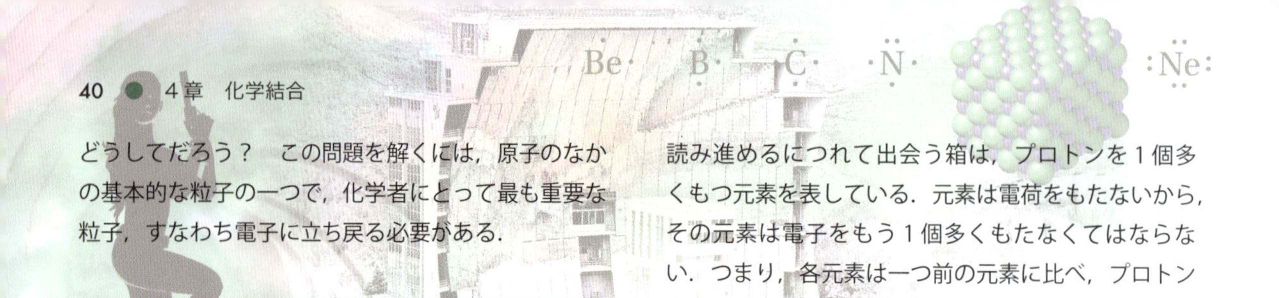

どうしてだろう？ この問題を解くには，原子のなかの基本的な粒子の一つで，化学者にとって最も重要な粒子，すなわち電子に立ち戻る必要がある．

4.1 オクテット則

● 貴ガスはとりわけ安定している

この章を通じて，同じ種類の原子が，また，異なる種類の原子が互いにどのように相互作用するかを確認しよう．しかし，**貴ガス**（18族）の仲間はどの原子とも相互作用しない．ヘリウムからラドンまでのすべての貴ガスは孤独な原子として存在する．このグループは周期表の右端の列に位置しているが，この場所が貴ガス元素のユニークな性質の鍵であり，それをこれから調べてみよう．

まず，原子が互いに相互作用するのは，漠然と「安定性」とよばれるものを獲得するためだ，という基本的な仮説をたててみよう．貴ガスはすでに安定性をもつので，それを獲得するために他の原子と相互作用する必要はない．では，何が原子を安定にするのだろうか？ 安定性は原子がもつ電子の数に関係し，それはまた，原子の周期表での位置に関係する．だから，貴ガスの周期表での位置を考えると，何かしらを学ぶことができる．

きみが本を読むように，周期表は左から右に，右端の列に達するまで読んでいく．3章で学んだように，

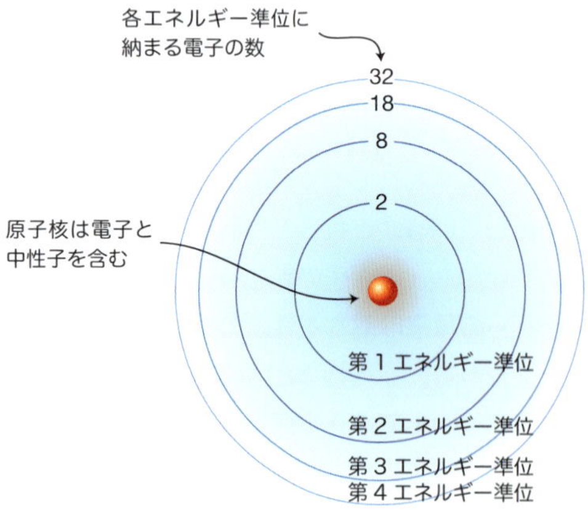

図 4.1 原子のエネルギー準位
この模式図は各エネルギー準位に"入る"ことができる電子の数を示す．少数の電子だけしかもたない原子は，それらの電子をはじめの数個のエネルギー準位に納めているが，大きな原子でより多くの電子をもつ場合は，原子核からどんどん遠い準位に電子を納める．このモデルでは，核の周りの場所に電子を配置することは，原子のふるまいを理解するのに役立つ．もっとも，この図は原子がどう見えるかを示しているわけではない．

読み進めるにつれて出会う箱は，プロトンを1個多くもつ元素を表している．元素は電荷をもたないから，その元素は電子をもう1個多くもたなくてはならない．つまり，各元素は一つ前の元素に比べ，プロトンと電子をそれぞれ1個ずつ多くもつ．2.4節で学んだこと，すなわち電子は原子のなかのエネルギー準位を占めることを思い出そう．思い出すために，図2.11を再掲した（**図 4.1**）．図からわかることだが，電子のこの分布が原子の安定性を教えてくれる．

まず貴ガスのヘリウムHeを取りあげよう．ヘリウムはプロトン2個と電子2個をもつが，この電子は第1エネルギー準位を埋める．

次に8個の電子を含むことができる第2エネルギー準位を見てみよう．リチウムLiからはじまる第2周期には箱が8個ある．だから電子8個が第2エネルギー準位を埋める．第2周期の各元素は，周期表を右へ進むにつれ，その第2エネルギー準位の電子が1個増えていく．この周期は貴ガスのネオンNeで終わるが，このネオンは第2エネルギー準位に電子8個をもっている．このパターンが繰り返され，周期表上の新しい周期は，**図 4.2**に示すように，新しいエネルギー準位に対応する．任意の周期において，左から右へと連続する元素は，一つ前の元素に比べて電子を1個多くもつ．それぞれの周期での最後の元素の一番外側の準位は完全に満たされ，このパターンは周期表の最後の列に現れる貴ガスの特徴となる．

ここで周期表の最右端の列，18族が特別の意味をもっていることを明らかにしよう．それぞれの貴ガスは，左から右へ満たされた一つの周期を表すだけの電子をもっている．この「理想的な」電子の数は貴ガスに特別な安定性を与えている．貴ガス元素にとって，電子数はまさにぴったりで，電子を得たり，あるいは失ったりしてさらに安定化する必要はない．このことから貴ガスの性質が説明できる．それぞれの貴ガスは理想的な数の電子をもっているので，電子の数を好都合にするために，化学反応にたよる必要がない．

問題 4.1 次の元素で，貴ガスでないものはどれか？

キセノンXe　イットリウムY　アルゴンAr　ラドンRn　イリジウムIr　ヘリウムHe　カリホルニウムCf

解答 4.1 Y，Ir，Cf

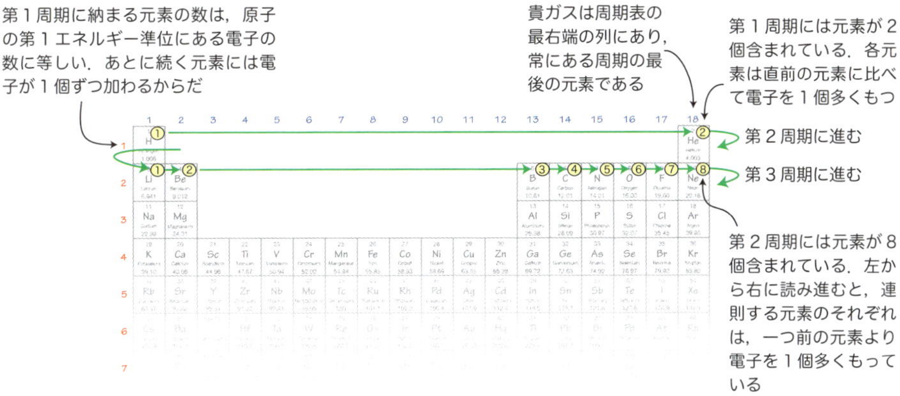

図 4.2 エネルギー準位と周期表との関係

● 原子のなかの電子は内殻電子と価電子に分類される

3 原子のなかでは，すべての電子は同じ質量，同じ負電荷（−1）をもつ．だが，すべての電子は同一ではあるが，原子のなかの電子は核との位置関係に応じて違いが出る．原子をタマネギと考えてみよう．原子の各エネルギー準位は，タマネギの層のようなものだ．タマネギの一番中央の層にたとえられる第 1 周期は水素とヘリウムを含む．これらの第 1 周期の元素は，正電荷をもつ核のごく近くにあって，核に強く引きつけられている電子をもつ．これらの電子はただ 2 個の電子しか入れられない最内殻のエネルギー準位を満たす．

次の第 2 周期はリチウムにはじまり，ネオンで終わる．第 2 周期元素は内部の，電子 2 個を含む層の外側に，新しい電子の層をもつ．したがって，ネオンは内側の層に電子 2 個，外側の層に電子 8 個，併せて電子 10 個をもつ．一番外側にある電子を**価電子**（valence electron）という．価電子と核のあいだにある残りの電子はいうまでもなく**内殻電子**（core electron）だ．原子番号の大きい元素は内殻電子の層を数多くもつことができる．

電子の最後の層を見ることで，どの原子に対しても，内殻電子と価電子の分布を見ることができる．

たとえば，図 4.3 ではアルミニウム原子の電子を割り当て，それをタマネギの上にかぶせてみた．アルミニウムは第 3 周期に属する元素だ．つまりアルミニウムの価電子は第 3 エネルギー準位にある．左から右へ，ナトリウム，マグネシウム，ついでアルミニウムと数えていくと，アルミニウムの最外殻は電子 3 個を含むとわかる．

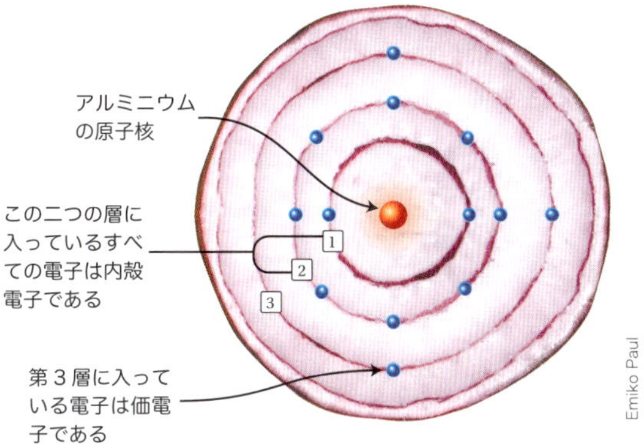

図 4.3 タマネギとして表現されたアルミニウム原子
電子が層に分けられるので，原子はタマネギに似ている．タマネギの中心がアルミニウムの原子核を表すとすると，タマネギの第 1 層は第 1 エネルギー準位を，第 2 層は第 2 エネルギー準位のように表す．アルミニウム原子では，はじめの二つの層は内殻電子を含み，第 3 層は価電子を含む．ただし，これは単なるモデルであって，電子は核の周りをまわるはっきりした軌道のなかにいるわけではない．

4 原子の最外殻電子，すなわち価電子は，その原子の化学的挙動のすべてを決める．最外殻電子は核から最も遠く，受ける引力も小さい．一方，内殻電子は核のプロトンにより強く引きつけられ，簡単には取り除けない．その結果，これらの電子は反応に関与しない．

電子の層が増えるにつれ，価電子は核からますます遠ざかる．価電子が核から遠ざかれば遠ざかるほど，また価電子を核の引力から守る内殻電子の層が多ければ多いほど，価電子を原子から引き離すのが容易になる．

図 4.4 には小さい原子の窒素と大きい原子のヒ素をわかりやすく比較した．窒素とヒ素はともに 15 族元素．ヒ素の価電子は窒素の価電子と比べると，核からの引きつける力が弱い．

問題 4.2 第 2 周期の元素のなかで，価電子を 6 個もつものはどれか．

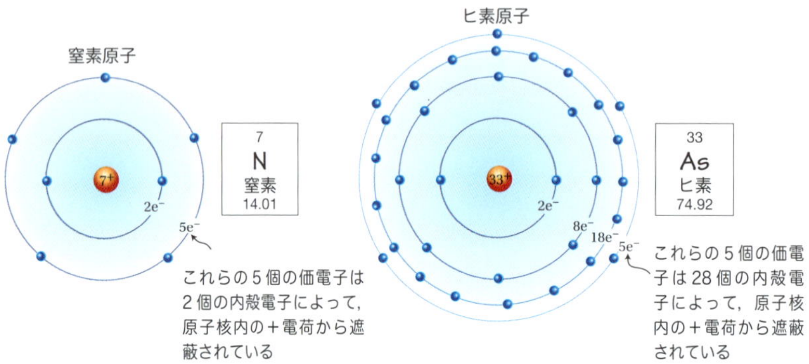

図 4.4 小さい原子は大きい原子とどう違うか？
窒素（左図）のような小さい原子は，価電子を核の引力から守る内殻電子が少ないのに対し，ヒ素（右図）のように大きな原子はもっと多くの内殻電子をもつ．

解答 4.2 酸素（O）

問題 4.3 (a) 次の各原子は，それぞれ何個の電子をもっているか．
リチウム，ナトリウム，カリウム，ルビジウム
(b) (a) に示した各原子はそれぞれ何個の内殻電子と何個の価電子をもっているか．

解答 4.3 (a) リチウム 3，ナトリウム 11，カリウム 19，ルビジウム 37
(b) これらの元素はアルカリ金属だから，価電子はどれも 1 個．ゆえに内殻電子の数は，（全電子数 − 1）．リチウム 2，ナトリウム 10，カリウム 18，ルビジウム 36

● 価電子 8 個をもつ原子は特別な安定性があり，オクテット則に従う

周期表上での貴ガスの位置は，貴ガスの特性的な安定性と明らかに関連している．実際，価電子を含めて 10 個の電子すべてがしっかりと核に結びつけられているので，ネオン原子から電子を取り去るのはきわめて困難だ．同様にネオンは余計な電子を受け取ることもできない．

表 4.1 は貴ガスのそれぞれについて，電子がどのように価電子と内殻電子に割り当てられているかを示した．表 4.1 によると，すべての貴ガスが共通にもっているのは何だろう．すべての貴ガスは価電子 8 個を最外殻にもっており，したがって**オクテット則**に従っている．オクテット則に従っているという代わりに，これらの原子は貴ガスの**電子配置**（noble gas configuration）をとっているといってもよい．この章の後で述べるが，貴ガスでない原子は貴ガスの電子配置を獲得するために，トリックを用いる．うまくいけば，それらの原子は余分の安定性を得ることになる．

表 4.1 貴ガス原子での内殻電子と価電子[*5]

元素	総電子数	価電子の数	内殻電子の数
ネオン（Ne）	10	8	2
アルゴン（Ar）	18	8	10
クリプトン（Kr）	36	8	28
キセノン（Xe）	54	8	46
ラドン（Rn）	86	8	78

総電子数は原子番号で与えられる核のなかのプロトンの数に等しい．この数は周期表の元素記号の上に示される数字だ．

表 4.1 には貴ガスの一つ，ヘリウムが抜けているのに気づいただろう．ヘリウムは周期表のなかで特殊な場所を占めている．水素とともに周期表の一番上に位置するヘリウムは電子を 2 個しかもっていない．もとよりヘリウムはオクテット則に従うことはできないが，やはり貴ガスであり，特別の安定性がある．この特別な状況を考慮して，この小さい元素には専用の規則，**デュエット則**[*6]（duet rule）を与える．この規則によると，周期表の最上段にある元素は 8 個でなく 2 個の電子で特別の安定性を得る．

問題 4.4 次の文章は正しいか．
ヘリウム原子はオクテット則に従わないが，なお特別の安定性をもつ．

解答 4.4 正しい

*5 日本の高等学校の化学では，「貴ガスの最外殻電子数は 2 個または 8 個であるが，価電子の数はいずれも 0 個とする」と教えている．つまり，反応に関与しない貴ガスの最外殻電子は価電子とはみなさない．
*6 デュエット則：第 1 周期の，最大 2 個の電子をもちうる元素の水素とヘリウムだけに用いられる規則．リチウム以降の元素に用いられるオクテット則に相当する．日本ではあまり用いられていない．第 1 周期用のオクテット則とみなせばよい．

4.2 化学結合入門

● 原子は電子を得たり，失ったりして安定性を実現する

貴ガス以外の元素は電子を得るか，失うかして貴ガスの電子配置を得て安定化する．貴ガスより 2 列左に位置する 16 族元素の一つ，硫黄 S を考えると，電子 2 個を得ることによって，電子 16 個をもつことになり，最も近くにある貴ガスのアルゴンのようなオクテットが完成する（**図 4.5**）．

同様に 2 族の元素マグネシウム Mg は，周期表で最も近くにある貴ガスのネオンと同じ電子配置をもつため，電子を 2 個放出して安定になる．この様子は 1 族と 18 族が隣接する円筒形周期表を使うとわかりやすい（図 4.5）．原子が得たり，失ったりする電子は，すべて価電子で，核から最も離れている．次の節では原子が電子を得る二つの方法と，電子を失う一つの方法を議論しよう．

これまで，原子はどのようにして電子を得たり，失ったりするのか，また，どのようにして原子は他の原子と相互作用するのか，という重要な問題を提起してきた．4.3 節から 4.5 節までで，この疑問を解決する．まず化学者たちがどうやって電子を追跡しているかを議論しよう．

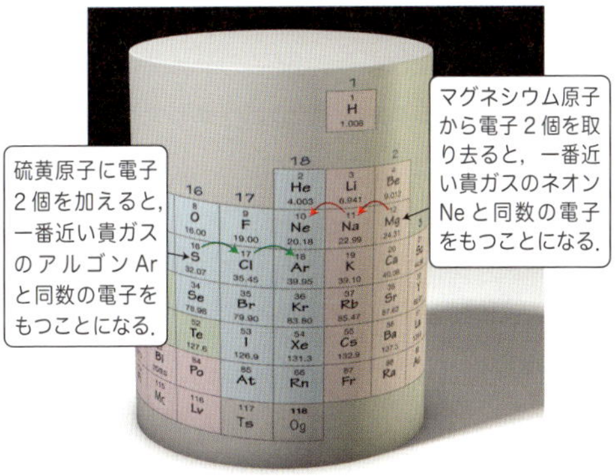

図 4.5 円筒形周期表
硫黄は電子 2 個を得て，貴ガスの電子配置となる．マグネシウムは電子 2 個を失って貴ガスの電子配置となる．

● ルイスの点電子式は電子の跡をたどる方法の一つ

化学者たちはいつも，化学反応に関与する価電子のことを考えている．周期表から価電子を数えることはできるが，化学者たちは価電子をイメージするのにもっと簡単で，目に見える方法を考え出した．その仕組みを知るために，第 2 周期の元素で貴ガスのネオンからはじめてみよう．ネオンのオクテットは完成しているから，元素記号のまわりの四つの側面の上にある八つの想像上の空白に，下図のようにネオンの電子 8 個を置くことができる．

$$:\overset{\cdot\cdot}{\underset{\cdot\cdot}{\mathrm{Ne}}}:$$

この図をルイスの**点電子式**[*7]（electron dot formula）という．原子とその電子を，点を使って最初に表現したアメリカの著名な化学者ルイス（Gilbert N. Lewis；1875-1946）にちなんだ．

次にホウ素を考えよう．8 個の空席に取り囲まれているホウ素は価電子 3 個をもっているだけだから，8 個の空席のうち，3 個が電子で埋められる．原子の周りの空席を電子で埋めていく場合，それぞれの側面が少なくとも電子 1 個を得るまでは，一つの側面に電子 2 個を入れることはしない．三つの側面のどれを選んでもよい．**図 4.6** に示すように，ホウ素の点電子式には何通りもの描き方がある．

＊7 日本では単に「電子式」とよばれることが多い．しかし IUPAC は electron dot formula あるいは Lewis formula とよんでいる．電子を点で表すのがこの記法の特徴だと考えると，訳語を「点電子式」とするのが妥当だろう．

ちょっと待って！ wait a minute . . .

第 4 周期では，クリプトンまでに 18 の箱があるのに，なぜオクテット則に従うのか？

第 4 周期に達するとおかしなことが起こる．K と Ca のあと，スカンジウム Sc からはじまるまったく新しい元素のブロックが現れる．3.2 節で学んだように，3 族から 12 族まで広がるこれらの元素は，まとめて**遷移金属**（transition metal）とよばれる．

第 4 周期，あるいはそれより下の周期の元素の価電子を数えるとき，遷移金属を抜かして勘定する．クリプトンの場合，第 4 周期はカリウムから価電子を左から右に数えはじめる．箱二つのあと，遷移金属を飛び越えて，原子番号 31，ガリウム Ga を 3 番目と数える．同じように数え続けると，クリプトンに達したときに 8 となる．この数え方に従えば，クリプトンもオクテット則に従う．

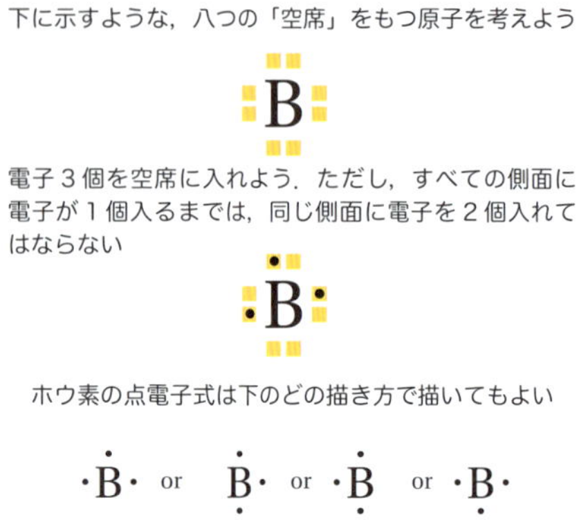
下に示すような，八つの「空席」をもつ原子を考えよう
B
電子 3 個を空席に入れよう．ただし，すべての側面に電子が 1 個入るまでは，同じ側面に電子を 2 個入れてはならない
B
ホウ素の点電子式は下のどの描き方で描いてもよい
B or B or B or B

図 4.6　点電子式の描き方

別の例を考えよう．窒素は価電子 5 個をもっているので，5 個目の電子は他の 4 個の電子のどれかと対をつくらせる．つまり，一つの側面は一対の電子をもつことになるが，この対を**孤立電子対**（lone pair）あるいは**非共有電子対**（nonbonding electron pair）とよぶ．残る三つの側面は電子 1 個ずつもっているので，全体として電子数は 5 個となる．第 2 周期の次の元素は酸素だ．酸素の点電子式を書くとき，6 番目の価電子を，対をつくっていない他の電子（どれでもいい）と組み合わせる．同じやり方で進むと，フッ素は非共有電子対 3 個と対をつくっていない電子 1 個をもつ．貴ガスのネオンは非共有電子対 4 個をもつ．下図に第 2 周期のすべての原子の点電子式を示す．

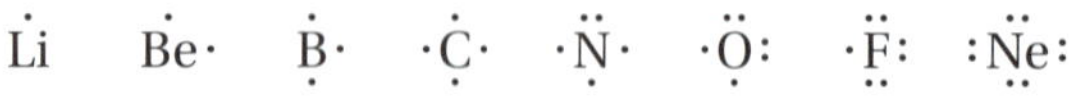

点電子式を見ると，原子のどこに空席があるかがわかる．図 4.7 は価電子 7 個をもつフッ素の例では，空席が一つある．貴ガスのもつオクテットに比べて，電子が 1 個不足している．

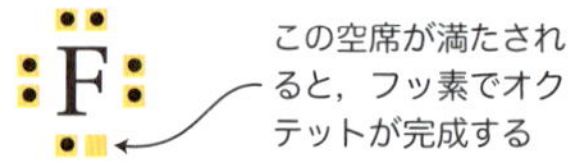

図 4.7　フッ素原子の点電子式

問題 4.5　硫黄原子の点電子式を描け．

解答 4.5　硫黄原子の点電子式は，価電子の数が等しいので，元素記号 O を S に置き換えれば，酸素の点電子式と同じ．

4.3　イオン結合

● 電子を得たり，与えたりして，原子は安定化する

いま，まさにフッ素が空席をもつとわかった．それは点電子式から明らかだ．この空席を満たせば，フッ素は貴ガスの電子配置となる．フッ素は化学反応によって，オクテットを完成させることができる．反応によって，原子を結びつける引力，**化学結合**（chemical bond）の生成が起こる．フッ素が化学結合に関与するには，二つの方法がある．まずイオン結合とよばれる方法を調べる．第二の方法の共有結合は 4.4 節で議論しよう．

他の原子から電子を得られれば，フッ素原子はその空席を埋めることができる．それがどのように起こるかを見るために，まずその電子の起源を調べよう．この例では，その電子の起源はマグネシウム原子だ．マグネシウム原子は 2 族の元素で，電子を 12 個もつ．そのうち 2 個が価電子となる．マグネシウム原子は一番近い貴ガスの元素ネオン（電子 10 個をもつ）より電子を 2 個多くもっている．

マグネシウム原子はその最外殻の 2 個の電子を失うことができ，そうすることで電荷を帯びた原子，すなわち**イオン**（ion）になる（図 4.8）．では，マグネシウム原子が価電子を 2 個失うと，電荷はどうなるだろうか．このイオンは核にプロトン 12 個，核の周りに

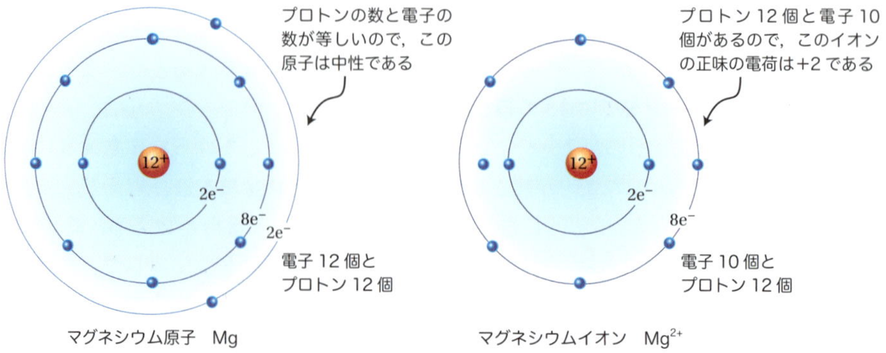

図 4.8　カチオンの例

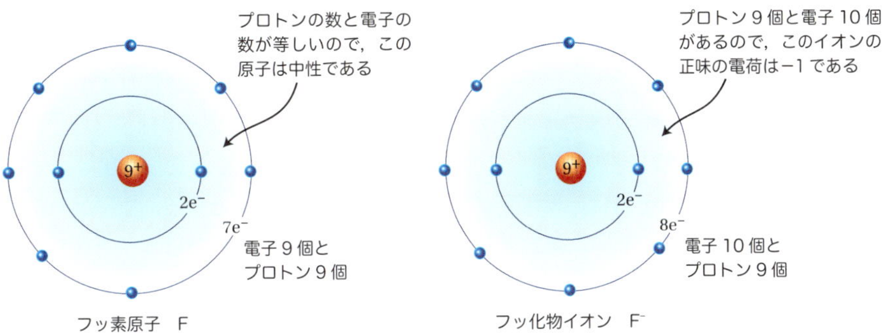

図 4.9 アニオンの例

電子 10 個をもつから，電荷は＋2 となる．正電荷が＋12，負電荷が−10 だから，正味の電荷は＋2 となる．この電荷を示すために，マグネシウムイオンを Mg^{2+} と書く．電子が原子から失われると，プロトンの数が電子の数より大きくなるので，正電荷を帯びるイオンになる．

フッ素とその電子の空席に戻って考えよう．17 族元素のフッ素は，18 族元素の列より一列離れている．したがって，一番近い貴ガス元素のネオンと同様の，電子が満ちた配置をとるためには，その空席を 1 個の電子で満たす必要がある．フッ素は**図 4.9** に示すように，1 個の電子を得てイオンになることができる．では，フッ素が価電子を 1 個得ると，その電荷はどうなるだろう．フッ化物イオンは核にプロトン 9 個，核の周りに電子 10 個をもつので，電荷は−1．つまり，正電荷が＋9 と，負電荷が−10 だから，正味の電荷は−1 となる．この電荷を示すためにフッ化物イオンを F^- と書く．この例から，電子が原子に加わると，電子の数がプロトンの数より大きくなるので，原子は負電荷を帯びたイオンになることがわかる．

● 周期表はイオンをその電荷に応じて整理する

Mg^{2+} も F^- もともにイオンだが，反対の電荷をもっている．これからは正電荷をもつイオンと負電荷をもつイオンに，より専門的な**カチオン**（cation，陽イオンともいう），**アニオン**（anion，陰イオンともいう）という名称を与えよう．カチオンについてはマグネシウムイオンあるいはマグネシウムカチオンとよぶ．アニオンは元素名の語尾を「化物」（-ide）に変える．つまりフッ素原子は電子 1 個を得てアニオン，すなわちフッ化物イオン F^- になる．他のアニオンとしては塩化物イオン Cl^-，酸化物イオン O^{2-}，硫化物イオン S^{2-}，臭化物イオン Br^- などがある．

貴ガスの一つ手前か一つあとの族に含まれる元素は，最も近い貴ガスと同じ電子の数をもつオクテットあるいはデュエットを満たすイオンをつくる（**図 4.10**）．たとえば 16 族のすべての元素は，一番近い貴ガスから 2 列離れているので，オクテットを完成するために電子 2 個を必要とする．そこで酸素はアニオン O^{2-} を，硫黄はアニオン S^{2-} をつくる．O^{3-} や S^{3-} のようなアニオンはオクテットが完成していないので存在できない．同様に，すべての 2 族元素は

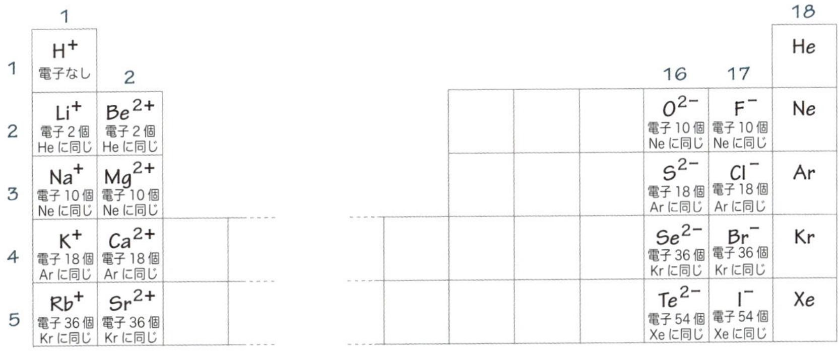

図 4.10 周期表上のいくつかの族の元素がつくるイオン

16 族と 17 族の元素は，電子を得て一番近い貴ガスと同じ電子の数をもつアニオンになる．1 族と 2 族の元素は，電子を失い一番近い貴ガスと同じ電子の数をもつカチオンになる．

ちょっと待って！ wait a minute . . .

図4.10では周期表で特定の族のイオンだけが示されたが，それはなぜか？

四つの族の元素それぞれは，表に示されたただ1種類のイオンしか生じない．たとえば臭素はただ1種類のイオン，臭化物イオンBr^-だけを生じる．Br^+やBr^{2-}に出くわすことはない．貴ガスの横にくっついている二つの族は，いつもそのようにふるまう．しかし周期表で貴ガスからさらに離れている族の挙動はそれほど単純ではない．たとえば3族から12族にまたがる遷移金属は，それぞれいくつかの異なるイオンとなる．原子番号25のマンガンを考えよう．マンガンは電子を失い，+2から+7までの電荷をもつイオンになる．

電子2個を失ってオクテットを完成する．たとえば，カルシウムやマグネシウムはカチオンCa^{2+}やMg^{2+}をつくるが，Ca^+やMg^{3+}をつくることはできない．

図4.10はおおいに役に立つ．この表には，周期表上のいくつかの族がつくるイオンをまとめた．イオンに正電荷あるいは負電荷を与える際，電荷の値が正しいかどうかをチェックするのに，この図を参照するとよい．

問題4.6 次の元素はアニオンをつくるか，それともカチオンをつくるか．
(a) マグネシウムMg　(b) ヨウ素I
(c) カリウムK　(d) 硫黄S

解答4.6 生じるイオンを示す．
(a) Mg^{2+}　(b) I^-　(c) K^+　(d) S^{2-}

● カチオンとアニオンは結びついて電荷を釣り合わせる

イオンは単独では存在できず，反対符号の電荷をもつイオンと対をつくる．反対の電荷をもつイオンが集まって**イオン性化合物**（ionic compound）をつくると**イオン結合**（ionic bond）が生じる．イオン性化合物は**塩**(えん)（salt）ともいう（9章「塩と水溶液」では，もっぱら塩を扱う．ここでイオン結合について詳しく述べる）．

食塩は一番よく知られた塩だろう．正式名称は塩化ナトリウムで，その化学式はNaClだ（Na−Clではない）．NaClのなかでは，ナトリウムも塩素もイオンになっている．それぞれのイオンは電荷をもち，各ナトリウムイオンNa^+は+1の，各塩化物イオンCl^-は−1の電荷をもつ．塩素は常に−1のイオンを，ナトリウムは常に+1のイオンをつくり，どちらも貴ガスの電子配置をとるから，これは正しいと考えられる．これらの二つのイオンは常に1：1の対をつくり，正電荷と負電荷の釣り合いがとれ，NaClのなかの正味の電荷はゼロとなる．

では，異なる電荷をもつイオンを結合させようとすると，どうなるだろうか．この場合は電荷が等しくなるように，複数のアニオンまたはカチオンを結合させて電荷の釣り合いをとる．たとえば，フッ化マグネシウムはマグネシウムイオンMg^{2+}とフッ化物イオンF^-からなる．そこで化学式を書くときには，正電荷と負電荷がともに2となるように，各マグネシウムに対してフッ素2個を割り当て，MgF_2のようにする．フッ化物イオンの後の添字2は，各マグネシウムイオンに対してフッ化物イオンが2個で釣り合うことを示している．マグネシウムイオンのあとに添字がないのは，フッ化物イオン2個に対してマグネシウムイオンは1個，全体として3個だと示している．

問題4.7 カルシウムと塩素からどんな塩ができるか．

解答4.7 塩化カルシウム$CaCl_2$

問題4.8 次のイオン性化合物のなかのカチオンとアニオンはそれぞれ何個あるか．
(a) K_3N　(b) K_2O　(c) CaF_2　(d) $BaCl_2$

解答4.8 (a) K^+：3個，N^{3-}：1個，(b) K^+：2個，O^{2-}：1個，(c) Ca^{2+}：1個，F^-：2個，(d) Ba^{2+}：1個，Cl^-：2個

● ほとんどの塩は，カチオンとアニオンの繰返しパターンからなる結晶をつくる

ほとんどの塩は，イオンの三次元的繰返しパターンをもつ固体として存在している．イオンのこの格子が**結晶**（crystal）をつくるので，塩は結晶性固体として存在する．塩の固体結晶のなかで，イオンは図4.11

イオンは電荷をもっているのに，塩の化学式に電荷が書かれないのはなぜか？

イオンは確かに電荷をもっているが，塩の化学式のなかでそれぞれのイオンの電荷を書くことはしない．つまり NaCl であって，Na^+Cl^- ではない．同様に CaF_2 であって $Ca^{2+}(F^-)_2$ ではない．図 4.10 で学んだように，これらの塩のなかのカチオンとアニオンはただ一つの電荷が許されているだけだった．電荷を書くのは余計なことだし，塩の化学式がゴタゴタする．だから電荷を書くのは誤り．

図 4.11 イオン性化合物：塩化ナトリウム
この模式図は塩化ナトリウム結晶の一部と，ナトリウムイオンと塩化物イオンの規則的な配列を示している．

に示すような規則的，幾何学的なパターンを繰り返して並ぶ．結晶ではカチオンとアニオンが交互に並んでいるが，それはレモンとライムを交互に詰めた箱に似ている．

典型的な結晶は，何百万，何千万という，交互に並んだイオンを含むので，すべてのイオンを数え上げるようなことは実際的ではないし，不可能だ．そこで塩の名称あるいは化学式を書くときに，結晶中のすべてのカチオンとアニオンを示すことはない．その代わり，結晶内で再三繰り返される最小単位を探す．たとえば，カチオン-アニオン-カチオン-アニオン-カチオン-アニオン-カチオン-アニオンというパターンでは，繰返し単位はカチオン-アニオンで，それが 4 回繰り返された．したがって，化学式には単位としてカチオン-アニオンと書く．また，カチオン-アニオン-アニオン-カチオン-アニオン-アニオン-カチオン-アニオン-アニオンというパターンでは，繰返し単位はカチオン-アニオン-アニオンとする．塩のなかのこの最小の繰返し単位を**実験式**[*8]（empirical formula）という．

*8 組成式ともいう．原本では formula unit という語を用いているが，日本では馴染みが薄い．

塩化ナトリウムの実験式は単に NaCl となる．これはまた，この塩の化学式でもある．この式は，NaCl の結晶内では Na^+ イオンと Cl^- イオンが繰返しパターンで交互に並んでいることを示す．もう一つの例の CaF_2 では，1 個の Ca^{2+} と 2 個の F^- イオンが交互に積み重なっている．

4.4 共有結合と結合の極性

● 原子は共有結合で電子を共有して分子を形成することで安定性を獲得する

空席一つのフッ素原子に戻ろう．

フッ素原子は空席を電子で埋めてアニオン，フッ化物イオン（F^-）になる．フッ素原子は次の例のように，他の原子と電子を共有することで空席を埋める．

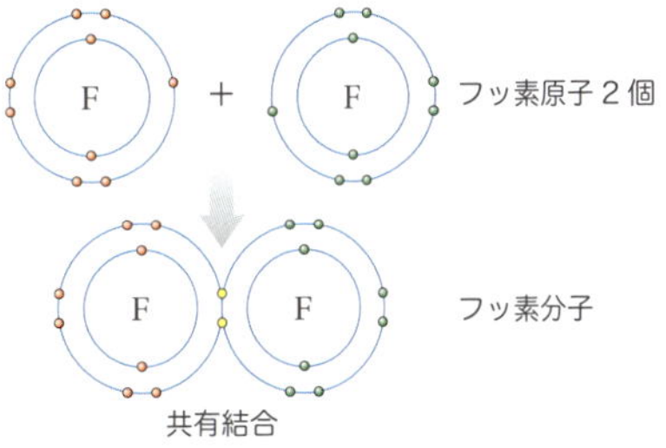

2 個のフッ素原子のあいだにある 2 個の電子は，これらの原子間の化学結合を表している．一対の電子が 2 個の原子で共有されるとき，この種類の結合を**共有結合**（covalent bond）という．フッ素原子はもはや孤立しておらず，化学結合で結ばれている．**分子**（molecule）とは，共有結合で結ばれた原子のグループをいう．原子のあいだでの電子の共有によって，各原子が最も近い貴ガスと同様のオクテットを完成させるならば，共有結合が生成しやすい．

natureBOX・体臭を減らすのに銀ナノ粒子を用いるべきか

ジムでトレーニングした経験がある人なら誰でも知っているが，運動によって体臭がひどくなる人たちがいる．細菌や菌類が原因の一つだ．幸い科学の進歩によって，この問題の解決法——銀ナノ粒子——が開発された．銀ナノ粒子は抗菌性をもつ（つまり，細菌や菌類を殺すことができる）．このため，多くの衣料に銀ナノ粒子が吹きつけられている．

銀ナノ粒子は銀のごくごく小さい粒子で，直径はおよそ 1 ～ 100 nm．典型的な銀ナノ粒子は銀原子 10^{19} 個を含んでいる．これはたいへんな数のように思えるが，10 セントの白銅貨が純銀でつくられているとすると，そのなかに含まれる銀原子の数は，銀ナノ粒子のなかの銀原子の数の 2000 倍に相当する．**図 4 A** は直径が 10 ～ 50 nm の銀ナノ粒子の顕微鏡写真だ．

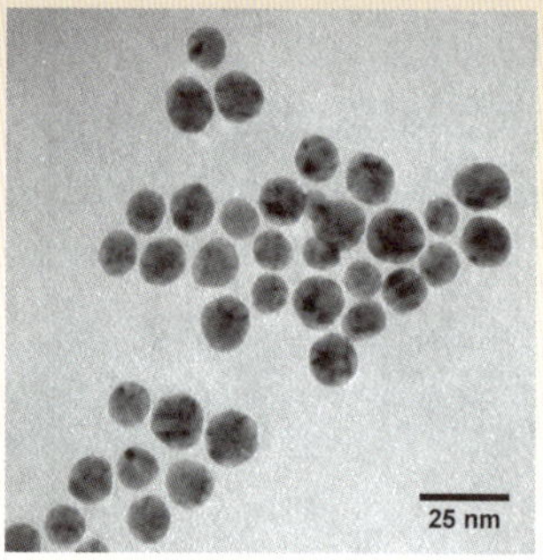

John M. Miller/Dune Sciences, Inc.

図 4 A　銀ナノ粒子の顕微鏡写真

では，銀ナノ粒子はどうやって細菌や菌類を殺すのだろうか？　この難問は科学者を悩ませた．毒性を評価するために，長年にわたって銀ナノ粒子を細菌や菌類の培地に加える実験が試みられた．しかし最近まで，酸素が銀ナノ粒子の毒性に及ぼす影響に着目した人はいなかった．酸素の役割を明らかにするため，科学者たちは酸素抜きの状態で実験を行った．これは**対照実験**（control experiment），すなわち，一つあるいはそれ以上の**条件**（variable）を変化させたときの効果を決定できるように，条件を厳密に制御する方法だ．この場合，酸素抜きで行われた対照実験は，以前に行われた実験に酸素がどんな効果をもたらしたかを明らかにする．

空気があるか，ないかが違いをもたらすかどうかを知るために，科学者たちは空気抜きの条件で実験したが，銀ナノ粒子は空気なしでは細菌や菌類を殺さなかった．このちょっとした情報から，空気中の酸素が何らかの仕方で銀ナノ粒子を細菌や菌類に対して毒性

フッ素分子では，それぞれのフッ素原子はその価電子 1 個を相手の原子と共有し，それぞれの原子でオクテットが完成する．それぞれのフッ素原子 F は，フッ素分子 F_2 となる．フッ素分子は原子（atomic-）2 個（di-）からなるので，F_2 は**二原子分子**（diatomic molecule）とよばれる．フッ素原子のあいだの 1 本の共有結合は，電子 2 個が共有されていることを示すために「線」を用いる．

$$:\ddot{\underset{..}{F}}-\ddot{\underset{..}{F}}:$$

同族元素は同じ数の価電子をもつので，多くの場合，性質も似ている．したがって，他の 17 族元素——ハロゲン——も，フッ素と同様（**図 4.12**）等核二原子分子として存在している．つまり F_2, Cl_2, Br_2, I_2 は安定に存在している．いま，なぜある原子が等核二原子分子として存在するかがわかった．分子の一部になることで，それぞれの原子でオクテットが完成するから，個々の原子としてよりも，分子になるほうがより安定だからだ．自然界では水素 H_2，窒素 N_2，酸素 O_2 がそれぞれ等核二原子分子として存在している．

1		13	14	15	16	17	18
1 H 水素 1.008							2 He ヘリウム 4.003
		5 B ホウ素 10.81	6 C 炭素 12.01	7 N 窒素 14.01	8 O 酸素 16.00	9 F フッ素 19.00	10 Ne ネオン 20.18
		13 Al アルミニウム 26.98	14 Si ケイ素 28.09	15 P リン 30.97	16 S 硫黄 32.07	17 Cl 塩素 35.45	18 Ar アルゴン 39.95
			32 Ge ゲルマニウム 72.64	33 As ヒ素 74.92	34 Se セレン 78.96	35 Br 臭素 79.90	36 Kr クリプトン 83.80
			50 Sn スズ 118.7	51 Sb アンチモン 121.8	52 Te テルル 127.6	53 I ヨウ素 126.9	54 Xe キセノン 131.3

図 4.12　等核二原子分子として存在する元素

自然界では Br_2, I_2, N_2, Cl_2, H_2, O_2, F_2 が等核二原子分子として存在している．これらの元素の記憶法——BrINClHOF（ブリンケルホフと発音する）——を紹介しておく．

問題 4.9　ヨウ素分子の点電子式を書け．

解答 4.9

$$:\ddot{\underset{..}{I}}-\ddot{\underset{..}{I}}:$$

をもたせていることがわかった．そこで科学者たちは，空気中の酸素がナノ粒子中の銀が電子を失ってイオンになるのを助けると仮定した．次の化学式では，電子は e^- で示されている．

$$Ag(s) \xrightarrow{\text{空気}} Ag^+(aq) + e^-$$

科学者たちは，銀イオンになると水中を移動できるので，細菌や菌類に届いて作用できると考えた．銀イオンが細菌や菌類に対して毒性を示すので，銀イオンに触れると細菌や菌類は死んでしまう．つまり，銀ナノ粒子自身は細菌や菌類に対して毒性をもたないが，銀ナノ粒子が空気と接して生じる銀イオンは毒性を示す．

銀ナノ粒子の働きが明らかになったので，次の自明な質問に進む．「本当に銀ナノ粒子は臭いを減らすのか？」 答えはイエスであり，ノーだ．銀ナノ粒子は細菌や菌類の成長を抑えるという証拠はある．しかし科学的研究によると，銀ナノ粒子は 2，3 回衣類を洗濯すると洗い流されてしまう．というわけで，銀ナノ粒子をコーティング（embedded）した高価な靴下は，しばらくのあいだは使う人の足を臭わなくしてくれるが，ひとたび洗ったらおしまいだ．

衣服に用いる銀ナノ粒子はいかさま，というだけで

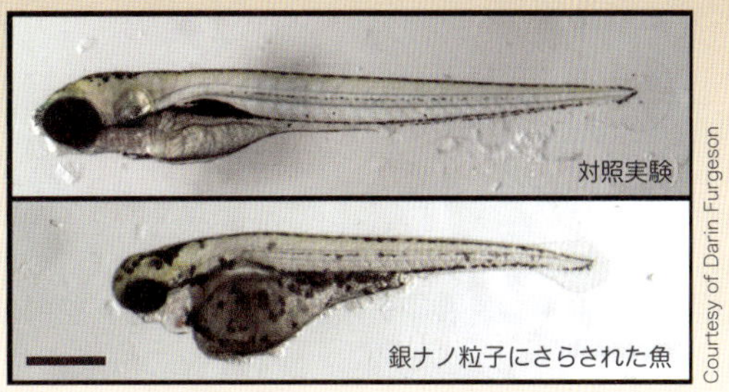

図 4 B　ファーガソン博士によって突然変異させられたゼブラフィッシュ

（上図）対照実験用の魚，（下図）銀ナノ粒子にさらされていた魚．

はない．銀ナノ粒子の衣服への使用は，環境学者のあいだで問題になっている．彼らは銀が自然界の水に憂慮すべき速さで流入していると心配している．魚類学者のダリン・ファーガソンによると，銀ナノ粒子はゼブラフィッシュ（zebrafish）の胚の目，尾，心臓などになる部分に奇形を引き起こす（**図 4 B**）．銀ナノ粒子に触れた胚の多くは死ぬ．つまり，銀ナノ粒子でコーティングされたしゃれた靴下を洗うたびに，自然界の水とそこに棲む生物を銀で汚染している．銀で加工された靴下は革新的な発明かもしれないが，ジムで体臭を減らすことは，環境に対して責任ある方法とはいえない．

● 異なる原子間にも共有結合ができる

すでに F_2 の例で見てきたように，同種の原子間にも共有結合ができるが，異なる種類の原子間にも共有結合ができる．その結果，たいへんな数の共有結合が自然界に存在し，通常は関与するそれぞれの原子が何らかの仕方でオクテットを完成させる．5 章「炭素」はもっぱら共有結合を扱う．ここでオクテット則と，先に述べた文中になぜ「通常」という語が入っているかを学ぶ．

共有結合はすべて同じではない．ある共有結合の性質は関与する元素による．フッ素分子の場合は電子が一様に共有されて結合が生じる．電子の共有に偏りがないので，この結合は**無極性**（nonpolar）共有結合といえる．それぞれのフッ素原子は同じ力で共有電子を引きつけるので，共有に偏りはない．しかし一部の共有結合は，結合のなかで電子の共有する度合いが等しくないので，**極性**（polar）だという．電子の共有が等しくないと，分子の一方が電子過剰，他方が電子不足になる．

水は極性共有結合をもつ分子としてよく知られた例だった．それぞれの水分子は中央の酸素原子と 2 個の水素原子とのあいだの二つの共有結合をもつ．**図 4.13 (a)** ではそれぞれの矢は水分子の極性共有結合に沿って書かれている．矢の「（＋）端」は電子を自分のほうに引き寄せる度合いの小さいほうの原子に近接しているのに対し，矢の（－）端は電子を自分のほうから引き離す度合いの小さいほうの原子に近接している．水分子のなかでは，それぞれの O–H 結合の酸素は共有結合から電子密度を自分のほうに引き寄せるので，その結果，この結合はきわめて極性に富む．**図 4.13(b)** から，分子のもつ電子密度のほとんどが酸素上にあり，水素上には少ないことが見てとれる．分子の形は空間充填型分子模型（空間充填型分子模型は各原子を大きな球で表し，原子間の結合ではなく，分子の表面の形を強調する）で表すとよくわかる（**図 4.13 c**）．8 章「水」では，もっぱらこの個性的な分子を扱う．水分

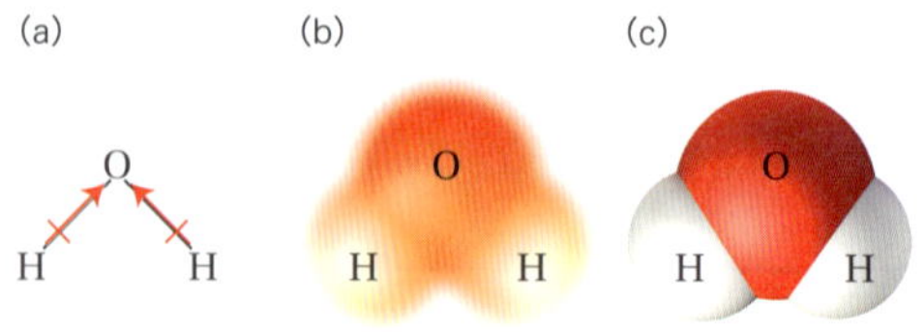

図 4.13 水をつくる結合は極性をもつ：三つの表現
(a) 矢印は極性結合で電子密度が高いほうの原子を指す．(b) 水分子では電子密度は酸素原子上では高く（濃い赤色），水素原子上（薄い黄色）では低い．(c) 水の空間充塡型分子模型は分子全体の形を強調して示す．

7 子のもつ結合の極性が，水の性質に大きく影響していることがわかるだろう．

完全に無極性のフッ素分子と極性に富む水分子は，共有結合での極性の幅を示す一例だ．この中間のさまざまな極性をもつ結合がある．

問題 4.10 次の共有結合のうち，完全に無極性なのはどちらか？
(a) ヨウ素-ヨウ素　(b) 水素-酸素
解答 4.10 (a)

● もっている結合の型が異なるので，科学者たちは塩と分子を異なるように表現する

共有結合が F_2 のように完全に無極性になることもあるし，水分子中の共有結合のように電子密度の分布の偏りによって極性をもつこともありうると学んだ．とはいえ，共有結合をつくる電子は，均一ではないにしても，常に共有されている．

塩は極性の概念を極端にしたものだ．極性共有結合でのように電子密度が偏るのではなく，塩は完全に分極している．塩のなかのイオン結合は考えられるかぎり分極した結合だ．共有結合のように，単に電子が原子の一つに集中しているというわけではない．電子は，失われるにしても得られるにしても，完全に移動する．結合の極性の連続対のなかで，イオン結合は最も極性の大きい末端に該当する．**図 4.14** にはこれまで議論してきた 3 種の例を示した．

共有結合で電子が共有されると，原子のあいだに線を書いてそれを表す．しかしイオン結合では電子の共有はなく，電子共有による相互作用はない．したがって，塩の化学式には線を書かない．いいかえれば，共有結合を表すために F—F のように線を書くが，NaCl のようなイオン性化合物の化学式には線を用いない．

また，原子が共有結合でつながっている分子は，通常独立した存在で，イオンが交互に並んだ結晶ではない点で，塩と異なる．たとえば，水は独立した分子からなり，それぞれの分子は 2 個の水素原子と 1 個の酸素原子からなる．原子は共有結合で結ばれているので，原子をつなぐのに線を用いる．分子式 H_2O は個々の分子のなかに正確に何個の原子が含まれているかを示す．NaCl のような塩の式は一つの結晶のなかに何個のイオンが含まれているかを教えてはくれない．一つのイオンと別のイオンの存在比だけ示している．

図 4.15 はこれまでに議論してきた二つの種類の結合，共有結合とイオン結合をまとめた．

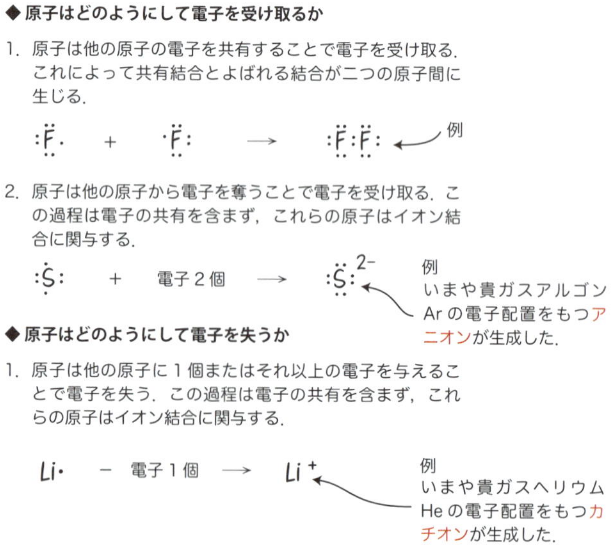
◆原子はどのようにして電子を受け取るか
1. 原子は他の原子の電子を共有することで電子を受け取る．これによって共有結合とよばれる結合が二つの原子間に生じる．
例
2. 原子は他の原子から電子を奪うことで電子を受け取る．この過程は電子の共有を含まず，これらの原子はイオン結合に関与する．
電子 2 個
2−
例
いまや貴ガスアルゴン Ar の電子配置をもつアニオンが生成した．
◆原子はどのようにして電子を失うか
1. 原子は他の原子に 1 個またはそれ以上の電子を与えることで電子を失う．この過程は電子の共有を含まず，これらの原子はイオン結合に関与する．
Li·
− 電子 1 個
Li+
例
いまや貴ガスヘリウム He の電子配置をもつカチオンが生成した．

図 4.15 化学結合のまとめ

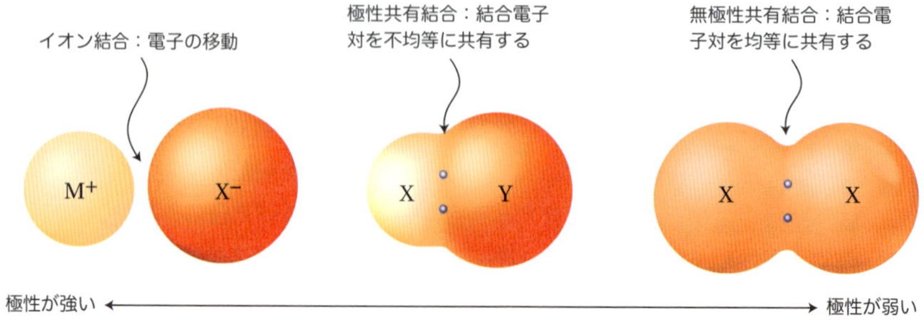

図 4.14 極性の異なる結合の比較

4.5　金属における結合

● 金属だけでできている物質では，金属結合が原子を束ねている

これまで共有結合とイオン結合という二つの種類の結合を学んできた．次にもう一つの種類，純粋な金属塊，たとえば純粋なマグネシウム中の結合を考えよう．マグネシウム Mg は周期表上，2 族に属するので，電子を 2 個失って Mg^{2+} イオンとなり，ネオンの電子配置を実現する．これは 2 族すべての金属に当てはまり，すべて +2 の電荷をもつカチオンをつくる．

だが状況はイオン結合の場合とは異なる．固体のマグネシウムに含まれる元素はマグネシウムのみだ．マグネシウムが失った電子を受け取ってアニオンになる原子はない．カチオンのもつ電荷と釣り合うアニオンがない場合，原子のイオン化によって生じた電子は負電荷の海をつくってカチオン，いまの場合は Mg^{2+} を浸す．これらの可動性電子はマグネシウムカチオンの正電荷の周りをまわり，中和する．この間，マグネシウムカチオンは**図 4.16** に示すように固定した格子のなかに留まる．

● 金属は可鍛性かつ電気伝導性をもつ

電子の海のなかで生じた**金属結合**（metallic bond）は，電子が共有されている共有結合に似ている．だが，電子は二つの原子間で共有されていない点で異なる．電子の海は金属固体のなかのカチオンの格子全体のあいだを移動する．その結果，固体金属は可鍛（かたん）性（成型したり，曲げやすい）があり，コインやクリップ，鼻ピアスなどをつくることができるし，また固体金属のなかの電子は動けるので，金属は容易に熱や電気を伝えることができる．

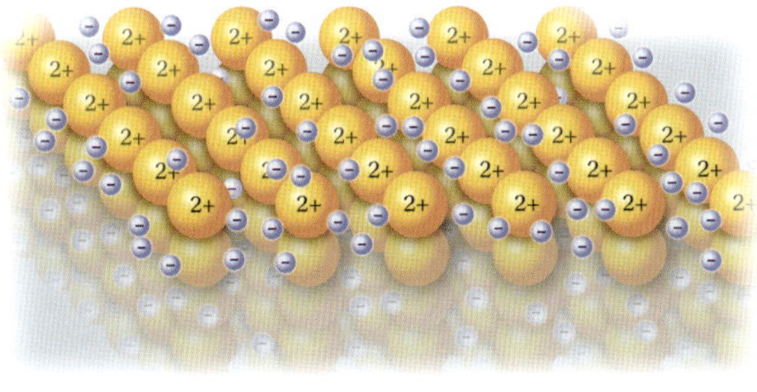

図 4.16　電子の海で表される金属内の結合
金属結合では，電子はカチオンの格子全体を自由に動きまわることができる．

原子のあいだの結合について三つの主要な種類を学んだので，与えられた物質のなかで三つの種類のどれが含まれているかをどうすれば予言できるか，考えるよいタイミングだろう．この問いに答えるために，すっかりおなじみになった，すべての元素のまとめ役，周期表に立ち戻らなければならない．

4.6　二つの原子間の結合の種類を決める

● 電気陰性度は原子が電子を自分のほうに引きつける傾向である

これまでに 3 種類の結合を学んできた．ある対の原子に対して，これらの原子を結びつけているのは，どの種類の結合か，どうしたらわかるのだろう．金属結合，イオン結合，共有結合から選ぶ場合，金属結合は見つけやすい．結合をつくる原子がともに金属であれば，あいだの結合は金属結合だった．これはごくやさしい．

難しいのは結合が共有結合か，イオン結合かという場合だ．任意の 2 個の原子のあいだに生じる結合の種類を明らかにするために，**電気陰性度**（electronegativity），すなわち原子が電子を引きつける傾向が用いられる．**図 4.17** にすべての元素の電気陰性度が含まれている周期表を示した．電気陰性度は 0 から 4 の範囲にあり，数値が大きいほど，電子を引きつける．任意の二つの原子が結合をつくる場合，二つの元素の電気陰性度が近ければ近いほど，結合の極性は小さくなる．なぜかといえば，二つの原子が似たような電気陰性度をもっていれば，同じ程度に電子を自分のほうに引きつけようとする．したがって，結合を介した 2 個の原子の電子分布はほぼ等しい．

たとえば，同じ種類の原子 2 個から結合が生じると，2 個の原子は電子を同じ強さで引きつけるので，その結合は完全に無極性だ．電子が共有されているので共有結合であり，この場合，共有の程度は完全に等しい．これは一方の極端の場合といえる．次に電気陰性度が大きく異なる 2 個の原子のあいだに生じた結合がどうなるかを見てみよう．一方の原子は他の原子よりも電子を自分のほうにより強く引きつけるので，結合は極性を帯びる．極性がきわめて強いと一方の原子は 1 個かそれ以上の電子を引き寄せ，アニオンとなる一方，他の原子は電子を 1 個かそれ以上の電子を失ってカ

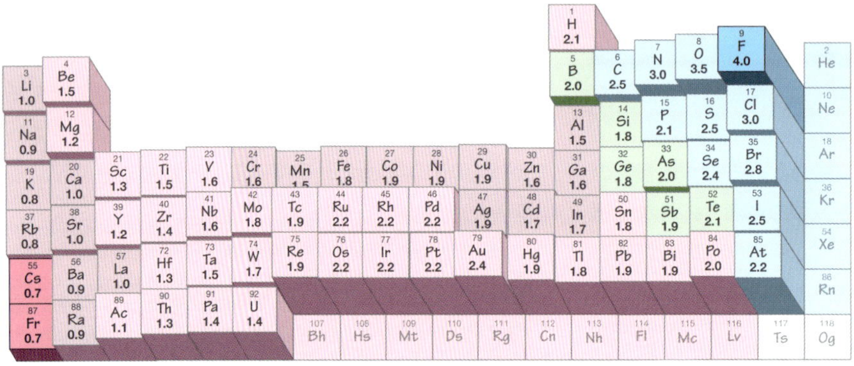

図 4.17 電気陰性度
周期表の右列の一番上にあるフッ素はすべての元素のなかで最大の，左列一番下のセシウムとフランシウムは最小の電気陰性度をもつ．周期表上で，電気陰性度の値はこれらの最大値と最小値のあいだを順次変化していく．

チオンとなる．これがもう一方の極端な場合だ．

● 周期表で元素の位置が近いかどうかは，生じる結合の種類を決める鍵となる

図 4.17 を見ると，電気陰性度は右上の隅の大きな値から左下の隅の小さい値まで変化する．電気陰性度の値は周期表上ゆっくり変化し，隣接する元素の電気陰性度のあいだに大きなジャンプはない．つまり隣接する元素は似たような電気陰性度を，周期表上の位置が大きく離れた元素は著しく異なる電気陰性度をもつ．一般に，周期表でごく近くにある元素は極性の小さい結合をつくる一方，離れた位置にある元素の原子は極性の大きな結合をつくる．

実例として，カリウムと塩素のあいだの結合を見てみよう．これらの原子は周期表上で大きく離れているので，電子を自分のほうに引きつける傾向に大きな差がある．したがって両者のつくる結合は極性がきわめて大きい．塩素は電子を自分のほうに引きつける傾向が強いが，カリウムはそうではない．この差が極端なので，これらのあいだの結合も極端だ．塩素は電子 1 個を得て塩化物イオン Cl^- になり，カリウムは電子 1 個を失ってカリウムイオン K^+ になる．これらの二つのイオンが集まってイオン結合をつくり，この場合，塩として塩化カリウムが生じる．これらのイオンは原子が電子を得るか，失うかして生じたものであり，電子の共有は起こっていない．一般に，金属元素と非金属元素が結合をつくると，その結合は通常イオン結合だ．

2 個の金属元素は金属結合を，金属元素と非金属元素はイオン結合をつくることを学んだ．では，2 個の非金属元素はどんな結合をつくるのだろう．図 4.17 によると，非金属元素の電気陰性度はかなり高い．また，非金属元素は周期表で近い位置を占めているので，電気陰性度の差はさほど大きくない．したがって，非金属元素のあいだの結合はわずかに極性をもつか，あるいは無極性だ．

4.4 節を振り返ると，そこで扱ったすべての共有結合は，2 個の非金属元素のあいだの結合だった．共有結合は結合を介して 2 個の原子に分布した電子をもつ．この分布はフッ素-フッ素結合（F—F）の場合のように，結合を介して 2 個の原子に均等に分布している．あるいは水分子の場合の H 原子と O 原子のあいだの結合のように，電子の分布が偏る場合もある．共有結合の極性の範囲は，まったくの無極性から，かなりの極性まで幅がある．しかしどれもイオン結合のようにきわめて極性に富むということはない．

これらを**表 4.2** にまとめた．

問題 4.11 周期表を参照して，次の各対の原子間に生じる結合がイオン結合か共有結合かを予測せよ．

(a) K と Cl　(b) C と Cl

解答 4.11 (a) 一方が金属，他方が非金属だからイオン結合，(b) どちらも非金属だから共有結合．

表 4.2 4 章で議論した三つの種類の結合

(　) と (　) のあいだの結合	結合の種類	電気陰性度の差	例
金属と金属	金属結合	小さい	鉄の塊のなかの 2 個の鉄原子
金属と非金属	イオン結合	大きい	塩化ナトリウム NaCl
非金属と非金属	共有結合	小さい	Cl—Cl 結合

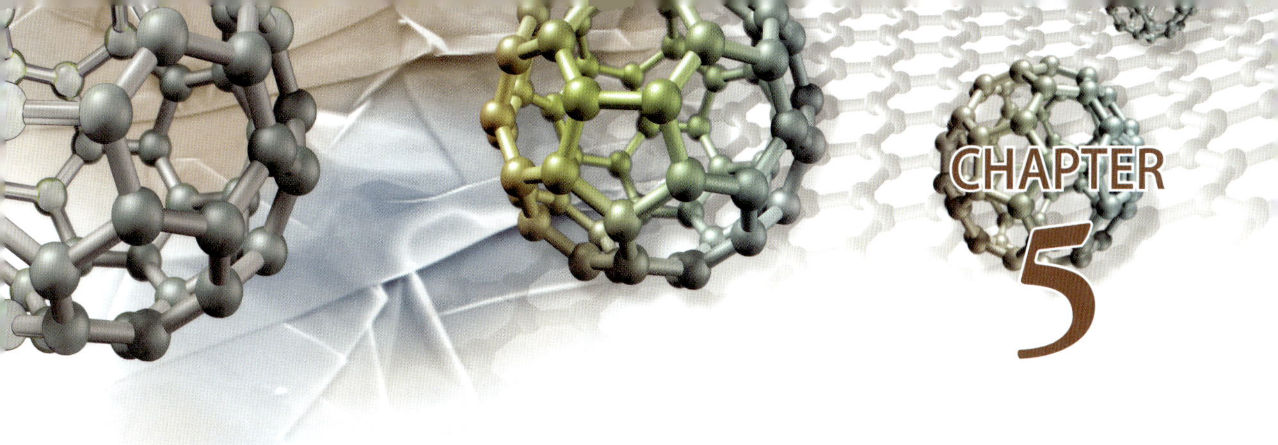

SPL/PPS通信社

炭　素

炭素，有機分子とカーボンフットプリント

ビルボード（*Billboard*）[*1] は毎週，最もポピュラーな上位 40 の歌を記録し，ニューヨーク・タイムズはベストセラーのリストを発表する．もし，こうしたリストが科学の分野での「発見」にもあれば，ここ数年は一つの発見，グラフェン（graphene）がリストの上位を占めるだろう．グラフェンは炭素原子からなる 1 枚のシートに与えられた名前で，それが積み重なるとグラファイト（黒鉛）になる．下に示したのは，高分解能顕微鏡で撮影したグラフェンのシートの写真だ．この章でグラファイトについて多くを学ぶが，この際知っておくべきなのは，グラファイトは炭素原子の平らなシートが何層も重なってできていることだ．

だが，なぜ昔から鉛筆の芯として使ってきたグラファイトのことで大騒ぎするのだろう．それは最近まで，グラファイトからシートを 1 枚はぎとることはできないと，皆が考えていたからだ．何十年ものあいだ，物理学者や化学者はグラファイトの塊から，1 枚のシートをはがそうと努力したものの，皆お手上げの状態だった．

ところが 2004 年，イギリスの科学者のグループが，古めかしい方法で試してみようと決めた．グラファイトのかけらから 1 枚の層をはぎとるのに，最新の装置や反応ではなく，机の上や台所の引き出しに転がっているもの，すなわちセロハンテープ[*2] を彼らは使ったのだ．彼らが用いた方法はエレガントとは到底いえない，手の込んでいない方法で，グラファイトのかけらをセロハンテープのあいだに挟み，ひっぱるだけ．お見事，グラフェンが得られた！

炭素原子がハチの巣状に並んだ 1 枚の層は，不思議で驚くべき性質を示す．グラフェンは聞いたこともないような速度で電流を伝えるし，知られている物質で最も丈夫だ．グラフェンの研究者によると，もしコーヒーカップ程度の広さのグラフェンの膜をつくることができれば，その膜はエイティーン・ホイーラー[*3] くらいの重さを支えることができるらしい．

目下のところ，グラフェンの大きな膜をつくる方法

SPL/PPS通信社

*1 アメリカの週刊音楽チャート．放送回数や CD などの売り上げを集計したチャートで有名．日本語版もある．
*2 スコッチ®テープ，セロテープ®はいずれも商品名．
*3 タイヤを 18 個装備した大型トレーラー（18-wheeler）．このトレーラーを運転してアメリカ大陸を横断するコンピュータゲームの名称でもある．

はないので，たいして有用とはいえない．だが世界中で科学者たちは大きなグラフェンをつくり，その特別な性質をよりよく理解しようと頑張っている．グラフェンでとくに注目すべきは，それがただ1種類の元素からできていて，混じりけのないという点だ．だから，グラフェンの化学はこの章のテーマ，炭素の化学そのものといえる．

5.1 炭素はなぜ特別なのか

炭素の特殊性はその小さいサイズにある

炭素は，周期表上で最も有名な元素で，常に脚光を浴びている．炭素は生体をつくる分子まで含めて，すべての有機分子の骨格をつくる．この章はもっぱら炭素と炭素がつくる分子を扱うが，まず簡単な問題からはじめよう．なぜ炭素は「特別」なのか？

2章で，周期表は元素の整理役だと学んだ．周期表を左側から右側に，上から下に移動する各段階で，新しい原子番号と，追加の電子をもつ新しい元素に出合う．電子数も中性子の数も増えていく．つまり周期表を左から右に，上から下にたどっていくと，元素が含む粒子の数が増え，したがって質量も増える．

質量のように，周期表で見られる傾向はおおむね当てになる．とはいえ，単調な増加を示すだけではない．図5.1に炭素族（14族）の原子の大きさと原子番号を示した．明らかに炭素は，ケイ素やゲルマニウム，スズ，鉛の大きさの傾向から予想されるものよりも小さい．同様の傾向は周期表の一番上の列の，炭素を含む第2周期のすべての元素についてもいえる．これらは

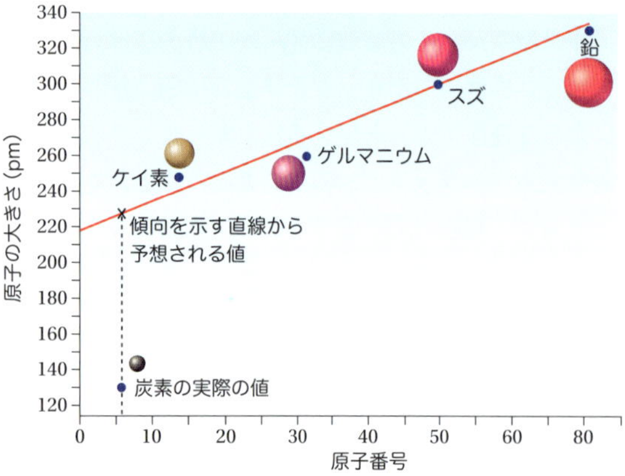

図5.1 原子の大きさの傾向
このグラフはピコメートル[*4]（pm）単位で示した五つの炭素族（14族）元素の直径を原子番号の関数として示した．ケイ素，ゲルマニウム，スズ，鉛の直径を用いて傾向を示す線を描いている．

同族元素から予想されるものに比べ，はるかに小さい．

では，何がこの異常の原因なのか？ 原子のもつ電子の数がとくに少なく，それらの元素の電子が原子核に強く引きつけられている場合に起こる．それらは周期表の最上段，第2周期の元素にあてはまる．これより下の族の原子では，核から離れたところにさらに電子の層があり，それらの外側の電子は核の正電荷による引力が小さい．そのため，これらの原子は大きくなる．この現象を**独自性原理**[*5]（uniqueness principle）とよぶ．この原理によると，第2周期の元素はもっている電子の数が少なく，それらが原子核に近いので，他の元素に比べてとりわけ小さい．

問題 5.1 次の原子の対のうち，どちらの原子が小さいか．周期表を参照してよい．
(a) ガリウム Ga とホウ素 B (b) カルシウム Ca とマグネシウム Mg (c) キセノン Xe とネオン Ne

解答 5.1 (a) ホウ素 B (b) マグネシウム Mg (c) ネオン Ne

炭素原子は4本の結合をつくる

炭素原子はごく小さいので，他の原子に近づき，電子を共有して共有結合をつくることができる．炭素が他の原子と結合したとき，原子どうしはかなり近く，結合もとりわけ短い．炭素原子は連なって長い鎖をつくることができ，また，この鎖は枝分れもできるし，環を巻くこともできる．要するに炭素原子は他の原子に対して結合を4本つくることができる．

炭素の点電子式を見ると，次に示すように炭素は電子4個と空席4個をもつので，結合を4本つくることができるとわかる．

点電子式は，共有結合に関与する原子の周りに価電子がどう分布しているかを示してくれる．4章で示した例は，ヨウ素分子 I_2 のような簡単な二原子分子までだった．

炭素がどのようにして結合をつくるかを理解するた

*4 1 pm = 0.001 nm = 0.000001 μm.
*5 日本ではあまり使われていない．

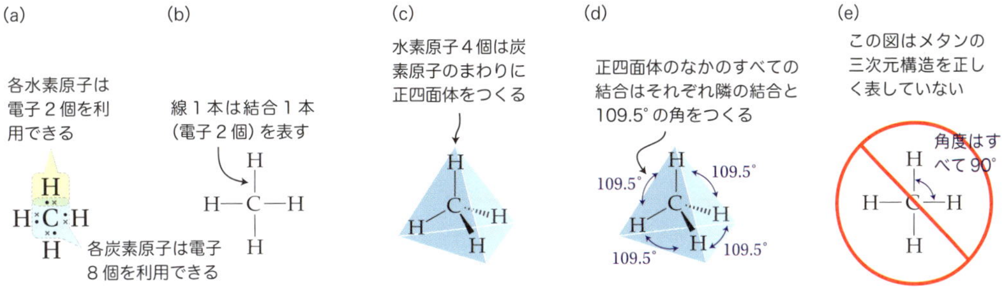

(a)
(b)
(c)
(d)
(e)
各水素原子は電子２個を利用できる
各炭素原子は電子８個を利用できる
線１本は結合１本（電子２個）を表す
水素原子４個は炭素原子のまわりに正四面体をつくる
正四面体のなかのすべての結合はそれぞれ隣の結合と109.5°の角をつくる
109.5°
この図はメタンの三次元構造を正しく表していない
角度はすべて90°

図 5.2　メタン分子

メタンはいくつかの異なる方法で正しく描ける．(a) 点電子式．(b) 電子対を１本の線で表したメタンの二次元線構造式．(c) くさびと破線くさびで正四面体構造を示した三次元表示．(d) (c) と同じ三次元表示だが，２本の結合にはさまれた角度（結合角）を示した図．(e) メタンの三次元表示だが，結合角が 90°になっているので正しくない．

め，異なる種類の原子が混在している分子を表現すれば，点電子式の知識を拡張できる．

まず，天然ガスとよばれる燃料の主成分の，簡単な炭素化合物**メタン**（methane）からはじめよう．メタンの化学式は CH_4 だ．４個の水素原子はそれぞれ中央の炭素原子と共有単結合でつながっている．メタンの点電子式を**図 5.2 (a)** に示した．正しい点電子式では，それぞれの原子はオクテット則を満たすことを思い出そう．この傾向をもつ原子はオクテット則を満たすが，例外は水素で，水素はごく小さいためデュエット則に従う．**図 5.2 (b)** に示すように描かれた線は単結合，すなわち共有結合内の２個の電子を表す．点の代わりに線を用いて結合を表す描き方もできる.「ある分子のなかで原子がどのように配列しているか」を**分子構造**（molecular structure），それを元素記号や結合などを用いて表したものを構造式という．

● 三次元構造だとわかるように分子の図を描く

図 5.2 (c) のメタン分子が三次元に見えるように描かれている．４本の結合のうち，２本は紙面上に，もう１本はくさび形に描かれていて，紙面から見る人のほうに伸びているように見える．第四の結合は破線くさびで描かれ，この水素原子が紙面の下にあることを示す．**図 5.2 (d)** はやはりメタン分子の図だが，ここではそれぞれの水素原子が挟む角度が示されている．図が示すように，この分子の H−C−H 角はすべて同じ値で，109.5°．この形と角度は有機分子に共通で，この形は**正四面体**（tetrahedron） という特別の名前をもつ．この章を通じて，正四面体構造は炭素を含む分子の，最も目立つ構造単位であり，炭素が４個の原子と結合する場合，形はほとんどが正四面体となる．

図 5.2 (e) で示したように，三次元分子構造を平面的に描いたとしよう．三次元性を示すくさびと破線くさびの助けがないと H−C−H 角は直角，90°になってしまう．この図は誤りで，炭素ではこの角度はありえない．というのも 90°では水素原子が互いに近づきすぎてしまうからだ．正四面体構造では，水素原子は互いにかなり離れることができ，それぞれの水素原子は中心炭素原子の周りに十分なスペースを確保できる．有機分子を考えるたびに正四面体に出くわすだろう．

問題 5.2　図 5.2 (c) を参考にして，CF_4 分子の三次元構造を描け．メタンの場合と同様，中心の炭素原子に４個のフッ素原子を結合させよ．結合を示すのに線とくさび，破線くさびを用い，原子の周りに電子を描く必要はない．

解答 5.2

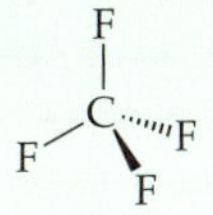

● 共有結合の三次元ネットワークのおかげで，ダイヤモンドは硬い

よく耳にする物質の一つ，ダイヤモンドは炭素だけでできている．炭素がどのようにして結合するかについては少しばかり学んだので，ダイヤモンドの興味深い分子構造を考察しよう．**図 5.3** に示したダイヤモンドの構造は，共有結合の極端な例といえる．図の周囲の炭素原子を除いて，それぞれの炭素原子は他の４個の炭素原子と共有結合をつくっている．この図はダイヤモンドのごく一部を示しているだけで，実際のダイヤモンドでは何千万，何千億もの炭素原子がすべての方向に広がっている．

この共有結合の繰返しでできたダイヤモンドのよう

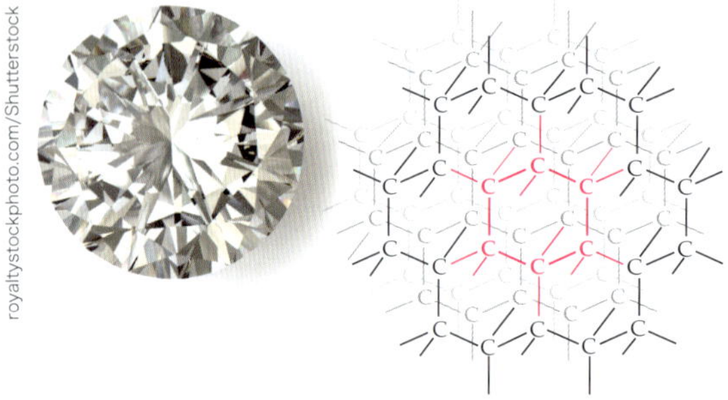

図 5.3 ダイヤモンドの三次元構造
ダイヤモンドの三次元構造では，各炭素原子は他の 4 個の炭素原子と結合している.

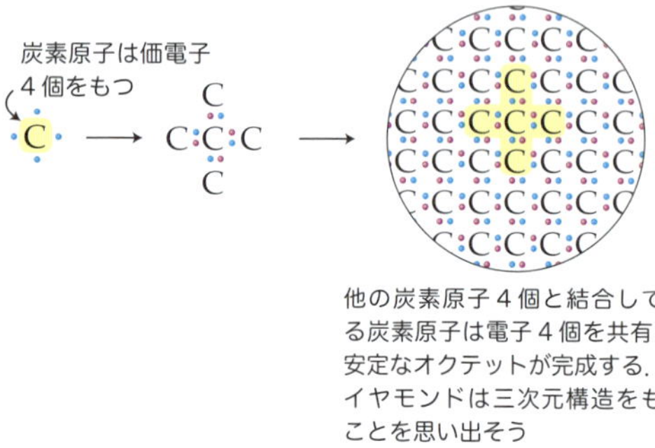

図 5.4 ダイヤモンドのなかの炭素原子間の共有結合
炭素原子は価電子を 4 個もっている．オクテット則を満たすためには，4 個の他の炭素原子と電子 1 個を共有する．この過程で各共有結合は青い点と紫の点で表される．青い点は結合をつくっている一方の原子に由来する電子，紫の点は結合をつくっている他方の原子に由来する電子を表す.

な固体は，**ネットワーク固体**[*6] (network solid) とよばれる．ネットワーク固体は一般にきわめて硬い．というのも，共有結合の繰返しパターンのため，構造全体の強度が増加するからである．この共有結合の三次元ネットワーク構造によって，ダイヤモンドは知られている範囲で天然に存在する物質のなかでは最も硬い.

その途方もない硬さのために，ダイヤモンドはどんな化学反応も起こさない．各炭素原子がオクテット則を満たしているかぎり，すべての炭素原子は満足している．その点をはっきりさせるために，1 個の炭素原子を取りあげてみよう．**図 5.4** が示すように，各炭素原子は 4 個の価電子をもち，周期表で近くにある貴ガス，ネオンと同じ理想的なオクテットが完成するために，4 個の電子を必要とする.

メタンの分子構造を見ると，炭素は他の 4 個の原子と結合して正四面体構造をとる．ダイヤモンドはこの原則の極端な例だ．ダイヤモンドの各炭素原子は正四面体構造をとるが，水素原子とは結合せず，他の炭素原子と 4 本の結合をつくる．各炭素原子の周りの 8 個の価電子のうち，4 個は自分自身に，他の 4 個の電子は各共有結合の反対側にある炭素原子に由来する.

一粒のダイヤモンドは何千万，何千億の炭素原子でできており，すべての炭素原子がオクテット則を満たしている．炭素原子から炭素原子へと連なる強い共有結合は，原子のネットワークを通して拡がり，この結合の連続したネットワークのため，ダイヤモンドは貴ガスのように不活性になる．ダイヤモンドのなかでは，各原子はオクテット則を満たす電子配置をもつので，化学反応を起こす理由がない．4 章によると，化学反応は原子あるいは分子の状況が反応によってオクテット則あるいはデュエット則を満たすようになる場合に起こる．ダイヤモンドの場合，電子配置が理想的なので，反応性の高い分子に対しても抵抗し，少なくとも理論的にはなぜ『ダイヤモンドは永遠に』[*7] なのかを説明する.

問題 5.3 ダイヤモンドの構造のなかで，隣接する結合がなす角は何度か.

解答 5.3 正四面体構造が保持されているから 109.5°.

5.2 グラファイト，グラフェン，フラーレンと多重結合

● 炭素原子は他の原子と多重結合をつくりうる

前節で，炭素原子が他の 4 個の原子と結合しているメタンとダイヤモンドを学んだ．ところで，炭素はいつも 4 本の結合をつくるが，いつも 4 個の他の原子と結合するわけではない．炭素は 4 本の結合をつくるが，どうして 4 個の原子と結びつかないのか．答えは炭素や他の多くの原子は単結合 (2 個の原子が 2 個の電子を共有している) をつくるだけではなく，**多重結合** (multiple bond) をつくることができるからだ．多重結合では，2 個の原子は 2 個以上の電子を共有する.

5.1 節の原子の大きさに関する独自性原理によると，第 2 周期の元素はきわめて小さく，そのため互いに近づきやすい．これは炭素原子のあいだに多重結合ができる原因の一つといえる．多重結合の一種の二重結合

*6 日本の高等学校の化学の教科書では，「共有結合の結晶」という用語が用いられている.
*7『007 ダイヤモンドは永遠に (Diamonds Are Forever)』はジェームス・ボンドを主人公とする小説，映画のタイトル．映画は 1971 年に製作された．日本での公開は 1972 年.

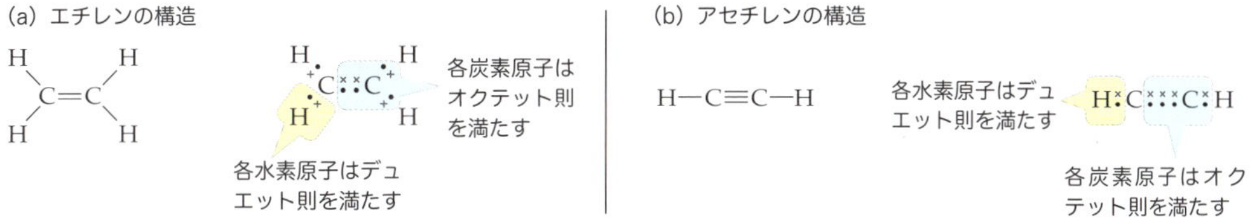

図 5.5　エチレン，アセチレンでの多重結合
それぞれの分子に対し，点電子式で分子構造を示した．

は，それぞれが 2 個の電子を含み，全体として 4 個の電子を共有する一対の結合だ．エチレンは二重結合を含む簡単な分子の例で，二重結合は原子のあいだの 2 本の線で表される．**図 5.5（a）**にエチレンの分子構造と点電子式を示す．エチレンのどの炭素原子も電子を 8 個もっていることに注意しよう．エチレンのどの炭素もオクテット則を，どの水素もデュエット則を満たしている．

三重結合として知られている多重結合は，結合 3 本からなる．それぞれの結合は電子 2 個を含むので，全体として 6 個の電子が共有されている．三重結合は原子のあいだを結ぶ 3 本の線で表される．溶接に用いられる気体分子アセチレンは三重結合を含む簡単な分子の例だ．**図 5.5（b）**はアセチレンの分子構造と点電子式を示す．アセチレンの 2 個の炭素原子も 8 個の電子をもち，オクテット則を満たす一方，各水素原子はデュエット則を満たす．

図 5.6 に単結合と多重結合が目立つような有機化合物の例を紹介する．図 5.6 のどの分子も，すべての炭素原子が結合 4 本をもっていることに注意しよう．3 章で学んだように，化学式はある物質に含まれる各元素の原子数を教えてくれる．それぞれの種類の原子数を数えることで，図 5.6 の各分子中に含まれるそれぞれの原子の数を推定できる．やってみるとよい．解答は図のキャプションのなかにある．

問題 5.4　リナロール（linalool）はラベンダーの香りをもち，香水に用いられる．右にその分子構造を示す．

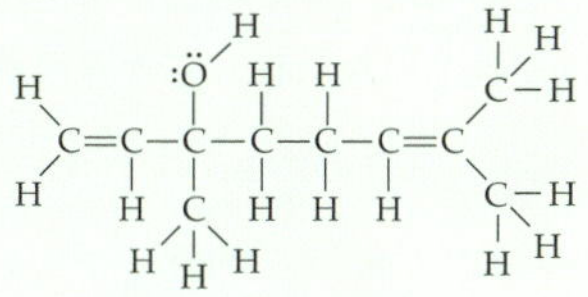

(a) リナロール中には炭素-炭素二重結合がいくつあるか．
(b) リナロール中には炭素-炭素三重結合がいくつあるか．
(c) リナロールの分子式を求めよ．

解答 5.4　(a) 2　(b) 0　(c) $C_{10}H_{18}O$

炭素原子はいろいろな仕方で 4 本の結合をつくる

ここで単結合，二重結合，三重結合の違いを考えてみよう．各炭素原子はつくるすべての結合に対して計 4 個の電子を提供し，それらの電子は炭素原子が必要とするもう 4 個の電子と対をつくる．**図 5.7（a）**は炭素原子 1 個が R_1, R_2, R_3, R_4 で示される他の 4 個の原子（または原子団）と結合している様子を示す．R という記号をもつ元素はないので，化学者たちは不特定の原子または原子団を示すのに R という記号を用いる．**図 5.7（b）**では炭素原子 1 個が他の 3 個の原子（R_1, R_2, R_3）と，**図 5.7（c）**は他の 2 個の原子（R_1, R_2）と結合している．炭素原子は結合が 4 本という原則に従うため，図 5.7（b）と（c）に示された分子は二重結合，三重結合をもつ．

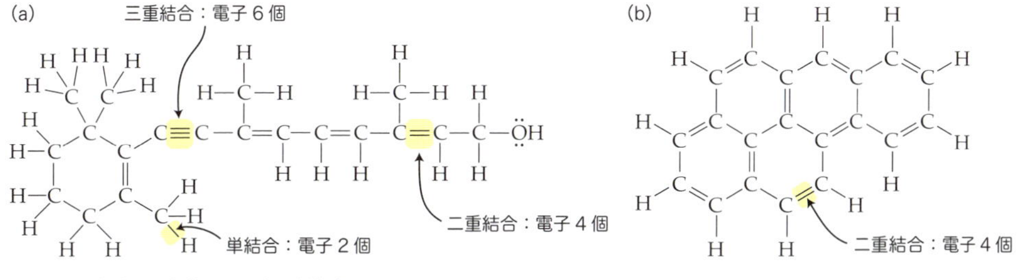

図 5.6　炭素化合物での多重結合
有機化合物のなかで各炭素原子は，単結合であろうと，二重結合であろうと，三重結合であろうと，とにかく 4 本の結合をつくっていることに注意しよう．これらの分子中の各炭素原子はオクテット則を，各水素原子はデュエット則を満たしている．ここに示した分子の化学式は (a) $C_{20}H_{28}O$，(b) $C_{20}H_{12}$ となる．

ちょっと待って！ wait a minute . . .

正四面体炭素は三次元構造なのに，有機分子が平面的に描かれるのはなぜか？

実際には三次元構造をもつ有機分子を，あたかも平面構造をもつように描くこともある．問題 5.4 では炭素の一部はくさびと破線くさびで描くこともできるのに，分子構造には三次元透視図はまったく含まれていないし，三次元構造をもつ分子を真っ平らに見えるように描くのはなぜだろうか．

その理由は，くさびと破線くさびで三次元性を示すのは面倒だし，また，場合によっては三次元性を示すことが分子構造を理解するのに必ずしも必要ではないからだ．

たとえば問題 5.4 で問われたのは多重結合を見つけることであって，分子の形ではない．したがって，どのような目的で分子構造を描くかによって，三次元性をもたせたり，平面的に描いたりする．

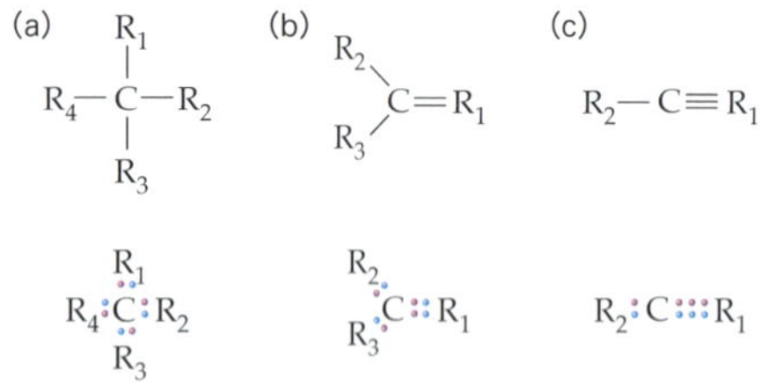

図 5.7　炭素を含む一般的な分子の結合パターン
炭素は，(a) 4 本の単結合をつくって他の 4 個の原子（または原子団）と結合できる，(b) 2 本の単結合と 1 本の二重結合をつくって他の 3 個の原子（または原子団）と結合できる，(c) 1 本の単結合と 1 本の三重結合をつくって他の 2 個の原子（または原子団）と結合できる．図の下部にはそれぞれの種類が点電子式で示してある．化学結合で 1 本の線は電子 2 個に相当する．

問題 5.5　次の分子のうち，炭素は結合 4 本，あるいは水素は結合 1 本の原則に反しており，現実には存在しないものはどれか．

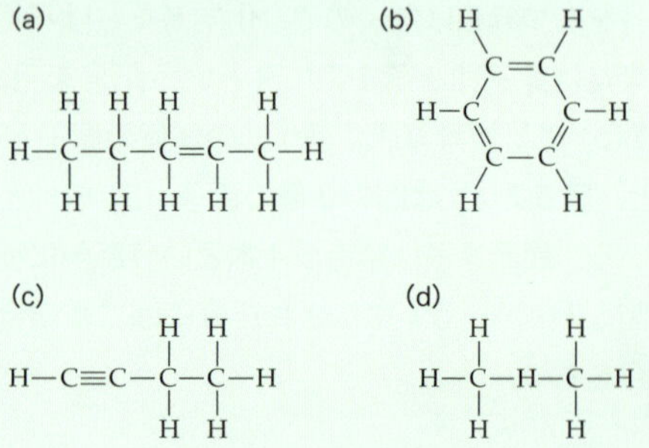

解答 5.5　(a) は炭素原子 1 個が 5 本の結合を，(d) は水素原子 1 個が 2 本の結合をつくっているので存在しない．

● 炭素の同素体は単結合と多重結合のよい例となる

周期表のなかにある元素は，時として異なる形で自然界に存在する．たとえば，リンは赤リンと黄リンの二つのよく知られた形で存在する．純粋な元素の異なる形は**同素体**（allotrope）とよばれる．ある元素の同素体は同じ元素からできているが，結合の仕方が違う．炭素の最も知られた同素体ダイヤモンドを学んだので，次に，他の同素体を見てみよう．

この章の導入でグラファイトとグラフェンを取りあげたが，これらは自然界に存在し，純粋な炭素からできているので，炭素の同素体といえる．グラファイトとダイヤモンドは著しく異なっている．グラファイトはつるつるしていて，すべりやすいので上質の潤滑剤になる．ダイヤモンドと同様，純粋な炭素からできているのであれば，どうしてこんなに異なる外観や感触をもつのだろうか．答えはグラファイトをつくっている共有結合にある．

図 5.8 (a) にグラファイトの模式図を示した．ダイヤモンドの構造（図 5.3）とグラファイトの構造のあいだにある最も大きな差は何だろうか．最も目につく差は，グラファイトのすべての結合は同一平面（紙面）にあるのに対し，ダイヤモンドの結合は多くの平面内にある．いいかえれば，グラファイトはグラフェンの平らな二次元シートが積み重なったものなのに対し，ダイヤモンドの分子構造は三次元だ．これは常に結合 4 本をつくる炭素の化学の自然の帰結といえる．グラフェンのシートのなかでは，各炭素は 3 個の他の炭素と二重結合 1 本と単結合 2 本で結びついている．グラファイトのそれぞれの炭素原子は，三次元方向に結合しない（**図 5.8 b**）．グラファイトのなかのグラフェンの各層は共有結合ではなく，弱い相互作用で結ばれているだけなので，互いに滑りやすい．

● 原子が 2 個以上の電子を共有すると，生じた結合は短く，かつ強くなる

電子 2 個が 2 個の原子に共有されると，共有単結合が生じる．二重結合は電子 4 個の，三重結合は電子

ちょっと待って！ wait a minute . . .

炭素原子は単結合 1 本，三重結合 1 本の代わりに二重結合 2 個をつくれないのか？

きみはなぜ炭素が三重結合 1 本，単結合 1 本の代わりに二重結合 2 本をつくらないのかと疑問に思ったかもしれない．答えは，炭素は「実際にはつくれる」であり，その種の化合物はアレン（allene, $H_2C{=}C{=}CH_2$）とよばれる．アレンは実在するが，まれにしか存在しないし，不安定だ．三重結合をもつ化合物アルキン（alkyne）はもっとありふれており，また，もっと安定だ．

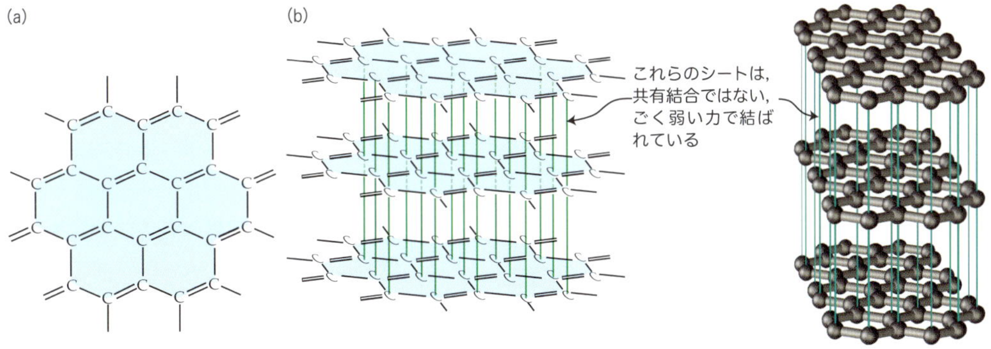

図 5.8　グラファイトの分子構造

(a) グラファイトのこのシートに含まれるすべての炭素原子は同一平面内にある．すべての炭素は単結合が 2 本，二重結合が 1 本の，合わせて 4 本の結合をつくる．図示したような孤立したグラファイトのシートはグラフェンとして知られる．(b) この図は一つ一つ積み重なった炭素のシート（グラフェン）からできる様子を示している．

6 個の共有で生じる．では，共有される電子の数，あるいは結合の数は結合の性質にどう影響するだろうか．多重結合は単結合より強いか，あるいは弱いか？ 二重結合は単結合より長いか短いか？

結合の強さは**結合エネルギー**（bond energy）で表される．メートル法でのエネルギーの単位はジュール（J）だった．**表 5.1** には，炭素原子間の単結合，二重結合，三重結合の結合エネルギーと，**結合距離**（bond length），すなわち原子間距離をまとめた．

表 5.1 のデータは，単結合と二重結合の相対的な強さについて何を教えてくれるだろうか．二重結合を切るのに要するエネルギーは，単結合を切るのに要するエネルギーよりも大きいので，明らかに二重結合のほうが強い．では単結合が二重結合になると，炭素原子間の距離はどうなるのか．表のデータによると，結合は短くなる．二重結合から三重結合に変わっても，この傾向は続く．三重結合は強く，かつ短い．つまり原子のあいだの結合が多ければ多いほど，結合距離は短くなる．このことは炭素原子間にかぎった話ではなく，すべての化学結合に成り立つ．

表 5.1　炭素 - 炭素結合の結合エネルギーと結合距離

結合の種類	結合エネルギー（aJ）	結合距離（pm）
単結合（C−C）	0.624	154
二重結合（C=C）	1.01	133
三重結合（C≡C）	1.39	120

注：結合エネルギーは結合 1 本当たりの値．アボガドロ数（9 章参照）を掛けるとモル当たりの値となる．1 J は 10^{18} aJ（アトジュール），1 m は 10^{12} pm（ピコメートル）．

ダイヤモンドと比較されるグラファイトの性質について，何を教えてくれるだろうか．どちらの構造も強固だが，結合の仕方は異なる．ダイヤモンドは硬い三次元構造をもち，すべての方向においてその強さを発揮する．ダイヤモンドは単結合だけでできているが，ダイヤモンドの単結合はまとまると著しい強さと硬さを与える．

これに対してグラファイトは，図 5.8 (a) に示すように単結合のみならず二重結合も含むので，炭素原子からなる各層はすこぶる強い．グラフェンはグラファイトの一層からなるので，グラフェンもとりわけ強いのは理解できる．だがグラファイトの一層のなかの炭素原子は，別の層の炭素原子と結びつくための結合をもたないから，グラファイトは緩く重なった，滑りやすい層の重なりとなる．このため，グラファイトは有用な潤滑剤となる．グラファイトの各層は他の層の上を容易に滑る．**図 5.9** に示したチューブ入りの潤滑剤の主成分はグラファイトだ．

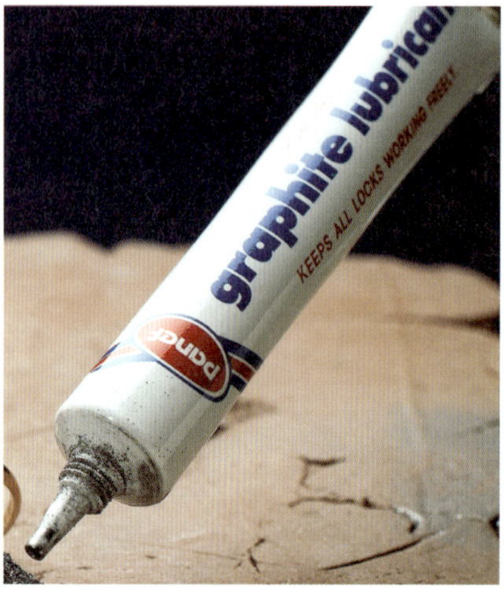

Science Source/PPS通信社

図 5.9 潤滑剤
多くの潤滑剤は滑りやすいグラファイトを含んでいる．

このことは，この本を通して化学上の最も重要な概念を与えてくれる．すなわち，原子間の結合の性質は，その結合を含んでいる物質の性質や特徴を規定する．グラファイトが滑りやすいのは，互いに滑り合う炭素原子の層からできていることによる．ダイヤモンドがとりわけ硬いのは，三次元構造のマトリックスをつく
7 る強い炭素-炭素結合のみでできているからだ．この
重要な概念は 4 章で扱ったが，この本を通じてこの概念の他の例に出合うだろう．

問題 5.6 表 5.1 によると，1 本の炭素-炭素単結合を切るのに 0.624 aJ のエネルギーが必要となる．100 本の炭素-炭素単結合を切るのに必要なエネルギーを求めよ．（aJ は表 5.1 の注参照）
解答 5.6 62.4 aJ

● フラーレンは炭素の同素体だ

炭素の最後の同素体を理解するためには，1985 年に戻らなくてはならない．この年，3 人の化学者が天然の炭素のまったく新しい形，フラーレン[*8] すなわち C_{60} を発見したときに，化学にパラダイムシフト[*9] が起こった．化学者たちは炭素の新しい形の炭素はすこぶる安定で，高度な対称性をもつことを知ったが，60 個の炭素原子からなる分子の構造をどう考えるべきかわからなかった．C_{60} を研究していた化学者たちは，60 という数はよく知られた，サッカーボール（**図 5.10 a**）のようなものを通じて馴染み深いものと気づいた．おなじみのサッカーボールの形は六角形に囲まれた五角形からなり，閉じたケージをつくる．

C_{60} のこの配列は自然界にも人工物にも見られる．というのも 60 の頂角[*10]（vertex）を閉じた対称構造に配列する唯一の仕方だからだ．この構造を知った化学者は，彼らの炭素同素体に対してサッカーボール状の構造を提案した（**図 5.10 c**）．その構造が確認され，3 人の化学者は 1996 年にノーベル化学賞を受賞するという栄誉を得た．彼らはこの化合物を（フラーレンのような）ジオデシック・ドーム（**図 5.10b**）の特許を取った建築家，バックミンスター・フラー[*11] にちなんでバックミンスターフラーレン（Buckminsterfullerene）と命名した．この分子は**バッキーボール**（buckyball）と

*8 原著では Buckyball．日本ではフラーレンのほうが一般的．
*9 ある時代や分野で当然とみなされていた思想，理論などが革命的に変化すること．パラダイムという語は科学史家トーマス・クーン（Thomas Samuel Kuhn, 1922-1986）が科学革命に関連してはじめて用いた〔The Structure of Scientific Revolutions (1962)，邦訳は『科学革命の構造』(1971)〕．
*10 三角形で，底辺に対する角．
*11 バックミンスター・フラー（Buckminster Fuller，1895-1983）：アメリカの建築家．

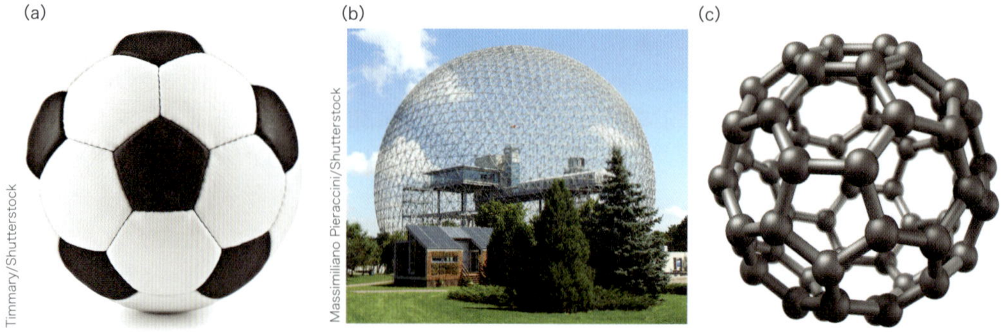

図 5.10 大きいフラーレンと小さいフラーレン
(a) サッカーボールの表面は五角形と六角形が交互にならんでいる．(b) バックミンスター・フラーが設計したジオデシック・ドームはサッカーボールと類似の構造をもっている．(c) バックミンスターフラーレン，あるいは単にフラーレンはサッカーボールないしジオデシック・ドームに似ている．各炭素原子は分子を構成する頂角の一つを占めている．

いう愛称でも知られている．

フラーレンの発見以後，異なる炭素骨格をもつものもつくられた．たとえば，ナノチューブ（nanotube）は，フラーレンの炭素骨格をもつチューブ状の分子だ．

5.3 有機分子を理解する

● 炭素は有機分子のなかで最もありふれた元素．それぞれの炭素原子は予測可能な数の結合をつくる

有機分子を容易に描けるように，二つのことを学んだ．第一に，炭素原子は 4 個の価電子をもち，オクテットを完成するために，他の原子からのさらに 4 個の電子を共有しなくてはならないので，炭素は常に 4 本の結合をつくる．第二に，水素原子は 1 個の価電子をもち，デュエットを完成するために，他の原子と 1 個の電子のみを共有すればよい．しかし有機分子は炭素と水素以外の元素を含みうる．有機分子のなかに見いだされるおもな「他の」原子は，窒素，酸素，硫黄とハロゲンだ．多くの場合，これらの元素は有機化合物のなかでは少数しか含まれていない．

炭化水素（hydrocarbon）という名称は，炭素原子と水素原子だけを含む有機分子に与えられている．ほとんどの有機分子では，分子の骨格は炭化水素でつくられ，**ヘテロ原子**（heteroatom）とよばれる窒素，酸素，硫黄，ハロゲンは炭化水素骨格のなか，あるいは骨格につけ加えられている．ヘテロ原子はクリスマスツリー（つまり炭化水素）にぶらさげる飾りのようなものだ．炭素と水素同様，これらのヘテロ原子は有機分子のなかでは，**表 5.2** に示すように，決まった数の結合をつくる傾向がある．

たとえば酸素と窒素は電荷を帯びていない有機分子のなかでは常にそれぞれ 2 本と 3 本の結合をつくる．その理由はこれらの原子の点電子式を見れば明らかだ．酸素は計 8 個の電子を得るため，2 個の電子を共有しなければならない．窒素は 3 個の電子を共有しなければならない．

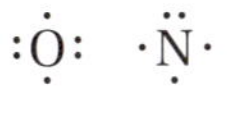

表 5.2　電荷を帯びていない有機分子のなかでの各元素の結合規則

元素	通常つくる結合の数
H	1
O	2
S	2
N	3
C	4

問題 5.7　すべて炭素，酸素（または硫黄），窒素，水素を含んでいる次の有機分子の構造を考えよう．オクテット則，デュエット則に反するのはどれか．

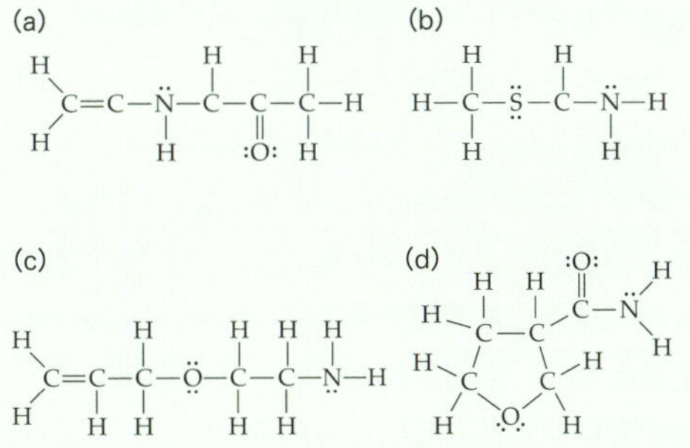

解答 5.7　分子 (a) と (b) は，3 本しか結合をつくっていない炭素を，それぞれ少なくとも一つもっているので，オクテット則を満たしていない．だから，これらの分子は実在しえない．分子 (c) と (d) は大丈夫である．各炭素は 4 本の，各水素は 1 本の，各窒素は 3 本の，各酸素は 2 本の結合をつくっている．規則に従って，非共有電子対は酸素と窒素原子上に示されている．

● 化学者たちは有機分子を描くのに線構造式を用いる

一部の化学者は分子を紙面に描くのに，あるいは手の込んだコンピュータプログラムで描くのに，結構な時間を費やす．たとえばヘキサン分子 C_6H_{14} を描くのに，まず炭素原子をつなげ，14 個の水素原子を炭素骨格の周りに割り当てる．水素原子をどこにつけるかに問題はない．というのも，各炭素原子は計 4 本の結合をつくらなければならない．次のようなものができあがる．

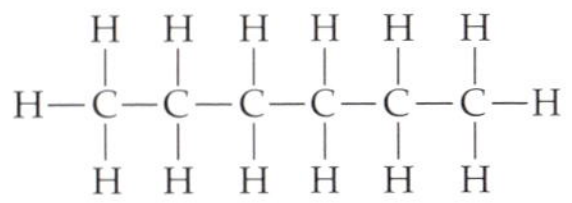

ヘキサンを描くのは簡単だ．しかしもっと大きな分子になると，C という文字を繰り返し描き，さらにたくさんある水素を描き続けるのは面倒になる．そこで化学者たちは**線構造式**[*12]（line structure）という速記

*12 日本では線構造式の名称はあまり使用されておらず，簡略化された構造式として扱われている．しかし，IUPAC の Gold Book には line formula の項目がある．世界的に見ると，線構造式が今後日本でも使われるのがのぞましい．なお，骨格式（skeletal formula）という表現も一部で使われている．

natureBOX・カーボンフットプリントを評価する

このところ，消費者が自分の体内に取り込むものについてより多くの情報を要求するようになるにつれ，食品のラベルはますます複雑になってきた．近頃のスーパーマーケットは，一つの商品に対して，価格，栄養価，産地などの情報を用意するのが習慣になった．近年は別の種類の情報がスーパーマーケットの棚に見られるようになった．それは，製品のカーボンフットプリント[*13]（carbon footprint）についての情報だ．

ある製品のカーボンフットプリントとは，その品物の生産に関連した**温室効果ガス**（greenhouse gas）の発生量を示す．温室効果ガスは大気圏で熱を捕捉して気候の変動や地球温暖化をもたらす気体だ．温室効果ガスは温室が太陽からのエネルギーを捕捉するのと同じ仕方で，太陽エネルギーを大気圏内に捕捉するのでその名がある．

最も有名な温室効果ガスは二酸化炭素分子 CO_2 だ．化石燃料が燃やされると大気中に放出されるこの気体は，最も大量に放出されるので，私たちを取り巻く大気を熱するのに最も大きな効果を及ぼす．石炭や天然ガスのような化石燃料は，生物（動植物）の残渣から生じた炭素からなる．自動車や他の交通機関を動かし，農業者に燃料を提供し，家やオフィスを暖めるのに，化石燃料が燃やされる．

ガソリンやメタンガス，石炭などの化石燃料によって直接動かされるものはすべてカーボンフットプリントをもっていると考えるのは妥当だろう．だが，食パンのような品にどうやってカーボンフットプリントを見積もるのだろうか？　食パン自体は温室効果ガスを発生しないが，食パンの製造，運搬の過程で温室効果ガスが発生するのは避けられない．

食パンはガソリンで駆動する収穫機で収穫された小麦からつくられただろう．また，その小麦からつくられたパンは，メタンガスで加熱されたオーブンで焼かれたものかもしれない．パンは石炭で動かされた工場でつくられたプラスチックの袋に入れられたかもしれない．パンは製パン工場から集配センターを経由して小売店にディーゼルエンジンのトラックで配達されるから，各段階がカーボンフットプリントを増やす．

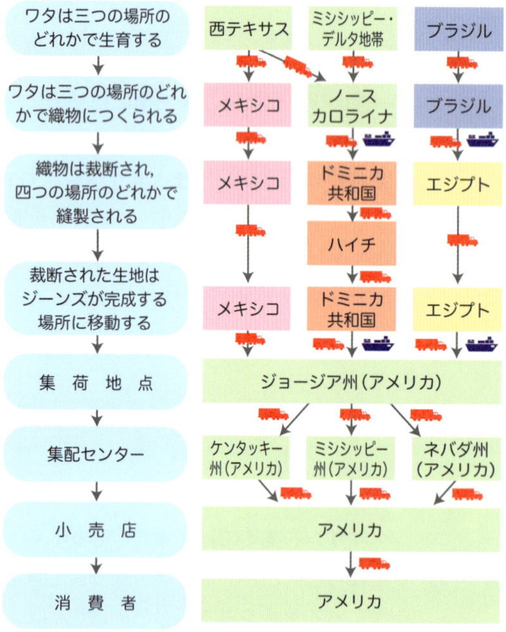

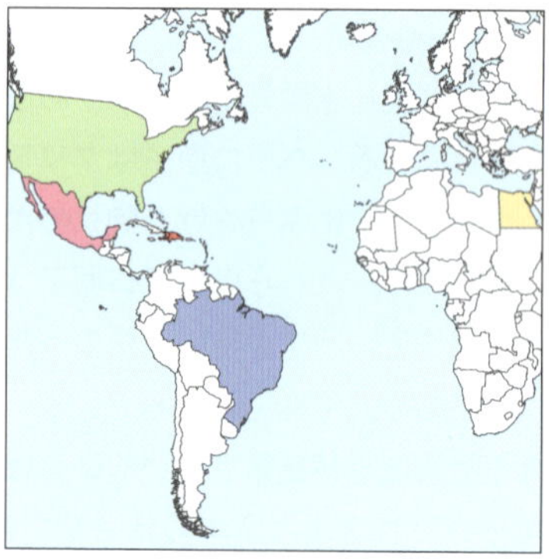

図 5A　青いジーンズの大旅行
2006 年にアメリカのあるジーンズメーカーが，木綿の産地から小売店までのジーンズの旅を地図にした．1 着のジーンズは少なくともトラックまたは船による 6 回の輸送を経験していた．一部のジーンズの材料になる木綿は南アメリカで栽培され，アフリカに輸送され，縫製されてアメリカに旅する．

法を用いる．この本のなかでは線構造式の描き方を説明しないが，線構造がどのように見えるか，何を意味するかという実例を示そう．化学に関する話題，たとえば薬の処方箋などで線構造式に出会うこともあるので，読み取れると役に立つ．

図 5.11 にはヘキサン分子の，すべての原子，すべ

ある製品のカーボンフットプリントの見積もりは容易ではない．たとえば，食パンのカーボンフットプリントを増やす原因のすべてを取り入れようとするなら，考え方をもっと広げなくてはならない．たとえば，収穫機が仕事場に移動する際に消費される燃料，あるいは集配センターでパンを保存する最適温度を維持するための燃料などなど．カーボンフットプリントの計算にはかぎりがない．

図 5 A はアメリカのあるジーンズメーカーが用いる製造過程の地図だ．この地図から出発して，プロセスの各段階を吟味すれば，無数の温室効果ガス排出の原因が見つかるだろう．

カーボンフットプリント計算の問題を処理するため，カーボントラスト*14（Carbon Trust）というイギリスの機関が，パンから材木，タイヤにいたるまでの 27,000 種にも及ぶ商品のカーボンフットプリントの計算について音頭をとっている．この団体はカーボンフットプリント計算の範囲と限界を定めるための，一連の基本的な規則を考案した．カーボントラストがある製品に対して公式のカーボンフットプリント計算を行うと，その数値は「カーボントラストとの共同作用」という言葉とともに，包装に表示される．もしその製品を販売する会社がその製品のフットプリントを実際に減らす効果があったことを示すと，ロゴは「カーボントラストとともに減少」となる（**図 5 B**）．

イギリスの一部の消費者は，環境に注意を払っている会社の製品を買いたいということで，カーボントラストの黒い足跡のロゴのついた商品を求める．ある商品に対して黒い足跡のロゴを得る過程そのものが，よりグリーンな実践に導く．次がそのよい実例だ．

カーボントラストロゴを最初に表示した製品はイギリス製のポテトチップス*15 の袋だった．製造会社の Walkers はチップスのカーボンフットプリントを計算すると決めた．そうすると，ジャガイモを生産する農業者が，目方を増やすためにジャガイモを加湿した建物に保存していることを知った．湿ったジャガイモは乾いたジャガイモより重いし，会社は農業者へは重さに応じて代金を支払うので，農業者はより多くの利益をあげることができた．

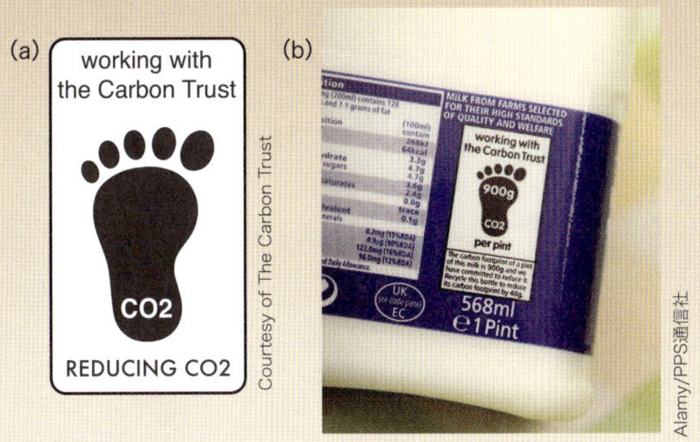

図 5B　カーボントラストロゴ

(a) カーボントラストによってカーボンフットプリントが評価された製品には，この種のロゴが貼られる．(b) イギリスのこの製品はカーボントラストのロゴを見せびらかしている．

加湿の操作はポテトチップスのカーボンフットプリントにかなりの割合を占めることがわかった．建物を加湿するには化石燃料に由来するエネルギーが使われるし，ジャガイモが重ければ，輸送に必要な燃料も多くなる．このことを知った Walkers 社はジャガイモの乾燥重量に応じて支払うことにしたところ，農業者は加湿を止めた．ささやかな変化であったが，これによってポテトチップスのカーボンフットプリントは減り，会社は経費を節減できた．

カーボンフットプリントは消費者向けの製品にだけ利用されているわけではない．たとえばブラジルは政府自身のカーボンフットプリントの評価を助けてもらうために，カーボントラストの参加を求めた．きみは自分自身のカーボンフットプリントを計算できる．インターネットで「フットプリント計算」を検索すると，きみが全地球規模の温室効果ガス排出にどのくらいかかわっているかを計算できるプログラムが見つかるだろう．

*13 炭素の足跡の意味で，「人間活動が（温室効果ガスの排出によって）地球環境を踏みつけた足跡」という反省から編み出された名称．製品が販売されるまでの温室効果ガス排出量で表されることが多い．欧米ではかなり広く用いられている．日本では政府主導の試みなどもあるが，実際にはあまり知られていない．

*14 炭素放出を削減することで，持続可能な社会，低炭素社会の実現をめざすという趣旨の活動を行っている団体．

*15 イギリスでは crisps という．

ての結合を示した線構造式が示されている．その下はすべての原子を省略した簡略化線構造式だ．**全構造**（full structure）を描くのに比べ，簡略化線構造式は明らかに描くのが簡単だろう．

ヘキサンの簡略化線構造式はジグザグにつながった短い 5 本の線からなる．これらの線の末端はそれぞ

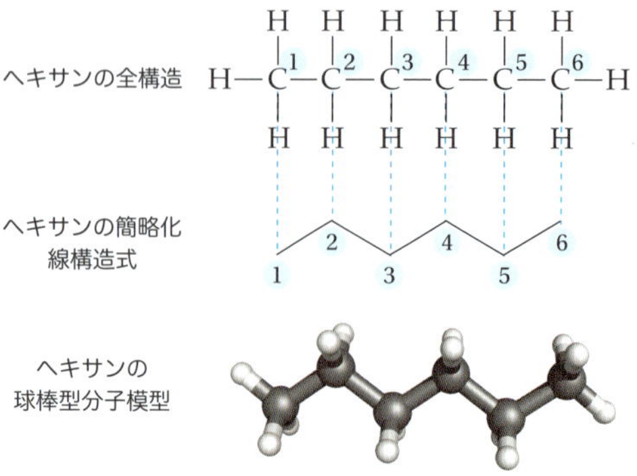

図 5.11　ヘキサン分子の全構造と線構造式
上図は線構造式で描かれたヘキサンの全構造．全構造は分子のすべての結合とすべての原子を示す．中図は同じ分子の，すべての原子を描くのを省略した簡略化線構造式．この線構造式の末端には炭素原子 1 個がある．分子のなかには炭素と水素が含まれているが，簡略化線構造式にはまったく現れない．下図のこの分子の球棒（ball-and-stick）型分子模型は，分子のなかでの骨格のジグザグ構造を示す．

れ炭素原子を表しているが，水素がどこに位置するかは明示されていない．図に示された数字は炭素原子を数え上げるためのものだ．もちろん，通常はこの種の数字を書かない．最左端からはじめて，6 個の炭素原子が数えられる．簡略化線構造式の両末端にも炭素原子があることを忘れてはならない．

大きな分子の線構造式と簡略化線構造式を比較すると，場合によっては線構造がどんなに簡単かわかる．簡略化線構造式は炭素骨格に焦点をあて，線構造式を混乱させる水素原子を除く．*β*-カロテンは鮮やかな橙色の有機分子で，その名が示すように，ニンジンに含まれている．カボチャやサツマイモの色も *β*-カロテンによる．図 5.12 に *β*-カロテンの線構造式と簡略化線構造式を示した．線構造式では *β*-カロテンの骨格は黄色に塗られて強調されている．

きわめて多くの有機分子は，ベンゼン（benzene）とよばれる特別の環を含む．この環は独特な仕方で描かれる．ベンゼン環は炭素原子 6 個からなる．これらのあいだの結合は環の周りに交互に，単結合，ついで二重結合，単結合，ついで二重結合，単結合，二重結合となっている．ベンゼンの線構造式と簡略化線構造式をそれぞれ図 5.13 (a) と図 5.13 (b) に示した．ベンゼンの 6 本の結合の長さは実際のところ，単結合と二重結合の中間で 1.5 重結合に相当する．

結合はすべて同じ長さなので，図 5.13 (c) に示すように，なかに輪がある簡略化線構造式を描くこともできる．図 5.13 (d) にベンゼン環を含み鎮痛作用がある *N*-アセチル-*p*-アミノフェノールの構造を示す．

問題 5.8　次に示す有機分子には，炭素原子が何個含まれているか．

解答 5.8　4 個

5.4　代表的な有機官能基

● 有機分子の驚くべき多様性

有機分子は信じられないほど多様だ．文字通り何百万種類もの有機分子が知られているし，ヒトの体内だけでも何万もの有機分子がある．有機分子にそのような多様性があるのはなぜだろうか．それは炭素原子が鎖をつくり，これらの鎖は枝分れもできるし，さま

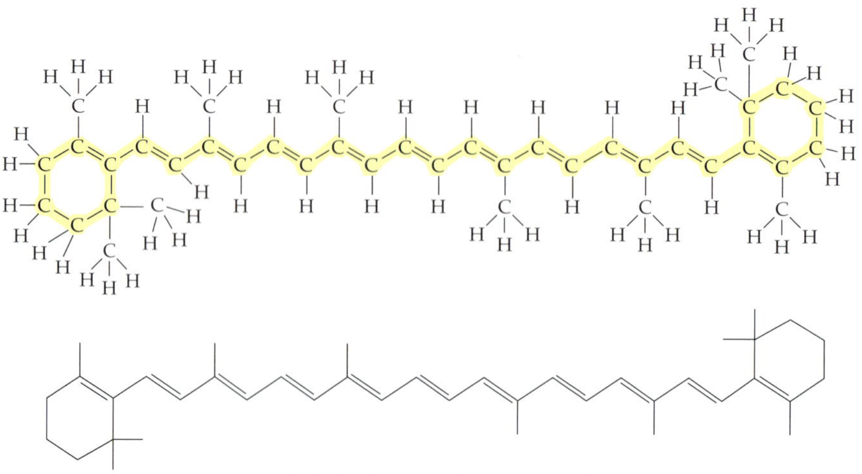

図 5.12　*β*-カロテンの分子構造

ざまな大きさの環をつくることができるからだ．有機分子の多様性を示すために，しばらく炭化水素に注目しよう．

図 5.14 は，炭素原子 6 個を単結合だけでつなぐすべての仕方を示す．図は，6 個の炭素原子を環なし，あるいは環 1 個でつなげる仕方は 15 通りあることを示す．10 個の炭素原子を単結合だけでつなげる仕方は 100 通り以上ある．炭素原子の数が増えるにつれて，並べ方の和はネズミ算式に増える．

ここまでは単結合だけを含む炭化水素に限定して考えた．もし，二重結合，三重結合を含む分子を含めて考えると，すでに呆然とさせられるほどになった可能

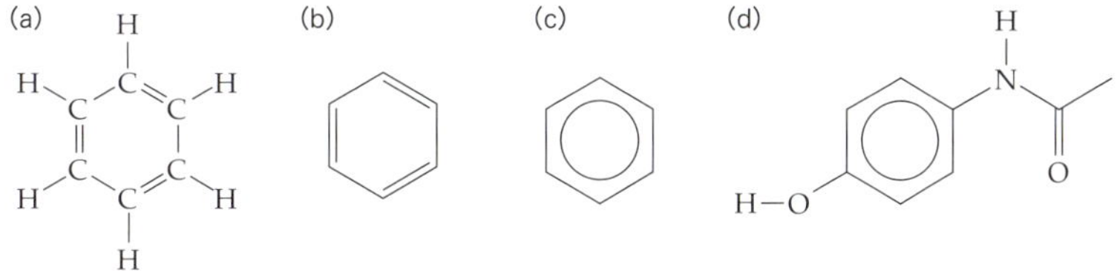

図 5.13　ベンゼン環

(a) ベンゼンの線構造式，(b) ベンゼンの簡略化線構造式の描き方の一例，(c) ベンゼンの簡略化線構造式の別の描き方，(d) *N*-アセチル-*p*-アミノフェノールの線構造式．ベンゼンは簡略化線構造式になっている．結合はすべて同じ長さなので，(c) に示すように，なかに輪がある簡略化線構造式を描くこともできる．(d) にベンゼン環を含む鎮痛剤 *N*-アセチル-*p*-アミノフェノールの構造を示す．

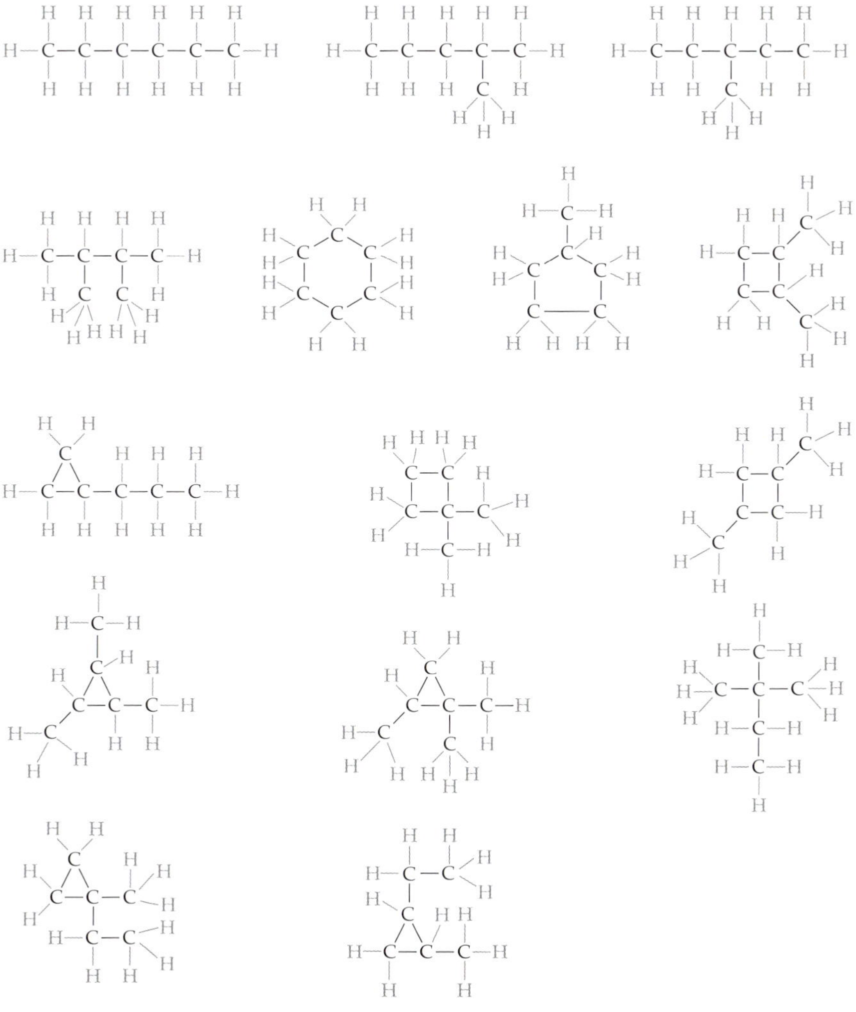

図 5.14　炭素原子 6 個を単結合だけを用いて分子をつくるさまざまな方法

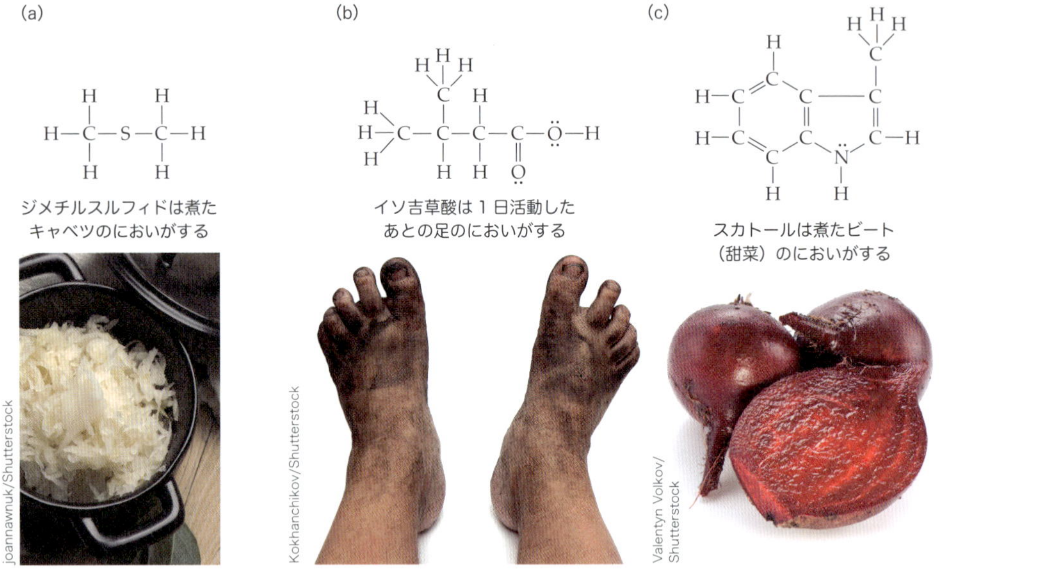

図 5.15 悪臭の元凶になる分子

(a) 煮たキャベツ：ジメチルスルフィドは煮たキャベツのにおいの元．(b) 臭い足：イソ吉草酸は 1 日活動したあとの足のにおいの元．(c) 料理したビート：スカトールは料理したビートのにおいの元．これらのにおいは口臭の元になっている物質が出すにおいと同じだ．

な分子の数はさらに大きくなるだろう．有機分子の形と大きさの数はまったく印象的だ．

炭化水素分子は，この章の natureBOX で紹介した化石燃料に含まれている．これらの分子はガソリン，ディーゼル燃料[*16]，ケロセン，石炭などの燃料に含まれる．しかしすでに学んだように，多くの有機分子は単純な炭化水素ではなく，酸素，硫黄，窒素，ハロゲンなどを含む．これらのヘテロ原子は有機分子に複雑さと，機能性を与える．

自然界で，ヘテロ原子は有機分子のなかでの特別の**基**（group）のなかに再三現れる．これらのヘテロ原子を含む基は**官能基**（functional group）とよばれる．この節では官能基という語が意味するものをいくつかの例で示す．しかしあまりにも多くの官能基があり，そのすべてを扱うことはできないので，2，3 の重要な例を選んだ．面白い話題なので，口臭，煮たキャベツ，死体に特徴的な刺激的なにおい，不快きわまりないにおいを与える分子に含まれる官能基を取りあげた．

● スルフィドは炭化水素骨格のなかに硫黄原子を含む

図 5.15 にヒトの口のなかにあって，口臭の原因になっているいくつかの有機分子を示す．口臭は口のなかにいる嫌気性細菌が原因だ．嫌気性細菌は嫌気性環境，すなわち酸素がない環境のなかでしか生きることができない．ヒトの口のなかで，この環境は歯垢の形成によって実現される．歯垢の厚さが 1 ミリから 2 ミリになると，嫌気性細菌の成長が可能になる．嫌気性細菌は不快なにおいをもつ分子を排泄し，これらが口臭をつくりだす．このため，歯科医は歯垢を除き，除菌作用のあるうがい薬を使うように勧める．

最初に取りあげる臭い物質はジメチルスルフィドだ．その分子構造を図 5.15（a）に示す．この分子中の官能基は 1 個の硫黄原子であり，**スルフィド基**（sulfide）とよばれる．スルフィドはどんなにおいかと聞かれたら，たいていの化学者はただひと言，「臭い」と答えるだろう．スルフィド基は有機化学を通じて，文句なしに最も臭い官能基といえる．スルフィドはヒトの汗，ニンニク，スカンクスプレー，尿などのにおいの原因であり，ジメチルスルフィドは口臭や煮たキャベツの悪臭の容疑者の一つだ．

硫黄を含む化合物の強い悪臭は役に立つこともある．1937 年，天然ガスのガス漏れのために，テキサス州にあるニューロンドン校で爆発が起こり，300 人近い生徒と先生の命を奪った．これは，いまなおアメリカの歴史を通じて，最悪の学校事故だった．この後，当然ながら無臭の天然ガスには有臭物質を加えることを要求する新しい法律が施行され，人々はガス漏れを嗅ぎつけることができるようになった．では，天然ガス

*16 おもにディーゼルエンジンの燃料として使用される．日本では軽油とよばれる留分がこれに該当する．

工業はにおいづけのためにどんな分子を選んだのだろうか？ 企業は硫黄を含む化合物を選んだ．というのも，ヒトはごく低濃度でも硫黄化合物のにおいを嗅ぎつけられるからだ．というわけで，口臭の元凶「ジメチルスルフィド」を含む硫黄化合物の混合物が天然ガスのにおいづけに用いられている．

● カルボン酸は重要な有機分子で，さまざまな用途がある

図 5.15(b) に示したのはイソ吉草酸だ．この化合物に含まれる官能基は分子の右端にある．一つの炭素原子，二つの酸素原子，一つの水素原子からなるこの特別の官能基を**カルボキシ基**（carboxy group）といい，このカルボキシ基を含む化合物は，一般に**カルボン酸**（carboxylic acid）とよばれる．カルボン酸は有機化合物のなかでとくに有用な仲間だ．カルボン酸は他の分子と結合して，新しいさらに複雑な分子をつくる．たとえばカルボン酸はプラスチックの原料として用いられる．また，ヒトの体のなかでは，複雑な生体分子をつくるのに用いられている．

炭素数が 1 から 5 までのカルボン酸は有力な化合物といえる．これらの分子は殺菌剤やクリーニング製品に用いられる．また驚くほど刺激的なにおいをもつ．たとえば，炭素数 1 のギ酸はアリの毒液に含まれ，強い刺激臭をもつ．炭素数 2 のカルボン酸，すなわち酢酸は食酢に酸っぱいにおいを与える．ブタン酸は傷んだバターのにおいの元だ．イソ吉草酸は口臭の元だし，臭い足の原因でもある．酸と酸性度については 10 章「pH と酸性雨」で詳しく見ていこう．

● アミンは脳に影響を与える分子のなかに見いだされる

最後に取りあげる官能基は**アミノ基**（amino group）で，アミノ基を含む化合物は**アミン**（amine）とよばれる．アミノ基は炭化水素骨格に結合した窒素原子が中心だ．5.3 節で議論したように，電荷を帯びていない有機化合物では，窒素原子は他の 3 個の原子と結合できることは，**図 5.16** に示した窒素原子の点電子式を見ればわかる．窒素原子は三つの空席をもっており，3 本の共有結合をつくって空席を埋めれば，窒素原子はオクテット則を満たすようになる．

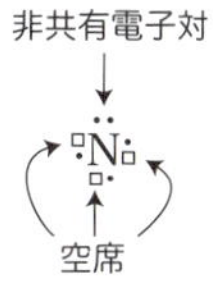

図 5.16 窒素原子の点電子式

窒素原子は一対の非共有電子対をもっていることを思い出そう．この非共有電子対は，結合と同様にスペースをとるのできわめて重要だ．また非共有電子対はアミノ基に特徴的な形を与える．**図 5.17** には二つの有機分子が示してある．図 5.17(a) には 5 個の炭素原子の直鎖からなる有機分子の空間充塡型分子模型を示す．図 5.17(b) は同じ分子の中央の炭素原子を窒素原子で置換した分子の空間充塡型分子模型を示した．これらの図を見ると，分子の表面等高線は分子が含む原子に依存し，二つの分子の形が微妙に違うことがわかるだろう．

生体系では，分子はその表面が互いに一致すると，相互作用して結合できるが，図 5.17(b) の分子と図 5.17(a) の分子とは，表面が微妙に異なっているので結合できない．

すべての有機分子の骨格は炭素の鎖からできている．その炭素の鎖は通常 4 個の原子または原子団と結合している炭素からなる．これらの炭素はそれぞれ正四面体構造の輪郭をつくるが，アミノ基が炭素の鎖のなかに挿入されると，アミノ基は分子の表面に新しい特徴をつくる．つまりアミノ基が炭素の鎖を区切って新しい，前と違った形をつくる．これによってアミノ基は薬品のなかに最も多く見いだされる官能基となるが，それはアミンの輪郭はヒト自体のなかにある生体分子によって認識されやすいからだ．

図 5.17 分子のなかの原子がその表面の形を決める

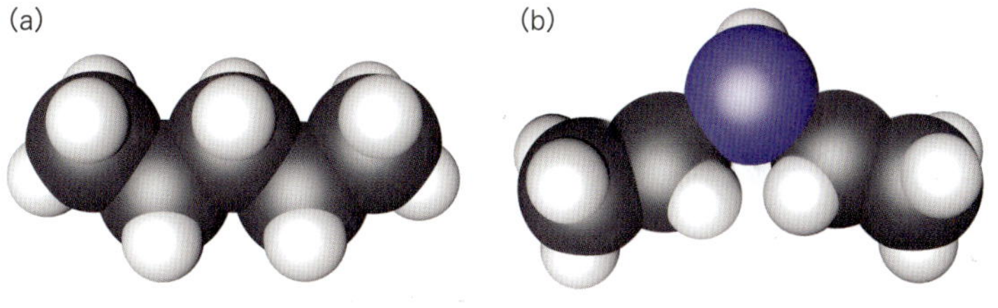

合法にせよ，非合法にせよ，脳に影響を与える多くの薬物はアミノ基を含んでいる．その種の薬物のリストには，アンフェタミン，ヘロイン，ニコチン，コカイン，クラック，LSD，オキシコドン，モルヒネ，コデイン，ノボカイン，ジアゼパム，ジフェンヒドラミンなどがある．脳にはアドレナリンやドーパミンなどのアミンが含まれているから，これらのアミンをさまざまな方法で識別する．多くの薬物がアミンなのはこのためだ．薬物は脳に含まれる天然のアミンの真似をしたり，置き換わったりする．

図 5.15（c）に示すようなアミンは悪臭を放つ．スカトールは口臭の元であり，料理したビートに特有のにおいの元だ．悪臭をもつ二つのアミン，プトレシン（putrescine）とカダベリン[*17]（cadaverine）を**図 5.18**に示す．名称が示すように，これらは腐った肉と死体に特有の悪臭をもたらす．

*17 cadaverous（死体のような）に由来．

THEgreenBEAT ● 環境に関する話題

炭素固定と炭素除去

ロッキー山脈の北部にあるグレイシャー国立公園は，長年アメリカにおける最も印象的な氷河の多くに恵まれていた．1850 年にはこの国立公園は 150 ものこの壮大な氷の創造物を誇っており，これらの氷河は長年にわたって写真の格好の被写体だった．**図 5.19** は公園の中央に位置するグリネル氷河の写真だ．この氷河の写真は 1940 年と 2006 年に正確に同じ場所で撮影された．この二つの写真の差は驚くほどであり，また紛れもなく，氷河はとけつつある．実際，1850 年に 150 あった氷河は 26 が残っているだけになった．

2003 年に科学者たちは 2030 年までにグレイシャー国立公園にはまったく氷河がなくなってしまうと予測した．以来，予測は更新され，最後の氷河は 2020 年ごろに消失する．そんなことになれば公園には新しい名前が必要になろう．「グレイシャー[*18]国立公園」はただの「国立公園」とでも改名しなくてはなるまい．

なぜ氷河はとけ続けるのだろう．気候変動の研究者のおおかたは，地球温暖化が加速されているのが原因というだろう．地球温暖化の加速は，おもにガソリンなどの化石燃料を燃やすと生じる気体によって起こる．

この章の natureBOX ですでに論じたように，燃料が燃やされたときに放出される気体のうちで，主要な犯人は二酸化炭素だ．二酸化炭素の化学式は CO_2，化学構造は次のとおり．

:Ö::C::Ö:

証拠を覆すのは難しい．アメリカで最も暑かった 12 か月間の 9 例（**表 5.3**）はすべて 2000 年以降に起こっている．実際 2012 年はアメリカの歴史を通じて最も暑い年だった[*19]．記録ではアメリカの州の 63% は干ばつ状態であり，それはアメリカにかぎった話ではなかった．2010 年にはロシアも熱波に悩まされた．他の国も同じ傾向を経験した．地球は急速に温暖化しているようだ．12 章「エネルギー，電力，気候変動」では地球温暖化，気候変動，温室効果ガスについて論じる．

どうしたら地球温暖化を減速させることができるか

Unknown Photographer/Courtesy of GNP Archives/
USGS Repeat Photo Project

Karen Holzer/
USGS Repeat Photo Project

図 5.19 1940 年と 2006 年におけるグリネル氷河
（a）は 1940 年，（b）は 2006 年に同じ場所から氷河を撮影した．

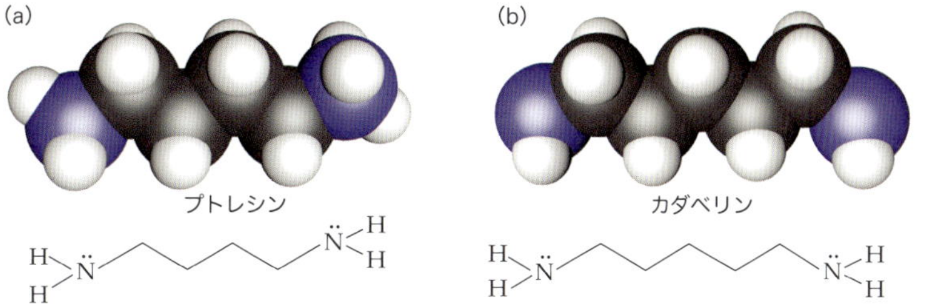

図 5.18　悪臭をもつ分子
プトレシンとカダベリンのにおいはそれらの名前の由来を思い出させる．どちらの分子もアミノ基を二つもつ．

に関するさまざまな理論（別の章のTHEgreenBEAT参照）が提案されている．工業化された国の政府によって追及されているものの一つに，炭素固定と炭素除去（carbon capture and sequestration；CCS）計画がある．石炭で動かされる火力発電所が排出する気体の 10% は二酸化炭素だ．CCS 計画は，二酸化炭素を大気中に放出するのではなく，二酸化炭素を捕捉し，どこかに貯蔵しようというものだ．だが，どこに貯蔵しようというのだろう？

不要な二酸化炭素をどこに貯められるだろうか？近年相当な資金を獲得した一つのアイデアに，二酸化炭素を地下に貯蔵しようというものがある．たとえば，以前石油が含まれていたが，いまは空になった地下の隙間，あるいは岩塩や石炭の，地下の鉱床も利用できる．この考えによると，石炭を用いる火力発電所は，生じた二酸化炭素を地下に汲みこむから，理論的には地球温暖化には関係しない．

しかし，二酸化炭素を地下の貯蔵庫に保存する方法は，さまざまな理由で盛んに行われているとはいえない．まず金がかかるし，気体を地中に押し込むのにエネルギーが必要となる．第二に，二酸化炭素の漏れで生じる危険の問題がある．何よりも気体を地面に押し込めることで生じるきわめて有害な影響を心配する．すなわち，大量の二酸化炭素を地下に貯留すると，地震を引き起こす可能性があるためだ．

二酸化炭素を地下に押し込めるよりは創造的な代案もある．ハーバード大学と MIT の共同による商業的な試み，「グリーン燃料技術」では，二酸化炭素の貯留に，気体を食べる藻の利用を試みた．だが，ビジネス的にはうまくいかなかったので，数年後の 2009 年に事業は廃止された．

テキサス州にある会社「ルミナント」は廃棄された二酸化炭素をふくらし粉などの炭素を含む製品に変えてリサイクルし，販売している．デイビッド・キース（David Keith）という先駆者的な技術者は，風車ほどの大きさの，空気を取り込んで二酸化炭素を除去する塔を建てた[*20]．いろいろな試みがなされたが，二酸化炭素の廃棄は筆舌に尽くしがたい困難な問題で，大スケールで実行できる創造的な解決法が必要だろう．

表 5.3　2013 年までのアメリカにおいて 12 か月連続した期間で，最も暑かった時期

準　位	12 か月連続期間	温度の差††
最も暑かった	2011 年 8 月～ 2012 年 7 月†	+1.87 ℃
2 番目に暑かった	2011 年 7 月～ 2012 年 6 月†	+1.84 ℃
3 番目に暑かった	2011 年 10 月～ 2012 年 9 月†	+1.82 ℃
4 番目に暑かった	2012 年 1 月～ 2012 年 12 月†	+1.81 ℃
	2011 年 6 月～ 2012 年 5 月†	+1.81 ℃
	2011 年 9 月～ 2012 年 8 月†	+1.81 ℃
7 番目に暑かった	2011 年 12 月～ 2012 年 11 月†	+1.77 ℃
8 番目に暑かった	2011 年 11 月～ 2012 年 10 月†	+1.76 ℃
9 番目に暑かった	2012 年 2 月～ 2013 年 1 月†	+1.62 ℃
10 番目に暑かった	2011 年 5 月～ 2012 年 4 月†	+1.61 ℃
11 番目に暑かった	2011 年 4 月～ 2012 年 3 月†	+1.49 ℃
	1999 年 11 月～ 2000 年 10 月	+1.49 ℃

†暫定的データ，††20 世紀の平均温度との差．

*18 glaicer は氷河の意．

*19 2021 年には世界中が熱波に襲われた．欧米の大学や気象機関の研究者たちは，この熱波が人為的な気候変動が原因であると報告している．最高気温を記録した場所としてよく引き合いに出されるデスバレー（カリフォルニア州，アメリカ）では 7 月に 54℃を記録した．デスバレーは砂漠地帯にあるから例外的といえようが，いくつかの都市で 40℃以上の気温が記録されている．

日本でも 2020 年8月 17 日に浜松市が 41.1℃を記録（2022 年 2 月現在で記録された最高温度）しているから，今後は都市部でも 40℃を超えるのが珍しくなくなるかもしれない．

*20 Carbon sequestration：炭素固定で，大気中の二酸化炭素を長期間保存する工程．

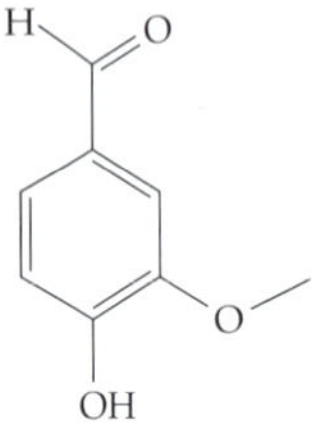

バニリン
（バニラのようなにおい）

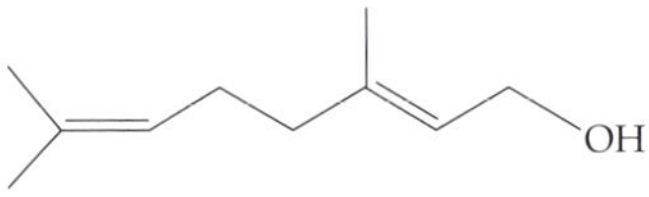

ゲラニオール
（ゼラニウムのようなにおい）

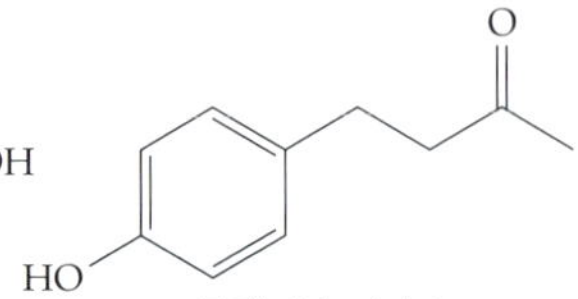

ラズベリーケトン
（ラズベリーのようなにおい）

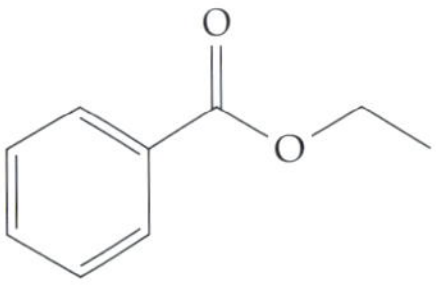

安息香酸エチル
（冬緑油のようなにおい）

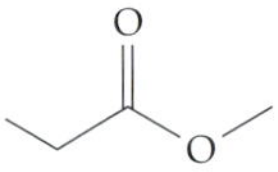

プロピオン酸メチル
（ラム酒のようなにおい）

図 5.20　芳香を放つ有機分子の例

この節を読むと，有機分子はすべていやなにおいをもつと思いたくもなろう．しかし，実際には，たとえばある種のスルフィドは素敵なにおいをもつ．香水やバナナ油，冬緑油などの香油はすばらしいにおいをもつが，この章では扱わない別の官能基をもっている．**図 5.20** には，いろいろな官能基をもつ，芳香を生じる有機分子を示した．

問題 5.9　次に示す有機分子には，この章で扱ったどの官能基が含まれているか．

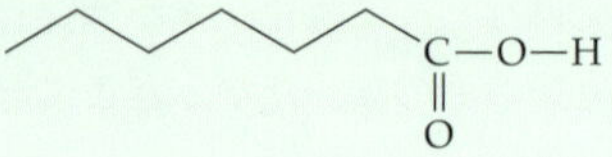

解答 5.9　カルボキシ基

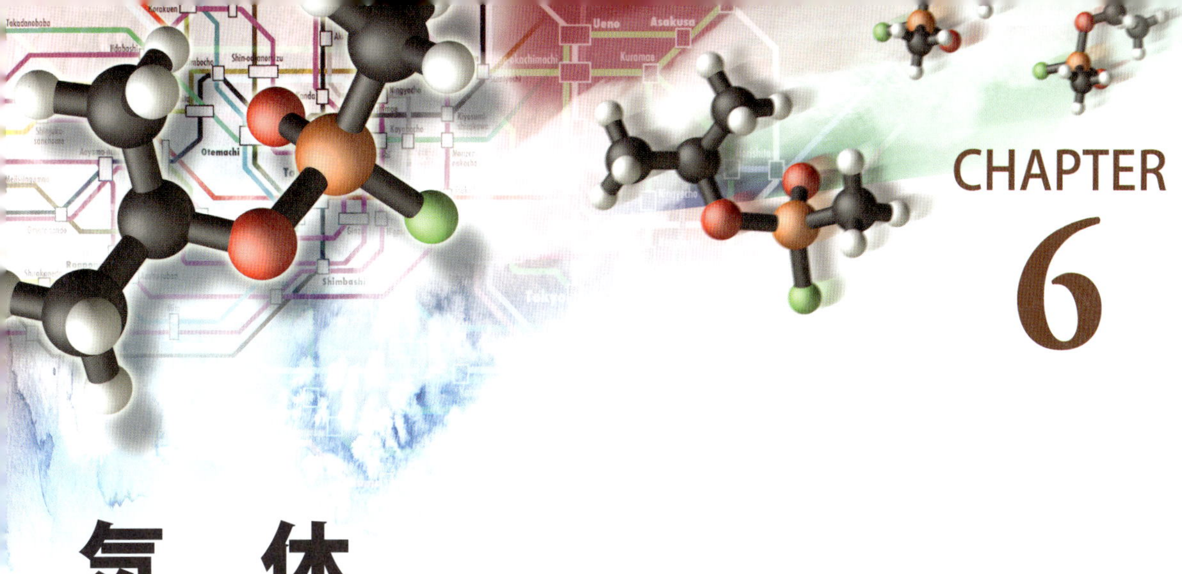

CHAPTER 6

気　体
大気中の気体とそのふるまい

1995 年 3 月 20 日，人々が家を出てそれぞれの行き先に向かったとき，いつもの東京の春の日が約束されていた．この日，オウム真理教のテロリスト集団の一味が，東京の地下鉄（東京メトロ）に沿ったさまざまな地点に向かっていることなど，誰も知らなかった．朝のラッシュ時のピークを狙って，無色無臭の致命的な神経ガス，サリンの入った容器に穴を開けたのだ．この気体はいくつかの混雑した地下鉄の車両のなかで空気を通じて広がった．

サリンは液体から気体に容易に変化し，皮膚あるいは肺を通して人間の血流に入り込む．サリンは神経系の機能をあっという間に損ない，麻痺，痙攣（けいれん），視力の喪失，猛烈な頭痛を引き起こす．0.5 mg 以上の量にさらされると，通常は致命的だ．地下鉄サリン事件で，致死量に近い被曝を受けた多くの人が死を免れたものの，終わりのない神経障害に苦しんだ．ごく少量のサリンに被曝しただけの人たちは完全に回復した．サリンによって総計 12 人が落命し，5000 人以上が負傷した．この恐ろしい日に東京メトロに乗り合わせた人たちの運命は，周りの空気のふるまいによって決まる．

人間の体は常に気体，すなわち空気に取り囲まれている．空気はきれいで乾いていて，無色無臭で，酸素およそ 21%，窒素およそ 78%，それに少量の他の気体分子などを含む（**表 6.1**）．私たちは汚染された食品を食べたり，汚染された水を飲んだりしたくないが，それと同じように，呼吸する空気が目に見えたり，においがするのは望まない．目に見えたり，においがしたりする気体は体によくない．目に見える気体は，空気で運ばれてきた望ましくない微粒子を含んでいるかもしれないからだ（このページに示した汚染された空気につつまれる北京市内の様子に注目）．においがする気体は，臭覚神経に作用する．この神経は汚染物質についての情報を含むかもしれないにおいの情報を鼻から脳に伝える．

Hung Chung Chih/Shutterstock

表 6.1　海面でのきれいな空気の組成

気体あるいは分子	組成（%）
窒素分子 N_2	78.1
酸素分子 O_2	20.9
アルゴン原子 Ar	0.934
二酸化炭素分子 CO_2	0.036
その他の気体	< 0.03

この章では，私たちを常に取り巻いている，たとえば空気のような気体を学ぶ．空気を学ぶには，まず気体がどう振る舞うかを知る必要がある．そのため，まず気体が従うと予想される法則を理解しよう．

6.1 気体の性質

● 物質の三態のなかで，気体は最も単純

物質の三態のなかで，気体は最も単純だといえる．液体や固体と異なり，気体は完全に均一といえる．特別の環境にある場合を除いて，気体は互いに完全に混じり合う．たとえば表 6.1 に載っているすべての気体はきれいな空気に含まれているが，互いに混じり合うのが気体の性質だから，きれいな空気は完全に均一だ．

気体のなかに含まれるそれぞれの原子や分子は，互いに相互作用しないという点でも気体は単純だろう．もとより気体分子は時として互いに衝突するが，この章で行われる議論の範囲では，気体のなかの原子や分子は衝突しても変化しないと考えてよい．いいかえれば，気体は衝突しても化学変化を起こさない．つまりどんな元素が含まれているにしても，気体のなかの原子や分子は同じようにふるまうと考えてよい．このため，気体のなかのどの原子や分子も「一般的な気体粒子」とみなせる．これらの気体粒子は玉突きの玉のように衝突し，弾む．

気体は均一で，気体粒子は互いに相互作用しない．**図 6.1** には物質の三態の差を強調した図を示した．液体，固体，気体のあいだの最も顕著な差は，その蓄え方にある．ほとんどの固体または液体試料を放置しても，それらが消失するなどとは心配しない（液体が蒸発したり，固体が昇華[*1] したりして少量が失われることを別にすれば）．固体や液体では，それぞれの単位を結びつける力が働いているからだ．しかし気体では，それぞれの粒子を束ねておくのに十分な引力がない．そのため，ほとんどの気体は漏れないよう気密な容器に蓄える．

日常生活で見たり，用いたりする気体を満たしたもの，たとえばタイヤ，天然ガスをビルなどに送りこむパイプ，ネオンサイン，ソーダ水の入った開封前の缶などを考えてみよう．これらのすべての場合，容器は漏れないようになっている．もし漏れが生じると，製品あるいは装置はその機能を失い，役に立たなくなる．ソーダ水の缶が破裂してもたいしたことではないが，容器内の気体が高い可燃性の天然ガスのように有害な場合，ガス漏れは爆発を引き起こすかもしれない．

問題 6.1　氷と水が少し入っているコップがある．コップに堅くふたをすると，コップのなかには水のいくつの状態があるか．

解答 6.1　三つの状態のすべてが存在する．液体の水が氷（固体の水）と混じり合い，水蒸気（気体の水）は，液体の表面の上の空間を占めている．

*1 固体が直接気体に変化する過程．

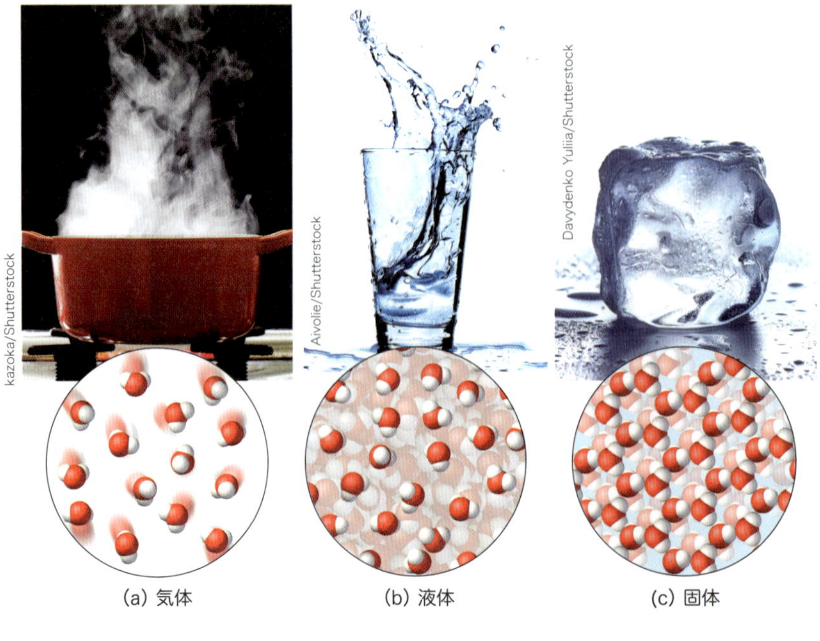

図 6.1　物質の三態
(a) 気体では粒子は互いに遠く離れ，気体を入れている容器に与えられたすべての空間を埋める．(b) 液体では分子は接近しているが，互いに動く．液体は容器の形に従うが，容器全体を埋めるわけではない．(c) 固体では分子は規則的に整列して詰め込まれ，互いにほとんど動かない．固体は入っている容器の形に関係なく，元の形を保つ．

● 気体粒子は速く動き，互いに離れている

すべての気体原子，分子はきわめて速い速度で動いている．たとえば室温で通常の窒素分子は，約 1850 km/h，あるいは 514 m/s の超音速で動いているが，これは最高速のジェット機の速度に近い．純粋な窒素の試料のなかの一つ一つの分子をレーザーガンで捕捉できたとすると，それらが同じ速度で動いているわけではないことがわかる．それぞれの分子の速度を測定でき，いろいろな速度で動いている分子の数を集計できれば，曲線グラフを描けるだろう．全分子の平均速度は図 6.2 に示すように，曲線のほぼ中央に近い値となる．試料中のほとんどの分子は平均速度もしくはそれに近い速度で動く．しかし，平均値よりもうんと速く，あるいはうんと遅く動く外れもの（outlier）もある．

気体分子は互いに著しく離れていて，気体を入れている容器の全体積のごく小さい部分を占めているにすぎない．とはいえ，時には互いに接触するのは避けられない．気体どうしの衝突は完全弾性衝突とみなされる．分子は互いに跳ね返るだけだ．気体分子は，空間のなかを高速，かつランダムに動いている小さなビリヤードの玉とみなせる．

気体のランダムな運動はいくつかの面白い効果を起こす．たとえば弟が裏庭で魚を洗ったあとで部屋に入ってくるのはすぐに見えるが，魚臭いにおいを感じるまでには少し時間がかかる．というのも，弟が魚からもらったにおいの元の気体粒子は，弟の身体からきみの鼻に直接飛んでくるのではなく，部屋のなかをジグザグに進み，その間，壁やテーブル，電気器具などにぶつかりながら進んでくるからだ（図 6.3）．

● 高速で動いている気体粒子は速やかに，かつ完全に混じり合う

気体分子は使えるすべての空間に入り込み，容器を完全に満たす．容器のなかを飛び回っている気体分子の集団のなかに，新しい分子を送りこむことを想像してみよう．その分子は高速で動いている混合粒子に一体化され，均一化される．**拡散**（diffusion）とよばれるこの過程は，高速道路に進入した車が，高速で走っている他の車と同じ速度になろうとするのによく似ている．高速道路に進入した車は，交通の流れの一部となる．ここではすべての車はわずかに異なる速度で走るが，同じ平均速度を保っている．

人が呼吸する空気は当然ながら他の気体と速やかに，かつ完全に混ざるから，ある気体が他の気体と均一に混ざり合うことは重要な結果をもたらす．この章のはじめに述べたように，東京メトロで使われたサリンの容器は，開けられると有毒ガスを空気中に放出する．高速で動いている交通に合流した車と同様，致命的な気体は何千もの通勤・通学客が呼吸する空気中の他の分子と急速に混じり合う．襲撃のあとに集められた証拠によると，サリンを入れた容器に一番近かった人たちが神経ガス中毒の一番重い症状を示した．これはもっともな結果だ．というのも，毒ガス分子が容器から遠くに行けば行くほど，空気中に拡散して，互いに離れるようになり，濃度が低下する．容器から離れたところにいた乗客はサリン分子の含量が少ない空気を吸ったのに対し，容器の近くにいた乗客は数回の呼吸で致死量のサリンを吸い込んだことになる．

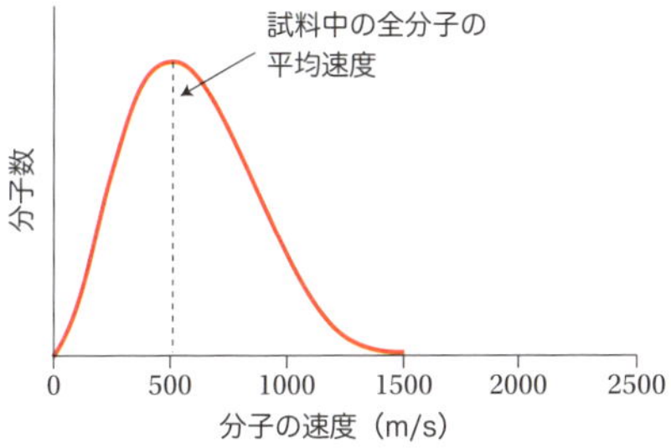

図 6.2　気体試料中の分子はさまざまな速度で動く
このグラフは 27℃でのすべての窒素分子の速度を示す．さまざまな速度は曲線上に分布する．ある分子は分子全体の平均速度より遅く動く一方，ある分子は平均速度より速く動く．

double_p/iStock/Getty Images

図 6.3　正真正銘のにおいの元
強いにおいの元になる分子は，結局きみの鼻にたどりつく．

問題 6.2　次の気体に関する記述で正しくないものはどれか．

(a) 気体粒子は高速で動く．

(b) 気体試料のなかで，すべての気体粒子は同じ速度で動く．

(c) 気体粒子は互いに完全に混じり合う．

(d) 気体粒子は互いに跳ね返り，容器の壁にも跳ね返る．

解答 6.2 (b) 気体試料のなかでは図 6.2 に示すように，速度の分布がある．

6.2 圧 力

● 気体が及ぼす圧力は，気体粒子と容器との衝突に関係する

気体を入れる簡単な容器として，風船を考えよう．まず，膨らませていない風船を三つ用意しよう．一番目の風船を膨らませないまま口を閉じる．この風船のなかには，口を閉じる前に部屋にあった空気を含んでいるだけだ．膨らませていない風船をとり，2 回息を風船に吹き込み，それから口を閉じる．これが二番目の風船．三番目の風船には，破裂しそうになるまで息を吹き込む．4 回息を吹き込んだとしよう．三つの風船はずいぶん違って見える．一番目はぺちゃんこ，二番目は半分膨らんでいて，三番目は完全に膨らんでいる（**図 6.4**）．

これらの風船の違いの原因は何だろうか？ 違いはそれぞれが異なる量の気体を含んでいることによる（風船のなかに吹き込んだ空気は，部屋のなかの空気とは少し違う点を無視できるとしよう）．第一の風船は最小の数の粒子を，三つ目の風船は最大数の粒子を含んでいる一方，二番目の風船は中間の数の粒子を含んでいる．では，気体粒子はどうやって風船を膨らませるのだろうか？

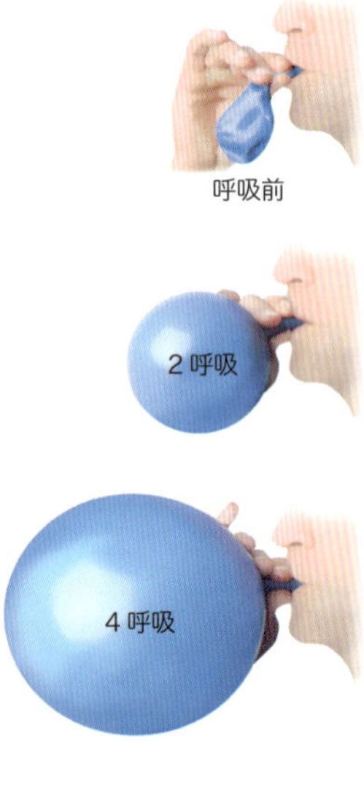

図 6.4 三つの風船

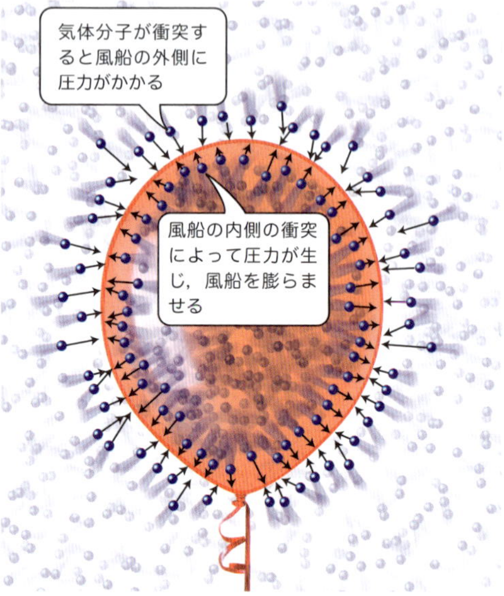

図 6.5 風船はなせ膨らむか？
風船のなかの気体粒子が風船の内側の面に衝突するたびに風船は膨らむ．風船のなかの圧力は風船の外側の面にかかる大気圧に抵抗して押し返す．

半分くらい膨らんでいる二番目の風船のなかでは，肺の力で無理やり押し込んだ粒子は，自らの性質に応じて高速に動いている．しかし，これらの粒子はどこへでも飛んでいけるわけではない．気体粒子は絶えず風船の内側の面にぶつかる．気体粒子が風船の内側の面に当たるたびに，面をほんの少しだけ外側に押し，自分は風船のなかに戻る．それぞれの粒子はまたすぐに面にぶつかり，それを繰り返す．風船のなかの何百万，何千万という粒子は同じようにふるまい，内側の面を繰返し，繰返し押し出す．これによって二番目の風船はいくらか大きくなる．

三番目の風船はこの現象の極端な例だ．この風船にはさらに多くの粒子が含まれていて，それらが集まって風船の内側の面をより強く押すので，**図 6.5** に見られるように風船は膨れあがる．もし十分な数の気体粒子を吹き込むと，粒子が風船の内側の面を押す力が強くなりすぎる．風船の材料はその力に耐えられるほど丈夫ではないので，ついに破裂する．

● 表面にかかる力を圧力という

というわけで，より多くの気体粒子を含む風船がより大きく膨らむ．気体粒子の数が多ければ多いほど，内側の面でより多くの衝突が起こり，風船は大きく膨

図 6.6 膨らんだタイヤとぺちゃんこのタイヤ
(a) ぺちゃんこのタイヤには膨らんだタイヤほどの数の気体粒子が入っていない．その結果，タイヤの内側の壁を押す圧力は弱くなる．(b) 完全に膨らんだタイヤは，内側の壁を押すのに十分なだけの数の粒子を含んでいるので，タイヤは膨らんだままでいる．

らむ．風船のなかで起こっている気体粒子による絶え間ない圧迫を**圧力**（pressure）という．圧力とは，風船の内側の面に気体粒子が及ぼすような力だ．

圧力という言葉は，風船の内側の面を押す気体粒子にだけ用いられるわけではない．ドアの表面を押す手，自動車のペダルを踏む足，指紋カードに押しつける親指などにもこの言葉を用いる．その結果，自動車のタイヤなどに用いられる psi [*2]（平方インチ当たりポンド）として知られる圧力の単位にお目にかかる．**図 6.6** はタイヤの圧力が空気で満たされるにつれて変わる様子を示した．

● 大気圧は高度とともに変化する

きみが海抜ゼロの場所，たとえばサンフランシスコに住んでいるとしよう．コロラド州のロッキー山脈でスキー休暇を楽しもうと決めたきみは，荷物を詰めて飛行機に飛び乗る．コロラドに到着して荷物をほどくと，プラスチック製のシャンプーの容器が海抜ゼロの自宅で荷造りしたときより大きくなっているのに気づく（**図 6.7**）．注意深く栓をあけると，シューとちょっとした音とともに空気が出てくるのに気づくだろう．帰路，サンフランシスコに着くと，シャンプーの容器がコロラドで荷造りしたときより小さくなっているのに気づく．何が起こったのだろう？

見えないだけだが，空気中の原子や分子はたえず飛び跳ねている．人間の体や周りの物の表面には跳ねまわる気体分子がぶつかるが，その様子は風船やタイヤの内側の面と違いはない．空気にさらされた面は空気をつくっている気体分子に絶えず攻撃を受けている．しかし異なる高度で空気にさらされている表面は異なる数の分子に攻撃を受けている．

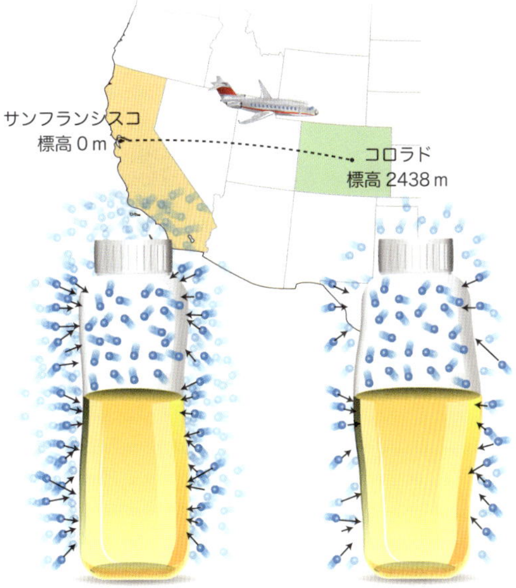

図 6.7 私は気圧をサンフランシスコに忘れてきた[*3]
海面でプラスチック製のシャンプーの容器に栓をすると，容器中の空気の圧力は，外の大気圧に等しい．のちに，大気圧が海面のそれよりも低いところでは，容器に閉じ込められた空気は，内側の面に十分な圧力を及ぼして，柔軟な容器の形を変える．

この状況を理解するために，二つのことを知らなければならない．すなわち，

(1) 重力はすべての物質を地球の表面に向かって下向きに引きつける．
(2) 原子も分子も，重力による引き寄せを免れることはできない．

空気中の原子も分子も他のすべてのものと同様，下向きに引っ張られる．海面では空気中の分子は比較的近接している．というのも，ある一定体積に含まれる粒子の数は，たとえばコロラドの山での同じ体積に含まれる粒子の数よりも多い．いいかえれば，空気の密度は海面でのほうが，高度が高い場所よりも大きいし，密度はそのあいだの各点で変化する（**図 6.8**）．

*2 pounds per square inch：ポンド毎平方インチ，正しくは重量ポンド毎平方インチ．ただし日本の計量法では psi は使用しない．
*3『想い出のサンフランシスコ』（原題：I Left My Heart in San Francisco）は 1953 年に発表されたポップス曲．トニー・ベネットのトレードマークとして有名になった．

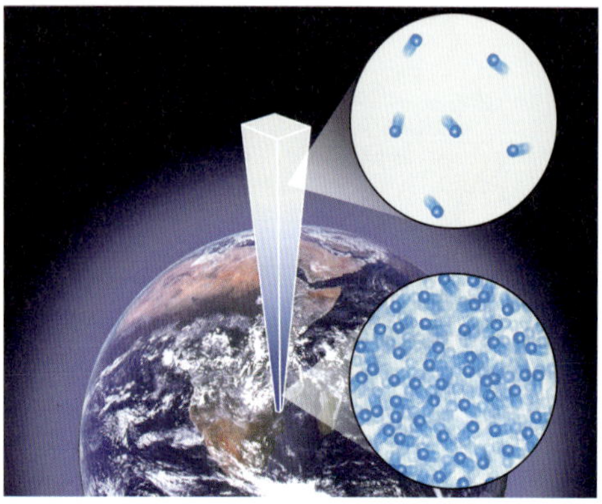

図 6.8 空気が薄くなる
地球の表面（海面）から大気中に伸びていく想像上の空気の塔では，海面から遠ざかるにつれて単位体積当たりの分子や原子の数が次第に減っていく．いいかえれば，高度の増加とともに，空気の密度は減少する．

形が変わったシャンプーの容器の謎は，二つの高度での空気の密度を考えると説明できる．サンフランシスコの空気の密度は高いので，コロラドの空気中に比べてより多くの衝突が空気分子のあいだで起こっている．つまり容器の外側にかかる圧力はサンフランシスコでのほうがコロラドよりも大きい．シャンプーをサンフランシスコで荷造りしたとき，空気の密度は容器の内部と外部で同じだった．しかし，封をされた容器が山に運ばれると，容器の内部の圧力（海面での圧力）は外部の圧力（高地での圧力）より大きくなる．容器中の分子は外に向かって押すので，容器は膨れる．

問題 6.3 コロラドに到着したものの，容器からもれたシャンプーが，スーツケース内の新調したスキーウエアを台なしにしてしまった．この章で議論したことに基づいて，何が起こったかを説明せよ．
解答 6.3 コロラドに着いたとき容器のなかの圧力は，外の圧力より高い．そこでなかの圧力はシャンプーにかかり，容器のキャップの，封がしてある穴のほうに押しやる．容器の外側からキャップにかかる圧力は容器のなかからの圧力より低い．圧力にこの差がある結果，キャップは外に押し出され，中身が吹き出る．

● 気体分子の平均自由行程は分子が衝突と衝突のあいだに動く距離をいう

気体の密度を想像してみる一つの方法は，一つかみの気体粒子の運動を考えてみることだ．粒子は高速で動きまわり，一つの場所から別の場所にランダムに移動しながら，時には他の粒子，あるいは容器の壁に衝突する．衝突は高密度の気体中でのほうが，低密度の気体中よりも頻繁に起こる．この差は，分子が衝突と衝突のあいだに動く平均距離，分子の**平均自由行程**（mean free path）として定義される．

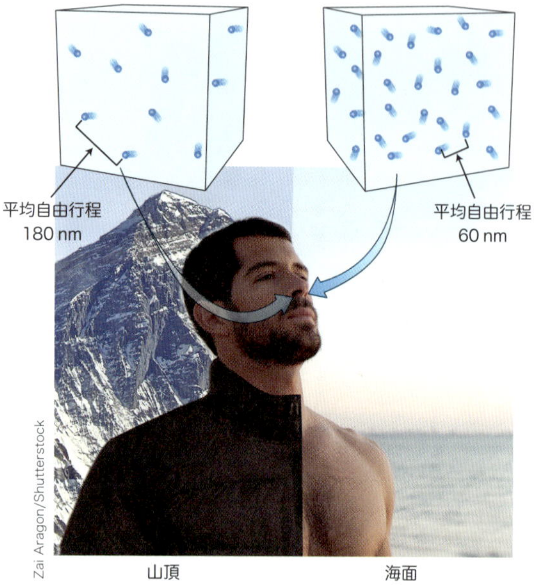

図 6.9 二つの高度での吸気の違い
山頂（左）と海面（右）に立つ男．透明な箱はそれぞれの場所での大きなひと呼吸を表している．箱のなかの粒子は，二つの高度での平均自由行程を示す．気体中の粒子は海面に比べて山頂（左）でのほうがより離れている．

たとえば，海面での空気中の原子や分子の平均自由行程の平均値は約 60 nm（ナノメートル）．つまり，平均して空気中の 1 個の粒子は 60 nm 動くごとに何かと衝突する．しかし高所では，一定体積中に含まれる粒子の数が少ないので，平均自由行程は大きいと予想される．これはまったく実際に起こっていることだ．エベレスト山頂での空気粒子の平均自由行程は約 180 nm で，海面での平均自由行程の 3 倍になる．

エベレスト山頂では，空気中の分子は，海面での分子よりも 3 倍離れている．エベレスト山頂でのひと呼吸（**図 6.9** の左図）は，海面でのひと呼吸（図 6.9 の右図）に比べ，少ない数の空気粒子しか体に吸い込めない．空気分子 5 個のうちの 1 個が酸素分子だから，エベレスト山頂の空気は海面の空気よりも少ない酸素分子しか含んでいないことになる．エベレストをめざす登山家たちが酸素ボンベに頼るのはこのためだ．

● 大気圧とは周りの空気によって，私たちにかかる圧力をいう

見ることも感じることもできないが，空気が絶えず

人の体にぶつかっているのは確かだ．だが，すでに学んだように，私たちを押している圧力は場所によって変わる．圧力は天気によっても変わる．気候システムは高気圧（体にかかる空気の圧力が通常より高い）も低気圧（体にかかる空気の圧力が通常より低い）ももたらす．私たちの周りの空気が及ぼす圧力，すなわち**大気圧**（atmospheric pressure）は絶えず変動する．天気予報の一部として気象学者は大気の圧力の変化を追跡する．圧力が変化すると，天気も変化する．

大気圧はどのように測られるのだろうか？ **図 6.10** は大気圧を測定する**気圧計**（barometer）の簡略版といえる気圧測定装置（rudimentary）を示す．ガラス管を水銀の池に立てるが，水銀は空気に対して開いていて，周りの空気分子の圧力を受けている．圧力は単位面積当たりに及ぶ力と定義される．図 6.10 の開いた皿のなかの水銀にかかる圧力が高いほど，管のなかの水銀は高く上がる．管のなかの水銀柱の高さは大気圧に比例する．圧力を表すよく用いられる単位は**ミリメートル水銀**（millimeters of mercury；mmHg）．これは気圧計のなかの水銀が大気圧によって移動するミリメートル単位の距離を測定して得られる．

科学的な測定でよく用いられるもう一つの圧力の単位は**気圧**[*4]（atmospheric pressure; atm）で，1 気圧は水銀柱 760 mm に相当する．海面での大気圧は多かれ少なかれ約 1 気圧なので，便利な単位だ．

問題 6.4 圧力に関する次の記述のなかで正しくないものはどれか．

(a) 空気の圧力は高度によって変化しない．
(b) 大気圧は気圧計で測定される．
(c) 大気圧は天気に影響する．
(d) 圧力とは表面にかかる力をいう．

解答 6.4 (a) シャンプーの例で知ったように，大気圧は高度によって変化する．

図 6.10 簡単な気圧計
気圧計．大気圧はお皿に入っている水銀の表面を押して，水銀を真空になっている管のなかに押し込む．水銀柱の高さ，すなわち大気圧の大きさを測る方法の一つ．

6.3 気体に影響する変数：モル，温度，体積，圧力

● モルを用いると原子や分子のように，きわめて小さいものが数えられる

長さ，幅，高さの 3 辺がそれぞれ 28.19 cm の箱を想像しよう．各辺の長さはおよそ 1 フィート[*5]．計算すると，箱の体積はほぼ 22.4 L となる．この箱は特殊だ．というのも厳封することができて，厳封すると，どんなものも内部に入ることはできず，また，どんなものも内部から外部にでることはできない．つまり気体を入れておくのに最適の器といえる．いま，箱のなかの温度は 0 ℃，圧力は 1 気圧（atm）だとしよう．この二つの条件を**標準温度と圧力**（standard

*4 日本では天気予報を含めて，気圧の単位には国際単位系（SI）の圧力・応力の単位「パスカル（Pa）」を用いる．1 Pa は，1 m^2 の面積につき 1 N の力が作用する圧力または応力．また 1 気圧は 101 325 Pa. 1 hPa = 100 Pa. なお，単位パスカルの元となったブレーズ・パスカル（Blaise Pascal，1623-1662）はフランスの科学者，数学者，哲学者．「人間は考える葦である」の名言などでも知られている．
*5 1 フィート = 30.48 cm.

ちょっと待って！ wait a minute . . .

酸素の含有率は高所では海面より低いか？

低くない．空気の組成は山頂でも海面でもほとんど同じ．どちらにおいても，空気は約 21%の酸素を含んでいる．しかし，高所では空気の単位体積当たりに含まれる酸素の数は少ない，高度 5500 m でのひと呼吸は，海面でのひと呼吸の半分の数しか含まれていない．空気の組成は山頂でも海面でも変わらないが，空気の密度は変化する．このため，高所では吸い込む酸素の量が少ない．

natureBOX・天然ガスは理想的なエネルギー源か？

2005年，アメリカはエネルギー利用に関して劇的な方向転換をしようとしていた．外国の石油依存による政治的・軍事的紛争の終結が叫ばれるなか，クリーンなエネルギー源として天然ガスが注目されていた．

天然ガスは気体の混合物で，おもにメタンからなる．メタンは炭素原子1個と，それを取り囲む4個の水素原子からなる分子で，地中で有機物が腐ってできたものなので，化石燃料の一種である．天然ガスは気体で，石炭や原油のように水銀や硫黄などの有害物質が混ざっていないので，比較的クリーンといわれている．

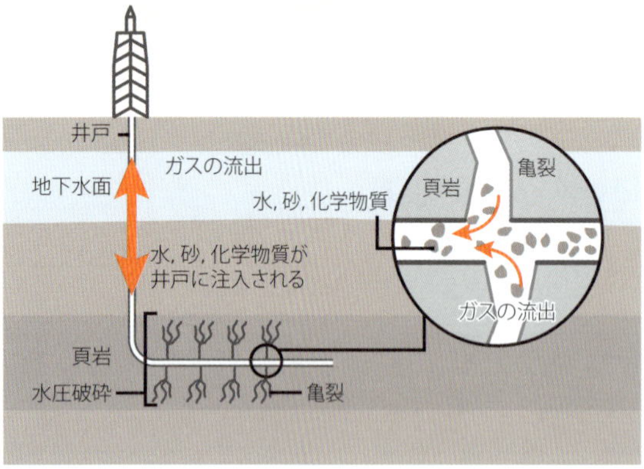

図 6A　シェールガスの抽出

2005年以降，アメリカでは天然ガスの利用が急増した．とくに地下の天然ガスが最も豊富なペンシルバニア州やオハイオ州，ウエストバージニア州では，天然ガスの生産は2009年では1日当たり5.66337千万立方メートルだったが，2017年10月には1日当たり6.79604億立方メートルにまで増大した．

天然ガスはフラッキングという水圧破砕法で抽出されることがほとんどである．図に示すように，井戸が地下水面を通って，硬い頁岩（けつがん）（シェール）のなかまで掘り進める．頁岩はその亀裂に天然ガス（いわゆるシェールガス）を蓄えている．次にドリルを回転させて，頁岩に水平に穴を開ける．ポンプで水を含んだ混合物を超高圧下で頁岩に吹き込むと，岩は粉砕し，天然ガ

---

temperature pressure）とよび，**STP**と略す．この場合，箱はSTP状態にあるという．話を簡単にするため，この箱は気体だけが含まれ，その気体は何でもよい，と決めておこう．この気体は分子でも，原子でもよい．何でもよいが，箱のなかで飛び回っている個々の粒子と考える．

では，箱のなかにいくつの気体粒子があるだろうか．この特別の条件下では，答えは，箱のなかに602,000,000,000,000,000,000,000個．この数は途方もなく大きいように見えるが，箱のなかの粒子の数としてはごく普通だ．

普通の条件で，きみの車の座席に収まる箱のなかにこの数の粒子が入っている．もし，一つではなく二つの同じ箱があったらどうなるだろう．この場合，きみは2倍の数の粒子をもつことになる．二つの箱のなかに1,204,000,000,000,000,000,000,000個．次にまた箱が一つだが，今度はその新しい箱は元の箱の半分の体積だった．このなかにはいくつの粒子が入っているだろうか？　半分だから粒子の数は301,000,000,000,000,000,000,000個となる．

箱のサイズや数を変えると，粒子の数がどう変わるかを知るのはきわめて簡単なことだ．しかし前節で示したように，これらの数を青い数字で書くのはとりわけ面倒だろう．幸いにもきみはこの問題を回避する二つの方法を知っている．一つは科学的記数法を用い，元の箱には 6.02×10^{23} 個の空気粒子を含む，と書く．これではるかに簡単になった．だが，もっと簡単にこの数値を表現する方法がある．「この箱は 6.02×10^{23} 個の粒子を含む」という代わりに，単に「この箱は1 mol（モル）の粒子を含む」というだけで済む．

どんなものであれ，1 molの粒子があるなら，私たちはそのものを 6.02×10^{23} 個もっていることになる．だから，なぜあの箱が特別であったかがわかる．この特別の条件下では，元の箱は正確に1 molの粒子を含む．このため，この箱の体積，すなわち22.4 Lを気体の**モル体積**（molar volume）という．いいかえると，標準温度と圧力において正確に1 molの気体を入れることのできる体積だ．**図 6.11**には，約22.4 Lの体積をもつ身近な物質の例を示した．

モルは物質の量で，粒子の数を容易に述べることを可能にする計算単位だ．卵であろうと，帽子であろうと，雪かきシャベルであろうと，12個の物質を1ダースとよぶようなものだ．1 molのドアノブ，コーヒー豆，ヘリウム原子，あるいはバレエシューズを用意で

スが吸い上げられて上昇し，井戸の坑口で回収される.

フラッキングによってクリーンな天然ガスが生産され，外国産の石油への（アメリカの）依存度が下がるのに，反対する人がいるのはなぜだろうか？　最も明らかな理由は，メタンを主成分とする天然ガスは燃焼によって二酸化炭素を発生させるからである．化石燃料の燃焼によって生じる二酸化炭素は地球温暖化の原因となり，気温の上昇はわれわれを取り巻く気候を急速に変えている．そのうえ，フラッキングによって燃えずに大気中に漏れるメタンは，二酸化炭素の 4 倍も地球温暖化を引き起こす．したがって，天然ガスは外国産石油への依存を軽減するが，地球温暖化の問題を解決することはできないのである（12 章参照）.

別の問題もある．フラッキングは液体を使って岩を粉砕するが，その液体には強力な発がん性物質であるベンゼンなどの有害物質を含んでいるかもしれない．こうした有害物質は採掘現場周辺の住民が利用する水に現れ始めている．また，フラッキングは周りの岩や地下水にメタンを放出するので，台所の蛇口から〝燃える水〟が出てくるという報告もある．マッチで火がつけられるほど，その水は燃えやすい.

フラッキングが盛んな地域で地震が増えているのは，燃える蛇口以上に劇的だ[*6]．たとえば，オクラホマ州でフラッキングが始まるまでは，マグニチュード 3.0 以上の地震は年に 1.5 回くらいしか起こらなかった．しかし，フラッキング井戸が稼働を始めると，地震の頻度は年に 500 回以上にもなった．テキサス州やアーカンソー州，コロラド州でも同じように増加している.

これらの事実を考慮すると，フラッキングはエネルギー需要を解決する理想的な方法といえるだろうか？石油の輸入を免れるためとしては，合理的な第一歩である．しかし天然ガスは化石燃料で，再生可能ではないし，持続可能でもない．12 章では，再生可能で持続可能な代替エネルギーを学ぶことにする.

*6 アメリカ・カリフォルニア州知事 Gavin Newsom は 2021 年 4 月に，石油などの採掘手段であるフラッキングの新規許可を 2024 年までに禁止すると発表.

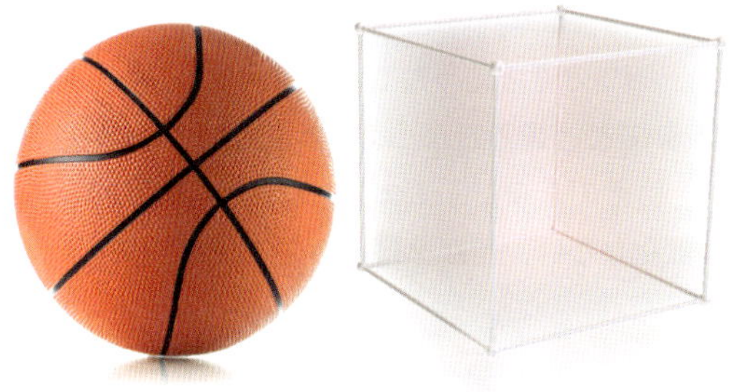

図 6.11　身のまわりのモル体積

図に示した二つのものの体積はおよそ 22.4 L．標準温度と圧力ではどちらも気体粒子 1 mol を含む.

Naypong/Shutterstock

問題 6.5　次のうち，どれがモルで数えるのに不適当か？

(a) 炭素原子　(b) 角砂糖　(c) メタン分子　(d) 電子

解答 6.5　(b) 角砂糖は他のものに比べて明らかに大きい.

きる．何であろうと，1 mol はそのもの 6.02×10^{23} 個と数える．6.02×10^{23} という数は，19 世紀のイタリアの科学者アボガドロ[*7]にちなみ，**アボガドロ数**（Avogadro's number）[*8]とよばれることも多い.

2 モルという用語はすべてのものを数えるのに用いられるが，この用語は，原子，分子，あるいは他のごく小さいものを数える際に用いるのが妥当だ．ドアノブ 1 mol といういい方はしない．というのも，もし地球の表面を 1 mol のドアノブで覆うとすると，1000 万個近くの地球の表面が必要になる．確かにモルという用語はドアノブを数えるのに使うことはできるが，モルは原子や分子のように本当に小さいものを数えるのに最も適しているといえる.

● 気体の挙動を規定する四つの変数

モル体積を定義した際，気体を入れた箱の正確な状態が綿密に定められたが，定められた条件の一つは温度だった．というのも，温度は気体のふるまいを理解するために制御しなくてはならない変数の一つだからだ．**変数**（variable）とは，温度のように変えられる条件をいう.

温度の変化は気体のふるまいにどう影響するだろうか．温度（T）は空間のなかを移動する気体粒子の速度を変え，その結果，その粒子が衝突の対象となる次の壁にどのくらい速く到達するかに影響する．すなわ

*7 アメデオ・アボガドロ（Amedeo Carlo Avogadro, 1776-1856）：イタリアの化学者.

*8 原著では Avogadro's number となっているが，日本では「'」のないアボガドロ数を用いるほうが普通.

ち，速度の変化によって気体の圧力も変化する．温度が変化すると圧力も変化するから，圧力（P）もまた変数といえる．

気体試料の T と P の一方が変化すると，他方も変化する．気体試料について変化するものは他にあるだろうか．いいかえれば，他に変数の例はあるだろうか．6.1 節の風船の例でみたように，気体を吹き込むと風船は大きくなる．このことから，気体が占める体積（V）もまた変数だとわかる．

もう一つの変数を考えなくてはならない．風船内の気体粒子の数を変えることで，風船の大きさを変えることができたのを思い出そう．息を何回も吹き込むと，より多くの気体粒子が風船内に入る．多くの気体粒子は，風船の内側の面へのより多くの衝突を意味する．より多くの衝突によって，風船は膨らむ．このことから，粒子の数は変えることができる第四の変数とわかる．粒子はモルで数えるので，粒子の数をモルで表し，この数を表す変数を n とする．

いまやすべての気体試料に対して変えられる四つの変数，温度（T），圧力（P），体積（V），モル単位で数えられる気体の量，物質量（n）のリストが出そろった．これらの変数の一つを変えると，一つまたはそれ以上の他の変数も変化しなくてはならない．これらの四つの変数を**図 6.12** にまとめた．

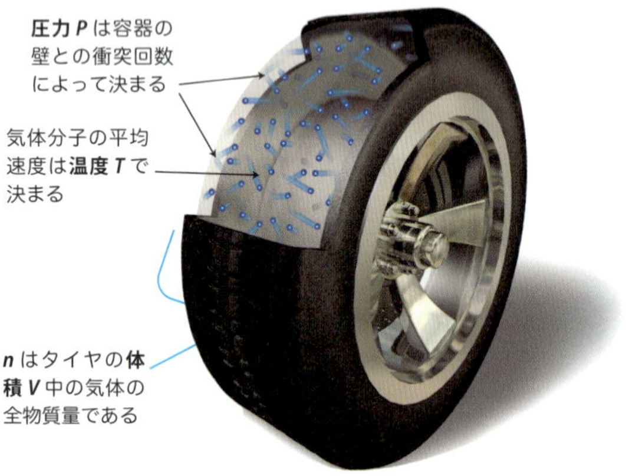

図 6.12　気体のふるまいに影響する四つの変数
圧力，温度，体積，物質量（モル）のすべては気体のふるまいに影響する．

6.4 気体の法則：序論

● 圧力と体積は互いに反比例する

6.3 節で，四つの気体変数のそれぞれは，他の変数が変われば変わってくることを学んだ．さて，次に変数の特別の対を順番に選び，互いの関係に応じてそれらが変化するかを整理しよう．これらの記述は**気体の法則**（gas law）とよぶが，これらは気体のふるまいに関する常識的観測の形式的記述にすぎない．この章でいくつかの気体の法則を扱うが，それらを記憶する必要はない（先生からの覚えておくようにという指示があれば別だが）．気体の基本的なふるまいについてきみが知っていることを考えれば，四つの変数が思い出せるだろう．

気体を考えるときに変更できる四つの変数，T, P, V, n をまとめた図 6.12 を再訪しよう．これらの四つの値が決まると，その気体の条件がわかる．この節では，それぞれの気体の法則について，一つの変数を変えると，他の変数が固定されたとき，第二の変数がどう変わるかをみるための実験を考えよう．変数のうちで，どれが変化し，どれが変化しないか．

第一の気体の法則として，図 6.11 に戻り，1 mol の気体を標準温度と圧力で正確に 22.4 L 含む箱に戻ろう．この箱に座って箱の体積を半分にするが，箱は密封したままで，同じ温度に保つと，何が起こるだろうか？　四つの変数のうちで，どれが変わり，どれがそのままにとどまるだろうか？　この場合は V が変わり，T はそのままだ．気体漏れはなかったので，変数 n は変化しない．だが P はどうだろうか．何が起こっただろうか．

箱を小さくしたら，そのなかの気体粒子の環境はどう変わるだろうか．小さい箱のなかでは，各粒子は壁に到達するまでの距離が短くなる．これは箱の内側の壁との衝突が増えることを意味し，さらに気体の圧力が大きくなったことを意味する．T と n を変えないで V を小さくすると，P が大きくなると推理した．

図 6.13 で，P と $1/V$ のあいだの $\propto$ は比例記号だ．この記号は記号の左にあるものを右にあるものと関係づける．**図 6.14** に示すように，大きい V が小さくなるとしよう．比例関係によると，V が小さくなると P は大きくなる．V と P は反対方向に変化するので，V と P は反比例する．一方が上がれば，他方は下がる．

気体のふるまいに関するこの原理は，提案した 17 世紀のイギリスの科学者ボイル[*9] にちなんで「**ボイ**

*9 ロバート・ウイリアム・ボイル（Robert William Boyle, 1627-1691）：イギリスの科学者，哲学者．主著『懐疑的な化学者』は科学をアリストテレスの束縛から解放した．

$$P \propto \frac{1}{V}$$

図 6.13 体積と圧力の関係
この図は気体のふるまいを規定する二つの変数のあいだの数学的表現を用いた関係を示す.

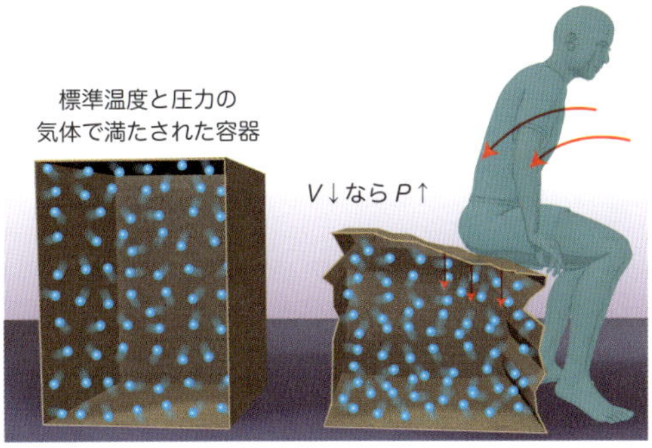

図 6.14 ボイルの法則
図に示したような気体を満たした容器の体積を減らすと，気体の圧力は増加する．圧縮の前後で気体粒子の数は変わらないことに注意しよう．圧縮された箱のなかでは，粒子は箱の壁により頻繁に衝突するので，圧縮された箱はより高圧の気体を含む．体積が減少するにつれて，圧力は上昇する．いいかえると，圧力は体積に反比例する.

ルの法則（Boyle's law）」という．この法則をわざわざ覚える必要はない．体積と圧力の関係はほとんど自明だからだ．膨らませた風船の上に座ると，風船は小さくなる．圧縮は気球の体積の減少を意味し，圧力が増加し，体積が減少すると，気球が破裂するのではないかと心配になる.

問題 6.6 図 6.14 の閉じた箱を何とかして大きくしたら，なかの気体の圧力に何が起こるか.
解答 6.6 体積が増えたので，箱のなかの圧力は低くなる．箱の体積が増えると，箱の内部の面の面積も増えるから，箱の面の単位面積当たりの衝突回数も減る.

● 気体の物質量を変えると，気体の体積も変わる

二番目の気体の法則はアボガドロにちなんでいるが，モルを定義したアボガドロ数のアボガドロと同一人物だ．**アボガドロの法則**（Avogadro's law）は，変数 n で与えられる原子または分子の数の変化が，気体の体積にどう影響するかを示す．この法則を理解するには，気密なピストンでふたをしたシリンダーを考えるとよい．シリンダーは少量の気体を含み，注入バルブをもつ．これを使って，ちょうどタイヤに空気を加えるのと同じように，気体を加えることができる（**図 6.15**）.

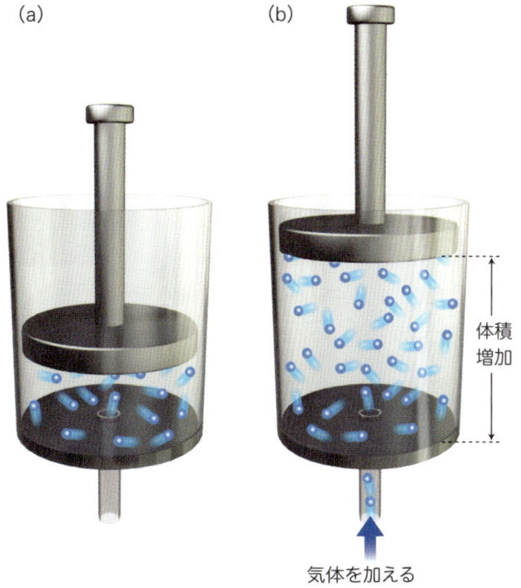

図 6.15 気体の体積と量
(a) ピストンつきのシリンダーでは，気体の圧力がピストンの高さを決め，したがってシリンダーの体積を決める．(b) 気体分子がシリンダーに追加されると，ピストンは上昇し，体積が増える.

気体分子はピストンに衝突するので，ピストンはシリンダーの底から少し上のところで止まっており，この衝突によって底に落ちないように支えられている.

もしシリンダーにさらに気体を加えると，加えられた気体分子はシリンダー内側の面に衝突し，ピストンは上に動く．ピストンが上昇すると，シリンダーの体積は増加する．シリンダー内部の圧力が，シリンダーを押し下げる大気圧に等しくなると，ピストンは上昇を止める．この実験では，変数 T と P は一定で，変数 V と n が変化する．この関係は n が増えると V も増える，と表現できる，この関係は変数の記号と比例記号 ∝ で次のように書ける.

$$V \propto n$$

ここで n は気体分子の数，V は気体の体積を意味する．比例記号が意味するところは，一方の量が増えれば，他方も増えることだ．同様に一方の量が減れば，他方も同様にふるまう.

容器に気体が追加されると気体の体積は増加する，というアボガドロの法則が正しいことを，日常経験から理解できる．風船に空気を吹き込むと，風船は大きくなる（**図 6.16 a**）．口を閉じながら，肺からほっぺたに空気を送り込むと，ほっぺたが膨らむことを知っている（**図 6.16 b**）．空気を吸い込んで肺に送り込むと，肺の大きさは増える（**図 6.16 c**）．わかりきったことだが，気体分子の数が増えると，体積も増える.

(a) Aaron Amat/Shutterstock (b) ekaterinapoplavska/Shutterstock (c) Pheelings media/Shutterstock

図 6.16 アボガドロの法則の実際

すべての体積可変の容器では，気体の体積は気体分子の数に比例する．(a) 風船を膨らませると，風船が含んでいる気体分子（空気）の数が増加する．(b) 口（可変）のなかの気体分子（空気）の数が増えると，ほっぺたの体積も増える．(c) 普通よりも多くの空気を吸い込むと，肺（可変）は胸の大きさを目立って大きくする．

気体の法則の共通点に注目しよう．どれも四つの変数のうち，二つの変数の変化だけを含んでいる．図6.15では，気体分子の数は気体分子をシリンダーに押し込むことによって増えている．体積だけが変化を許されていて，実験の計画では，*n*（第一の変数）の値が変化すると，体積（第二の変数）に何が起こるかがわかるように設計されている．他の二つの変数，図 6.15に示すように圧力と温度は変化することが許されていないので，これらは一定に保たれている，という．

問題 6.7 自転車が鋲を踏んでしまったので，タイヤがパンクした．パンクすると，気体の実験の際にいつも情報を得るようにしている四つの変数のうち，どれが変化するか．

THEgreenBEAT ● 環境に関する話題

気体を検知する役目をもつハチ

ハチは小さいためもあってせっせと働く生き物だ．ハチは小さいので一典型的なハチの重さは 0.5 g くらい一どんな隙間にも隅にも出入りでき，その間，空気中のさまざまな分子と相互作用する．花粉のほかに，いろいろの植物から集めたほこりのような粒子を巣にもち帰る．1 回の飛行中にハチがぶつかる粒子の正確な数は，温度とか，圧力などの，気体法則の変数によって決まる．しかし，空気中の粒子の平均自由行程はきわめて短く，ナノメートルのオーダーなので，どんなハチも飛行中はたえず粒子にぶつかっている．

ハチの毛は花粉を引き寄せ，つかまえ，巣にもち帰りやすいように特別につくられている．当然ながら空気中のゴミ粒子は，飛行中のハチの毛にくっつくが，これらの粒子は空気中に含まれるすべての分子を含んでいる．実際，ハチは文字通り "空飛ぶモップ" だ．また，ハチは飛行中に呼吸するので，周りの空気や空気中に含まれる水が体内に取り込まれる．ハチは体内にある空気や水試料を巣にもち帰る．こうしてハチは巣——彼らにとっての家だが——のまわりの水，気体，粒子，植物由来のなにかの試料のサンプリングの手段となる．**図 6.17 (a)** はマルハナバチのギザギザの毛の顕微鏡写真を，**図 6.17 (b)** は薄紫色の花に幸せそうにとまっているハチの写真を載せた．

(a) Hairs on a bumble bee head. SEM. Kevin Mackenzie, University of Aberdeen. Attribution 4.0 International (CC BY 4.0) (b) manfredxy/Shutterstock

図 6.17 ハチはどのようにして身の回りの環境を巣にもち帰るか

(a) マルハナバチのギザギザの毛の顕微鏡写真．この毛で空気中の粒子や花粉を捕まえる．
(b) ハチは花のなかで花粉にまみれ，他の粒子とともに，この花粉粒子を巣にもち帰る．

解答 6.7 タイヤがパンクすると，加圧された気体分子が逃げてしまう．したがって，*n* と *P* が変化し，タイヤが小さくなったので *V* も減少する．しかし，タイヤのパンクによって *T* が大きく変わることはない．

● 気体の温度を変えると，体積や圧力も変わる

6.3 節で扱った，堅く密封された，体積が正確に 22.4 L の箱に戻ろう．標準温度と圧力では，この箱は正確に 1 mol の気体粒子を含んでいる．標準の温度，すなわち 0 ℃で，箱のなかの気体分子はある平均速度で動いている．もし箱のなかの温度を上げると，何が起こるだろうか？ 温度を上げれば，粒子の平均速度も上がる．これは箱のなかの粒子が，0 ℃のときより，もっと頻繁に箱の内側の面に衝突することを意味する．箱は堅くて拡がらないので，体積は一定に保たれる．箱の内側の面への衝突回数が増えるので，圧力が変化する．温度が上昇するにつれ，圧力も増加するのがわかる．圧力と温度は互いに比例する．

$$P \propto T$$

この式を言葉で表現すると，「気体の体積と気体の分子数が固定されていると，気体の温度が上昇すると気体の圧力が上昇する」．この関係を最初に研究した科学者の名にちなんで，**アモントンの法則**[*10]（Amontons' law）とよばれる．

*10 ギヨーム・アモントン（Guillaume Amontons，1663–1705）：フランスの科学者，技術者．幅広い分野で活躍した．「一定の質量と一定の体積の気体の圧力は気体の絶対温度に比例する」という法則は，1700 年から 1702 年にかけてこの法則を発見したアモントンにちなみ，アモントンの法則ともいう．一方，1787 年にシャルルもこの法則を発見し，1802 年にゲイ＝リュサックによってはじめて公表された．日本ではこの関係はシャルルの法則，またはゲイ＝リュサックの法則といい，アモントンの法則とよぶことはない．諸外国でも事情はほぼ同じ．ジョセフ・ルイ・ゲイ＝リュサック（Joseph Louis Gay-Lussac，1778–1850）はフランスの科学者．弟子の一人はリービッヒ．

巣に戻ると，ハチは羽を激しく振って，巣のなかの温度を下げようとする．これによって，ハチの体や羽にくっついていた分子が離れ，巣のなかで集まる．もしハチが何かの珍しい分子を含む植物から花蜜あるいは花粉を得たり，何か変わった分子で汚染された空気中を飛んできたりすると，これらの分子は最後には巣に集まり，蜂蜜のなかか，あるいはハチ自身のなかにおさまる．

モンタナ大学のハチ専門の科学者ブローメンシェンクは，ハチが飛んできた空気中の試料を巣にもち帰るという生まれもった才能を研究しようとしている．ブローメンシェンクとその研究グループは，ハチに特定の，花蜜ではない分子を探し出すように教えている．彼によると，この仕事はにおいを追跡するブラッドハウンド（嗅覚鋭敏な探索犬）の調教より簡単だ．

ではいったい，この仕事は人間にどうかかわるのだろうか？ 応用の一例は爆薬の一種，トリニトロトルエン（TNT）[*11]（**図 6.18**）を含むことが多い地雷を発見すること．TNT 分子を嗅ぎ分ける訓練を受けたハチは，驚くほど確実に地中に埋められた地雷を見つけるのに役立つ．ハチは爆薬 TNT を嗅ぐことができる場所に飛んでいくように訓練でき，TNT 分子の濃度が一番高い場所に群れるが，そこが地雷の在処だ．カンボジア，ソマリア，アンゴラのような，多くの地雷が埋められている国では，地雷の除去は緊急を要する問題だ．運がよければ近い将来，地雷を追跡するハチがそれらの国で働くのを見られるかもしれない．

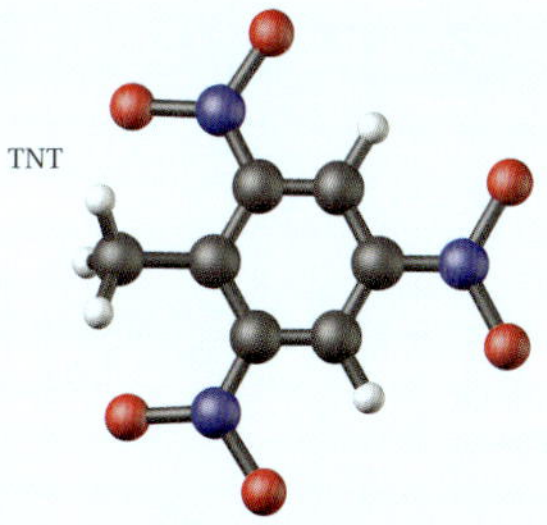

図 6.18 TNT の探索
TNT は有機化合物で，化学式は $C_7H_5N_3O_6$（黒玉：炭素原子，赤玉：酸素原子，白玉：水素原子，青玉：窒素原子）．

では，地雷探索で知られている犬をさしおいて，なぜハチを使うのだろうか．ハチも犬も，抜群の臭覚をもってはいるが，ハチのほうが容易に訓練できる．ハチは 2 日の訓練で爆薬を嗅ぎつける能力を得る．ハチは自分勝手に飛び，引き綱や調教師も不要だし，それにハチを使えば，人間やイヌが地雷を踏んづけてしまう心配がなくなる．それにイヌが昔から勤めてきた，死体や化学兵器，生物兵器の発見などの仕事もするようにハチを訓練できる．

*11 TNT と砂糖はにおいが似ているので，TNT を少量含んだ砂糖をハチに与え，TNT のにおいから砂糖（ひいては花粉）を連想するよう訓練できるという．

見方をちょっと変えて，四角い形をした箱が風船のように，体積が変わるものとしよう．この場合，温度が上昇し，衝突回数が増えると，箱は大きくなる．P と n は変わらないが，箱は大きくなるので，V と T は変わる．温度が上昇すると，体積も増える．反対も成立するから，温度が下がれば，箱の体積も減少する．この関係は次の比例式で表せる．

$$V \propto T$$

これを言葉で表現すると，「気体の温度が上昇すると，体積も増加する．この関係はこの法則を研究した科学者にちなみ，**シャルルの法則**[*12]（Charles's law）ともよばれる．温度の変化が関係するこの二つの法則を図 6.19 に，四つの気体の法則を図 6.20 にまとめた．

問題 6.8 気体の体積が減り，温度は一定の場合，気体試料中の分子の平均自由行程はどうなるか．
解答 6.8 温度が変わらずに体積が減少すれば，分子は容器の内部の壁や他の分子とより頻繁に衝突するから，平均自由行程は小さくなる．

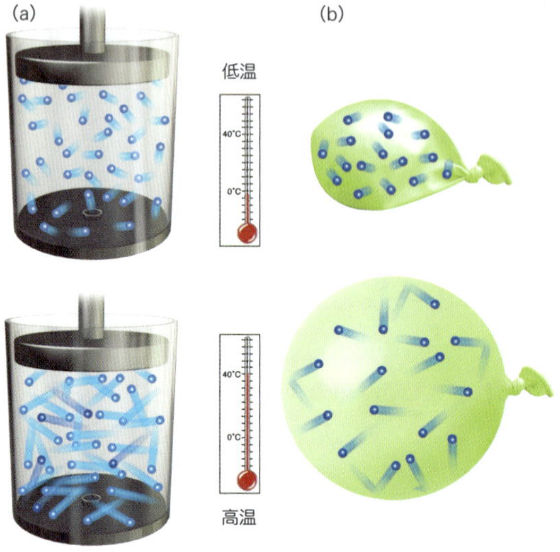

図 6.19 シャルルの法則とアモントンの法則
(a) アモントンの法則によれば，体積 V と分子の数 n が一定のとき，容器を満たしている気体の温度を上げれば，気体の圧力が上がる．圧力は温度に正比例する．(b) シャルルの法則によれば，圧力 P と分子の数 n が一定のとき，容器を満たしている気体の温度を上げれば，気体の体積が上がる．体積は温度に正比例する．

＊12 ジャック・アレクサンドル・セザール・シャルル（Jacques Alexandre César Charles，1746–1823）：フランスの発明家，科学者．1783 年，水素を詰めた気球での世界初の有人飛行を行った．

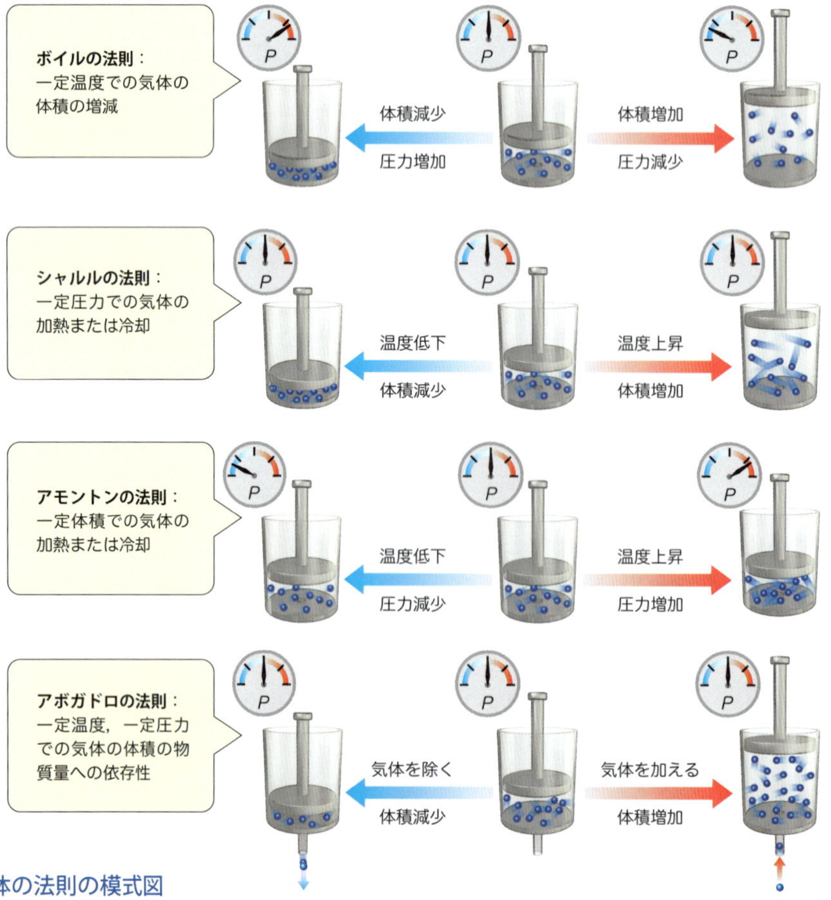

図 6.20 気体の法則の模式図

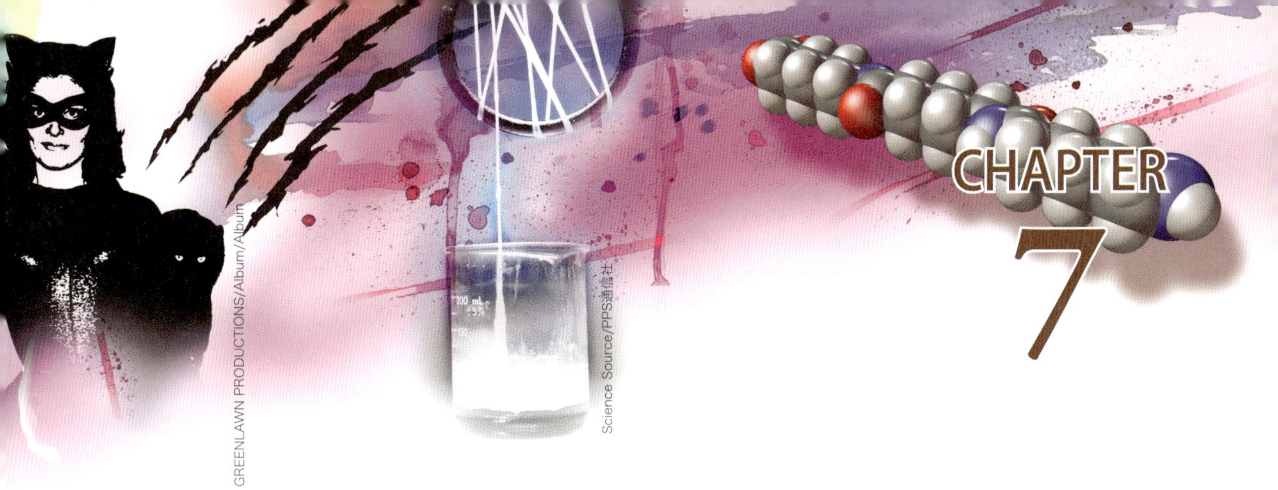

化学反応
化学変化をどう追跡するか

化学反応は時には歴史を変え，時には女性のファッションの歴史を変える．

ナイロンとよばれる物質の発展が革命を起こした．1940 年代のはじめにナイロンが使えるようになるとすぐに，ナイロンは歯ブラシから釣り用の糸（テグス），それにいうまでもなく女性の靴下類に使われるようになった .1940 年に市場に登場した最初の年に，6400 万足のナイロンストッキングが売れた．それに数十年のあいだに，ナイロンストッキングは今日のパンティストッキング[*1]に発展していった．パンティストッキングのアイデアを思いつき，特許化に成功したのはジュリー・ニューマー[*2]だ．彼女は 1960 年代のテレビシリーズ「バットマン」[*3]でキャットウーマン（Catwoman，日本ではミスキャット）を演じた．彼女のイメージはこのページのイラストを参照されたい．

ナイロンは最初の合成物質だ．ある物質を合成するというとき，その物質は自然界からは得られないことを意味する．ナイロンは簡単な化学反応で得られる．**図 7.1** にはナイロンがビーカーと二つの化学薬品から得られる様子を示す．二つの化学薬品は 2 層になるようにビーカーに入れられ，そこで化学反応を起こしてナイロンになる．できたナイロンをビーカーからひも状に引きあげ，何かに，図 7.1 の場合はプラスチックの輪に巻きつける．

ビーカーに入れられた二つの化学薬品はそれぞれ異なる分子を含んでいるが，その二つの分子は互いに親和性をもつ．二つが相互作用すると化学反応が起こり，

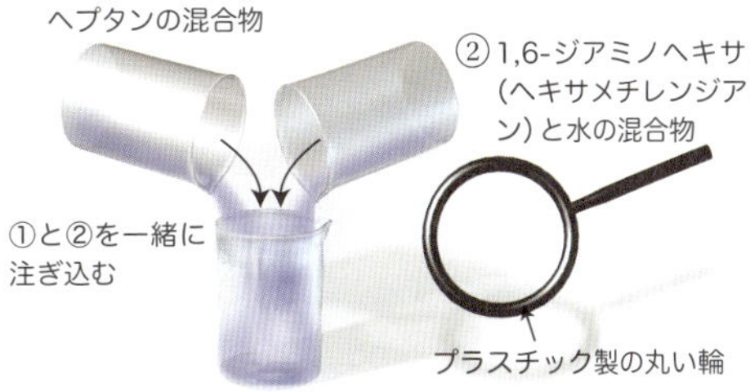

図 7.1　化学反応の演示：ナイロンの合成
上：ナイロンをつくるのに用いられる二つの化学薬品をビーカーのなかで混ぜる．下：ビーカーのなかでできたナイロンは，プラスチックの輪に巻き取られる．

＊1 これは和製英語で，アメリカでは pantyhose，イギリスでは tights.
＊2 ジュリー・ニューマー（Julie Newmar，1933-）：アメリカの女優，歌手，実業家.
＊3 アメリカの DC コミックが刊行するコミック，映画，アニメ，TV ドラマのタイトル．作中のヒーローの名前でもある.

ナイロンとよばれる，新しくて，大きな分子となる．そして，いま述べたような化学反応を記録する正式な方法があり，この反応は「式」の形で表せる．実験室でこの反応を行う際には，この式を使うことができる．

この操作はどの程度正確になされているのか．つまり，化学反応をどのように記録するのだろうか．それぞれの物質をどれだけ混ぜるのかをどうやって知るのだろう？　これらはこの章で解決する主要な問題だ．手はじめにテルミット反応という別の反応を取りあげよう．この反応は錆びた釘，アルミホイル少々と金づちがあればできる．

7.1 火花！ テルミット反応

● 化学反応はバランスのとれた化学反応式で表される

警告！　考えている反応は危険かもしれない．この事前の警告を考慮しながら，錆びた釘をアルミホイルで包み，金づちで叩いてみよう．どうなるだろうか？　火花だ！　テルミット反応とよばれるこの反応は簡単に実行できる．だが，それをどのように表せるだろうか．まず関係するそれぞれの純物質の化学式からはじめて，それらを**化学反応式**（chemical equation）にまとめよう．化学反応式は，化学者が化学反応を表すのに用いる．化学反応式は矢で分けられた化学式からなる．テルミット反応の化学反応式を**図 7.2** に示す．

すべての化学反応において，出発物質は**反応物**
4 (reactant)（実際に反応する）で，反応が終わったあとに残るものが**生成物**（product）（実際に生成する）だ．慣習上，すべての反応物は，化学反応式の矢印の左側に，すべての生成物を矢印の右側に置く．

ほとんどの化学反応では，反応物の化学結合は切れ，生成物が生じるにつれて，新しい結合ができる．化学反応がはじまる前のすべての原子は，反応が終わったあとにもすべて残っている．反応の終わったあとの，原子が互いにつながる，そのつながり方が違う．すなわち，化学反応のあいだに，反応物内の原子は再配列されて生成物になる．

化学反応式の左側は「前」の側であり，それからどんな物質が化学反応をするのかがわかる．テルミット反応に用いられる釘についている錆の化学式は Fe_2O_3．錆，つまり Fe_2O_3 は酸化鉄（III）ともよばれる．3.4 節での化合物についての議論を思い出せば，錆は，1 種類以上の元素を含んでいるので化合物といえる．また錆は固体なので，それを化学式のあとに書かれた（s）で示す．アルミニウムの化学式は Al．図 7.2 の第二の反応物アルミニウムもまた固体だ．

テルミット反応には二つの生成物がある．二つとも化学反応式の矢印の右側にある．最初の項，Fe（s）は鉄元素で固体，第二の生成物は酸化アルミニウム Al_2O_3 で，これもまた固体だ．

テルミット反応の反応物と生成物のすべては固体だが，三つの異なる状態（次の「ちょっと待って！」参照）は通常化学反応式に示される．それらを**図 7.3** に示す．純粋な液体の反応物，生成物は記号（l）だ．中央の（aq）は aqueous，すなわち水に溶けた物質を表す．下の気体の反応物，生成物は記号（g）で示す．状態を表す記号は，場合によっては化学反応式には示されていないこともあるので注意しよう．これらの記号は，何らかの理由で反応物あるいは生成物の状態が重要な場合に用いる．

問題 7.1　次の化学反応式の反応物，生成物それ

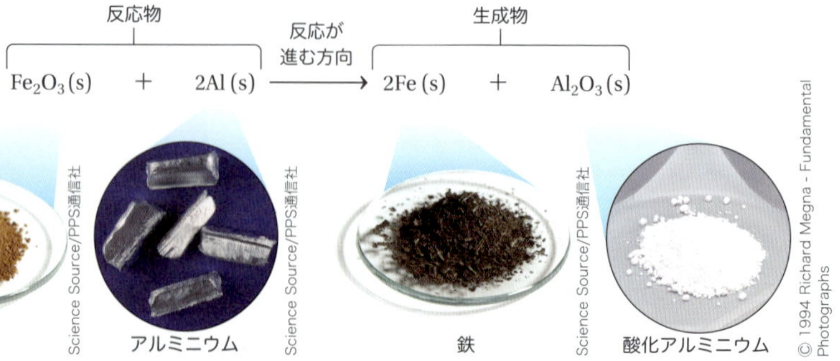

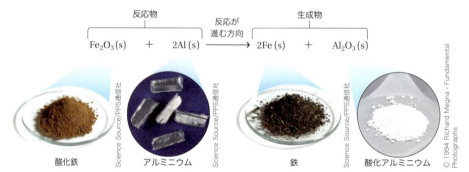

図 7.2　テルミット反応
化学反応式は反応物を左側に，生成物を右側に書き，左右を矢印で分ける．反応物と生成物のそれぞれの化学式を，その状態とともに示す．この化学反応式のなかで，すべての反応物と生成物は固体であり，(s) で示した．酸化鉄は錆としても知られる．

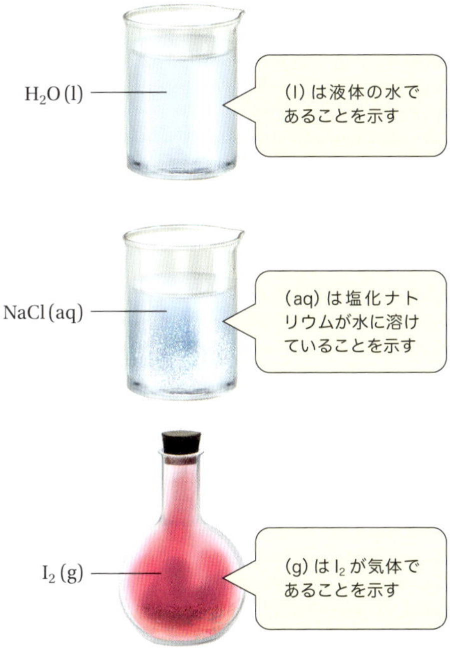

図 7.3　化学反応のなかで相と状態を示す記号
物質の状態を示すこれらの記号〔図に示されていない，固体を表す（s）を含めて〕は化学反応式中で示される．それぞれの状態に対して，例を示した．上から順に水の状態（液体），塩水としても知られている水に溶けた塩化ナトリウム（水溶液），ヨウ素（気体）．

それの状態を示せ．

$Al(OH)_3$(s) ＋ HCl(aq) → $AlCl_3$(aq) ＋ H_2O(l)

解答 7.1　$Al(OH)_3$(固体) ＋ HCl(水溶液)
→ $AlCl_3$(水溶液) ＋ H_2O(液体)

● 各原子の総数は，化学反応式の両辺で同じでなければならない

図 7.4 にテルミット反応の化学反応式を再掲した．テルミット反応には二つの反応物と二つの生成物が関与している．化学反応式のなかで，反応するアルミニウムの前に，**係数**（coefficient）とよばれる数値が与えられているのに気づくだろう．生成する鉄の前にも係数がある．いまの場合，どちらも 2 だが，反応の前後の原子（あるいは分子，組成式）の数を表している．係数がない場合は，1 を示すと考える．テルミット反応では，2 原子の Al が 1 組成式の Fe_2O_3 と反応して，2 原子の Fe と 1 組成式の Al_2O_3 を生じる．

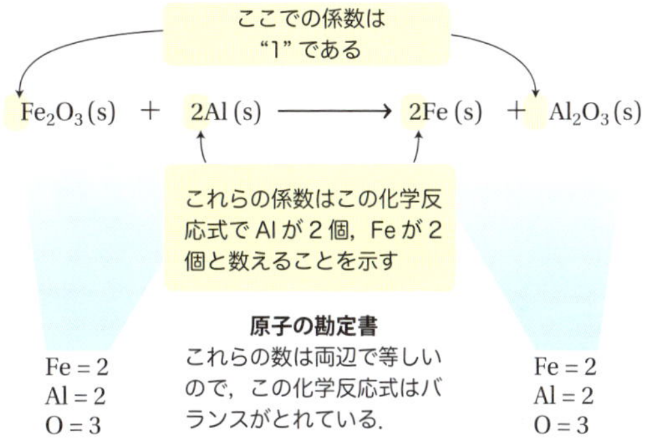

図 7.4　化学反応式での原子の計算

テルミット反応の化学式は化学の基本的な規則を明らかにしてくれる．どんな化学反応でも，物質がつくられたり，壊れたりすることはない．いかなる場合にも成立するこの法則を**質量保存の法則**（low of conservation of mass）という．この法則によれば，正しく書かれた化学反応式は両辺の原子が同じ数でなければならない．

テルミット反応で質量保存の法則は守られているだろうか？　答えはイエス．図 7.4 で化学反応式の両辺でのそれぞれの原子の種類を数えた．右辺にも左辺にもアルミニウム原子が 2 個ずつ，また，同様に鉄原子が両辺に 2 個ずつ，といった具合だ．このような式は，それぞれの辺にそれぞれの原子の種類を同数含んでいるので，バランス（釣り合い）のとれた化学反応式という．もし反応式のバランスがとれていなければ，両辺の原子数は異なり，反応式は正しくない．

● 係数を反応物と生成物に加えて化学反応式にバランスをとらせる

では，別の反応のバランスをとらせてみよう．先ほ

ちょっと待って！ wait a minute . . .

「相」と「状態」は同じことを意味するのか？

物質には気体，液体，固体の三つの相（phase）がある．しかし，化学反応式を書くときに，水溶液として知られる水に溶けた状態の物質を特定したい場合がある．水溶液は物質の相ではないから，状態（state）という別の用語を用いる．つまり，記号（g），(l)，(s)，(aq) は化学反応式に見られる四つの状態，気体，液体，固体，水溶液を示している．そのため，時には相と状態が入れ替わって用いられる．

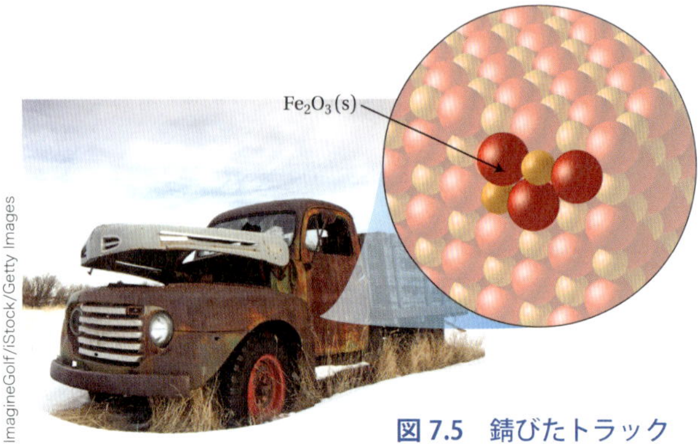

図 7.5 錆びたトラック

ど酸化鉄（III）Fe_2O_3，別名錆を扱った．錆は鉄（自動車の鉄が反応する）と酸素（空気中の酸素が反応する）との反応で生じる．この反応は 60 年も戸外に放置された，**図 7.5** に示したおんぼろ車で起こる．

鉄と気体酸素から錆が生成する，バランスがとれていない化学反応式を考えよう．次に示すようなバランスのとれていない式は，係数が欠けているか，係数が正しくないかのどちらかだ．

$$O_2(g) + Fe(s) \rightarrow Fe_2O_3(s)$$

まずバランスがとれていない式のそれぞれの辺に，各原子が何個あるかを見る．左辺には化学式から酸素原子 2 個と鉄原子 1 個がある．右辺には酸素原子 3 個と鉄原子 2 個がある．

すべての反応物，生成物の前に係数を加えることによって修正をはじめよう．反応物の鉄の前に係数 2 を加えると，鉄のバランスをとることができる．

$$O_2(g) + 2Fe(s) \rightarrow Fe_2O_3(s)$$

鉄のバランスはとれた（両辺に鉄原子 2 個ずつ）が，酸素のバランスはとれていない．酸素は面倒だ．というのも，バランスをとるために O_2 分子の前に係数 2 を書くわけにはいかない．こうすると，左辺に酸素原子 4 個，右辺に 3 個となる．そこで次に示すように，反応物の酸素の前に係数 3 を書いてみる．

$$3O_2(g) + 2Fe(s) \rightarrow Fe_2O_3(s)$$

式のバランスはとれないが，左辺の酸素原子は 6 個となる．

右辺には 3 個の酸素原子があるので，酸素原子のバランスをとるために次のように係数を加えてみる．

$$3O_2(g) + 2Fe(s) \rightarrow 2Fe_2O_3(s)$$

こうすると両辺に 6 個の酸素原子がある．しかし，残念ながら鉄のバランスが崩れた．左辺には鉄 2 原子が，右辺には鉄 4 原子がある．これを修正するには，反応物の鉄原子の係数を 2 から 4 にすればよい．こうしてうまくバランスがとれた．**図 7.6** にはバランスのとれた式の両辺の原子数の最終的な集計を示す．

バランスのとれた化学反応式にするには，バランスのとれた式が得られるまで，試行錯誤して係数を加えていくとよい．しかし，式のバランスをとるために，下つき添字を変えてはならないことを理解してほしい．図 7.6 に示す化学反応式を見ると，化学式の前に係数を加えただけだ．化学式そのものは変えていないことに注意しよう．たとえば，錆は常に Fe_2O_3 のままなので，化学反応式のバランスをとるときにも，化学式を変えてはいけない．

問題 7.2 次に示す化学反応式はバランスがとれて

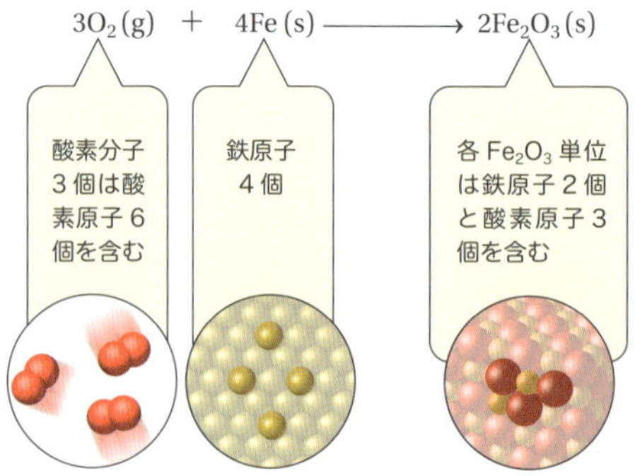

原子の勘定書

どの原子？	# 左辺	# 右辺	バランスがとれているか？
Fe	4	4	OK
O	6	6	OK

図 7.6 バランスがとれた化学反応式での原子の計算

いない．必要に応じて，反応物と生成物の前に係数を補い，式のバランスをとれ．

$$Li(s) + F_2(g) \rightarrow LiF(s)$$

解答 7.2 $2Li(s) + F_2(g) \rightarrow 2LiF(s)$

フッ素分子の係数は 1 になるのが正解．

● 化学反応式のバランスをとるのは試行錯誤作業だ

錆ができる反応のバランスをとった．バランスがとれるまで，3 通りの反応式を経由しなければならなかったから，なかなかの作業であった．この過程が示すように，化学反応式は，試行錯誤的な作業でバランスをとる．すべての原子のバランスがとれるように，係数を加えたり除いたり，2 倍，あるいは 3 倍にしたり，消したりする．

例をもう一つ試してみよう．ここに示したバランスがとれていない化学反応式は，水 H_2O が水素 H_2 と酸素 O_2 を生じる反応だ．

$$H_2O(l) \rightarrow H_2(g) + O_2(g)$$

一見して，元素の一つ，水素原子は両辺に 2 個ずつあるので，すでにバランスがとれている．しかし，酸素のバランスはとれていない．酸素原子は左辺には 1 個，右辺には 2 個ある．手はじめに水分子の前に係数 2 を置いてみよう．

$$2H_2O(l) \rightarrow H_2(g) + O_2(g)$$

酸素のバランスはとれた．しかし，水分子の前に係数を加えたため，水素のバランスが崩れた．左辺には水素原子が 4 個，右辺には 2 個．水素のバランスをとるために，右辺の水素分子の前に係数 2 を加える．

$$2H_2O(l) \rightarrow 2H_2(g) + O_2(g)$$

こうして，反応式は完全にバランスがとれたものになった．

この問題をどうやって解決したかに注目しよう．一つの元素のバランスをとると，別の元素のバランスが崩れたことがわかる．そこで，その元素のバランスをとる．ときどき，この操作を繰返し，繰返し行わなくてはならない．化学反応式のバランスをとるのはパズル解きのようなものだ．パズルを解いたと思ったら，化学反応式の左辺と左辺の計算をチェックしなければならない．

問題 7.3 反応物と（あるいは）生成物に係数をつけ，次の化学反応式のバランスをとれ．

$$NaN_3(s) \rightarrow Na(s) + N_2(g)$$

解答 7.3 この反応ではナトリウムははじめからバランスがとれているが，窒素はとれていない．バランスをとるために試行錯誤法を用いる．窒素のバランスをとるために N_2 の前に係数 3 を，NaN_3 の前に係数 2 を書く．ナトリウムのバランスはくずれた．しかし Na の前に係数を入れると，次のバランスのとれた式が得られる．

$$2NaN_3(s) \rightarrow 2Na(s) + 3N_2(g)$$

問題 7.4 反応物と生成物に係数をつけ，次の化学反応式のバランスをとれ．

$$Al(s) + O_2(g) \rightarrow Al_2O_3(g)$$

ちょっと待って！ wait a minute . . .

任意の化学反応式のバランスがとれる，他の係数の組合せはあるのだろうか？

ある．同じ化学反応式について，バランスのとれる，異なる係数の組合せがある．錆ができる反応のバランスをとると，次のような式ができる（これを錆 1 としよう）．

$$3O_2(g) + 4Fe(s) \rightarrow 2Fe_2O_3(s) \quad (錆 1)$$

一方，次の答えも得られる．

$$6O_2(g) + 8Fe(s) \rightarrow 4Fe_2O_3(s) \quad (錆 2)$$

どちらの式もバランスがとれている．では，どちらが正しいのか？ どちらの式も質量保存の法則を満たしているので，どちらも正しい．各原子について同じ数が反応式に両辺にある．しかし式（錆 2）のすべての係数を 2 で割れば，式（錆 1）が得られる．式（錆 2）は確かにバランスがとれているが，より簡単な式（錆 1）がよい．それゆえ，化学反応式のバランスをとる際には，係数に注意を払うべきだ．もし，すべての係数が同じ数で割り切れるなら，より簡単なバランスのとれた式を書くほうが正しい．

解答 7.4 この式では，はじめはどの原子もバランスがとれていないので，二つの元素のバランスをとるために，試行錯誤法を用いる．一つの方法は酸素のバランスをとるために，係数 2 を Al_2O_3 の前に，係数 3 を O_2 の前に置く．そこで正しい係数を Al の前に書けばバランスのとれた次の式が得られる．

$$4Al(s) + 3O_2(g) \rightarrow 2Al_2O_3(g)$$

7.2 原子の計算

● 化学反応を別の視点から見る

さて，バランスがとれている化学反応式をいくつかの異なる見方で考えよう．第一の視点は**原子スケール**（atomic scale）だ．例として水分子の反応を見てみよう．

$$2H_2O(l) \rightarrow 2H_2(g) + O_2(g)$$

では原子スケールで化学反応を見る，というのはどういうことなのだろうか．それは自分自身を反応の原子や分子と同じくらいの大きさだと想像するようなものだ．また，図 7.7 に示すように，ある構造をもつ反応物が空間のなかを動いて，おそらく衝突して新しい構造，すなわち生成物になると考える必要がある．

原子スケールでは，この反応は水分子 2 個が化学反応によって，水素 2 分子と酸素 1 分子を生じる様子を描ける．原子スケールで見ると，反応物が何とか再配列して，原子が相手を取り替えて生成物ができるのを想像するのに役立つ．たとえば，図 7.7 のような再配列が起こると想像できる．水分子 2 個が互いに衝突するようなことが実際に起こるのだろうか？ これはややこしい質問だ．というのも，何が何と相互作用するか，結合がどのように場所を変えるかといった詳細は，実験だけが決めることができる．つまり，ここではこれらの実験を述べることはできない．原子スケールで考えると，反応がどのように起こるかを想像はできるが．

原子スケールでは，水分子 2 個が動きまわり，互いに衝突し，おそらく化学反応を行う様子を想像できる．しかし水分子 2 個というのは，実験室で実際に扱う数ではない．もし物質を自分の目で見ることができるとすれば，二つ以上の，というより無数の物質の原子，ないし分子が見えるだろう．だから別の，より実質的なスケールを使うのが役に立つ．もしこの反応を日常的な実験室スケールの量に拡大すると，次に示すように化学反応式をもっと役に立つものにできる．

化学反応に対する第二の見方は**実験室スケール**（laboratory scale）だ．この視点は，化学反応に対する実際的な，実生活に即した見方を教えてくれる．実験室で行う化学反応では無数の水分子が関与している．では，おおよそ何個の水分子について語っているのだろう？ もし 180 mL（6 オンス）のコップのなかの水分子の数を数えることができれば，6×10^{24} といった数になるだろう．まったく驚くべき数といえる．幸いなことに，実験室スケールで原子や分子を扱うときに必ず出合うこの大きな数を扱う，よりよい方法がある．

●「モル」は巨視的スケールで考える際の助けとなる数え方だ

6 章で「モル」を扱った．この 7 章でもモルを紹介するが，目的は異なる．モルは膨大な数の原子や分子を扱うための計算上の工夫だ．6.3 節で，「何かの」1 mol（モル）は 6×10^{23} の何かだと学んだ．モルはクリップ，雪片から水分子にいたるまで，あらゆるものを数えるのに用いられるが，モルは膨大な数を数えるためのものなので，ごく小さいものにかぎって用いられる．モルという用語は組成式，分子，原子のようにかなり小さいものに用いる．

たとえば 4.3 節から，食塩は化学式量で数えるので，食塩 1 mol がある，などという．水は分子として存在するので，水分子 1 mol がある，ともいう．鉄のよう

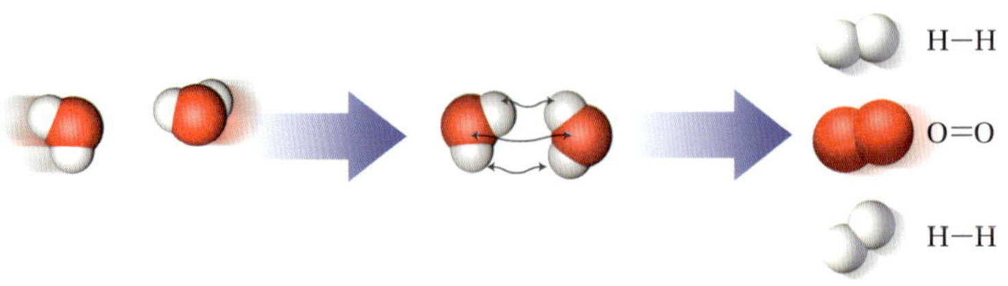

図 7.7 水を想像しよう
水が水素と酸素に変化するのを，二つの分子の衝突と，原子が結合の相手を変えることによる生成物の形成を想像すれば，反応を見ることができる．

な元素は単一の原子として存在しているから，ここに鉄原子 1 mol がある，という．

実世界では，物質は 1 mol ずつで存在しているわけではない．1 mol の一部分あるいは倍数もありうる．たとえば，ここに塩化カリウム 1/2 mol，あるいは二酸化炭素分子 10 mol がある，という．また，アルミニウムは単一の原子として存在しているから，ここに 650 mol のアルミニウムがあるともいう．

モルは化学反応を行う多数の原子，分子，式量を扱うのに用いられる．水の例に戻ってみよう．

$$2H_2O(l) \rightarrow 2H_2(g) + O_2(g)$$

原子スケールで考えると 2 分子の水が互いに相互作用して反応し，2 分子の水素と 1 分子の酸素を生じる．これに対して実験室スケールでは，2 mol の水分子が反応し，2 mol の水素分子と 1 mol の酸素分子を生じると考える．バランスのとれた化学反応式の美しさは，どのスケールを用いても，反応物と生成物の比が一定な点にある．

● モル質量は，モル単位を質量の単位に変える方法だ

実験するために実験室に入ったら，実験室スケール，すなわち物質をモル単位で考える必要がある．モルは実験者に見え，計り，分析できる量を示してくれる．しかし 2 mol の水を用いて実験しようする場合，どうすればそれだけの量を正確に測れるだろうか？

モルを用いる場合，モルの単位を，実際に用いる何か，つまりメスシリンダーで測れる体積，天秤で計れる質量のようなものに変換する必要がある．体積については 8 章「水」で扱うので，ここでは質量を考えよう．

見返しの周期表をもう一度見てみよう．元素記号の上に置いた数字は原子番号だ．この数字はその原子がもつ電子の数を示す．元素記号の下の数字に g をつければ，その元素の**モル質量**（molar mass），1 mol のグラム単位の質量となる．原子番号 86 のラドンのモル質量はモル当たり 222 g．図 7.8 に示すように，モル質量にはいくつかの表記法がある．これらはすべて同じことで，ラドン 1 mol のモル質量は 222 g を表現している．この本では 222 g/mol のようにモル質量を表す．

同じモル質量を表現するためのさまざまな方法

- 222 g/mol
- 222 g/モル
- 222 グラム/モル
- $222\ \mathrm{g\ mol^{-1}}$
- $222\ \frac{\mathrm{g}}{\text{モル}}$
- $222\ \frac{\text{グラム}}{\text{モル}}$

図 7.8　モル質量の表記法

この考え方を応用しよう．ラドン 1/2 mol の質量はいくらか？　222 g の半分，111 g となる．ラドン 2 mol の質量は 222 g の 2 倍，444 g だ．ラドンの 1/10 mol は 222 g の 1/10，すなわち 22.2 g，などという．モルは整数で扱わなくてはならないわけではない．ナノモル，ミリモル，マイクロモルもすべて正式のメートル法単位で，すべては実験室スケールだ．モル，モルの分数，モルの倍数は操作し，測ることのできる物質の量とする．

問題 7.5　酸素原子 1/4 mol の質量はどれだけか．
解答 7.5　周期表によると，酸素原子 1 mol の質量は 16.00 g．1/4 mol の量は 4.000 g だ．

● どんな元素や化合物のモル質量でも計算できる

天秤は物質をモルではなく質量で測るので，モルを質量に変換しなくてはならない．周期表からさまざまな元素のモル質量を見いだすことができる．たとえば鉄（Fe）のモル質量は 55.847 g/mol，酸素（O）のモル質量は 15.9994 g/mol．では錆，あるいは Fe_2O_3 として知られる酸化鉄（III）はどうだろう．化合物のモル質量をどうやって求めるのだろう？　それは化学式のなかのすべての原子のモル質量を足し合わせるだけの簡単な作業で済む．錆の場合，化学式は鉄原子 2 個，酸素原子 3 個を含む．そこで図 7.9(a) に示すように，

(a) Fe_2O_3 のモル質量の計算

Fe_2O_3 は鉄 2 原子と酸素 3 原子を含む
モル質量 = 2(55.85 g/mol) + 3(16.00 g/mol) = 159.7 g/mol

(b) Al_2O_3 のモル質量の計算

Al_2O_3 はアルミニウム 2 原子と酸素 3 原子を含む
モル質量 = 2(26.98 g/mol) + 3(16.00 g/mol) = 101.96 g/mol

図 7.9　化合物のモル質量の計算

酸素のモル質量を2倍，酸素のモル質量を3倍とし，それらを足し合わせる．総計は1 mol当たり159.7 g．つまり酸化鉄のモル質量は159.7 g/molとなる．

もう一つ試してみよう．酸化アルミニウムAl_2O_3はアルミニウム原子2個，酸素原子3個を含む．アルミニウム原子のモル質量は26.9815 g/mol．酸素原子のモル質量を足し合わせると，総計101.96 g/molとなる．計算を**図7.9(b)**に示す．

問題7.6 尿素は肥料として用いられる化合物であり，その化学式はCH_4N_2O．尿素のモル質量はいくらか．

解答7.6 モル質量を求めるには，それぞれの原子の数を考慮して，尿素のなかの各元素のモル質量を足し合わせる．

1 (12.01 g/mol) + 4 (1.008 g/mol) + 2 (14.01 g/mol) + 1 (16.00 g/mol) = 60.06 g/mol.

7.3 化学量論

● 化学量論は化学反応を行うために化学式を用いることを可能にする

それぞれの反応物がどれだけ反応し，それぞれの生成物がどれだけ生じるかを計算するために，バランスのとれた化学反応式を用いる方法が**化学量論**(stoichiometry)だ．簡単な過程を表すにしては，化学量論とは手の込んだ言葉だ．

架空の状況を考えてみよう．夜遅くまで実験室で働いていた，ちょっとおかしい科学者がひどい頭痛に見舞われる．その科学者はアスピリン2錠，すなわち約650 mgのアスピリンがまさに必要だった．その科学者の手もとにアスピリンはなかったが，アスピリンの化学名はアセチルサルチル酸であり，また，たまたまその製法を知っていた．幸運というべきか，科学者は必要な薬品をもっていたので，少しばかりつくることにした．

アスピリンをつくるための化学反応式を**図7.10(a)**に示す．二つの反応物の長い名前をいちいち書く代わりに，これらを単に反応物A，反応物Bとしておこう．生成物はアスピリンと酢酸だが，後者を薄めると食酢になる．新しい化学反応式に出会ったときは，常に最初にその式のバランスがとれているかをチェックすべきだ．**図7.10(b)**には，この化学反応に関与する3種類の原子，炭素，水素，酸素の計算を示した．化学反応式はバランスがとれている．

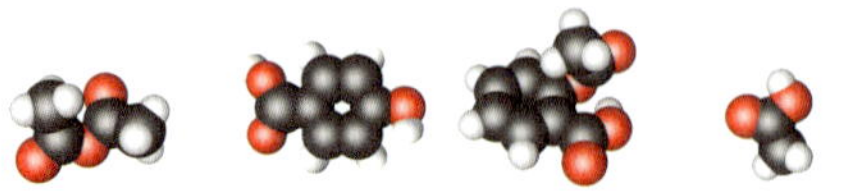

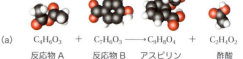

(a) $C_4H_6O_3$ + $C_7H_6O_3$ ⟶ $C_9H_8O_4$ + $C_2H_4O_2$

反応物A　反応物B　アスピリン　酢酸

(b)

	左辺	バランスがとれているか？	右辺
炭素原子	11	OK	11
水素原子	12	OK	12
酸素原子	6	OK	6

図7.10 アスピリンをつくる
アスピリン合成の化学反応を，(a)簡略形，(b)バランスがとれている反応の計算で示した．

化学反応式はバランスがとれており，実験室には必要な反応物がある．しかし，各反応物がどれだけ必要かをどうやって知ることができるのだろう．原子スケールで考えれば，各反応物の各1分子が生成物の各1分子を生じることがわかる．この反応のスケールを実験室スケールに変えて考えると，反応物各1 molから生成物各1 molを生じる．この式を実験室で行うスケールに変換するには，各反応物の必要量を知らなければならない．この情報を得るためには，各反応物のモル質量が必要だ．必要量は自分で求めてみるのがよかろう．反応物Aと反応物Bのモル質量はいくらか．**図7.11**には答えと二つの生成物のモル質量が与えられている．

これらはたいへん役に立つ．102.1 gの反応物Aと138.1 gの反応物Bを混ぜると，180.2 gのアスピリンと60.1 gの酢酸が得られる．これだけのアスピリンはさっきの科学者の頭痛を治すのに十分だろうか．答

$C_4H_6O_3$ + $C_7H_6O_3$ ⟶ $C_9H_8O_4$ + $C_2H_4O_2$

反応物Aのモル質量は102.09 g/mol	反応物Bのモル質量は138.12 g/mol	アスピリンのモル質量は180.16 g/mol	酢酸のモル質量は60.05 g/mol

図7.11 アスピリンをつくる反応でのモル質量
反応物Aと反応物Bをアスピリンと酢酸をつくるために組み合わせる．これらの反応物と生成物のモル質量を示す．

100 $C_4H_6O_3$ 100 mol + $C_7H_6O_3$ 100 mol ⟶ $C_9H_8O_4$ 100 mol + $C_2H_4O_2$ 100 mol

5 $C_4H_6O_3$ 5 mol + $C_7H_6O_3$ 5 mol ⟶ $C_9H_8O_4$ 5 mol + $C_2H_4O_2$ 5 mol

1 $C_4H_6O_3$ 1 mol + $C_7H_6O_3$ 1 mol ⟶ $C_9H_8O_4$ 1 mol + $C_2H_4O_2$ 1 mol

0.1 $C_4H_6O_3$ 0.1 mol + $C_7H_6O_3$ 0.1 mol ⟶ $C_9H_8O_4$ 0.1 mol + $C_2H_4O_2$ 0.1 mol

図 7.12　アスピリンをつくる反応のスケールを変化させる

えはイエス．普通の成人のアスピリンの服用量は 650 mg だから，頭痛もち約 275 人を治す量をつくったことになる．実際のところ，大きな薬ビンを満たすだけのアスピリンをつくってしまった．この話はまったくのつくり話だということを忘れないでほしい．科学者は化学実験室で自分がつくった物質を自分で使うことはない．

● 化学反応のスケールを変えるのに化学反応式を用いる

アスピリンをつくる反応のスケールを変えれば，必要なだけの，つまり多すぎない量をつくることができる．図 7.11 に示した反応を，もともとの処方の 10% のスケールにしてみよう．この場合，各反応物，各生成物の 10%を用いる．つまり反応物 A 10.21 g と反応物 B 13.81 g を混合すれば，アスピリン 18.02 g と，酢酸 6.005 g が得られる．

反応のスケールを下げて，元の処方に比べそれぞれの反応物の 10 分の 1 の質量を用いる．これは 10 分の 1 の物質量を用いることを意味する．**図 7.12** に，どうしたら物質量を変えながら，化学反応式のバランスを保てるかを示す．

図 7.12 でわかるように，「化学反応」のスケールを小さくすることも，大きくすることもできる．

問題 7.7　一酸化二窒素 N_2O は，笑気ガスとしても知られている．また歯科医がときどき用いる麻酔剤でもある．次の一酸化二窒素と酸素との反応を考えよう．

$$2N_2O(g) + O_2(g) \rightarrow 4NO(g)$$

(a) 反応のバランスはとれているか．

(b) 10 mol の N_2O と 5 mol の酸素が反応すると，何モルの生成物が生じるか．

解答 7.7　(a) 反応のバランスはとれている．(b) 反応は化学式の 5 倍のスケールで行われる．したがって 5 × 4 = 20 mol が生成する．

● バランスがとれた化学反応式は質量保存の法則に従う

化学量論の例をもう一つ取りあげよう．ブタンガスの化学式は C_4H_{10} で，使い捨てライターの燃料だ．ライターの金属の輪をまわすと火花が飛び，空気中の酸素によってブタンが燃え出す．この反応，すなわち**燃焼** (combustion) では，ブタンのような燃料が酸素の存在下に燃焼して二酸化炭素 (CO_2) と水 (H_2O) を生じる．この章だけでなく，この本を通して燃焼の例を扱うが，ここではブタンの燃焼についてバランスのとれた式を書こう．

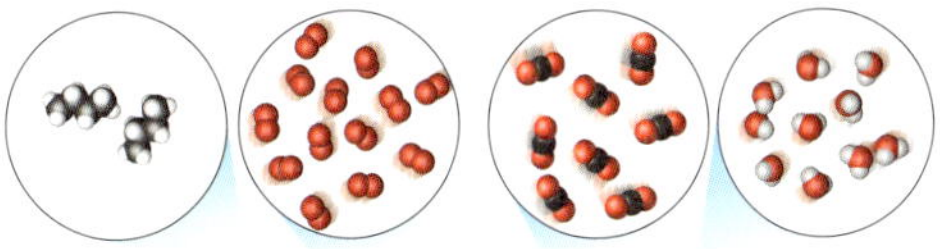

$$2C_4H_{10}(g) + 13O_2(g) \rightarrow 8CO_2(g) + 10H_2O(g)$$

このバランスのとれた式によると，ブタン 2 mol と酸素 13 mol が反応して，二酸化炭素 8 mol と水 10 mol を生じる．**図 7.13** にバランスのとれた反応式と，反応物と生成物のそれぞれのモル質量を示す．用いるべき処方箋，つまりバランスのとれた式はブタン 2 mol，すなわち 2 mol × 58.12 g/mol = 116.24 g を必要とする．この量のブタンは酸素 13 mol と反応する．質量を用いると，酸素 13 mol は 416 g になる．

図 7.13 はすべての反応物と生成物に対する同様の計算を示す．では，この化学反応式は質量保存の法則に従っているだろうか？　原子については両辺でバランスがとれていることはすでに確かめた．しかし，質量は保存されているだろうか？　この化学反応で質量を得たり，失ったりしているだろうか？

図 7.13 ですべての反応物，生成物の全質量を計算した結果，この化学反応の際に質量の増加や減少がないことがわかる．バランスのとれた化学反応では，同種の原子は両辺に同じ数だけあるのだから当然といえ

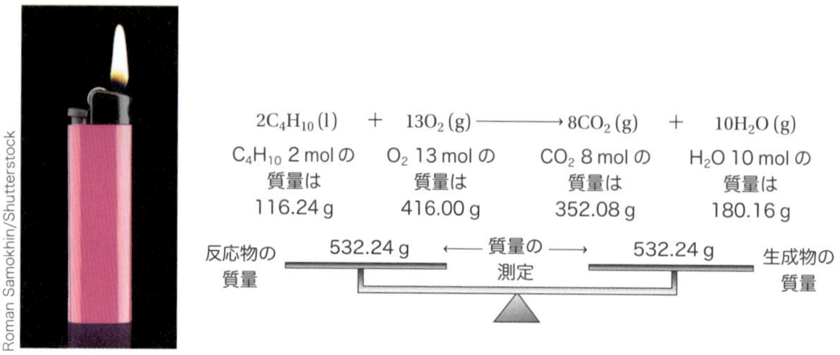

図 7.13 使い捨てライターの化学量論

る．つまり質量は保存され，質量保存の法則は成立している．

問題 7.8 下のバランスのとれた化学反応式には反応物と生成物のモル質量が示してある．

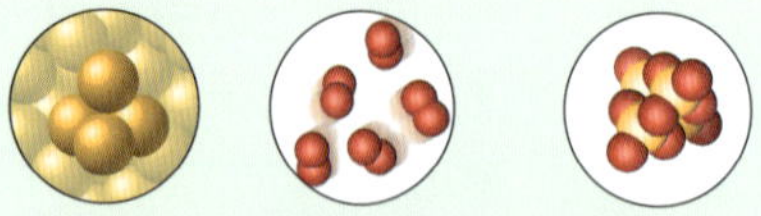

$$P_4(s) + 5O_2(g) \rightarrow P_4O_{10}(s)$$

123.88 g/mol　32.00 g/mol　283.88 g/mol

この化学反応式が質量保存の法則に従っていることを示せ．

解答 7.8 すべての反応物のモル質量の和と，すべての生成物のモル質量の和を比較すればよい．

$$123.88\ \mathrm{g/mol} + (5 \times 32.00\ \mathrm{g/mol}) = 283.88\ \mathrm{g/mol}$$

7.4 現実の世界での化学反応

● **実際の化学反応はたいていの場合，化学式が示すほど単純でない**

これまで 2，3 の化学反応，たとえば錆びた釘を金づちでたたくと火花が飛ぶ（熱反応）とか，古いトラックが錆だらけになるとか，アスピリンをつくる反応などを学んだ．これらの反応それぞれに対して，バランスのとれた化学反応式を書き，それぞれが質量保存の法則に従うことを示した．また，必要があれば，それらの反応を行うには，どれだけの反応物が必要かを計算すること，また実験室での処方箋に従うようにモル質量を使うこと，必要に応じて反応のスケールを変化させること，また反応が終わったとき，どれだけの生成物が得られるかも計算することができた．式の上では反応のスケールを変化させることができるので，化学反応は簡単なことのようにみえる．

だが，実際の化学反応は単純ではない．化学反応はごちゃごちゃしていて，理想的に進む反応はめったにない．もし図 7.11 に示された量を用いてアスピリンを合成するなら，180.2 g のアスピリンが得られるはず．だが，実際にこの量を用いて反応させると，得られるのは予想した量より少ない．その理由は，化学反応式が理想化されているからだ．化学反応式は，反応がどのように進みうるかを示しているが，実際にどう進むかを示すものではない．

実験室でアスピリンをつくるとき，混合された反応物はときには予期しないように反応してしまい，バランスのとれた化学反応式には示されていない生成物ができてしまう．**副生成物**（by-product）はバランスのとれた化学反応式には現れていないが，それでもできてしまう生成物をいう．副生成物は反応物が異なる仕方で相互作用したり，異なる経路をとったりしたときに生じる．反応物の一部がバランスのとれた化学反応式に従わないので，アスピリンの収量は予期したものより少なくなる．

調理に使うレシピには材料とその使用量のリストが載っており，またこのレシピでは 4 人分のチョコレートケーキができる，などと書いてある．バランスのとれた化学反応式から得られるのはこの種の情報まで．実験室で実験を行うときは，化学反応式だけでは不十分といえる．詳細を述べたレシピ，たとえば用いる温度，フラスコのサイズ，加熱時間，いつろ過するか，デカンテーション[*4]するか，冷やすか，かき混ぜるかなどの情報が必要となる．化学反応をバランスのとれた化学反応式だけに頼るのは非現実的だ．それは材料のリストだけを頼りに，チョコレートケーキをつくろうとするようなものだ．誰かがつくったレシピ

*4 沈殿などの固形物を液体と分離するために，固体を含む液体を放置して固体を沈殿させたのち，容器を静かに傾けて上澄みだけを流し去って固体を得る操作．

が必要となる．台所あるいは実験室で成功をおさめるためには，誰か（化学者かシェフかは別として）が苦労して得た結果に頼る必要がある．

● 反応のエネルギー図は化学反応の進行の様子を図示する

もしきみが「化学反応」という言葉をユーチューブ（YouTube）の検索ボックスに入れると，何百もの化学反応の動画を目にするだろう．多くの場合，見栄えのする化学反応は予測しにくい，すごい爆発を伴う．化学者たちはそれほど見栄えのしない，反応物から生成物に至るあいだに反応のエネルギーがどう変化するかを示す**反応のエネルギー図**（reaction energy diagram）を用いて反応を追跡する．

図 7.14 (a) の反応のエネルギー図は，縦軸にエネルギーを，横軸に反応の進行を記録する．反応は左側の水平部分ではじまり，反応物は示されたエネルギーの位置に留まる．反応は右側の水平部分で終わるが，その点は生成物のエネルギーを示す．反応のあいだに反応物は生成物になるために，エネルギーの山を越えなければならない．この山についてはすぐあとで説明する．

図 7.14 (a) の反応のエネルギー図では生成物のエネルギーは反応物のエネルギーより高い．これは反応が熱エネルギーを吸収する，**吸熱反応**（endothermic reaction）だったことを示す．吸熱反応は熱エネルギーを反応物として必要とするから，バランスのとれた化学反応式の左辺に，熱エネルギーという項を加えることもできる[*5]．ただし，これはバランスのとれた化学反応式の正式の部分ではないが．

熱エネルギー ＋ 反応物 → 生成物
（吸熱反応は熱を吸収する）

次に図 7.14 (b) に示した反対の場合を考えよう．この場合，反応物のほうが生成物よりエネルギーが高い．これは**発熱反応**（exothermic reaction）で，熱を放出する．

反応物 → 生成物 ＋ 熱エネルギー
（発熱反応は熱を放出する）

ある反応は発熱反応なのに，別の反応は吸熱反応なのはなぜだろうか？　この問いに答えるためには，反応に関与する反応物分子を形づくっている結合を考えなければならない．一般的には，比較的弱い結合でできている分子は，それらの結合が容易に切れるため，反応は起こりやすい．爆発は以前から用いられている発熱反応の例だ．これらの反応では，反応物，つまり爆薬は弱い結合をもつ場合が，爆発の際の生成物は，強い結合をもつ場合が多い．爆発の反応のエネルギー図は図 7.14 (b) のようになろう．反応物のエネルギーはうんと高く，生成物のエネルギーはうんと低い．そのため，エネルギーが放出され，爆発が起こる．

7

問題 7.9　次に示した化学反応は吸熱反応か，発熱反応か．
$2SO_2(g) + O_2(g) \rightarrow 2SO_3(g)$ ＋ 熱エネルギー[*5]
解答 7.9　エネルギーが生じているから，発熱反応．

● 反応物が生成物になるためには，エネルギーの山を越えなければならない

ある反応はエネルギーを必要とするが，ある反応はエネルギーをつくることを学んだので，反応のエネルギー図を用いて，エネルギーの山の前後のエネルギーの計算を目で見えるようにできる．さて考慮すべき最終的な問題，化学反応はどのくらい速く進むか，に直面する．化学反応の速度は，反応物が生成物になるために越えなければならないエネルギーの山の大きさ

*5 化学反応式の右辺に反応熱を加えた式を熱化学方程式（thermochemical equation）とよび，最近まで日本の高等学校化学で用いられてきた．しかし平成 30 年に告示された高等学校指導要領では，化学反応式のあとに反応エンタルピーを加えた式が用いられることになった．

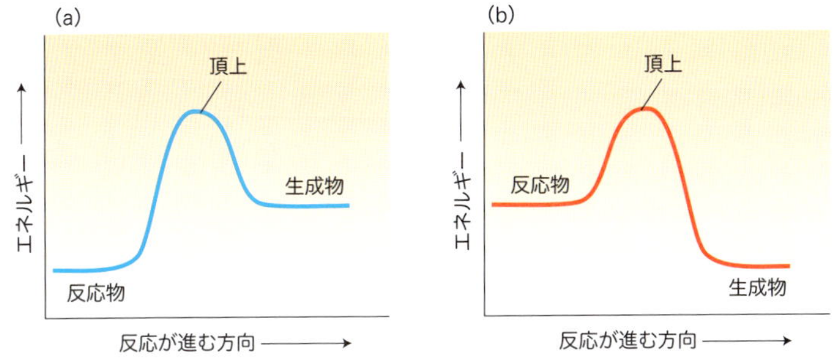

図 7.14　反応のエネルギー図
左側 (a) の反応のエネルギー図は，反応にエネルギーを供給しなければならない吸熱反応を，右側 (b) の図は熱を放出する発熱反応を示す．

natureBOX・二つのオゾンホール

気候が変わり続けるので，人々は悪いニュースに慣れている．海の水位は上がり続け，小さい島が一つ一つ消えていっている（この問題については 1 章の THEgreenBEAT を参照）．2021 年の夏には世界中が熱波に襲われた．この種の話はもはやショッキングとはいえない．しかし 2011 年に第 2 のオゾンホールのニュースが報道されたとき，科学者たちは言葉を失った．どうしてこんなことが起こったのか？　この問いに答えるには，オゾンのことを少しばかり知らなくてはならない．そもそも，なぜオゾンが大気中にあるのだろうか？

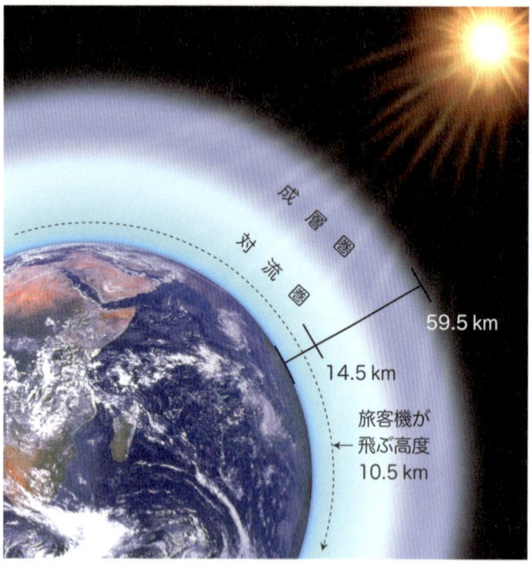

図 7 A　成層圏と対流圏

人々は大気圏の一部，地表に最も近い対流圏に住んでいる．その上が成層圏（図 7 A）．成層圏は大量のオゾン O_3 を含んでいるが，オゾンの役割は太陽から来る危険な放射線から地球を守ることだ．オゾン層はいわば地球の日傘に相当する．

一年を通して見ると，冬が春になるころに，オゾン層は薄くなる．1970 年代のことになるが，科学者たちはオゾン層がひどく薄くなったのに気づいた．実際，南極大陸の中心の上に大きな穴，オゾンホールができていた．オゾンホールの存在に気づいた科学者たちは，それを観察し続け，また，なぜできたのかを考えた．1980 年代になって，3 人の科学者，クルッツェン[*6]，モリーナ[*7]，ローランド[*8] が成層圏でのオゾンの消失の原因となる，オゾンを壊す二，三の反応を発見した．この功績により，3 人は 1995 年のノーベル化学賞を共同受賞した．図 7 B にはオゾンを破壊するバランスのとれた化学反応を示す．

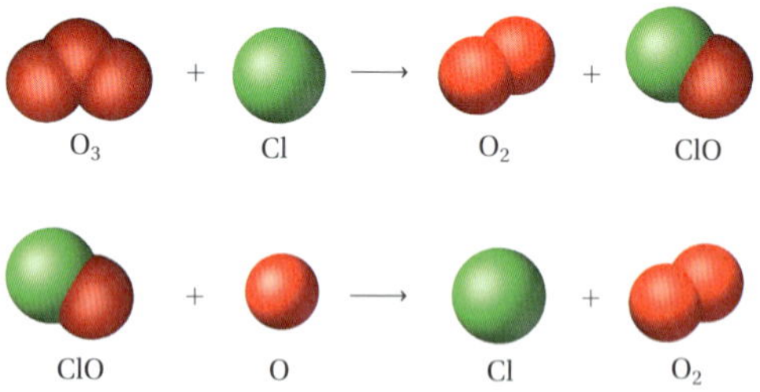

図 7 B　成層圏でオゾンを破壊する反応

によって決まる．その山は反応の**活性化エネルギー**（activation energy）という．活性化エネルギーの大きさが，反応がどのくらい速く進むかに，どう関係するのだろうか？　この問いに答えるために，運動場に出向いて，走り高跳びの選手がバーを跳び越えようとしているのを見てみよう．

バーの高さが低いと，走り高跳びの選手は，多分 1,2 回の試みで，バーを越えてしまうだろう．しかし，バーが高くなるにつれて，ジャンパーは何回も試みなければならなくなる．そして，12 回試みたあと，やっと成功する．場合によってはバーが高すぎて，何週間も練習したあとで，やっとバーを越えるのに成功するかもしれない．活性化エネルギーも同じように働く．化学反応の反応物に対する山が低ければ，反応物はたいしてエネルギーを必要とせずに簡単に山を越えるだろう．しかし山が高くなると，山のてっぺんを越えて，生成物に達するだけのエネルギーをもつ反応物の数が少なくなる（図 7.15）．

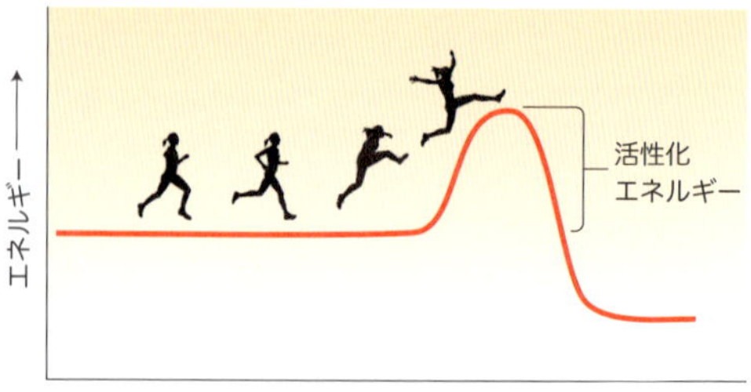

図 7.15　活性化エネルギーは走り高跳びと比較することができる

第一の化学反応では，オゾン分子 1 個は塩素原子 1 個と反応する．生じた Cl–O 結合は第二の化学反応に関与して，新しい塩素原子を生じる．この塩素原子は再び第一の反応に関与する．結果はオゾン O_3 が消失し，酸素分子 O_2 が生成する．

これらの反応は成層圏に塩素原子が存在するために起こる．ところが塩素原子は 20 世紀になって，CFC としても知られているクロロフルオロカーボンが登場するまでは成層圏になかったものだった．地上では，科学者たちが成層圏に塩素が存在する原因が明らかになるまで，CFC をエーロゾルスプレー，冷蔵庫，冷凍庫に使っていた．これらの塩素原子こそ，オゾン層に南極大陸の上空に中心をもつ大きな穴をつくった原因だった．CFC の一例は，フレオンの原料の $CFCl_3$ だ．

1987 年に世界規模で CFC の使用禁止を定めたモントリオール議定書[*9] が発効した．2000 年ころまでは成層圏中の CFC 濃度は増加したが，新たに CFC の使用が禁じられたおかげで，このころから濃度が減少した．CFC がなくなれば，南極大陸上のオゾンホールは次第に小さくなるだろうと誰もが考えた．ところが 2011 年に思いがけないことが起こった．南極大陸上のホールがいままでより大きくなり，さらにまったく新しいホールが現れた．それも北極上にできている．

ジェット推進研究所のグロリア・マネー（現在は北西研究所に所属）は，この好ましくない発見の原因を探るための国際チームを組織した．彼女らは以下のことを見いだした．成層圏には禁止前に 20 世紀に使われた CFC 由来の，膨大な量の塩素原子が残っている．この塩素は依然としてオゾンを破壊し続けており，ある一定以下の温度に下がると，塩素は一層すみやかにオゾンを破壊する[*10]．2011 年冬には北極上の成層圏はその温度以下になった．この冷やされた塩素が膨大な量のオゾンを破壊し，その結果新しいオゾンホールができた．

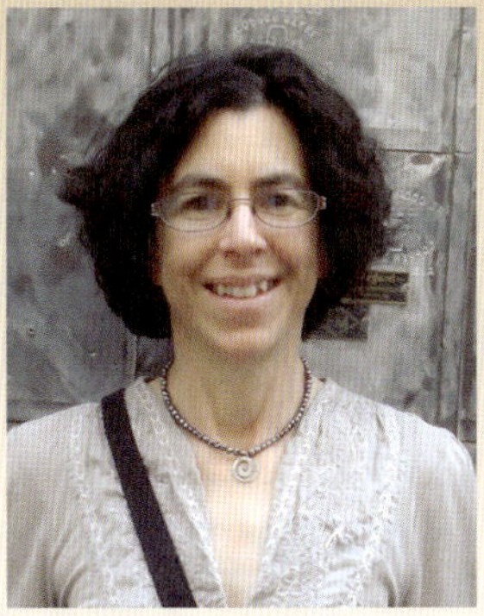
Courtesy of Gloria Manney

図 7C　グロリア・マネー

オゾンの減少の影響は最も強くヨーロッパに現れた．新しくできた北極オゾンホールのため，強く紫外線に被曝した．このオゾンホールが生成したせいで，ヨーロッパではある種の農作物，とくにムギの収穫が減少した．

*6 パウル・クルッツェン（Paul Jozef Crutzen，1933-）：オランダの大気科学者．
*7 マリオ・ホセ・モリーナ・エンリケス（Mario José Molina-Pasquel Henríquez，1943-）：メキシコの化学者．
*8 フランク・シャーウッド・ローランド（Frank Sherwood Rowland，1927-2012）：アメリカの化学者．
*9 正式名称は「オゾン層を破壊する物質に関するモントリオール議定書」．
*10 塩素原子はきわめて不安定（塩素分子に比べて）なので，低温のほうが長寿命．

● 触媒は反応を加速する

この章の前の部分で考えた化学反応を取りあげよう．錆は鉄と酸素のあいだに起こるきわめて遅い反応の結果だ．バランスのとれた式を再び取りあげよう．

$$4Fe(s) + 3O_2(g) \rightarrow 2Fe_2O_3(s)$$

通常，鉄が錆びるのにはずいぶん時間がかかる．しかし，きみが海岸に住んでいたり，旅行したりすると，海に近いところでは自動車が錆びやすいのに気づくだろう．海の空気に含まれている塩が自動車を速く錆びさせる．走り高跳びの例に戻って考えると，塩があると越えるべきバーが低くなる．化学の言葉でいえば，塩があると錆をつくる反応の活性化エネルギーが低くなる．

塩があるときとないときの反応のエネルギー図は図 7.16 のようになる．反応の出発点と終点は同じという点に注意しよう．どこが違うかといえば，山の高さだ．塩があると山は低くなる．塩が反応の活性化エネルギーを小さくするが，それは反応物でも生成物でもなく，**触媒**（catalyst）とよばれる．

しかし，鉄が錆びる反応をもっと速く進めることもできる．スポーツ用品を売っている店に行くと，冬のスポーツや，筋肉の痛みを和らげるのに用いる靴下や手袋を温めるのに使うヒートパック[*11]（heat pack）が見つかるだろう．これらの製品の多くは，鉄が錆び

*11 ヒートパックは屋外で食品を温めたりする用途などでも使われる．諸外国では再利用可能なヒートパックの開発，利用が高まっている．原理は日本の「使い捨てカイロ」と同じ．

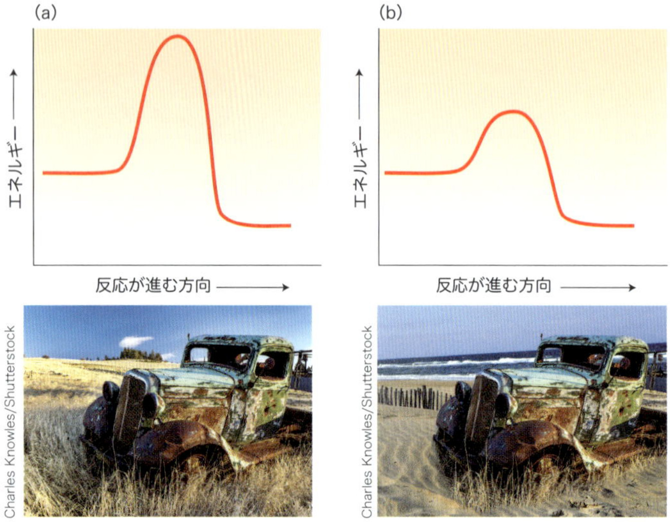

図 7.16 触媒があるときとないときの活性化エネルギー

グラフ (a) と (b) はそれぞれ錆びる反応のエネルギー図．しかし空気が塩気を帯びていない内陸での反応 (a) の活性化エネルギーは高い．これに対して，空気が塩気を帯びている海に近いところで起こる反応 (b) は，塩が触媒の役割を担うので，活性化エネルギーの山は低くなり，その結果，この条件では速く錆びる．

THEgreenBEAT ● 環境に関する話題

雌牛の鼓腸と地球温暖化

これは，よく知られている燃料――**メタン** (methane) ――が絡む燃焼の話だ．メタンはガスストーブなどの燃料だが，たまたま鼓腸[*12]，つまりお腹にたまるガスの主成分でもある．メタンの燃焼と鼓腸の話を続けよう．

メタンは温室効果ガス (greenhouse gas) とよばれる物質の小さなグループの一員だ．5 章で学んだように，温室効果ガスは大気中の熱を吸収し，熱が空間に逃げてしまうのを防ぐ．これは自然現象で，大気を暖かく，快適に保つ働きをしている．しかし，先進工業国が大量の温室効果ガスを環境に放出するので，大気はいまやそれらのガスを含みすぎることになり，そのレベルは警戒すべき速度で増加している．

普通の温室効果ガスは化合物であり，それらの名前が示すように気体だ．図 7.17 には温室効果ガスの仲間の，最もよく知られた四つの気体と，それらが 1 年間の放出量に占める割合 (%) を示した．メタンは温室効果ガス放出量の 10%を占めるだけだが，その環境への影響は大きい．大気中のメタンの量は少ないが，メタンは二酸化炭素よりも多くの熱を吸収するので，少量とはいえ，大気の温度に測定可能な影響を及ぼす．

では，これらのメタンはどこからくるのだろうか，また，どうしたら放出量を減らせるだろうか？ 何と，雌牛がメタンガスの主要な原因の一つだとがわかってきた．雌牛の食物は多くのほ乳類の場合と違って，腸ではなく，四つの胃の一つで消化される．雌牛は部分的に消化された食物 (食べ戻し) を反芻(はんすう)するが，その際，メタンガスがゲップとともに排出される．それに，想像通り，お腹にたまったガスがお尻からも出てくる．では，雌牛は，どのくらいの量の温室効果ガスをつくるのだろうか．そもそもそれを測ることができるのだろうか．

答えはイエス．雌牛が放出するメタンガスの量を正

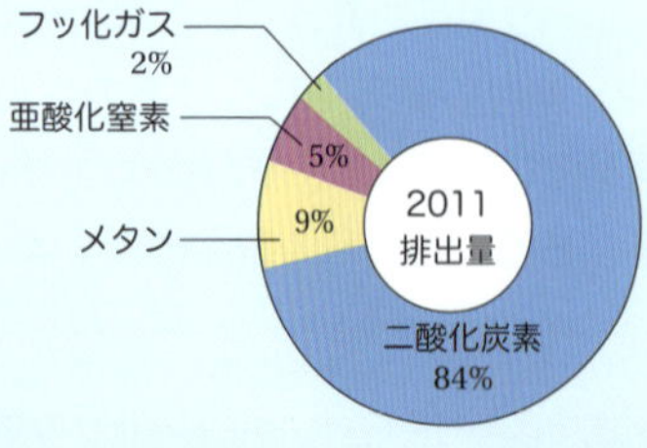

図 7.17 おもな温室効果ガスの放出量 (%)

*12 お腹にガスがたまること (による不快感)．

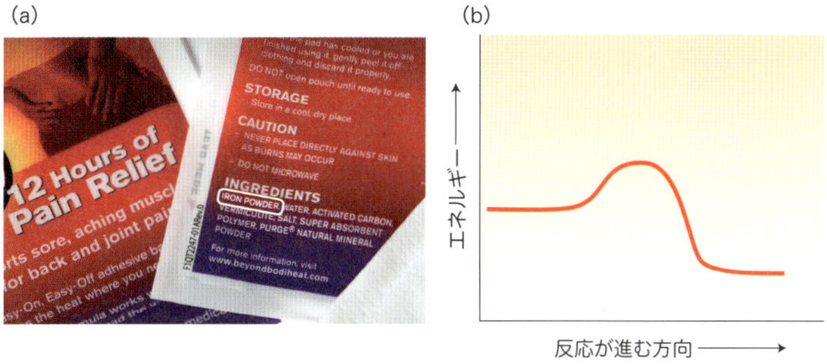

Science Source/PPS通信社

図 7.19　ヒートパックの化学
鉄を用いたヒートパックの内容物を(a)に示した．(b)は鉄を用いたヒートパックの反応のエネルギー図．

る反応に基づいている．だが，かかとが冷えているようなときには，自動車が錆びるより速く，反応が起こってほしいだろう．

この反応をどうしても速く進めたいなら，ヒートパックに触媒を加えて実現できる．このタイプのヒートパックには鉄のかけらが入っている．使いはじめるときに封を切って空気中の酸素を取り込む．これらのヒートパックの内容物の表示を見ると（**図 7.19 a**），この反応の触媒になることが知られているさまざまの塩類が含まれている．塩類があると，ヒートパックは実にすみやかに酸化され，瞬時にして熱を生み出す．

確に測定する面白い方法が行われた．**図 7.18** のアルゼンチンの雌牛は，自分のお尻から排出されるガスで満たされた風船を背負っている．これはどれだけのメタンが雌牛に由来するかという問いに対して信頼できるデータを得るための方法の一つだ．

1 頭の雌牛は平均して 1 日 200 g，いいかえれば年間 73,000 g のメタンを両方の口から排出する．アメリカには約 9,600 万頭の雌牛がいるとすると，これらの数値をかけあわせれば，年間 7,000,000,000,000（7×10^{12}）g のメタンが排出されることになる．

この種の計算もあって，雌牛の評判が悪くなった．実際ニュージーランドでは，政府がすべての雌牛に「環境税」を課し，税は雌牛の所有者が支払う，という法律の立法を考えた．この考えはいたるところに雌牛がいる国，人口 1 人当たり少なくとも 2 頭の雌牛がいる国では論争の種となった．雌牛の所有者たちは抗議のために政府の役人に小包を送りつけたが，その中身は（雌牛の）糞だった．

農業者たちが自分たちの雌牛がメタンをつくっていると気づいたとき，アイデアがひらめいた．結局，メタンは天然ガス，つまり燃料だ．メタンは役に立つ！次に示したのは，メタンが燃料となっている，エネルギーを生じる発熱反応で，メタンと酸素のバランスがとれていない化学反応式を示す．

$$CH_4(g) + O_2(g) \rightarrow CO_2(g) + H_2O(g)\ (+エネルギー)$$

ロイター/アフロ

図 7.18　雌牛のお腹にたまった気体を測る

資金力のある一部の農業者は，自分たちの家畜がつくった気体を集め，農場用の燃料として用いた．

反応条件によっては，炭素の他に一酸化炭素も生じることを覚えておこう．

CO も CO_2 もともに温室効果ガスで，地球温暖化の原因の一つだった．雌牛による環境汚染を除こうというこの計画の弱点はまさにここにある．しかし，雌牛からのメタンを燃焼させ，農場の運営に用いれば，このガスで何らかの有用な仕事がなされたことになり，メタンをただ大気中に放出するよりましといえる．実際，アメリカ全体で雌牛が排出する年間 7,000,000,000,000（7×10^{12}）g のメタンを何とか利用すればアメリカの平均的な 150,000 所帯に 1 年分の天然ガスを供給できる．

ヒートパックでの錆びる反応のエネルギー図はどんな形をしているだろうか．錆びる反応という点では，出発点と終点のエネルギーは自動車の錆びる反応と同じだ．しかし，**図 7.19(b)** に示すように，山はさらに低く，反応物は容易に山を越えて反応は速くなる．触媒があるから反応は速い．ヒートパックに大量に詰め込まれた塩類が，活性化エネルギーを，つまり山を低くする．触媒は，一つの反応——この場合は錆びる反応だが——の速度をうんと速く，あるいはうんと遅くすることができる．ヒートパックの場合は反応の活性化エネルギーを低くすることで反応を加速できる．

問題 7.10 次に示した三つの化学反応を最も遅いものから最も速いものへ，順位をつけて並べよ．

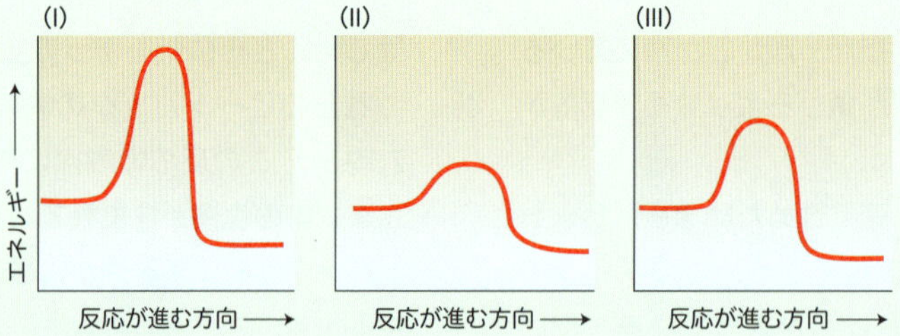

解答 7.10 すべての反応はほぼ同じエネルギーで出発し，同じエネルギーで終わっているが，活性化エネルギーはすべて異なっている．山が一番高い反応は一番遅い．したがって，最も遅い反応から最も速い反応の順に並べれば，(I)，(III)，(II) となる．

問題 7.11 メタンと酸素の反応の化学反応式のバランスをとれ．

解答 7.11 $CH_4(g) + 2O_2(g) \rightarrow CO_2(g) + 2H_2O(g)$ (＋熱エネルギー)

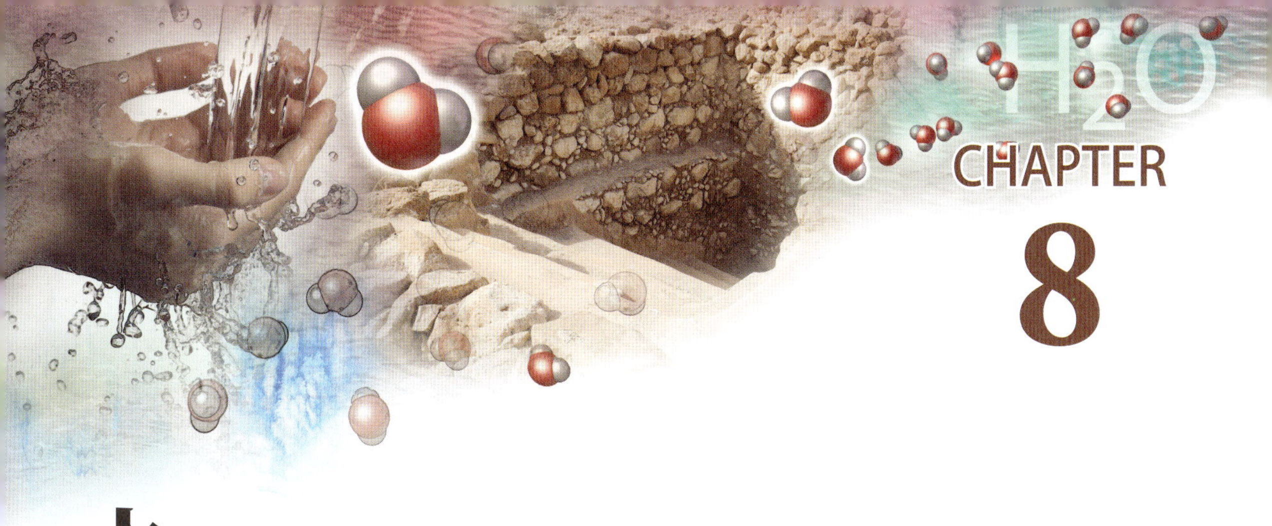

CHAPTER 8

水
水は人間と地球にとって不可欠なのか？

ほとんどすべての文化と宗教には，水を含む儀式が絡んでいる．とりわけ自然を敬う日本の神道[*1]は，人間生活のほとんどすべての側面で，水の儀式を伴う．病気が治る，視力の回復，新しい仕事が見つかる，長生きする，健康な赤ん坊に恵まれる…これらの儀式のなかで，水はすべてをきれいにし，純粋にする．ユダヤ教では，花嫁は結婚の前に，ミクベ（mikveh），すなわち儀式的な水浴に行くことが伝統として正式に要求されていた（下の写真参照）．10年ほどのあいだにこの伝統が復活し，アメリカのシナゴーグでは，この体の表面を清める結婚式のしきたりが守られるように，ミクベがつくられつつある．

文化と宗教における水の特別の意義は，化学の領域に及んでいる．分子の視点で見ると，水はきわめてユニークな存在で，地上にあるどんな物質とも異なっている．この章では，何が水を特別なものにしているのか，なぜ人間は水なしでは生きていけないのかを考えていこう．

Alamy/PPS通信社

水については，すでに多くのことを学んでいる．図4.13を思い出そう．水分子は曲がっている．この章で学ぶが，この曲がった形は水に特別の性質を与え，水の物理的性質の要因の一つになっている．水分子が互いに特別な結合をつくることを学んだ．その結合は強く，多くの他の物質と容易に混合することを可能にする．また，水が物質の一つの相から他の相に変化する際に何をするかも学んだ．固相から液相，気相へと変化し，また元に戻る．これらの変化を理解するために，水分子が振動し，これらの運動が分子の相互作用にどう影響するかを調べよう．

8.1　ウォーターフットプリント

● ウォーターフットプリント[*2]とは個人，事業，国，地球が消費する水の量の勘定書

「もっと水を飲め！」[*3]とは，よく知られた呪文だ．多くの人は8オンス（約240 mL）のコップで8杯（約2 L）の水を飲むべきだと考えている．しかし最近の水 1

*1　禊（みそぎ）は水がかかわる典型的な神事だ．神社参拝の際に手水舎（ちょうずや）で手を洗うのもこの一例．
*2 すべての食料や製品の生産から流通，消費に至るまでの全過程，あるいは組織，地域，さらには国において使用される水の総量．ISO（国際標準化機構）が国際規格化に向けた作業を進めている．
*3 日本ではこのような呪文はあまり聞かない．

の消費に関する研究では，「この呪文はどこから来たのだろう」と疑問を投げかけている．研究者によると，もっと水を飲もうというこの伝聞の多くは，水の利点を大衆に宣伝する企業から出ている．ボトル入りの飲料メーカーは，「もっと水を飲もうキャンペーン」にお金を使っている．

では医学界は，毎日コップ 8 杯の水を飲むことをすすめているのだろうか？ 答えはノー．水の大量消費が健康に関係するという，専門家による厳格な批評にたえた研究はない．というわけで「64 オンス則」は都会だけの神話となる．

最近，自分が 1 日に飲む水の量ではなく，自分が 1 日に使う水の量を人々に知ってもらおうという運動が起こっている．個人，ある物，ある組織，ある国，ある惑星の**ウォーターフットプリント**（water footprint）は見積もりできる．それによると，飲料水の消費量はウォーターフットプリントのなかでごくわずかな割合，1%の 10 分の 1 以下だ．

では，飲料水がわずかしか関係していないとすると，全体のウォーターフットプリントのうち，何が消費の大元なのだろう．水の消費の多くは，芝生への散水やシャワー，水洗便所だ．しかし，人間が食べる食べ物，使用する物品に関する消費についてさらに考えるべきだろう．たとえば，ポークカツ 1 枚を食べたとすると，ポークに含まれる水の他に，その豚が食べた食物中の水も考慮しなければならない．また，豚の飼料を育てるのに使った土地の灌漑（かんがい）に必要な水や，鍋を洗うための水も考慮しなければならない．

この例が示すように，農業は水の使用量のかなり多くの割合を占める．アメリカで使われる水の 70%が，灌漑による穀物の収穫で使われている．これらに使われた水は，灌漑によって育てられた穀物の製品を消費するすべての人のウォーターフットプリントに影響する．図 8.1 には最も大量の水を消費するアメリカ産の穀物 8 種類を示した．

アメリカ市民 1 人の年間のウォーターフットプリントは 2842 m^3，これは毎年約 284 万 L，あるいは毎日 7570 L に相当する．アメリカの一市民が年間に消費する水の量は，オリンピック競技で使用するようなサイズより少し大きい程度のプールを満たす．この値を世界的基準と比較してみよう．世界水準は年間 1385 m^3，あるいは毎日 3785 L 程度．つまり平均すると，アメリカ人は世界の平均の 2 倍以上の水を消費している．図 8.2 には世界でのウォーターフットプリントを地図に示した．

問題 8.1 毎日飲む水を減らすことで，ウォーターフットプリントを著しく減らすことができるか．

解答 8.1 できない．飲み水は個人のウォーターフットプリントのごくわずかを占めるにすぎない．

● 真水は地球上にある水のごく一部にすぎない

地球上には合計 1.23×10^{21} L の水があり，この水が地表の 70%をおおっている．こんなに多くの水があるのに，なぜウォーターフットプリントを心配する必要があるのだろうか？ 地球上に水は十分にあるのではないか？ 答えはイエス．地球上に水は十分にある．だが，その 97%は海水，つまり塩水で，そのままでは飲めない．海水を飲むのは安全ではない．海水は質量で 3.5%の食塩，つまり塩化ナトリウムを含ん

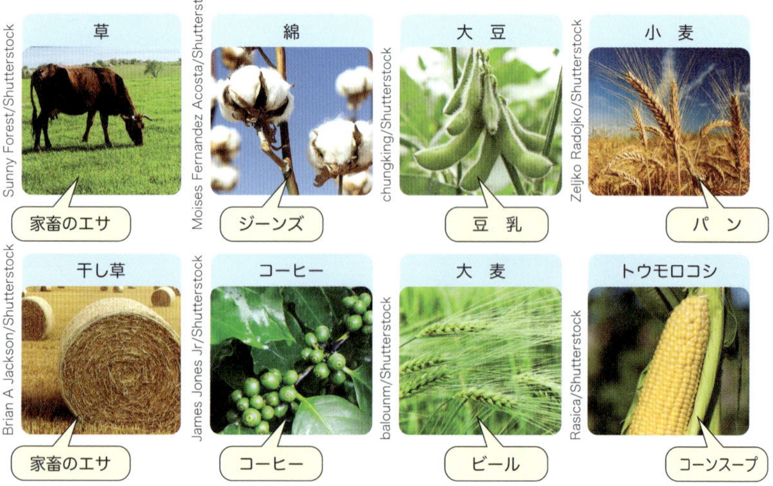

図 8.1 アメリカで水を最も多く使う 8 種類の穀物

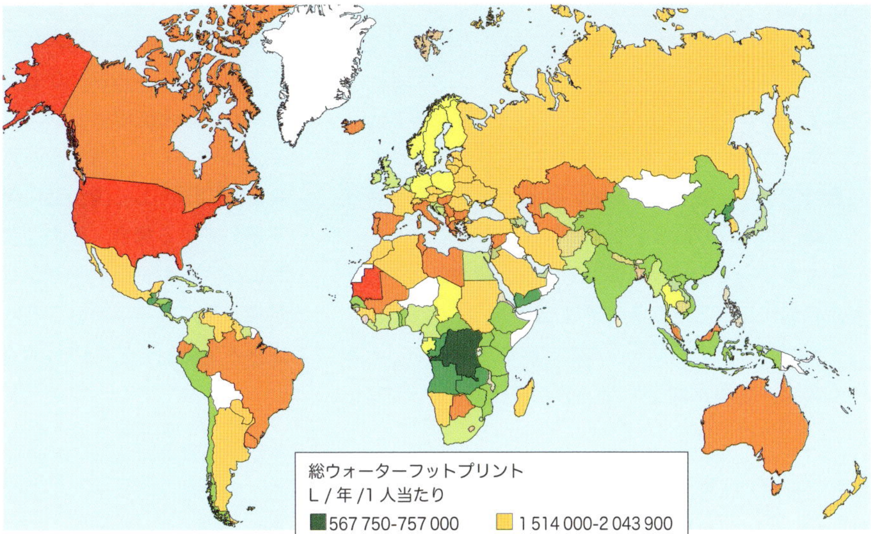

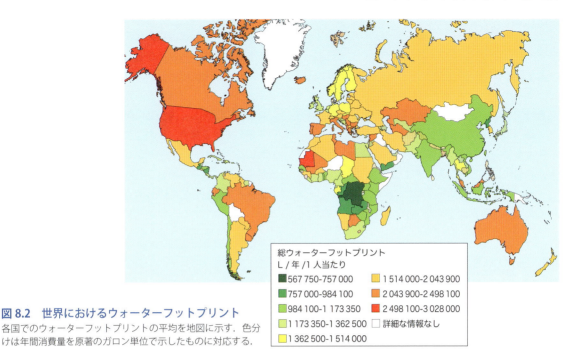

図 8.2 世界におけるウォーターフットプリント
各国でのウォーターフットプリントの平均を地図に示す．色分けは年間消費量を原著のガロン単位で示したものに対応する．

でいる．したがって図 8.3 に示すように，コップ 1 杯の海水にはほぼ茶さじ 1 杯の食塩が含まれている．誰も海水を飲みたくないだろう．

地球上の水の残る 3%が真水だ．その 3%のうち約 68%が氷河，氷原，雪原に含まれている（しかし，この量は地球温暖化のせいで次第に減少している．この問題は 12 章「エネルギー，電力，気候変動」で触れる）．地球にある真水の 30%は地下にある．この地下水は帯水層，すなわち天然の地下の水だめにあり，井戸を使って地表にくみ上げることができる．残りの 1%は湿気の形で大気中に存在している．残るわずか 0.3%の地表にある真水は，川や湖，小川などで，これらの真水の多くは最終的には海に流れ込み，海水と混ざってしまう．

「**水の循環**（water cycle）」によって，水はこれらの水だめのあいだを動く．図 8.4 に示すこの循環のなかで，水は気体，液体，固体のどの相もとることができる．海，湖，川の水を含めて，地表にある液体の水は，**蒸発**（evaporation）によって液相から**水蒸気**（water vapor）に変化する．水蒸気は大気の温度が低い領域に達すると凝縮する．**凝縮**（condensation）は気相から液相に戻る相変化で，大気中の水（水蒸気）が雪，雹（ひょう），雨の形で戻る相変化も**凝縮**（precipitation）だ（8.3 節で水の相変化を詳しく扱う）．

氷山，氷河，雪原などは氷，すなわち固体状態で水を蓄える貯蔵庫といえる．液体の水が凍ると，氷がで

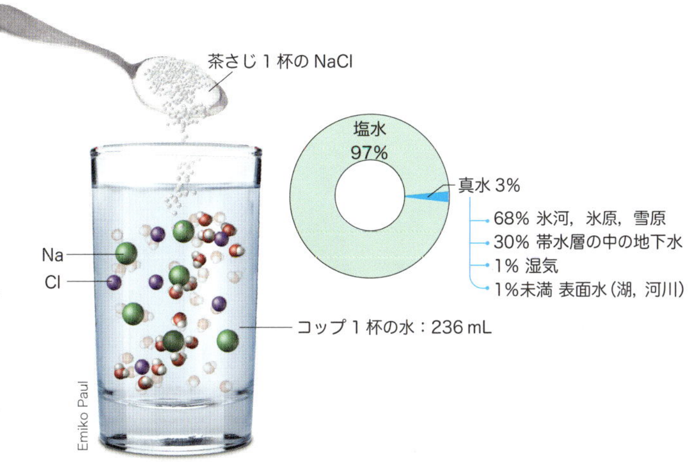

図 8.3 地球にある水の組成
図には地球上の真水と海水の割合を示す．8 オンス（約 240 mL）のグラス 1 杯の海水には，茶さじ 1 杯の食塩を加えた 8 オンスのコップに入れた真水に含まれるのとほぼ等しい食塩が含まれている．自然界に存在するさまざまな種類の真水の割合をパーセント表示した．

ちょっと待って！
wait a minute . . .

なぜ海水から塩を除いて真水をつくらないのか？

海水から脱塩工場とよばれる施設で食塩を除くことはできる．世界の 15,000 以上の脱塩工場が毎年 5.98×10^4 L の真水をつくっている．これはたいへんな量に見えるが，地球上で年々消費されている真水の量に比べるととるに足りない．

脱塩がうまくいくなら，なぜ脱塩工場はもっと多くの海水を真水に変えないのだろうか？ それは，脱塩工場の建設には莫大な費用がかかり，その運転にも莫大なエネルギーが必要だからだ．脱塩工場を利用している国のトップスリーは，サウジアラビア，アメリカ，アラブ首長国連邦だが，これらはすべて金持ちの国．ある国が海に面していて，真水資源が不足している場合，その国が脱塩工場を建設し，それにエネルギーを供給できる場合にかぎって，脱塩が解決策になる．というわけで，脱塩は世界規模の真水不足に対してたいして貢献できない．

きる．氷がとけると液体，すなわち水になる．氷は**昇華**（sublimation）とよばれる過程で直接水蒸気になることもある．

問題 8.2 図 8.4 を参考にして，水の循環サイクルの一部となっている相変化の例を二つあげよ．
解答 8.2 例はいろいろある．氷や雪がとけて水になる，氷が昇華して水蒸気になる，海や川の水が気化して水蒸気になる，水が凍って氷になる，など．

● **地球で得られる水の多くは汚染されている**

ニューヨーク市にある「ノースブルックリン・ボートクラブ」は 200 名以上の会員がいて，さかんに活動しているリクリエーションクラブだ．週末ごとに，クイーンズ地区とブルックリンを隔てているイーストリバーの支流のニュータウンクリークにボートを漕ぎ出す．長さ約 8.5 m の平底の手漕ぎボートは，クラブのメンバーによる手づくりだ．図 8.5 に見られるように，ボートと漕ぎ手たちは牧歌的な人生を楽しむ人々を代表しているように見える．ボートはまさにニューヨーク市の中心をスムーズに進んでいく．だが，この川はレクリエーション活動で知られているわけではない．この川はスーパーファンド[*4]（Superfund）の対象になっている場所であり，アメリカの東海岸で最も汚染された川の一つだ．

図 8.5 ノースブルックリン・ボートクラブのメンバーは週末のひと漕ぎを楽しんでいる

アメリカの環境保護庁（U. S. Environmental Protection Agency；EPA）はスーパーファンドを「有害な廃棄物

*4 費用のかかる公害防止事業のための大型資金．1980 年に制定された法律で，著しく汚染された地域をきれいにすることを目的とする．正式名称は Comprehensive Environmental Response, Compensation, and Liability Act と長い．

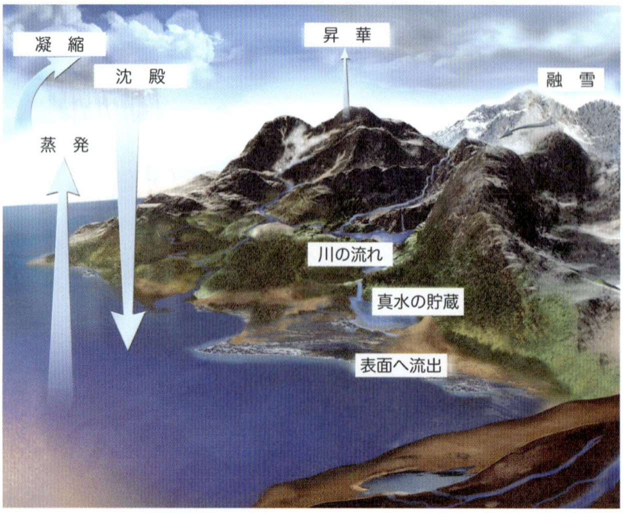

図 8.4 水の循環

が蓄積され，地域のエコシステムや住民に影響を与えている，制御されていない，見捨てられた場所」と定義している．アメリカ全土では 1000 を超える，最も汚染された場所だけがこのスーパーファンドのリストに載るのだ．これらの場所の多くは，ニュータウンクリークと同様，湖か川だ．ある場所がスーパーファンドに認定されると，時間をかけてその場所をきれいにするための，EPA の指導による一連の行動がはじまる．EPA のスーパーファンド局はその場所を研究し，汚染の原因となった組織を突き止める．それらの組織は地域と共同して，その場所をきれいにするのに，経済的，法的責任をもつ．

ニュータウンクリークはどのようにしてそれほどまでに汚染されたのだろうか？　汚染はもっぱら二つの原因による．第一の原因はニューヨーク市で，19 世紀以来長年にわたって，生ゴミを川に遺棄していた．つまり市がニュータウンクリークの浄化に責任がある組織の一つと認定された．第二の原因は，何千，何万ガロンの油を長年にわたってニュータウンクリークに流してきた，ニュータウンクリークの岸辺にあった製油所が認定された．流された油の証拠は歴然としている．例のクラブを紹介したニューヨーク・タイムズの記事によると，「ニュータウンクリークの岸辺の土は，真っ黒なマヨネーズみたいだった」というわけで，地域の石油会社にもニュータウンクリークの浄化に責任がある．しかし，これらの事実にもかかわらず，例のクラブのメンバーはひるまなかった．真っ黒なマヨネーズと有害な水も，彼らが週末に元気に活動するのを妨げることはなかった．

この種の例を知れば，なぜウォーターフットプリントに注意を払わなくてはならないかがわかるだろう．確かに莫大な量の水が地球上にあるが，真水はそのうちのごくわずか．悲しいことに，真水のかなりの部分を，人間は長年にわたって汚染してしまった．きれいな水はまれで，貴重なものとなった．野生生物，森林地帯，湿地などの他の自然の資源と同様，水を何としても保護しなければならない．

● アメリカでは，飲み水は「安全飲料水法」によって保護されている

アメリカでは飲み水は慎重に監視されている．水道水の品質は 1974 年に議会を通過した「**安全飲料水法**(Safe Drinking Water Act)」によって制御されている．アメリカでの初期の環境問題抗議運動の結果，この法律が成立した．1996 年には，この法律は改定されている．

飲料水は，湖，貯水池など，地表にある水の他に，地下の水源から得られる．これらの水は，水源がどんなにきれいであっても，飲めるように処理しなければならない．浄水施設は汚れた水から毒物，破片，微生物などを取り除く．ニュータウンクリークの水を浄化し，たとえば地方のきれいな湖の場合と結果を比較するのは，よりやりがいのある仕事だろう．ほとんどの浄水施設は同じような工程で水を浄化する．

図 8.6 によくある浄水施設を示す．自然からの水は施設に取り込まれ，大きな破片などがフィルターでろ過される．次に**凝集剤**（flocculant）が加えられる．凝集剤は，水の浄化過程の一部で，水に混じるとふわふわした雲のようになる化合物だ．混合されたあと，凝集剤は水に含まれている微粒子とともに，タンクの底に沈む．小さいためにフィルターを通り抜けた破片や粒子をこの操作で除く．次いで，水の貯水池に自然に発生するウイルスや細菌を殺すために，水を塩素で消毒する．この消毒段階は 1900 年代はじめに導入され，その結果，コレラや赤痢のような病気の蔓延を防いだ．

消毒後，残っているかもしれない微粒子をさらに除くために，水を砂と砂利の層を通過させる．消毒のために塩素が追加されるかもしれないし，フッ化物イオン F^- も加えられる（飲料水にリチウム化合物を加えることに関する議論は，この章の THEgreenBEAT を参照）．きれいになった水は家庭や事業所に送られる．

きれいな水の不足は世界至るところで問題になって

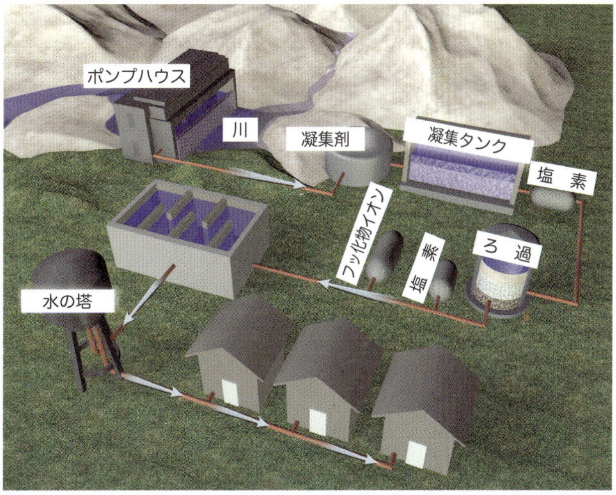

図 8.6　典型的な水浄化施設

いる．しかし，公営の浄水施設がないところでも，新しい水浄化法が手に入る．たとえば非営利プログラムを通して，プロクター・アンド・ギャンブル（P&G）社は汚れた水をきれいにする粉末成分の入った小袋，P&G 簡易浄水剤を開発した．これは地方の村々に飲み水を提供するため，ミャンマーで広く用いられている．図 8.7 はチェルシーとビル・クリントン[*5] 親子が汚れた水の浄化に P&G 簡易浄水剤を使っている様子だ．

問題 8.3　水の浄化のどの段階でウイルスや細菌を殺すのか．

解答 8.3　塩素分子を加える段階がこの役割を果たす．

8.2　液体の水の性質

● 分子間に働く力を分子間力という

人間の体に血液が不可欠なように，地球に水は欠かせない．地球とその住人は，水がなければ生きていけない．まったく水は並外れた液体といえる．

大きさがほぼ同じ他の分子に比べ，水は高い温度で沸騰する．水はまた，きわめて多くの物質を溶かす（9章「塩と水溶液」で，水に溶ける物質について学ぶ）．

他の多くの分子に比べ，水はなぜそれほどまでに特殊なのだろうか？　この問いの答えを理解するためには，**分子間力**（intermolecular force）とよばれる，分子間に働く力を理解しなければならない．分子間力は，4章で学んだ，分子のなかにある共有結合とは異なる．たとえば水分子のなかでは，共有結合は1個の酸素原子と2個の水素原子を結びつけている．これに対し，分子間力は1個の水分子を隣りの水分子に結びつける．図 8.8 に示したこの区別は重要だ．というのも，水分子間の相互作用は，分子内の共有結合より，はるかに簡単に切れるからだ．一般的に，どの共有結合でも分子間力より 50 ～ 150 倍強い．

分子間力にはさまざまの種類があるが，そのうちの二つ，水素結合と双極子 - 双極子相互作用だけが水にかかわる．この二つはこの章で，他は9章で議論する．

*5 ビル・クリントン（William Jefferson Clinton，1946-）：アメリカの第 42 代大統領（任期 1993-2001）．

AP/アフロ

図 8.7　P&G 簡易浄水剤
クリントン財団によって資金提供された P&G の非営利的活動（ミャンマー）．

● 水素結合は最も強い分子間力だ

水分子内の酸素と水素のあいだの共有結合では，電子は2個の原子によって等しく共有されているわけではない．4章で学んだように，電子は酸素の近くでより多くの，水素の近くでより少ない時間を過ごす．この章で学ぶ一つ目の分子間力は，水分子内の酸素 O と水素 H のあいだの偏った結合に依存している．これらの結合では実際電子がきわめて偏っているため，水素原子の電子1個は水素原子付近の領域から，酸素原子のほうに引きつけられる．その結果，水素原子はほとんど裸で，そのプロトンは部分正電荷をもつ．このほとんど裸のプロトンは，水に特別な性質を与えるものの一つだ．

5章で，水分子内の酸素原子は，図 8.9 (a) に示すように，非共有電子対を2個もつことを知った．酸素原子上に負電荷が形成されているので，その非共有電子対は，図 8.9 (b) に示すように他の水分子の露出した水素原子に近づき，相互作用する．この種類の相互作用を**水素結合**（hydrogen bond）という．水素結合は水素と窒素，あるいは水素とフッ素のあいだにも起 3
こりうる（図 8.8 の破線は水分子間の水素結合を示す）．

水素結合は分子間力のなかではきわめて強いほうだが，水分子内の共有結合に比べると弱い．それにしても 8.3 節で学ぶように，水を沸騰させるには水素結合を切らねばならないので，大きなエネルギーが必要と 7
なる．

問題 8.4　水素結合は共有結合か．

解答 8.4　違う．共有結合は分子内にあるし，水素結合は一種の分子間力だ．

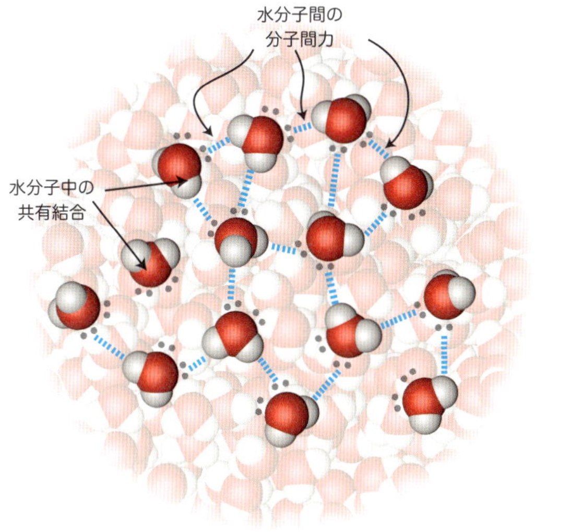

図 8.8　共有結合と分子間力

● 水分子は極性をもち，双極子 - 双極子相互作用がある

水のそれぞれの O−H 結合は極性をもち，分子は曲がっているので，分子全体も極性をもつ．酸素原子の周りには電子が集まるので，分子の一部が他の部分に比べ負電荷を帯びる（図 8.9a）．この電荷の偏り，すなわち**双極子**（dipole）は，水分子を貫く矢を書くことで表せる．図 8.10（a）に示すように，矢は正電荷の端から負電荷の端のほうに伸びている．つまり矢の頭は分子の負電荷の多い部分を向き，（＋）の符号は正電荷に富む分子の部分を示す．

二つ目の分子間力は**双極子-双極子相互作用**（dipole-dipole interaction）だ．水分子が混ざると，それぞれの分子の双極子は，分子がどのように動き，相互作用するかに影響を及ぼす．模式的に図 8.10（b）に示すように，ある水分子の双極子の正電荷の末端は別の水分子の双極子の負電荷の末端に引きつけられる．液体の水は絶えず動き，移動する水分子を含むが，水分子が動き，移動する方向は双極子によって決められていることを意味する．この双極子-双極子相互作用は，水分子内の共有結合の 1/50 ほどの強さだ．しかし，コップ 1 杯の水は何億，何十億，何百億もの分子を含むため，この弱い相互作用は増えていく．

問題 8.5　分子内で原子間の結合は分子間力に比べて通常弱いか．

解答 8.5　分子内の原子間の結合は，強い共有結合．共有結合は最も強い分子間力よりも強い．

● 氷は水より密度が小さい

水のなかで分子を束ねている相互作用について学んだので，温度が下がると水が液体から固体になる現象

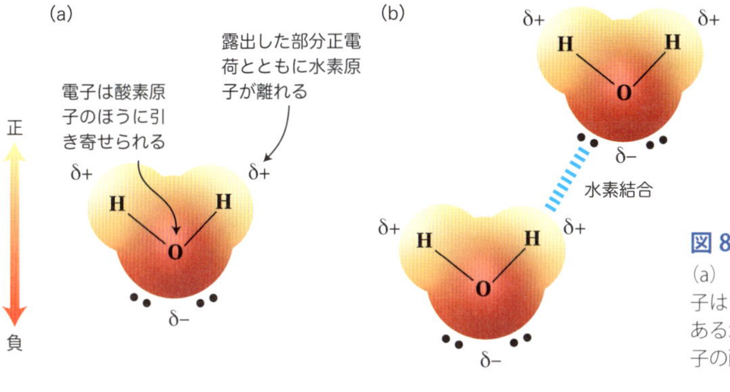

図 8.9　水における水素結合
（a）酸素原子は水素原子の電子を引き寄せ，水素原子は露出した部分正電荷を帯びる．（b）水素結合は，ある水分子内の正電荷を帯びた水素原子と，別の水分子の酸素原子の部分負電荷とのあいだの引力をいう．

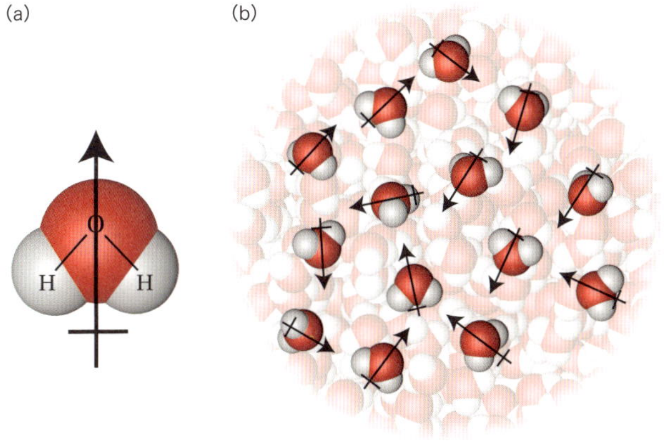

図 8.10　曲がった水分子のなかの双極子
水分子内の双極子は酸素原子上の過剰の負電荷によって生じる．矢の頭は双極子の負の末端を，矢の尻は正の末端を示す．水の双極子は，ある双極子の負の末端が別の双極子の正の末端に近づくように集合する．

———凝固——を考察する．図 8.8 から，一部の水分子は複数の水素結合をつくっているのがわかる．液体の水では，好むと好まざるとにかかわらず，水素結合のネットワークがつくられる．水分子のなかで水素結合は消えやすく，寿命も短い．スクエアダンスの相手のように,水素結合は結合する相手をすみやかに変える．

だが，固体の水——氷——では，水素結合はそれほど変わりやすくない．絶えず相手を変えるようなことはなく，じっとしている．氷の水素結合は水分子を強固な六角形構造に保つ（**図 8.11 a**）．この構造を三次元に拡張すると，**図 8.11**（**b**）のような配列が得られる．氷は六角形パターンの繰返しに基礎を置いた三次元結晶格子をもつ．

この開いた六角形格子だと，氷には多くの空間ができる．実際，氷のなかの水分子 100 個は液体の水分子 100 個より多くの体積を占める．別の表現でいえば，ある体積の空間には固体の H_2O 分子よりも液体の H_2O 分子のほうが，より多く収まる．氷，水（あるいはすべての他の物質）をある決まった体積に圧縮したときの質量をその物質の**密度**（density）という．密度は質量単位を体積単位で割った値として定義される．たとえば，ミリリットル当たりミリグラム（mg/mL），あるいはリットル当たりキログラム（kg/L），またはミリリットル当たりグラム（g/mL）などで密度を定義する．

氷内にある多くの空間のために，液体の水の密度（1.00 g/mL）は氷の密度（0.92 g/mL）よりも大きい．たとえば 100.0 mL の水の質量と，同じ体積の氷の質量を測ると，氷の質量のほうが少し小さいことがわかる（**図 8.12**）．0.08 g/mL という質量の変化は重要だ．この差がなければ，世界はずいぶん変わったものになるだろう．

サラダ用ドレッシングの瓶をふり混ぜたことがあるなら，密度の低い物質（たとえば油）は，密度の高い物質（たとえば酢）の上に浮くことに気づくだろう．同様に，冬は池や川の水は表面から凍る．氷のほうが水より密度が低いので，表面の氷は底に沈むことはない．氷の層は下の水に対する絶縁体の働きをする．そのおかげで水中の生物は冬のあいだ何とか生きていくことができる．もし氷が沈んでしまうと，水の大部分は氷になってしまうだろう．そうなると，生息する無数の生物にとって，地球の住み心地は悪くなる．

問題 8.6 三つの液体物質（A，B，C）は互いに簡単に混じり合わない．それらの密度はそれぞれ 1.4 g/mL，0.79 g/mL，1.1 g/mL．物質 A 5.0 mL，B 3.0 mL，C 8.0 mL を一緒にビーカーに入れた．どの物

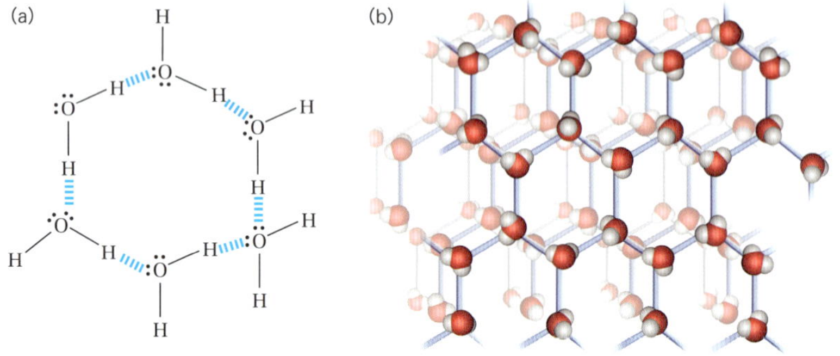

図 8.11 氷の構造
(a) 6 個の水素分子が互いに水素結合で結ばれ，環をつくると，六角形ができる．(b) 氷のなかの H_2O 分子は水素結合によって六角形格子をつくる．莫大な数の六角形が格子のなかにできると，氷を固体にするがっちりした構造ができる．格子構造によって氷の結晶のなかに空間ができる．

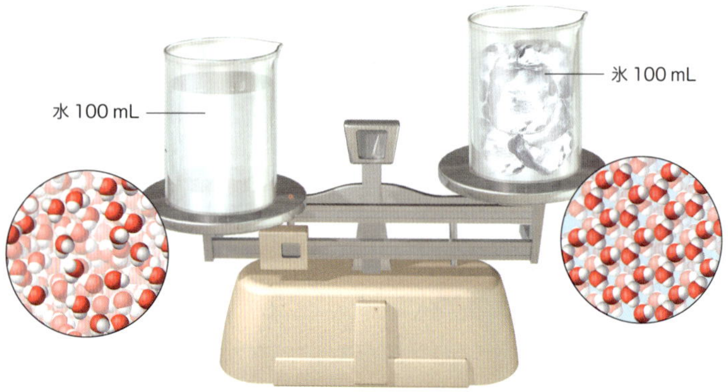

図 8.12 氷と水の密度
左側のビーカーには正確に 100 mL の液体の水が入っている．一方，右側のビーカーには正確に 100 mL の固体の氷が入っている．体積 100 mL の液体の水は体積 100 mL の氷よりも重いから，天秤の皿を下に押し下げる．

質が表面に浮くか．また，どの物質が底に沈むか．

解答 8.6　密度が一番低い物質 B が上に浮く．体積は無関係．A は最高の密度をもつので，底に沈む．C は真ん中に留まる．

8.3　相の変化 I：水と氷

● 凝固と融解は同じ温度で起こる

水の循環のなかでの相変化を詳しく見てみよう．相変化は対をつくって起こる．たとえば，雪と氷はとけて液体の水になり，水は凍って雪や氷になる．融解と凝固のような相変化の対は行ったり来たりする．水分子は損なわれることなく，これらの過程では変化しないから，水はこれらの相のあいだを行ったり来たりする．相変化が起こるときに変化するのは，水分子間の分子間力だ．たとえば，水素結合と双極子-双極子相互作用は，秩序を欠いたごた混ぜに分子をゆるくまとめるだけの状態だ．水が氷になると，これらの結合は移動してより規則的に，より組織的に，より秩序のある状態になる（図 8.11）．氷がとけると，逆のことが起こる．液体が固体になる温度を**凝固点**（freezing point）という．固体の**融点**（melting point）は，固体が液体になる温度をいう．凝固と融解という二つの用語は，同じ温度に対応しているが，各温度は反対の方向から接近した結果となる．この考え方を**図 8.13** に示す．

よく経験するのは，水の相変化だ．**表 8.1** には比較のために，よく知られた物質の融点および凝固点をあげた．たとえば窒素 N_2 は室温では気体だ．だから窒素を液体にするには冷却しなくてはならないし，固体にするにはさらに冷却しなければならない．窒素の凝固点は −210℃とたいへん低い．室温で金は固体だった．したがって，その融点は室温より高い．融点や凝固点がきわめて高い温度，あるいは低い温度で起こるのは不思議にみえるかもしれない．というのも，他の物質ではなく，水についての相変化を考えることに慣れているからだ．

表 8.1　よく知られた物質の融点および凝固点

物質		融点 / 凝固点（℃）
水	H_2O	0
窒素	N_2	−210
水銀	Hg	−39
金	Au	1063

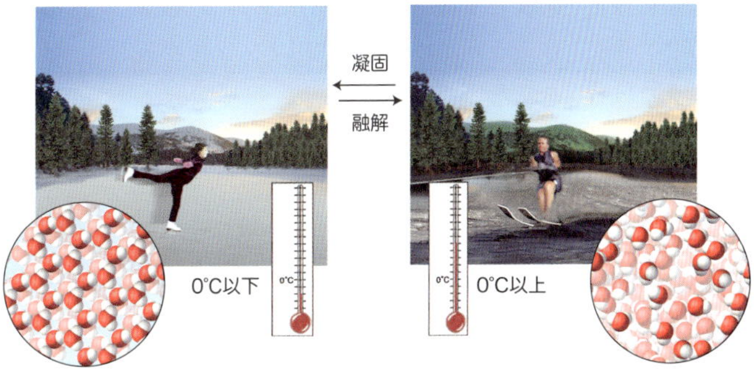

図 8.13　融解と凝固
この湖の表面は，気温が 0℃以下になると凍る．温度がまた上がって 0℃に達すると，湖の表面はとける．凝固と融解は同じ温度で起こるが，それぞれの場合，異なる方向からこの温度に近づく．

問題 8.7　表 8.1 の物質のどれが室温で固体か．

解答 8.7　融点が室温より高いすべての物質は，室温では固体となる．これに該当するのは金だが，金が室温で固体なのは自明だろう．

● 水の凝固はハリケーンの風力に寄与する

アメリカの南東部は，10 億ドルに達するアメリカの自然災害を一手に引き受けている．それはこの地域では自然災害のうちで最も被害の大きいハリケーンが起こりやすいからだ．**図 8.14** は 2005 年に撮影された，アメリカの歴史を通じて最大の自然災害をもたらしたハリケーン・カトリーナ[*6]の衛星写真だ．メキシコ湾をゆっくり進むあいだに，カトリーナはレベル 5 の嵐となり，上陸する前にレベル 3 の嵐となった．にもかかわらず，1250 億ドルの被害を与え，ニューオーリンズ市の 80%は浸水した．アメリカ大陸を襲い，3 番目に大きく猛威を振るったこのハリケーンは 1500 名の命を奪った．

GOES 12 Satellite, NASA, NOAA

図 8.14　ハリケーン・カトリーナ

*6 ハリケーン・カトリーナ（Hurricane Katrina）は，2005 年 8 月末にアメリカ南東部を襲った．

natureBOX・鳴く鳥と水素原子

最新の実験室で，知られている最も進んだ方法で，最も評価されている科学者によって浄化された水の試料を考えよう．すべての不純物はその痕跡も除かれた以上，残された水分子の試料は均一のきれいな水分子と思ってしまう．だが，この思い込みは正しくない．

2章で，原子は原子核内に異なる数の中性子をもつものがあり，これらの変種はその原子の同位体とよぶことを学んだ．水素には3種類のありふれた同位体があり，99.98％と自然界に圧倒的に多く存在するのは ^{1}H．だから，たいていの超純粋な水の試料は99.98％の ^{1}H を含んでいるが，水素の同位体を含む水も，若干混ざっている．

Courtesy of Dustin Rubenstein

図8A　ノドグロアメリカムシクイを研究する

やがてわかるだろうが，これら珍しい同位体が水のなかに存在することは有益な情報だ．これは ^{2}H（重水素ともいう）と ^{3}H（三重水素ともいう）についての話だ．重水素と三重水素は，水素の同位体分布では，合わせて0.02％だが，この数値は場所によってわずかに違う．つまり，ある地点の水の試料は，別の地点の試料と異なる同位体分布を示す．

ダートマス大学の鳥類学者リチャード・ホームズと学生のダスティン・ルーベンステイン（**図8A**）は，渡り鳥の追跡に水分子中の天然水素同位体分布を用いた．鳥の繁殖の研究者は冬期の渡りのあいだに鳥を見失うことが多かった．渡りと繁殖の習性をよりよく理解することは，その種の保存に役立つから重要なのだが．

これまでに用いられてきた方法は，鳥にタグをつけ，また捕まえて鳥の場所から場所への移動を記録するというものだった．しかしこの方法の成功率はわずか2％程度だった．それに鳥にタグをつけるというのは，鳥にとって悪夢のようなものであり，彼らを傷つけ，通常の渡りのパターンを乱すかもしれなかった．

ダートマス大学の生物学者たちは，カリブ海地方と

ハリケーンが起こると，温度の最も低いハリケーンの先端部分に氷の結晶が生じる．これから学ぶように，この氷の結晶はハリケーンの威力を強める．ハリケーンは単に激しい雨というわけではない．ハリケーンは強い風を引き起こし，その風は旋回しはじめ，衛星写真（図8.14）に見られるよく知られたハリケーンの渦巻きが出現する．では，氷の形成はハリケーンを特徴づける強い風にどう関係するのだろうか？　これに答えるためには，水の凝固，氷の融解，すなわち相変化を考える必要がある．一方はエネルギーの投入を，他方は熱の放出を必要とする．では，どちらがどちらだろう？　氷をとかそうとすれば，熱の形でエネルギーを与えなければならない．

$$H_2O(s) + 熱 \rightarrow H_2O(l)$$

成長しつつあるハリケーンの先端に氷の結晶が形成され，膨大な熱を生じる第二の反応が起こる．この熱によって気体が膨張し，この空気の膨張によって風が起こる．つまり氷の結晶の形成は，ハリケーンに伴う破壊的な風の原因といえる．

● 物質が相変化するが，温度は変わらない

きみがアマチュア化学者で，ひどく寒く，住みづらい気候の地域に住んでいるとしよう．室温（約25℃）で，コップ1杯の水と，かなり正確な温度計がある．きみは25℃の台所で水の温度を測り，ついで温度計を−25℃の屋外に取り出す．水の温度が凝固点の0℃に下がるまでのあいだ，温度を注意深く測定する．すると，変わったことが起こる．氷ができはじめる水の凝固点，すなわち0℃で温度が下がらなくなる．すべての水が完全に凍ると，温度がまた0℃から下がりはじめる．何が起こっているのだろうか．

いま見た現象は逆方向にも起こる．氷の入ったコップを室内に戻すと，温度は上がりはじめるが，融点（0℃）に達すると温度の上昇は止まる．すべての氷がとけるまで，温度は0℃にとどまっている．氷が完

アメリカ東部のあいだを旅する，食虫性の鳥ノドグロアメリカムシクイ（Black-throated Warbler）*7 の渡りを追跡するために，水の同位体分布を利用できないかと考えた．だが，同位体分布は鳥とどう関係するのだろうか．鳥は昆虫を食べ，昆虫は植物を食べる．植物は土から一定の同位体分布をもつ水を得る．というわけで，鳥がある場所にしばらくとどまると，その場所から水を得る．鳥のなかの水を分析すれば，その結果から鳥がどこにいたか，つまり，渡りの経路を定めることができる．

生物学者たちはまさにその通りのことをした．彼らはノドグロアメリカムシクイの二つのグループの渡りのパターンを，鳥の羽に含まれている水の $^1H/^2H$ 比の分析で追跡した．心配はいらない．この計画には鳥を追っかけて羽をむしる科学者のグループが参加しているわけではない．交尾後，自然に鳥の羽の一部が抜ける．その抜けた羽を集めて分析するわけだ．

鳥の羽の測定結果から，ホームズとルーベンステインはノドグロアメリカムシクイがアメリカとカリブ海を越える渡りのパターン（**図 8 B**）を正確に追跡できた．この情報によって，鳥類学者はこれらの鳥を追跡でき，また，この鳥の個体数を脅かすかもしれない環境汚染に由来する危険を評価することを可能にした．

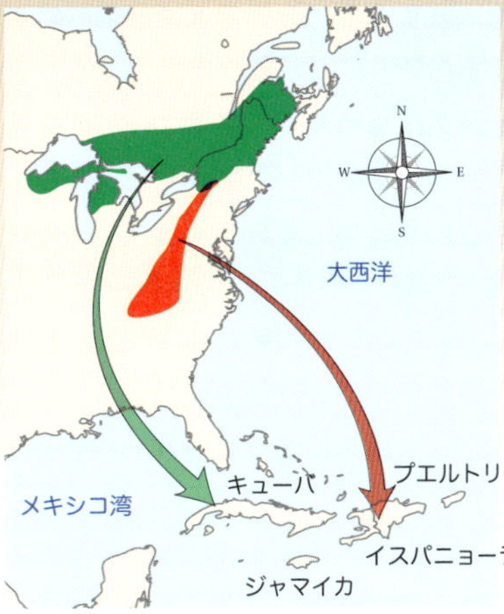

図 8 B　冬は南へ
生え替わった鳥の羽に含まれる水の同位体分析の結果を，ダートマス大学の研究者たちは，鳥の渡りの目的地同定に役立てた．北アメリカやカナダに生息するノドグロアメリカムシクイのグループ（緑色）は，冬をカリブ海西側の島々で過ごす．もう一つ，アメリカの東寄りで過ごすグループ（赤色）は冬をカリブ海東側の島々で過ごす．

*7 ノドグロアメリカムシクイは色によって Black-throated blue warbler，Black-throated gray warbler，Black-throated green warbler などがあるようだが，この本では，おそらく最もポピュラーな Black-throated blue warbler を扱っていると思われる．なお対応する日本語はノドグロルリアメリカムシクイ．

全にとけると，温度は再び上昇をはじめ，室温に達する．

いま述べていることは，分子がエネルギーを吸収，放出する方法に関連している．氷のなかの分子は六角形格子に強く固定されていることを述べた 8.2 節を思い出そう（図 8.11b）．温度が融点（0℃）に向かって上昇すると，加えられた熱エネルギーは分子をますます激しく振動させる．温度が上がれば上がるほど，分子は震え，振動する．しかし，融点に達すると，手に入る熱エネルギーは，分子を激しく振動させるのには用いられず，氷の結晶をつくっている分子間の水素結合を切るのに用いられる．いいかえれば，吸収されたエネルギーは氷を液体の水に変えるのに用いられ，水の温度を上昇させる熱エネルギーに使われるわけではない．氷が完全に液体になると，水に取り込まれたエネルギーは水分子の運動を高めるために用いられる．

問題 8.8　発生したばかりのハリケーンのなかに氷の結晶が生じると，熱は放出されるか，それとも熱が吸収されるか？

解答 8.8　熱は放出される．この放出された熱によって風が起こる．ハリケーンが強い風を伴うのはこのためだ．

● 熱曲線は相がどのように変化するかを示す

図 8.15 は水が相を変えていく過程を示す．この図を**熱曲線**（heating curve）とよぶ．温度スケールが－25℃ではじまる左下の隅では，熱が氷に加えられるにつれ温度は上昇する．氷の温度が上昇すると，前述のように氷のなかの分子はますます激しく振動する．温度が融点に達すると，線は平らになる．この点で熱がさらに加えられても温度は上昇しない．というのも，加えられたエネルギーは氷を液体の水にするため，つまり氷のなかの強い水素結合を切るために使われるからだ．融解が完成すると温度は再び上昇する．この段階では，加えられた熱は水分子の運動，振動を強めるのに用いられる．

水が沸点に達すると，液体の水から気体の水への変化がはじまるので，同じ現象がまた起こる．すべての水分子が水蒸気になるまで，温度は一定となる．すべての分子が気体になると，温度は再び上昇し，水は図の右上に示される気相に達する．

図 8.15 について，それぞれの水平線を二つの視点から考えよう．0℃の水平線はもし熱を加えられたら融解（水平軸に沿って左から右に移動する），熱を奪われたら凝固（水平軸に沿って右から左に移動する）を意味する．

同様に，100℃の水平線は，熱を加えられたら沸騰（液体から気体への相変化，左から右に移動），熱を奪われたら凝縮（気体から液体への相変化，右から左に移動）を表している．

問題 8.9 水分子内の共有結合は氷がとけるときには切れない，というのは正しいか．
解答 8.9 正しい．相変化が起こるとき，分子間力に影響されるが，共有結合は切れない．

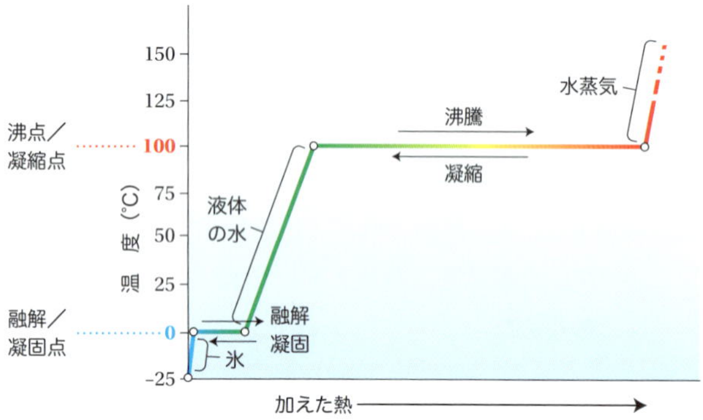

図 8.15 水の三つの相
この熱曲線は熱が加えられると，水が氷から液体の水から水蒸気になることが示されている．

● 水の比熱は大きい

水の熱曲線（図 8.15）を他の物質の熱曲線と比較すると，大きな違いが一つあることに気づくだろう．水の熱曲線の緑の部分は，他の物質の曲線に比べて切り立っていない．ある量の水に，ある量のエネルギーを加えても，温度は比較的小さくしか変化しないことを意味する．たいていの他の物質に同じ量の熱を加えると，温度はおおいに上昇する．この線が切り立っていないのは水の**比熱**[*8]（specific heat）が高いことを意味する．ある物質の比熱とは，その物質 1 g の温度を 1℃だけ上昇させるのに必要な熱エネルギーだ．

液体の水の比熱が比較的高いことは，日常生活にも深くかかわっている．海あるいは大きな湖のそばに住んでいる人は，近くに大量の水をもたない地域に比べ，温度変動はかなり小さいことに気づくだろう．**図 8.16** には，アメリカとカナダ南部の地図に，降雨量と温度変動の平均値（平均最高温度 − 平均最低温度）が示してある．まず温度の変動を見てみよう．温度変動と地域に何らかの関係があるだろうか？ 大洋あるいは五大湖に接している都市での温度変動は小さいが，内陸部の都市での変動は大きい．この差は少なくとも部分的には，液体の水の比熱がきわめて大きいことによる．近くにある水が簡単に熱を吸収して温度変化を抑えてくれるため，水に近い都市はより温和な気候に恵まれ，温度変化の少ない生活を楽しむことができる．

図 8.16 の内陸部都市の温度変動は 21 ～ 34℃の幅がある．なぜ一部の内陸部の都市は他の都市よりも大きく温度が変動するのだろうか？ その答えは平均降雨量にある．ピンクに塗られた都市での 6 月の平均降雨量はきわめて高い．これはそれらの都市では空気の湿度が高いことによる．湿度は複雑で，多くの変数

*8 より厳密に定義されている比熱容量（specific heat capacity：圧力または体積一定の条件で，単位質量の物質を単位温度上げるのに必要な熱量）が用いられることも多い．

ちょっと待って！ wait a minute . . .

冷たくない温度で物質はなぜ凝固するのか？

金の凝固点は 1063℃．何かの物質がきわめて高い温度で凝固するというのは不思議に見える．というのも，水の相変化を考えるのに慣れているからだった．

金のような違う物質を考えるときには，考え方を変える必要がある．かなり熱い液体の金が 1063℃になると凝固する．しかし，日常生活では室温を基準としているので，金が凝固するのではなく，反対の方向，すなわち融解を考えるのが賢明だ．凝固と融解は同じ温度を示すことを思いだそう．私たちは固体の金に慣れている．金を 1063℃に熱するととける．おおかたの人にとって，この考え方のほうが直感的に理解しやすい．

がかかわっている．それにしても，雨の多い地域の温度を水に近い地域の温度と同じように保つ要因の一つとなるのは間違いない．緑色に塗られた 6 月の平均降雨量の少ない都市は，より激しい温度変動を経験する．南西部の砂漠地帯のような乾燥地帯の都市は，湿っぽい地帯にある内陸の都市に比べてさらに激しい温度変動を経験すると予測できる．

水の比熱がとりわけ高いため，人間は快適に暮らすことができる．体の大部分は水であり，体内の水が熱を吸収し，温度変化に対する緩衝剤の役割を果たし，体温を一定に保つことを可能にしている．同じ原理が，太陽の光を唯一のエネルギー源として快適な居住環境をつくろうという**パッシブソーラー**（passive solar）ハウス[*9] に働いている（図 8.17）．この種の家の一部では，日中，太陽は日がよく当たる屋根面などで空気を暖め，空気は膨大なエネルギーを吸収する．日没後は空気がそのエネルギーを家に戻す．また，空気の代わりに水を用いるシステムもある．

OMソーラー株式会社

図 8.17 パッシブソーラーハウス
この家では，外気を太陽熱で暖め，暖めた空気を建物の床下に送って日中は蓄熱し，夜間にその熱を放出する．

問題 8.10 近くに大量の水がない場所に住んでいると想像しよう．それにもかかわらず，そこでは 24 時間の温度変動はきわめて小さい．内陸部の都市での温度変動は一般的にもっと大きいことが知られているのに，これをどう説明するか？

解答 8.10 きわめて湿度の高い，あるいは雨の多い地域ではそういうことも起こる．空気のなかの水が，24 時間に起こる温度の変動を押さえる役割を果たしている．

8.4 相の変化 II：水と水蒸気

● 水の沸点は高度に依存する

もし，きみが高山地帯へのキャンプ旅行をしたことがあれば，大気圧が水に及ぼす影響に気づいただろう．中央アラスカにあるデナリ山（Denali）（図 8.18）の登山の途中，5000 m の地点でキャンプをする．ストーブを荷物から取り出して点火しようとすると，自分の息が切れ，いつもより疲れていると感じる．これは，もっと多くの酸素を必要とし，もっとゆっくりしようと体が求めているのだろう．ストーブに点火して水を火にかけると，すぐに水は沸騰するので，きみはうまくいったと思い満足する．ホットチョコレートを混ぜ，座って景色を楽しもうとする．ところが失望せざるをえない事態が起こる．できたのは熱々のチョコレートでは

＊9 ここでは「パッシブ」は空気の輸送などに使われる少量の電気を除けば，機械エネルギー，電気エネルギーを一切利用しないという意味で使われている．パッシブソーラーハウスは窓，壁，床などのすべて太陽エネルギーを熱の形で蓄え利用するが，アクティブ（active）ソーラーハウスは機械エネルギー，電気エネルギーを利用する．

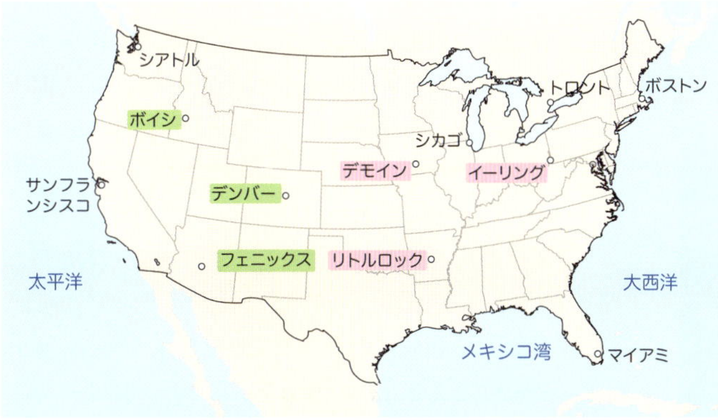

都 市	6 月の平均気温変動	6 月の平均降水量
内陸部		
ボイシ（アイダホ）	15℃	2.00 cm
デンバー（コロラド）	19℃	4.55 cm
デモイン（アイオワ）	11℃	11.30 cm
リトルロック（アラバマ）	12℃	19.90 cm
フェニックス（アリゾナ）	16℃	0.33 cm
イーリング（ウエストバージニア）	12℃	9.12 cm
湖あるいは海の岸辺の都市		
ボストン（マサチューセッツ）	10℃	
シカゴ（イリノイ）	11℃	
マイアミ（フロリダ）	8℃	
サンフランシスコ（カリフォルニア）	9℃	
トロント（カナダ）	12℃	

図 8.16 内陸部の都市と海岸の都市での平均温度変動と 6 月の降雨量の比較

なく，生ぬるいチョコレートだった．この高度での水の沸点は83℃だからだ．水は確かに沸騰するので，人々は，水はどこでも同じ温度で沸騰すると信じている．これは正しいだろうか？ 実は間違っている．

水はなぜ異なる温度で沸騰するのだろうか．だんだん熱くなるコップのなかの水には，振動し，小刻みに動く分子がある．水が熱くなればなるほど，分子はますますエネルギーに富むようになる．温度が上がれば上がるほど，水分子はさらに活発になり，十分なエネルギーがあるので，液体から逃れ，水蒸気となる．

日常の生活経験から，きみは液体の表面から分子は蒸発し，水蒸気になることを知っている．しかし，同じことが表面の下にある水にも起こる．表面の下にある水分子の一部は，水が熱せられるにつれ，エネルギーに富むようになり，気体になる．これらの少数の分子が水蒸気に変化すると，小さな気泡が生じる．ついで，上にある水の圧力が気泡を押しつぶし，また液相に戻る．しかし温度がさらに上昇すると，ますます多くの表面の下の水が同時に液相から気相になり，ますます

図 8.18 生ぬるいチョコレート
きみが幸運にもアラスカのデナリ山に登り 5000 m に達することができたら，ここでの沸騰水は慣れている低い高度での沸騰水に比べて熱くないのに気づくだろう．

THEgreenBEAT ● 環境に関する話題

飲み水に何かを加えるべきか？

1901 年，卒業したての口腔外科医フレデリック・マッケイ医学博士は歯科医院を開業しようともくろんで，コロラド州コロラドスプリングにやってきた．彼が気づいたのは，この街には，歯が褐色に染まった人が大勢いることだった（図 8.20）．子どもたちの歯ですら，見苦しい褐色の歯だった．マッケイはなぜこの不運な色になったのかを突き止めようと決心し，実行した．ところがわかったのは，これは決して呪いでも何でもなかったのだ．長年にわたってこの問題を研究した結果，褐色の歯のもち主はあまり虫歯になっていないことがわかった．この地方の水は高濃度のフッ化物イオン F^- を含んでおり，フッ化物イオンは住民の歯を着色するが，同時に彼らの歯の構造を強化することがわかった．1943 年には，ミシガン州のグランドラピッド全市は最初の公共フッ素化実験の場となった．歯に着色しない程度の少量のフッ化物イオンが公共の水源に加えられた．そして驚くべきことに，グランドラピッドの虫歯の発生率は最初の年に 60％も減少した．この説得力ある実験の結果，アメリカのすべての水道にフッ化物イオンが加えられることになり，それは現在でも続いている．

同じような話の 21 世紀版を紹介するが，それには別の物質が絡んでいる．

ニューヨーク市からシラキュースのほうに向かって 4 時間ほどドライブすると，ニューヨーク州チェリーバレーに達する．この街は新鮮な水の泉で知られ，実際村は 2 世紀にわたって「幸せな水（Happy Water）」を提供してきた．わかったことだが，泉は天然にリチ

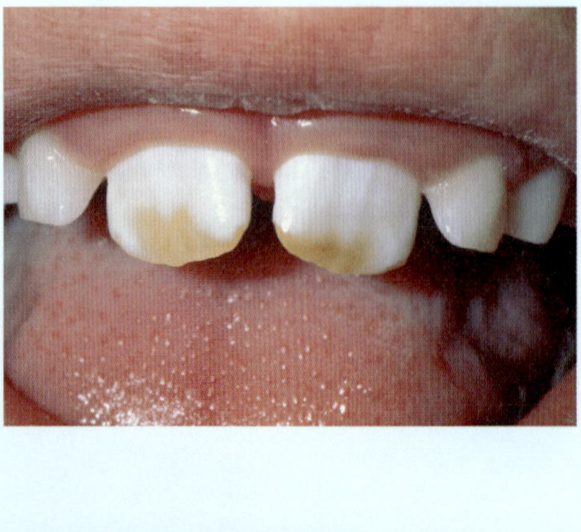

図 8.20 茶色に変色した歯

大きい，丈夫な気泡が生じる．さらに多くの水分子が気泡を形成すると，これらの気泡のなかの気体分子による圧力は次第に高くなる．

しかし気泡の形成が話のすべてではない．沸騰を完全に理解するためには，水の表面に一定の圧力で影響を与えているポットの外側の空気の圧力も考慮しなければならない．水が熱せられ，つぶれた気泡のなかの気体の圧力が大気圧に等しくなる．**沸点**（boiling point）とよばれるこの温度では，気泡は形を保ち，表面に浮かび上がる．これはまさに沸騰しようとする水が生じたり，消えたりする泡を含む理由だ．完全な沸騰がはじまると，気泡が生じ，表面を破る．**図 8.19** はキャンプストーブのなかの，沸騰する前の水（左）と沸騰する水（右）を示す．

では，これらのすべてが，デナリ山でこしらえた生ぬるいチョコレートと関係するのはなぜだろうか？　それは，大気圧は沸騰がいつはじまるかを決めるからだ．デナリ山のような大気圧が低いところで生じた，つぶれた気泡のなかの水の沸騰がはじまるためには，その（低い）圧力に達すればよい．大気圧が高い海抜ゼロの場所では，生じた気泡は形を保ち，水面に達するためには，より高い圧力を必要とする．つまり海抜ゼロの場所での沸騰には，デナリ山での沸騰より，より高い温度が必要となる．概算だが，高度が 300 m 上がるごとに，水の沸点は 1℃下がる．デナリ山では，水は低い温度で沸騰するので，チョコレートは熱々にはならず，生ぬるくなってしまう．

沸騰は液相から気相への相変化で，凝縮は気体から液体への変化だとすでに知っている．沸騰は液相から気相への変化を表す正式用語だが，この過程を表す日常語もある. たとえば, 暖かい日に湖から水分子がゆっくりと失われる過程を蒸発（evaporation）という語

ウム化合物を含んでいる．リチウムは重度の精神障害に対して最も頻繁に処方される医薬品[*9]だ．それならば，周期表で三番目に軽い元素リチウムは，幸福とどう関係するのだろう？

ジェラール・シュラウツアー博士は，この問いに答えるのに最適な人物だった．というのも，彼は水中のリチウムと，この水を飲んでいる人の行動を結びつける最初の論文の著者だからだ．彼は 10 年にわたって研究し，テキサス州の 27 の郡[*10]に焦点を当てた．彼は公共水道に含まれている天然のリチウムのレベルに従って，それらの郡を三つに分類した．データを**図 8.21** に示す．

データによると，水中のリチウムレベルが最高の郡では，犯罪率が際だって低い．その犯罪には殺人，強姦だけでなく，自殺も含まれる．この種のデータに基づいて, シュラウツアー博士は, 虫歯予防のためにフッ化物イオンを加えるのと同様，低濃度のリチウム化合物を公共水道に加えるべきだと主張する．

飲み水に精神障害用の薬を突っ込むという彼の考えは, 控えめにいっても矛盾だらけ．双極性障害（bipolar disorder）[*11]などの精神障害に用いる強力な薬品であり，その副作用はひどい．そのうえ,「リチウム」という言葉が精神障害に結びついているので,「それを飲め」と要求されるという考えに人々は怪訝（けげん）に思うだろう．実際，少量のリチウムを飲み水に加えるという

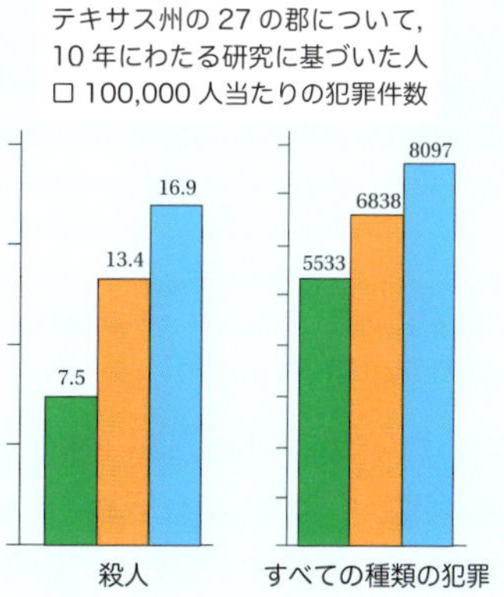

図 8.21　天然の水に含まれるリチウムのデータ
データのうち，緑色のカラムは公共水道水中のリチウムレベルが最も高い郡のもの．橙色と緑色はリチウム含量がそれぞれ低い，最も低い郡のもの．

考えを擁護した記事を書いたある研究者は「殺すぞ」と脅迫され，多くの怒りの手紙を受け取った．リチウム化合物を飲み水に入れるという案は，一般の人々の同意を得るにはほど遠い考えだが，いずれは人々も考え出すかもしれない[*12]．

---

*9 酸化リチウム Li_2O〔水と反応して水酸化リチウム $Li(OH)_2$ になる〕，炭酸リチウム Li_2CO_3 などのリチウム化合物．
*10 アメリカで郡（county）は州（state）の下の行政単位．
*11 躁（そう）状態と鬱（うつ）状態を繰り返す精神疾患．
*12 とはいえ，少なくともアメリカやカナダでは 500 mL，1 L，5 L，10 L などの容器に入ったリチウムを含む水が「Happy Water」という商品名でネット販売されている．

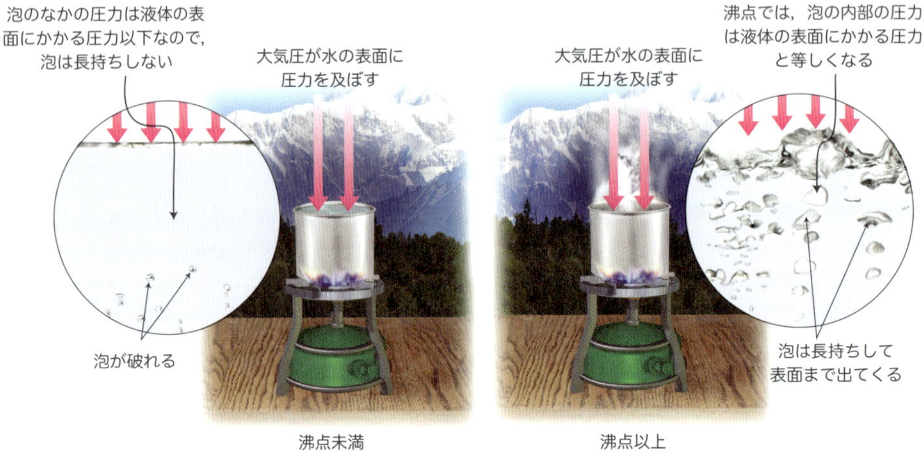

図 8.19　水はどのように沸騰するか：キャンプ用ストーブの例

で表現する．どちらの過程にしても，結果として液体が気体に変わる．

問題 8.11　水以外の液体の沸点は，海抜ゼロの地点よりも高い地点のほうが低いか．
解答 8.11　そのとおり．すべての液体は沸点まで加熱されると沸騰する．高地の大気圧は低地の大気圧より低いので，すべての液体で，高地での沸点は海抜ゼロの地点の沸点よりも低い．

● まとめ：相変化のあいだに，分子間相互作用は生じたり，切れたりする

一つの相から別の相に変わっても，水分子は水分子だ．その組成は変わらない．それぞれの分子は水素原子 2 個，酸素原子 1 個がよく知られている曲がった形に，共有結合で結ばれている．水が気相から液相，固相と変化するとき，唯一変化するのは分子間の相互作用の強さだ．

たとえば気相での H_2O 分子は互いに遠く離れているので，相互作用はごく小さい．これらの気体分子は液相に入るかもしれない．そこでは他の分子との距離が縮まり，無秩序な水素結合のネットワークは双極子-双極子相互作用で互いに作用する．最後に液体の水が氷になると，分子間水素結合はより組織的になる．しかし，それらは依然として H_2O 分子のままだ．

水分子にエネルギーが与えられると，水素結合，双極子-双極子相互作用，あるいはまだ知らない別の種類の相互作用など，分子間の相互作用が打ち負かされるときがくる．温度が十分に高くなると，分子運動はきわめて激しくなり分子間力は切れ，分子は互いに切り離される．というわけで，温度が高くなると，物質はより束縛された相から，あまり束縛されていない相になる．固体は液体に，液体は気体になる．

逆に温度が下がると，分子運動は遅くなり，分子どうしがくっついている時間が長くなる．分子間力は長時間持続し，物質は相変化が起こる点に達する．気体分子は互いにくっついて液体となる．温度がさらに降下すると，隣り合っている液体分子は一緒になっている時間が長くなる．分子間力が優勢となり，分子をそれぞれの場所に固定し，こうして固体が生じる．

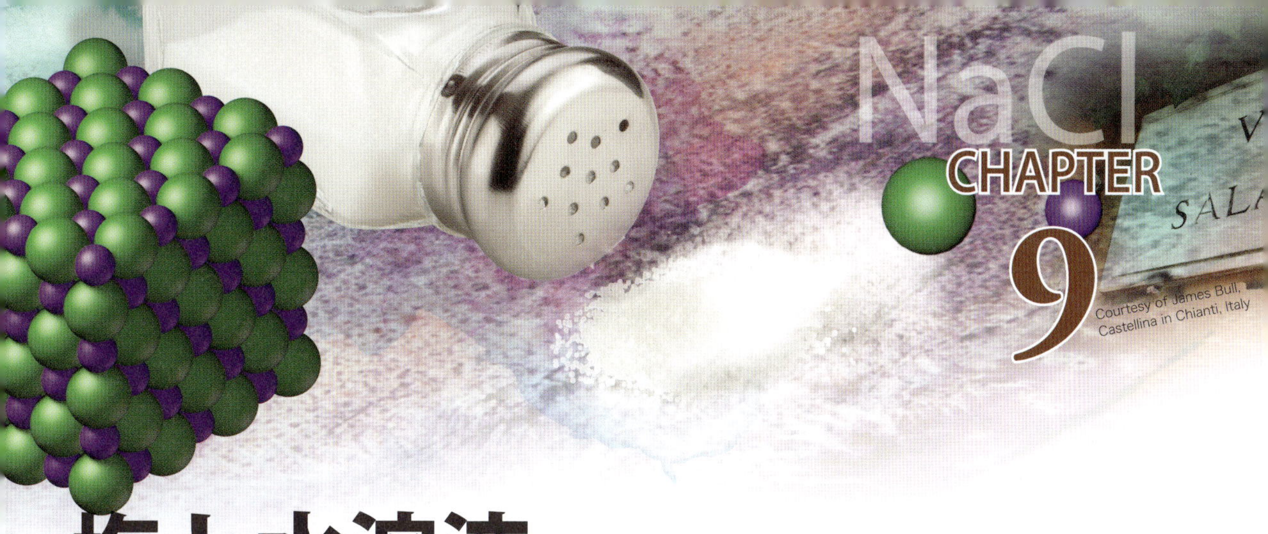

Courtesy of James Bull, Castellina in Chianti, Italy

CHAPTER 9

塩と水溶液

塩の性質：塩はどのように水と相互作用するか

世界中のどのレストランに行っても，きみは間違いなくテーブルの上に塩を見つけるだろう．何世紀にもわたって，人間は塩を食べ物の上に振りかけてきた．この行為は人間の生活にとって塩の重要性を証明している．そのためもあって，塩はいろいろなたとえに用いられている．たとえば，「あの人は地の塩だ」といえば，ほかの人より優れている例となるような，社会に散在する少数の人を意味する．

塩の歴史と人類の歴史は絡み合っている．何十世紀にわたって，人々は塩をつくり，塩を消費し，塩を商い，そして塩のために死んだ．古代ローマの兵士たちは給料（salarium argentum）を塩の形で受け取った．今の英語の給料がサラリー（salary）なのは，この伝統を受け継いだ結果だ．古代ローマの道路サラリア通り（Via Salaria）はラテン語の塩に由来する．歴史家のなかには，この通りに沿って行われた塩の商いがローマの入植地の起源だと考えている人もいる．この名前をもつ通りが，いまなおイタリアの首都の中心部に現存している（写真参照）．古代ギリシャでは，塩と奴隷が交換された．なまけものの奴隷は「（払った）塩だけの価値がない」といわれた．化学の本にも払った対価（塩）に相当する価値がなければならないから，この重要な物質に数ページを割くことにしよう．

この章では，塩壺から出てくる馴染み深い塩について少し考えてみよう．一方で，塩とよばれている一群の化合物に注目する．そのメンバーの一つが昔からの友だち，塩化ナトリウムだ．ついで液体，とくに水に溶けている塩に注目する．塩が水に溶けてイオンになると何が起こるか，どのようにイオンがある場所から別の場所に移動するか，なぜこれらイオンが生命にとって重大なのかを論じる．そして，溶液中のイオン濃度が環境に対して，ヒトの血液に対して，サッカーに対して，さらにいえば，エジプトのミイラに対して面白い結果をもたらすことを見てみよう．

Courtesy of James Bull, Castellina in Chianti, Italy

9.1　復習：塩の性質

● 塩はイオン性固体

化学者は「塩」を一般の人たちよりは広く定義している．一般の人たちが塩について考えるとき，頭に浮かぶのは食卓塩だが，正式には塩化ナトリウム NaCl という．4 章を思い出そう．化学者は，塩化ナトリウムであろうと，臭化マグネシウムであろうと，硫酸カリウムであろうと，ヨウ化カルシウムであろうと，イオン性の固体はすべて塩[*1]とする．

4.3 節で塩について，カチオンやアニオンがどのよ

硫黄原子に電子を2個加えると，最も近い貴ガス，アルゴン Ar と同数の電子をもつようになる
マグネシウム原子から電子を2個取り去ると，最も近い貴ガス，ネオン Ne と同数の電子をもつようになる

図 9.1 円筒に巻かれた周期表
周期表を丸めて，1族と18族が互いに接するようにする．各周期をぐるぐる回りながら進むと，元素は番号順に並ぶ．周期表をこのように眺めると，ある元素がどの貴ガスに一番近いかが容易にわかる（この図は図 4.5 の再掲）．

うにして生じ，それらがどのように結合してイオン性化合物をつくるかを学んだ．簡単に復習してみよう．周期表の左側から生じるカチオンが，周期表の右側から生じるアニオンと結合して生じる塩の例を議論した．図 4.5 には，周期表の最も左側の元素から生じるすべ
5 てのカチオンと，右側から生じるすべてのアニオンを示したが，**図 9.1** に再掲する．この円筒形周期表のそれぞれのグループのなかでは，同じ族に属する元素がこの性質を共有しているので，同じ電荷をもつイオンが生じる．たとえば，すべてのハロゲン（17族）は電荷−1のアニオンを生じる．

イオンがどのように結合して塩をつくるかの復習の例を考えよう．カリウム原子は電子を1個放出して，最も近い貴ガス，アルゴンと同じ数の価電子をもつようになる．電子を放出することで，カリウムはたとえばフッ素原子との塩をつくることができる．フッ素はネオンと同じ数の最外殻電子をもつために，電子を1個受け取る．これら二つのイオン K^+ と F^- は合体して，**図**
3 **9.2** に示すように，正電荷と負電荷の引力によるイオン結合をつくる．生成物はフッ化カリウム KF だ．

● 塩は結晶格子のなかに硬く詰まっている

塩は**図 9.3** に示すように，結晶格子をつくっている．例のような結晶格子内の相互作用はきわめて強いので，生じた塩は岩のように硬く超丈夫だ．このきわめて強いイオン間相互作用により，塩はだいたいきわめて高い融点――固体が液体になる温度――をもつ．たとえば氷は 0 ℃でとけ，水は 100 ℃で沸騰する．塩化ナトリウムは 801 ℃で液化する．この温度で，塩化ナトリ
7 ウムは気体になるだろうか？ 塩化ナトリウムが気体になるのは，およそ 1413 ℃．ほとんどすべての塩は，塩化ナトリウムと同様，硬く詰まった結晶格子をつくる．それらの融点はどれも高い．

問題 9.1 次の原子やイオンには電子がいくつ含まれているか．各イオンに対して記号を書け．イオンの記号には電荷を含めることを思い出そう．
(a) カリウム原子 (b) 塩素原子 (c) カルシウムカチオン (d) フッ化物アニオン (e) カリウムカチオン (f) ヨウ素原子 (g) 塩化物アニオン (h) 硫化物アニオン

解答 9.1 (a) K, 19 (b) Cl, 17 (c) Ca^{2+}, 18 (d) F^-, 10 (e) K^+, 18 (f) I, 53 (g) Cl^-, 18 (h) S^{2-}, 18

9.2 多原子イオン

● エジプトのミイラは塩の働きを理解する助けとなる

古代のエジプト人は容易に死ねない．エジプト人は，特殊な規則が守られているかぎり，死後においても肉体と精神はともに存在し続けると信じていた．人間が死んだとき，死後の世界でも体が損なわれないよう，体を保存することがとりわけ重要だった．この保存はミイラ化という，何世紀にもわたって研究された儀式によってなされた（**図 9.4**）．

SPL/PPS通信社

図 9.4 ミイラの調査

*1 以後は特記しないかぎり，塩は「えん」と読む．

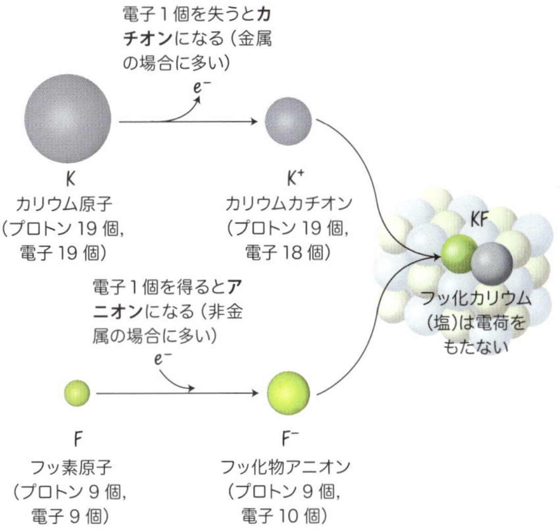

図 9.2　塩はどのようにして生じるか
この例ではカリウム原子は電子1個を失ってカリウムカチオンになる．一方，フッ素原子は電子1個を得て，フッ化物アニオンになる．反対の電荷は互いに引き合うので，これらの二つのイオンは集まって，塩のフッ化カリウムを生じる．

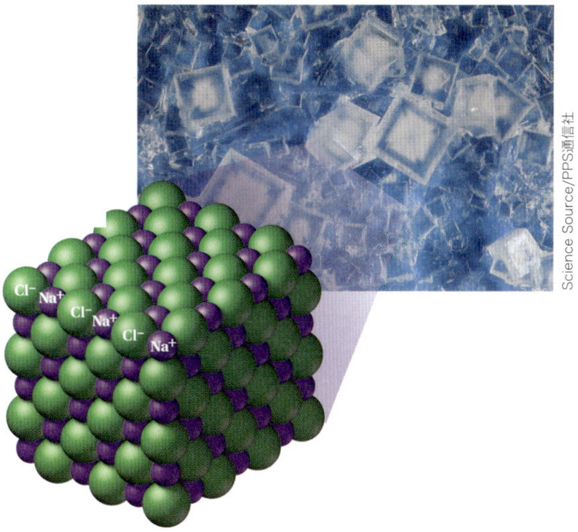

図 9.3　塩化ナトリウム：イオン性化合物
塩化ナトリウムの結晶の一部の模式図．ナトリウムイオンと塩化物イオンが規則正しく配列している様子を示す．このイメージでは，塩化ナトリウム結晶は何百倍にも拡大されている．この図は図 4.11 の再掲．

体がどのように正確にミイラ化されるかに関しては，いまだに相反する意見がある．エジプト学者たちは塩の混合物のナトロン[*2]が用いられたとほぼ確信している．しかし，学者たちはナトロンの役割についていまでも議論している．塩（しお）でキュウリの漬け物をつくるように，ナトロンが体を塩（しお）漬けにするのに用いられたのだろうか？　あるいは乾燥剤として用いられたのだろうか？　古代エジプト文明の遺物の調査は，二つ目の考えを支持している．

1994 年に，メリーランド大学医学部の科学者たちは，自分たちでミイラをつくってみようと決めた．彼らは，自分たちがつくったミイラは，古代のミイラのよい複製品になると考えた．おまけに，現代製のミイラは，生涯にわたる医学的記録（つまり病歴）が知られている現代人だから，他のミイラと比較する基準としてちょうどよい．

まず，メリーランド大学の科学者たちは，ミイラになる人を探した．彼らは厳格な基準を設けた．まず死因が自然死だということ，ドナーカードが完全なこと，外科手術を受けていないことだ．ボルチモアのある男性が献体を申し出て受け入れられた．

彼らは古代エジプトミイラ化の儀式をなるべく忠実に再現したかったので，あらゆる配慮をした．本物のヒエログリフに従って彩色された防腐剤を入れるための手作りの容器から，エジプトで発見された古代の机の複製などが準備された．ミイラ化するための作業机に至るまで，細心の注意が払われた．彼らはエジプトまで出かけ，地元産のスパイスと油を入手した．ナトロンがミイラ化の過程で最も重要なものだと知っていたので，この塩の混合物も地元産のものを手に入れた．

ナトロンの役割は重要だが，神秘的なナトロンの役割も教えられたので，ナトロンについてもっと学びたい．この科学者チームとミイラをしばらく脇に置いて，ナトロンの化学をもう少し勉強しよう．だが，9.3 節の終わりにはミイラ化の話題に戻るので心配無用だ．

● 多原子イオンは複数の原子と一つまたはそれ以上の電荷を含む

ナトロンは 4 種の塩，炭酸ナトリウム Na_2CO_3，炭酸水素ナトリウム $NaHCO_3$，塩化ナトリウム NaCl，硫酸ナトリウム Na_2SO_4 からなる．このリストのなかでこれまでに学んだのは，塩化ナトリウムだけだった．ナトリウムイオンや塩化物イオンのような簡単なイオンは 1 個の原子からなり，イオン化してカチオンやアニオンをつくる．これらはただ 1 個の原子からなるので，**単原子イオン**（monoatomic ion）とよばれる．塩化ナトリウムのような単塩（simple salt）では 1 種類のカチオンと 1 種類のアニオンが対をつくっている．1 種類以上のカチオンおよび 1 種類以上のアニオンからなる塩を複塩（complex salt）という．

ナトロンの処方のうち三つの塩は，一つではなく，

*2 天然に産出する鉱物．

いくつかの原子からなるイオンを含む．たとえば炭酸ナトリウムは，ナトリウムカチオンと炭酸アニオンを含む．ナトリウムカチオンについては前節で学んだので馴染み深いが，炭酸イオンはそれほど馴染みがない．複数の原子を含むので，これらのイオンを**多原子イオン**（polyatomic ion）という．

多原子イオンの化学式を**表 9.1** に示した．これらのイオンについて，いくつかの点で注意が必要だ．第一に，多原子イオンはさまざまの電荷，さまざまな原子を含むことができる．たとえばリン酸二水素イオン（$H_2PO_4^-$）では原子の種類は 3，原子の数は 7，電荷は −1 となる．過酸化物イオン（O_2^{2-}）は 2 個の原子，電荷は −2．最も普通の多原子イオンはアニオンだ．よく見かける塩は，単原子カチオンが多原子アニオンと結合したもので，ナトロンに含まれる三つの塩，Na_2CO_3，$NaHCO_3$，Na_2SO_4 はこのタイプだ．

問題 9.2 次のイオンのどれが多原子イオンで，どれが単原子イオンか．

(a) Cl^- (b) NO_3^- (c) I_3^- (d) O^{2-}

解答 9.2 単原子イオン：(a)，(d)
多原子イオン：(b)，(c)

● 塩は電気的に中性

塩は電荷をもたない．各イオンの電荷は加算するとゼロになるので，電気的に中性だ．たとえば，塩化マグネシウムは Mg^{2+} と Cl^- を含む（塩は，カチオンの名前のあとにアニオンの名前をつけて命名する）．これらのイオンから電気的に中性な塩 $MgCl_2$ をつくるためには，マグネシウムイオン 1 個当たり，塩化物イオン 2 個が必要となる．同じ規則が多原子イオンを含む塩にも当てはまる．たとえば，マグネシウムイオン Mg^{2+} と炭酸イオン CO_3^{2-} それぞれ 1 個を含む炭酸マグネシウムの電荷はゼロだ．

多原子イオンに下つき添字をつけるときには，全原子数がはっきりするように（　）で囲む．たとえば，硫化アンモニウムの化学式は $(NH_4)_2S$ と書く．この化学式のなかの下つき添字の 2 は，（　）のなかの原子数を 2 倍にしなければならないことを意味する．いいかえれば，この塩の化学式は，窒素 2 原子，水素 8 原子，硫黄 1 原子を含む．第二の例がある．ナトリウムイオン Na^+ とリン酸イオン PO_4^{3+} を含むリン酸ナトリウムの化学式は Na_3PO_4．ナトリウムイオンは 1 個の原子を含むだけであり，Na は（　）に入っていないが，化学式には 3 個のナトリウムが含まれている．同様にリン酸イオン PO_4^{3+} はただ一つだから，これは（　）に入れない．**図 9.5** にはカチオンとアニオンが対をつくって塩をつくる例を示す．

表 9.1 一般的な多原子イオン

	カチオン
NH_4^+	アンモニウムイオン
	アニオン
$C_2H_3O_2^-$	酢酸イオン
$Cr_2O_7^{2-}$	二クロム酸イオン
NO_3^-	硝酸イオン
SO_4^{2-}	硫酸イオン
OH^-	水酸化物イオン
CN^-	シアン化物イオン
PO_4^{3-}	リン酸イオン
HPO_4^{2-}	リン酸水素イオン
$H_2PO_4^-$	リン酸二水素イオン
CO_3^{2-}	炭酸イオン
HCO_3^-	炭酸水素イオン（重炭酸イオン）
ClO_4^-	過塩素酸イオン
MnO_4^-	過マンガン酸イオン
CrO_4^{2-}	クロム酸イオン
O_2^{2-}	過酸化物イオン

図 9.5 多原子イオンを含む塩
それぞれの塩は表 9.1 にある多原子イオンを含んでいる．$K_2Cr_2O_7$（二クロム酸カリウム：赤色），$CuSO_4$〔硫酸銅(II)：青色〕．

問題 9.3 表 9.1 を参照し，次の塩のなかの多原子イオンを命名せよ．

(a) $CaCrO_4$ (b) Li_2CO_3 (c) $Mg(CN)_2$

解答 9.3 (a) クロム酸イオン (b) 炭酸イオン
(c) シアン化物イオン

9.3 イオンの水和

● 水は極性分子であり，双極子を含む

ミイラ化に用いられるナトロンは，ヒトの体の組織から水を除く．ナトロンのように，水を吸収する物質を「乾燥剤」とよぶ．塩のどういう性質が水を引きつけることを可能にするのだろうか．この問いに答えるためには，水分子の性質に戻らなければならない．8章から，その要点をまとめてみよう．

1. 水分子は曲がっている．
2. 酸素は水素より電気陰性なので，酸素と水素のあいだのすべての結合において，電子は酸素のほうに引っ張られ，水素原子から引き離される．
3. 酸素は部分負電荷を，水素は部分正電荷を帯びているので，水分子は極性をもつ．下図に示すように，双極子は分子を通り抜ける矢で表される．

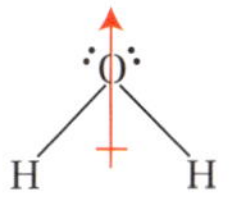

水分子の双極子は，酸素原子を走り抜ける，想像上の矢と考えることができる．矢の尾は，分子のなかでより負電荷の密度が大きい末端に，プラス（+）符号は分子の正電荷の密度がより大きい末端を向いている．これらは部分電荷であり，イオンに伴うような完全電荷ではないこと思い出そう．

問題 9.4　水分子のなかの酸素原子は 2 個の水素原子と結合していて，それらの結合のそれぞれには電子の偏りがある．すなわちそれぞれの酸素-水素結合では，酸素原子のところに大きな電子密度がある．これらの二つの結合は，電荷の偏りが同じで，反対方向を向いているから互いに打ち消し合って，非極性分子をつくらないのだろうか．

解答 9.4　水分子は曲がっていて，水分子の二つの結合は反対方向を向いているのではない．もし反対方向を向いているのなら，互いに打ち消し合うだろう．分子は曲がっているので，全体として電荷の偏りがあり，それを双極子とよんでいる．

● カチオンやアニオンは水分子で水和される

水分子での部分電荷を考えると，水がどのようにカチオンやアニオンと相互作用するかがわかる．たとえばナトリウムイオン（Na^+）は正電荷を帯びているので，水分子の負電荷を帯びた末端に引きつけられる．こうして水分子はナトリウムイオンの周りをなるべく密に取り囲む．このナトリウムイオンは水に取り囲まれているので水和イオン（hydrated ion），この過程を**水和**（hydration）という．

水分子の正電荷末端はアニオンの負電荷に引きつけられるので，水和はアニオンにも起こる．**図 9.6** はこれらの相互作用の空間充塡型分子模型を示す．水分子は双極子をもっているので，これは**イオン-双極子相互作用**（ion-dipole interaction）の例だ．双極子は水分子，イオンは水和されるカチオンやアニオンだ．8.2節で分子間力を学んだが，イオン-双極子相互作用は分子間力の一つの例だ．というのも，イオンと水分子のような極性分子との相互作用だからだ．水分子のなかで酸素原子と水素原子を束ねている力は，原子は共有結合によって電子を共有しているので，分子内力（intramolecular force）[*3] という．水分子のなかで酸素と水素のあいだに線（line）を書くが，イオンと水分子のあいだには線を書かない．

問題 9.5　図 9.6 では，2 種類の異なる相互作用が同時に起こっている．
(a) この図で，共有結合を確認せよ．
(b) この図で，イオン-双極子相互作用を確認せよ．

解答 9.5　(a) 水分子内の水素原子と酸素原子のあいだの共有結合が図 9.6 (a) (b) に示されている．
(b) イオン-双極子相互作用はカチオン（イオン）と水分子の負電荷の末端（双極子）との相互作用（図 9.6 a）あるいはアニオン（イオン）と水分子の正電荷の末端（双極子）との相互作用（図 9.6 b）．

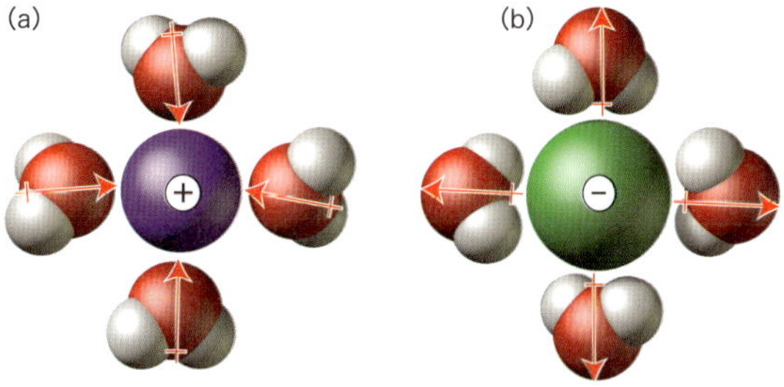

図 9.6　水和イオン
(a) 水双極子の負電荷を帯びた末端にカチオンが引きつけられる．(b) 水双極子の正負電荷を帯びた末端にアニオンが引きつけられる．

*3 日本ではあまり用いられない用語だ．

● 塩と水はともに極性物質なので，多くの塩は水に容易に溶ける

水分子の酸素原子と水素原子には部分電荷があるので，分子は全体として双極子をもつ．すでに 4.4 節で学んだように，水分子は極性をもち，イオンは水よりさらに大きな極性をもつ．というのもイオンは完全電荷をもつからだ．水分子とイオンが結びつくと，二つはともに極性をもつので，十分に混じり合う．水分子と，塩のような物質の均一な混合物を**水溶液**（aqueous solution）という．

通常，塩と水とが結びつくと，塩は水に溶けて固相ではなくなる．塩の結晶中の各イオンが水和されると，イオンは引き抜かれ，水中に分散する．こうして塩は水に**溶け**（dissolve），図 9.7 に示す透明な溶液をつくる．水溶液では，溶液のなかでより多くある物質を**溶媒**（solvent，この場合は水），溶液のなかで少ない割合を占める物質を**溶質**（solute，この場合は塩）という．溶液中の物質を扱うとき，「似たものどうしはよく溶ける」という一般原則[*4]を適用する．つまり似たような極性物質どうしは溶けやすい．ある物質が NaCl のようにイオン性であれば，それは水のような極性溶媒に溶ける．同様に，無極性物質は他の無極性物質だけに溶けやすい．たとえばグリースのような無極性物質は，ガソリンのような無極性物質には容易に溶ける．

イオンの水和は容易に起こるので，ほとんどの塩は水に容易に溶ける．部分電荷（双極子）であろうと，全電荷（イオン）であろうと，電荷をもっている物質は，正電荷と負電荷のあいだの相互作用により，互いに容易に相互作用する．食卓塩の結晶をコップに入った水に落とすと，塩は水中に溶けて速やかに消失し，溶液の一部となる．水和の過程を化学式の形で示す．次にいくつかの例を示す．

$$NaCl\,(s) \xrightarrow{H_2O} Na^+\,(aq) + Cl^-\,(aq)$$
$$KCl\,(s) \xrightarrow{H_2O} K^+\,(aq) + Cl^-\,(aq)$$
$$K_2SO_4\,(s) \xrightarrow{H_2O} 2K^+\,(aq) + SO_4^{2-}\,(aq)$$

これらのそれぞれの式には，左側の塩は固体で，記号（s）で示されている．塩が水に溶けるとイオンが分離し，溶液の一部となる．右側の記号（aq）は水溶液を表し，塩が水に溶けていることを意味する．塩が壊れ元になるイオンとなって，溶液の一部になるとき，この経過は塩の**解離**（dissociation）という．

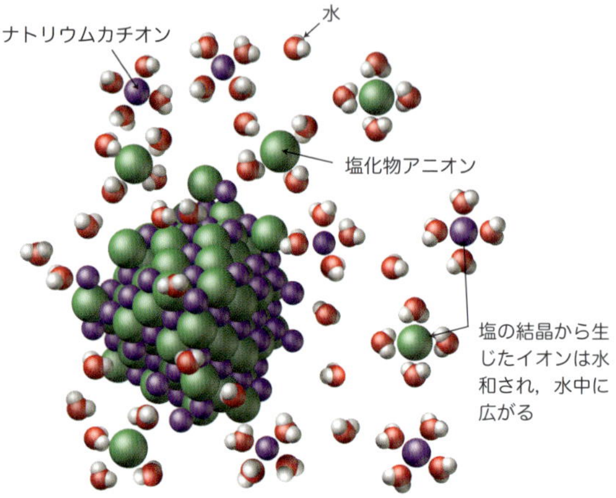

図 9.7 塩は水にどう溶けるか
それぞれのイオンが格子から引き抜かれ，水和されるにつれ，塩の固体結晶格子はばらばらになる．

塩の式がイオンを複数個含んでいる場合，イオンの式の右側の係数は塩のなかのイオンの数を示す．塩化カリウム KCl は解離してカリウムイオン（K^+）1 個と，塩化物イオン（Cl^-）1 個を生じるが，フッ化カルシウム CaF_2 は解離してカルシウムイオン（Ca^{2+}）1 個と，フッ化物イオン（F^-）2 個となる．

問題 9.6 次のものをイオン，無極性分子，双極子をもつ分子のいずれかに分類せよ．

(a) Cl^-　(b) I_2　(c) 水　(d) Mg^{2+}

解答 9.6 イオン：(a)，(d)
双極子をもつ分子：(c)　無極性分子：(b)
補足：(c) の水は極性をもつ分子．(b) の I_2 は無極性なので，双極子ももたない．

注意深いきみは，水に溶かすことができる塩の量には限界があると考えているだろう．バケツ 1 杯の塩化ナトリウムに茶さじ 1 杯の水を加えても，常識からいって全部の塩を溶かせない．要するに，茶さじ 1 杯の水では多くのイオンを取り巻き，水和するのに十分ではない．

水分子はイオンを水和するが，多くの塩は容易に水に溶ける．化学では，このような塩は水に溶ける，あるいは塩の水への**溶解度**（solubility）が高い，と表現する．しかし，どの固体の溶解度にも限界がある．大量の塩化ナトリウムがあるときは，水の量が少ないと，図 9.7 に示した過程が完結する前に，水が尽きてしまう．水があるかぎり，塩化ナトリウムの結晶からイオ

＊4 いわゆる経験則（rule of thumb）．“Like disselves Like”

図 9.8　飽和溶液

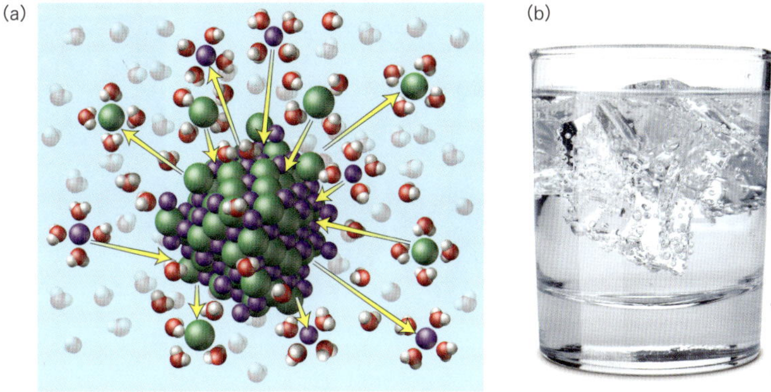

図 9.9　平衡にある系
(a) 飽和溶液では，結晶格子のイオンは，溶液中の水和イオンと平衡にある．この図は図 9.7 に似ているように見えるが，溶液は飽和しており，動的平衡にある．(b) コップの水のなかで，固体の氷は周りの水と平衡にある．

ンがとれて水で水和される．結局，NaCl が十分にあると，水和の過程のあいだにすべての水が使われてしまう．水が尽きると，溶液中には固体 NaCl の山が残る．

図 9.8 には，水が可能なかぎりの塩を吸収するまで，大量の水に塩化ナトリウムを加える様子を示した．これ以上溶質が溶けない溶液を**飽和溶液**（saturated solution）という．

● 塩の飽和溶液には動的平衡が起こっている

ある塩の溶解度が限度に達し，溶液の底に塩の山ができるようになると，溶液のなかでは何事も起こっていないようにみえる．だが，実はそうではない．たとえば，NaCl の飽和溶液では，溶液中を動きまわっている水和されたナトリウムイオンと塩化物イオンで飽和されている溶液の底は，塩の山が盛り上がっている．イオンが塩化ナトリウムの結晶にぶつかると，イオンはその水和水分子を切り離し，結晶格子に戻る．固体状態に戻ることを**沈殿**（precipitation）という．この用語は雨のように「降るもの」すべてに用いられる．この場合，イオンが沈殿し，再び結晶になる．

イオンが結晶に入ると，他のイオンは水によって結晶から引き離される．つまりこの反応は両方向に同時に進むので，二重矢印で示す．

$$\text{固体 NaCl 格子} \rightleftharpoons Na^{+}\text{ イオンと } Cl^{-}\text{ イオン（溶液中）}$$
固相　　　　　　　　　液相

飽和溶液をしばらく放置しても，塩の山の大きさに正味の変化はない．このとき，系は**平衡**（equilibrium）にあるという．また，両イオンは依然として水溶液と固相のあいだを行ったり来たりしているので，これを動的（dynamic）平衡という．動的平衡にある溶液では，両イオンが固相から離れて溶液に入る速度は，両イオンが溶液に戻る速度に等しい．

塩が液体に溶ける速度＝両イオンが固体になる速度

この過程を図 9.9(a) に示す．

平衡はいろいろな場面で出合うだろう．液体の表面は液体の上にある空気のなかの気体分子と平衡にある．図 9.9(b) に示すように，水の凝固点で固相の水分子（氷）は液体の水分子と平衡状態にある．

平衡の概念を学んだので，この章のはじめに紹介したミイラ化計画をより楽しめるだろう．ヒトの体をミイラ化する過程は，水を除くように計画された．というのも，水があれば，細菌がいる可能性が高くなる．細菌はヒトの体を破壊するが，死後の世界で体が部分的にでも壊れるのはいやなものだ．

ナトロンが体の隙間に詰め込まれると，それを取り巻く，水を含んでいる組織がナトロンと接触する．そうすると，ナトロンのなかの固体の塩は水分子に取り囲まれる．水よりも塩のほうがたくさんあるので，すべての水が塩に吸収され，平衡に達することはない．その結果，組織は完全に脱水される．ほとんどの細菌は脱水された組織のなかでは生きていけず，ミイラは保存され，傷むことはない．

水のあるところには必ず細菌がいるから，ミイラだけでなく接触するすべての物から水を奪う塩の能力は，保存剤として有用だ．たとえば塩化ナトリウムの厚い層で包むことで肉を保存できる．この操作で肉の水が奪われ，細菌の生育によって肉が傷むのを食い止める（しかし例外もある．この章の THEgreenBEAT 参照）．

mary416/Shutterstock

図 9.10 塩が起こしうる害
ルクソール神殿は塩の存在によって脅かされている（エジプトの他の歴史的記念碑もそうだが）.

© 2009 Richard Megna - Fundamental Photographs

図 9.11 イオンは電流を通す
左側のビーカーには純水が入っている．純水は電気を伝えないので，豆電球は点灯しない．右側のビーカーには，電解質を水に溶かした溶液が入っている．溶液中のイオンが電流を通すので，豆電球は点灯する．

しかし，塩の有用な性質が，塩を有害なものにすることもある．ミズリー大学ローラ校の科学者たちは，古代エジプトのある遺物がなぜ崩れるのかを研究した．たとえばルクソール神殿の砂岩でできた遺物（図 9.10）は警戒すべき速度で崩れつつあった．研究者たちは，エジプトの乾燥した気候のために生じる塩を含んだ残渣が砂岩でできた記念碑の隙間や割れ目に入り込み，空気中の水分を吸収して膨れ，砂岩を押し，ついに記念碑を壊してしまうことを見いだした．

問題 9.7 ミイラ化に際して，用いる塩の量はどうでもよい．正しいか．

解答 9.7 ミイラ化する体の細胞内の水をすべて吸い出すためには，十分な塩が必要となる．したがって，塩の量はどうでもよいわけではない．塩が少なければ，必要な抗菌効果が得られない．

9.4 濃度と電気分解

● ゲータレードは電解質溶液

ヒトは 1 日平均 1.5 L の汗をかくが，激しい運動をするヒトは 1 日に 16 L もの水分を失う．これは体重の 20%に相当する．汗として失われた水分は，水あるいはしかるべき代替品を飲んで補う必要がある．しかし，体液は塩分を含むため，汗は純粋な水ではない．

塩類が水に溶けると水和イオンができる．イオンが存在すれば，溶液は電流を伝えることができる．図 9.11 を見ると，純粋な水は電流を通さないが，塩を含む溶液は電流を通すので，豆電球が点灯する．水に溶けた塩は電流を伝える溶液をつくるので，塩とそれの元になるイオンは，**電解質**（electrolyte）とよばれることが多い．この用語は体液に溶けているイオンについても用いられるので，健康保持に関連して，「電解質のバランスを保つ」というすすめを聞くこともある．

体内に溶けている塩類は，血圧，神経の働き，健康な細胞の維持に不可欠だ．だから 1 日に 16 L もの水分を失うアスリートは，貴重な電解質を失っているので，それを補充しなければならない．

スポーツドリンクは汗に似た化学組成なので，運動中に失われた電解質と水分を補う．もちろん，これらの飲み物は汗の模造品だが，飲料メーカーは商品名に「汗」という言葉を使うのを避けている（誰も「汗ジュース」[*5] といった飲み物を飲みたくないだろう）．その代わりにスポーツドリンクのはしり，ゲータレード（Gatorade）といった名前を用いる．

いまが 1964 年で，きみはフロリダ大学のアメリカンフットボールチーム ゲイターズ Gators のコーチだとしよう．選手たちは練習中に，フロリダのうだるような暑さにやられ，まるでハエが落ちるようにのびてしまう．きみは通常の脱水治療薬を与えるが，効き目がない．そこでオレンジジュースを飲ませてみると，今度は胃がおかしくなった．そこできみはチームドクターのダナ・シャイレスに助けを求める．彼はフロリダ大学の医学研究者ロバート・ケイドと一緒に問題を解決[*6] した．

ケイドとシャイレスは，塩の錠剤は汗によって失われた塩を補うことができるが，水分を補うことはできないことを見いだした．水がないと，塩の錠剤は脱水症状をかえって悪くする．ケイドとシャイレスはまた，オレンジジュースは約 10%の砂糖を含むので，胃の痙攣を引き起こすことを見いだした．胃のなかに大量

auremar/Shutterstock

図 9.12 電解質を補っているアスリート

の砂糖があると，水が胃壁を通って水を必要とする体内の細胞に達するのを妨げる．

この知見を得て，ケイドとシャイレスは汗に似た処方を考案した．まず彼らは 1 L の汗は各約 100 mg のナトリウムイオン (Na^+)，カリウムイオン (K^+)，とマグネシウムイオン (Mg^{2+}) 25 mg を含むと決めた（これらのカチオンは同数のアニオン，ここでは塩化物イオン Cl^- によってバランスがとれている）．ついで，彼らはこれらを水に溶かして混ぜ合わせたが，溶液は飲めたものではなかった．そこで彼らは，まずい味を隠すに足りるが，胃の痙攣を起こすには至らない量の約 6%の砂糖を加えた．**図 9.12** はアスリートが激しい運動で失われた電解質を補っている様子を示す．

この飲み物はフロリダ・ゲイターズにとって，まさに天の贈り物だった．胃の痙攣も脱水も起こらなかった．1966 年に，チームはオレンジボウル[*7] に出場した．スコアはジョージア・テック[*8] 12 対 ゲイターズ 27 だった．ジャクソンビル新聞はゲータレードのチームに及ぼした効用を以下のように述べた．

> ゲイターズは 1965 年には 7 勝 4 敗だったが，1966年には9勝2敗だった．ゲイターズは，スポーツ記者キース・ジャクソンが「サラマンダー（火トカゲ）のように汗をかく」くらいの悪条件下で，ゲームの後半で敵を破った．

● モル濃度はある体積の溶媒に溶質がどれだけ溶けるかを示す

ゲータレードの 21 世紀版は 1965 年版の飲み物と同じではない．現在の飲み物には Mg^{2+} は用いられないが，塩化ナトリウムと塩化カリウムは続けて**表 9.2** に示した濃度で用いられている．この表に用いられている単位を理解するためには，何かが別の何かにどのくらい溶けているかを表現する方法を必要とする．

たとえばスポーツドリンク中の物質がどのくらい溶けているかを知るために，その量を濃度の単位で表現する．**濃度** (concentration) とは，ある物質，ここでは溶質が溶液のなかの溶媒にどのくらい溶けているかを表す．溶質は食塩からカフェイン，チョコレートシロップまで，溶媒と混合できるものであれば何でもよい．

濃度の最も一般的な表現はモル濃度（molarity）で，溶液 1 L 当たりに含まれる溶質の物質量を表す．

$$\text{モル濃度} = \frac{\text{溶質の物質量 (mol)}}{\text{溶液の体積 (L)}}$$

簡単な例を考えてみよう．塩化ナトリウム水溶液 1 L で満たされた 1 L のフラスコを考えよう．この溶液には塩化ナトリウム 0.052 mol が含まれているから，溶液のモル濃度は次のようになる．

$$\frac{\text{NaCl 0.052 mol}}{\text{溶液 1 L}} = 0.052\ \text{mol/L}$$

「この溶液のモル濃度はリットル当たり 0.052 mol」と表現される．質量の単位を接頭辞で部分変更できるの

*5 日本の「ポカリスエット」という商品名には，英語の「汗（sweat）」が入っている．
*6 原文は語呂合わせ．解決の英語は solution，彼らが見いだしたのは溶液 solution の処方だ．
*7 オレンジボウル（Orange Bowl）：年 1 回，通常 1 月 1 日にフロリダ州マイアミで開催されるカレッジフットボールのボウル・ゲーム．紹介されたゲームは 1967 年 1 月 2 日に行われた．
*8 Georgia Institute of Technology：ジョージア工科大学

表 9.2 いくつかの溶液での電解質と砂糖の濃度[†]

電解質	ヒトの汗	現在のゲータレード	オレンジジュース	ココナッツミルク	人参ジュース
Na^+	20	20	0.43	5.7	3.9
Mg^{2+}	8.0	0	4.5	19	5.8
K^+	10	6.6	100	116	150
Cl^-	38	27	110	100	170
砂糖	0%	6%	10%	3%	9%

† 単位は mmol/L，砂糖のみ，質量%．

Courtesy of Jennifer Kightlinger, San Diego, CA　Gjermund/Shutterstock

図 9.13　量は異なるが，溶液は同じ

この塩水プールの塩のモル濃度はおよそ 0.052 mol/L だ．もしきみが 1 L のビーカーをプールの水で満たしたら，ビーカーのなかの溶液の濃度は，やはり 0.052 mol/L となる．モル濃度は溶液の体積にはよらない．

と同様に，濃度の単位を接頭辞で部分変更できる．つまり，グラムをナノグラム，ミリグラムに変換できるように，モルをナノモル，ミリモルに変換できる．

さて，きみは自分の 1 L のフラスコに，この溶液をつくるものとしよう．必要なのは，水，フラスコ，食卓塩，天秤，周期表，電卓，スプーンなどだ．塩化ナトリウムの 0.052 mol/L 溶液 1 L が必要だとすると，どれだけの食塩をフラスコに入れるべきだろうか．まず周期表に立ち戻って，塩化ナトリウムのモル質量，モル当たり 58.5 g を見いだす．モル濃度からはじめて，次のようにモルを消してグラムだけを残す．

$$\text{モル濃度} = \frac{\text{NaCl 0.052 mol}}{\text{溶液 1 L}} \times \frac{\text{NaCl 58.5 g}}{\text{NaCl 1 mol}}$$

$$= \frac{\text{NaCl 3.0 g}}{\text{溶液 1 L}}$$

次の段階で，食塩 3.0 g を秤り，それを 1 L のフラスコに入れる．ついで水をいくらか加えて塩を溶かす．さらに水を 1 L の線まで加えてかき混ぜると，0.052 mol/L の食塩水が得られる．

ある溶液の濃度は，**図 9.13** に示すように，それがどこにあるかは関係ない．プールであろうと，ビーカーであろうと，モル濃度 0.052 mol/L の NaCl 溶液は同じものといえる．プールのなかの溶液 1 L も，ビンのなかの溶液 1 L も 0.052 mol の塩を含む．

問題 9.8　もしきみが重度の脱水症状，あるいは血液量の減少などで病院を受診すると，生理食塩水とよばれる食塩水を静脈注射されるだろう．普通，生理食塩水は溶液 100 mL 中に 0.0154 mol の塩化ナトリウムを含んでいる．この溶液での NaCl のモル濃度を計算せよ．

解答 9.8

$$\frac{\text{NaCl 0.0154 mol}}{\text{溶液 100 mL}} \times \frac{\text{1000 mL}}{\text{1.00 L}} = \frac{\text{NaCl 0.154 mol}}{\text{溶液 1 L}}$$

$$= \text{NaCl 0.154 mol/L}$$

● 濃度には複数の表し方がある

ゲータレードは汗の代替品として考案された．だが二つの液体はどの程度似ているのだろうか？　この答えを得るためには，それぞれの溶液でのさまざまな溶質の濃度を知る必要がある．表 9.2 にゲータレードを含むいくつかの飲み物とヒトの汗のイオン濃度を比較した．これらの物質に関しては，イオン濃度はきわめて低く，そのため濃度はリットル当たりミリモル（mmol/L）で表される．「ミリモル」は溶液 1 L 当たりに含まれるある溶質のミリモルで表した物質量を表す．1000 mmol/L = 1 mol/L であることを思い出そう．

表 9.2 をもう少し詳しく見てみよう．マグネシウムイオンを除いて，ゲータレードとヒトの汗はかなり似たイオン組成である．しかし，アスリートによっては何か別のものを飲みたいと思うかもしれない．たとえばオレンジジュース，人参ジュース，あるいはココナッツミルクはどうだろう．ヒトの汗に近い組成をもっている

ちょっと待って！
wait a minute . . .

チョコレートシロップのような混合物にモル濃度を使うことができるか？？

答えはノー．モル濃度は，溶質のモル質量を求めることができる場合にだけ使える．したがって，モル濃度は溶質が純物質，たとえば砂糖（スクロース）や塩（塩化ナトリウム）にかぎられる．それぞれが純粋ないくつかの溶質がある場合，それぞれにモル濃度がある．

ミルクに溶けているチョコレートシロップの場合は**質量パーセント**（mass percent）のような濃度単位を用いるのが普通だ．質量パーセントはチョコレートシロップの質量をミルクとチョコレートシロップの質量の和で割り，それに 100（%）を掛けたものだ．質量パーセントを用いる場合は，シロップの組成は重要ではない．質量だけが重要で，その質量は容易に測定できる．次節で他の例を見てみよう．

natureBOX・イオン液体を使って新しい環境問題を解決する

イオン性化合物は常に塩であり，塩は常に室温で固体であるという考え方は，「イオン液体」という新しいタイプの塩の開発によって，誤りであることが明らかにされた．では，イオン液体とはなんだろう？

塩化ナトリウム（食塩）のような普通の塩がいつも固体なのは，整列ししっかりと詰まって，強いイオン結合に支えられた結晶格子をつくるからである．それとは逆に，イオン液体のイオンは，塩化ナトリウムのような従来のイオン性物質とは違って，固く詰まった結晶格子をつくることはない．

ナトリウムイオンと塩化物イオンはほぼ同じ大きさであり（訳注：実際のナトリウムイオンと塩化物イオンの大きさは異なる），レモンとライムを交互に詰めた果物箱のように積み重なっている．これに対し，**図9A** はイオン液体中のカチオンとアニオンを示している．カチオン構造の真ん中にある環は平らで，二つの腕が伸びている．このカチオンは食塩中のナトリウムイオンよりはるかに大きく，**図9A** のアニオンは大きな球である．つまりイオン液体はランプのかさやハンガーで吊された洋服が詰まった箱のようなもので，それらをきちんと密に詰める方法はない．そのため，イオン液体中のイオン結合は，塩化ナトリウムのそれよりもはるかに弱い．

イオン液体のイオンと塩化ナトリウムのイオンの形が違うため，両者の融点には大きな差が生じる．塩化ナトリウムの融点は 801℃であり，融点以下では固体，融点以上では液体だから，およそ 25℃の室温では固体である．しかし，イオン液体の融点は 0℃で，室温では液体であり，固体にするには 0℃以下に冷やさなければならない．**図9B** は両者の差を示している．

一般的に，塩はほとんどが生分解性で無害なので，環境を破壊することはない．室温で液体である塩は，非常に有用であるため，イオン液体は多くの環境問題を解決する．イオン液体は再利用やリサイクルが可能であり，二酸化炭素を溶かしたり，炭素の捕捉や封じ込めたりするのに使える．また揮発しにくく，新型の蓄電池では水の代わりに用いられている．イオン液体は類似の化合物を分離したり，廃棄物のリサイクルにおいてプラスチックを分離したりできるし，重金属で汚染された水をきれいにすることもできる．液体イオンは広い温度範囲で液体であり，また太陽エネルギーシステムの蓄熱化合物としても開発されている．

図9A に示したイオン液体のカチオンとアニオンと別の構造をもつものはさまざまな方法でつくることができ，これら万能の化合物を特定の用途に合わせて微調整することもできる．イオン液体の可能性は，まだ始まったばかりなのだ．

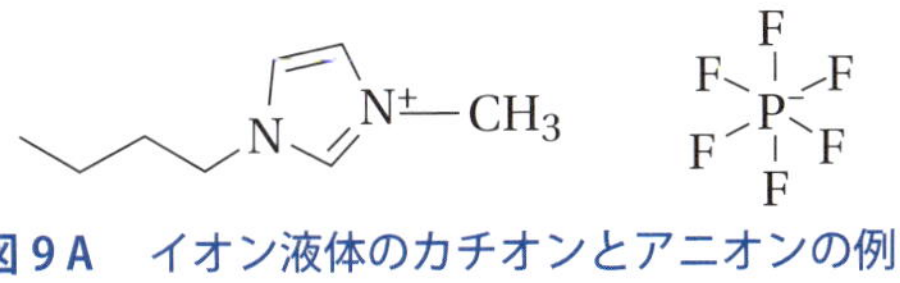

図9A　イオン液体のカチオンとアニオンの例

図9B　イオン液体を入れた容器

いるだろうか？　だが，すべてカリウムイオンが多すぎたり，塩化物イオンが多すぎたり，ナトリウムイオンが十分ではないなど，ヒトの汗とは似ていない．

表 9.2 では，砂糖の濃度は質量パーセントで表される．前に示した「ちょっと待って」を思い出そう．質量パーセントは溶質の質量を溶液の質量で割り，それに 100%を掛けたものだった．

$$\text{質量パーセント} = \frac{\text{溶質の質量}}{\text{溶液の質量}} \times 100\ \%$$

人参ジュース 100 g のなかには，その質量の 9%，すなわち 9 g の砂糖が含まれる．

$$9\ \% = \frac{\text{砂糖 } 9\ \text{g}}{\text{人参ジュース } 100\ \text{g}} \times 100\ \%$$

問題 9.9　300 g のココナッツミルクが入っているコップがある．そのなかに砂糖が何 g 入っているか．

解答 9.9　表 9.2 によると，ココナッツミルクは砂糖を 3%含んでいるから，飲み物 100 g 当たり 3 g の砂糖が含まれる．300 g にはその 3 倍の 3 × 3 g = 9 g の砂糖が含まれる．

9.5 浸透と濃度勾配

● 生きている細胞は体内を通した物質の流れの制御に半透膜を用いる

カリフォルニア大学デイビス校植物科学学部の果実研究グループの研究者たちは，ただ一つのもの，トマトに興味を集中していた．トマトの生育条件は厳しい．トマトは大量の日照，大量の肥料，大量の水を必要とするが，なかでも適切な土が重要だ．

ところで，トマトがこの章のテーマの「塩と水溶液」とどう関係するのだろうか？　トマトは土のなかの塩の濃度に関してはひどくうるさい．実際，塩類が多すぎると，トマトは育たない．土のなかの塩類は（9.3 節で学んだように）水を保持するので，水は植物に流れ込まず，土にとどまる．トマトを塩分濃度がきわめて高い土地に植えると，水分は植物から吸い出され，植物は脱水され，枯れてしまう．トマトの健康はその細胞内の水とイオンのバランスに依存している．

この章で水と水のなかにあるイオンについて，いくつかの例を学んだ．たとえば，イオンは魚の皮膚を通して動き，水から出た魚の電解質バランスを保つことを学んだ．また，動的平衡が成立しているときには，イオンは結晶から出たり入ったりすることも知った．ヒトがミイラにされると，水はその人の細胞から取り出されて体を包む塩に取り込まれる．この節では，一つの物質は動くが，他の物質は動かないときに，塩と水がどのようにふるまうかも考えた．

トマト，あるいは一連の障壁で区切られている何らかの多細胞生物を考えよう．生体のあらゆる細胞は，物質に対する障壁の役割を果たす細胞膜をもつ．ある物質はこの膜を通れるが，ある物質は通れない．

この過程を，障壁で隔てられた 2 種類の溶液を含む U 字形のチューブのモデルで示す．この系は細胞を取り巻く膜を表すと考えよう．たとえば障壁の一方は細胞の内側，他方は細胞の外側を表す（**図 9.14**）．この障壁は分子やイオンが障壁の一方から他方への通過を

THE green BEAT ● 環境に関するニュース

どのくらい水をたくさん飲むことができるだろうか？

2007 年，カリフォルニア州サクラメントのラジオ局 KDND は，3 時間の放送のあいだに，参加者はトイレに行かずにできるだけ多くの水を飲むというオンラインコンテストを催した．賞品は Wii ゲーム機[*9]だった．コンテストに参加したジェニファー・ストレンジは 6 L もの水を飲んだが，それでも 2 位止まりだった．ジェニファーはコンテストのあいだ気分が悪いといっていたが，放送が終わって帰宅後に亡くなった．彼女の家族は KDND を相手取って不法死亡の訴訟を起こし，コンテストの参加者に水をたくさん飲むようにうながした KDND の過失が認められた．

「1 日に少なくともコップ 8 杯の水を飲みなさい」というお題目をよく聞かされる．しかし，水を飲みすぎるな，水中毒にならないように，という警告を聞くことはない．ジェニファーの話から，1 時間に 2 L の水は多すぎると想像できる．しかし，コンテストの優勝者はそれ以上の水を飲んだのに水中毒で死ななかった．水をどれだけ飲むかという問題は複雑だが，どれだけの水が多すぎるかはどうやってわかるのだろうか？　水の飲みすぎはなぜ危険なのか？　また，どうして人によって水の必要量が違うのだろう？

この答えは，この章で取りあげた塩とその濃度にある．スポーツドリンクの一種であるゲータレード[*10] 1 L には約 100 mmol のナトリウムイオン Na^+ が含まれており，そのほかのイオンも含まれている．一方，ヒトの体液 1 L には 135 ～ 145mmol のナトリウムイオンが含まれており，これは 7.8 ～ 8.5 g に相当する．ヒトの身体は正常な電解質バランスを保つために，この厳重に調節された狭い範囲のナトリウムイオン濃度を保つ必要がある．

水を過剰に飲むとナトリウムイオン濃度が低下し，健康を保つのに必要な濃度範囲の下限を下回ってしまう．そうなると，イオン濃度を細胞の内外で等しくするために起こる浸透圧 (osmosis) によって，細胞は膨れだす．人体の多くの組織の細胞では，この膨らみ，

制限する**半透膜**（semipeameable membrane）だ．この種の膜は図 9.14 に示すように，人工のものでもよいし，細胞膜のような天然のものもありうる．

このU字管は，トマトやミイラでのように細胞のなかで半透膜がどう働くかを教えてくれる．水和イオンは水に取り巻かれており，きわめて大きい．実際，大きすぎて水和イオンは半透膜を通過できない．しかし単独で，つまり水なしで移動するイオンは膜を通過できる．これらの水の運動は 9.3 節で学んだ平衡によって支配されている．

最初は腕のなかの条件はバランスがとれていない．左側の腕は水とごくわずかのイオンを，右側の腕は水と多くのイオンを含んでいる（**図 9.14 a**）．だが，しばらくすると，系はどんなふうに見えるだろうか？ 水分子だけが膜を越えて移動できるので，水が左から右へ膜を越えて移動することによって平衡に達する．水分子が左から右へ移動し，右腕の溶液の濃度が左腕の溶液の濃度と等しくなる．時間が経つとバランスがとれていない最初の状態ではなくなり，二つの腕のなかのイオン濃度が等しくなったとき，平衡に達する（**図 9.14 b**）．水分子だけが膜を越えることができるので，膜を越えて左から右に移動する水分子によって平衡に達する．水は右腕のイオン濃度が左腕のそれと等しく

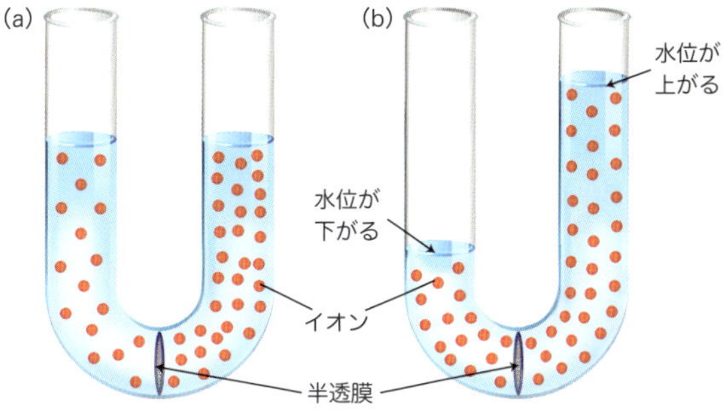

図 9.14 半透膜を越えた浸透
(a) チューブの右腕の溶液は，左腕の溶液よりイオン（橙色の点で表す）濃度が高い．水位が等しいことに注意．(b) イオン濃度の差があるので，水分子は半透膜を通って左腕から右腕に移動する．平衡に達すると，イオン濃度は等しくなるが，水位は等しくない．

すなわち浮腫は大事に至らない場合が多い．というのも，細胞は大きくなることができ，膨らみは縮んで無害となる．しかし脳は膨らむ余地がないため，圧力が上昇すると，痙攣や昏睡，ついには死に至ることがある．この問題はナトリウムイオン濃度に直接関係しているので，水中毒の医学用語は〝低ナトリウム血症〟つまり「ナトリウム不足」である．

水の摂取に関する権威であるアメリカ国立科学アカデミー医学研究所は，1 日 91 オンス，すなわち約 2.7 L の水を飲むのがよいと勧告している．つまり，8 オンスすなわち約 240 mL のコップで 11 杯分の水だ．しかし，どんな状況でもよいというわけではない．**図 9.15** はヒトの身体がどれだけの水を摂取し，排泄するかを示している．身体が電解質バランスを正しく保つような仕組みが自然に働いている．しかし持久力の必要な競技で身体がストレスを感じると，ホルモンの信号によって水の排出は押さえられ，図に示した自然な水分バランスが崩れる．このため，多くのアスリートは脱水症状を防ぐために大量の水を飲むが，ホルモンの働きで身体から水が放出されないため，体液中のナトリウム濃度は低下し，低ナトリウム血症が起こる．

水の飲みすぎはどうしたら避けられるのか？ 人それぞれ違うし，水の摂取量は，住んでいる地域の気候やその他の要因に左右されるので，専門家のあいだでは，それぞれの人に適した水の量は存在しないといわれている．専門家によると，1 番の目安は「のどが渇いたら水を飲む」ことだそうだ．

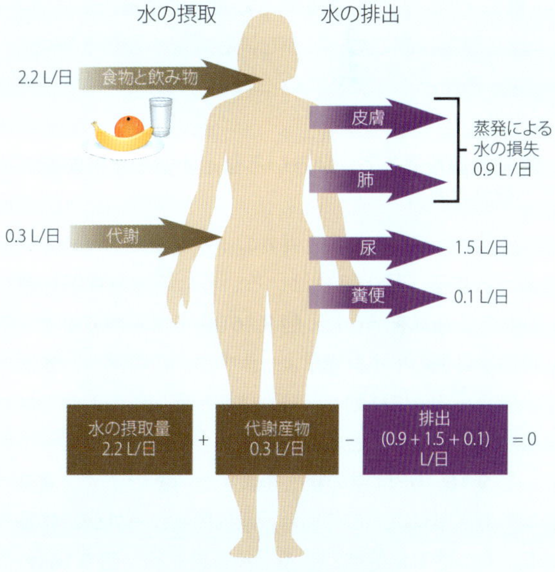

図 9.15 水の摂取と排出

＊9 Wii：任天堂が開発して 2006 年に発売した家庭用ゲーム機．すでに製造終了．
＊10 ゲータレードはスポーツドリンクの草分け的存在．2015 年以降，日本では生産・販売されていない．p.124 参照．

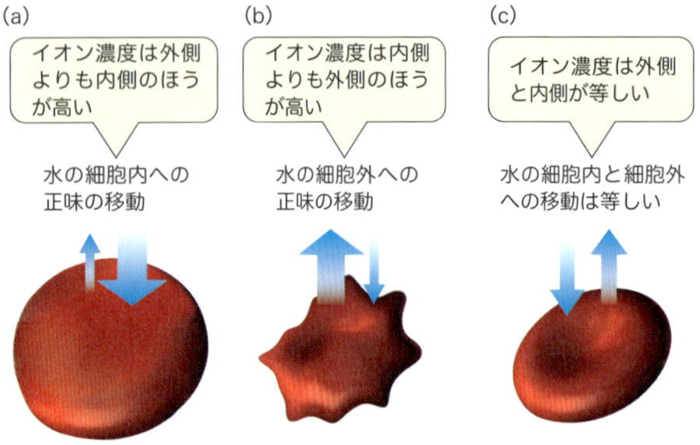

図 9.16 生きた細胞での浸透
(a) 内側のイオン濃度が外側のイオン濃度より高い赤血球細胞は，水が細胞内に入ってくるので膨れる．(b) 内側のイオン濃度が外側のイオン濃度より低い赤血球細胞は，水が細胞から出て行くので縮む．(c) 内側のイオン濃度と外側のイオン濃度が等しい赤血球細胞は，元の大きさを保つ．

なるまで，右腕の溶液の濃度を薄める．

水分子は**浸透**（osmosis）という過程によってイオン濃度の低い領域から高い領域に半透膜を通過して移動する．浸透は膜の二つの側の物質濃度を変化させる．

問題 9.10 図 9.14 に示すような，水だけが通過できる膜を備えたチューブの両方の腕に，同じ塩の溶液（同濃度）を同じ量だけ入れた．水分子の移動は起こるだろうか．

解答 9.10 二つの腕を隔てた膜は半透膜だから，水の移動は起こる．しかし同じ量に水が膜を行き来するだけで，濃度の変化は起こらない．

● 細胞膜を隔てて，いろいろなイオンの濃度勾配が保持される

浸透は，細胞の内側と外側のイオン濃度を等しくしようとする．図 9.16 にはいろいろな浸透条件下に置かれた赤血球を示した．**図 9.16(a)** では内側のイオン濃度は外側のイオン濃度より大きい．この場合，水は外側から内側に移動し，細胞は膨れる．この条件では細胞が破裂することもありうる．

図 9.16 (b) は逆の状態を表す．内側のイオン濃度は外側より低い．この場合，水は内側から外側に移動し，脱水された細胞が残る．比較のため，**図 9.16 (c)** には細胞膜の両側のイオン濃度が等しい細胞を示した．

図 9.16 (b) は，トマトがなぜ塩気の強い土を嫌うかを理解する鍵となる．ほとんどのトマトの細胞は土の塩濃度の合計が 4 mmol/L 程度の土に最もよく適合している．この濃度で細胞は膨れており，健康といえる．土の塩濃度がこれ以上高くなると，水が細胞の外に出て，土に帰ってしまう（図 9.16b のように）．高濃度の塩がトマトの収穫に影響するかどうかについての研究によると，地球上の灌漑された土地の約 40% がトマト栽培に適していないと見積もられている．

図 9.17 トマトを万人へ
遺伝子工学で改良されたトマトは，塩類を実でなく葉のなかに蓄積するので，塩濃度の高い土地でも生育できる．

しかし，カリフォルニア大学デイビス校の果樹園芸学者（トマト学者）たちは，この問題の解決策を見つけた．彼らは塩濃度の合計が 200 mmol/L――通常の濃度の 50 倍――の土でも生育できるトマト（**図 9.17**）を，遺伝子工学を活用してつくった．では，どうやって成功したのだろうか？　彼らはキャベツからとった一つの遺伝子をトマトに挿入した．この遺伝子はトマトの細胞に小さいイオンポンプをつくるように指令する．このポンプは自然の勾配に逆らってイオンを汲み出す．ポンプは細胞膜のなかに入り込み，ある種のイオンを実ではなく，葉に送り込む．

その結果，過剰なイオンを勾配に逆らって葉に送り込むトマトができあがり，普通と変わらない実が得られた．トマト学者によると，とてもおいしいらしい．この技術が他の植物にも応用でき，耐塩性の収穫物は食物の供給量を世界的に増やすことを彼らは期待している．なお，14 章「食べ物」では，食物の遺伝子工学による改良の問題を扱う．

問題 9.11 カリフォルニア大学デイビス校のトマト学者たちが遺伝子工学で改良したトマトの苗が，塩濃度 0.18 mol/L の土に植えられた．ここでトマトは生育するだろうか．

解答 9.11 このトマトは塩濃度 200 mmol/L，すなわち 0.20 mol/L 以下の土地であれば生育可能．したがって，0.18 mol/L であれば生育可能といえる．

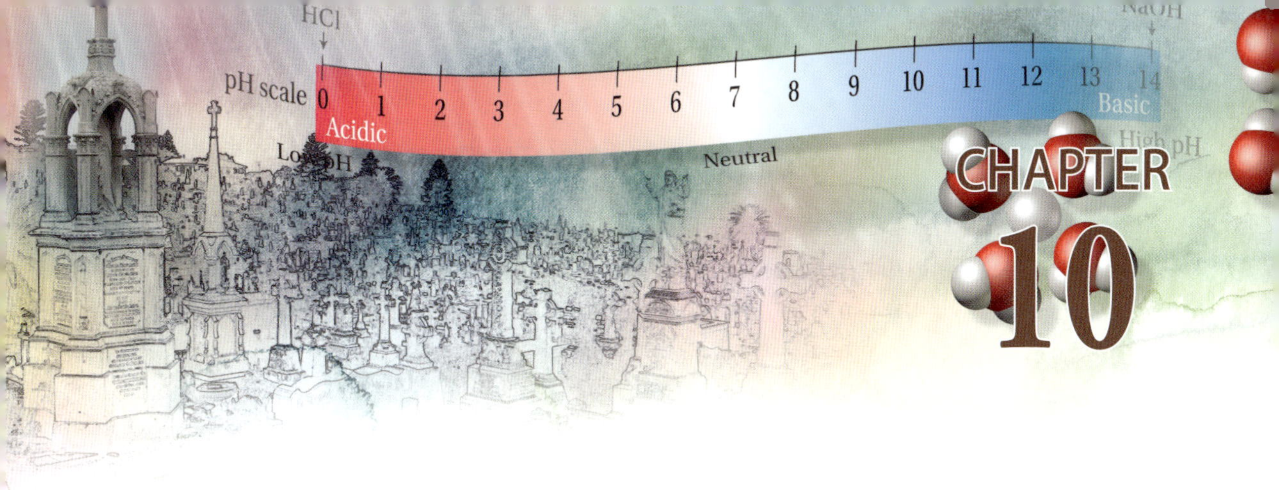

CHAPTER 10

pH と酸性雨

酸性雨と私たちを取り巻く環境

一部の化学者たちは実験室から飛び出し，外の世界を自分の仕事場としているのは本当の話だ．化学者たちは，この実験室の外の環境での仕事を「フィールドワーク」とよぶ．化学者はたとえば野球場の土壌の分析といった，実際に野外で働くこともある．しかし一般的には，フィールドワークは実験室の外で仕事をすることを意味する．

多くの実験器具がフィールドワーク用につくられている．ある化学者は研究装置を火山のカルデラにもち込み，空気の分析を行うし，ある化学者はボートの側面に寄りかかって，水試料を採取する．ある化学者は鉱山の地下深い縦坑中の空気を分析する．だが，化学者を見かけて驚かされる場所，それは共同墓地だ．

「墓石計画」とよばれる研究は 2011 年まで，コロラド大学ボールダー校で行われた．この計画に何十人もの学生や化学者が参加し，たいへんな時間を共同墓地で過ごしてデータを集めた．彼らは何を見つけようとしたのだろうか？　彼らは酸性雨とそれが及ぼす影響の測定に関心があった．墓石は長い時間のあいだに，天候の影響で次第に崩れていくので，酸性雨の影響を調べるのに最も適した方法を与えてくれる．酸性雨が多く降れば降るほど，墓石の摩耗も速い．

GSA EarthTrek 2010, Photo Gary Lewis.

墓石の多くは酸性雨で容易に破壊される大理石でつくられている．したがって，墓石は単に墓の目印になるだけではなく，酸性雨検出器でもある．それぞれの墓石にはその人が亡くなった日付が刻まれているが，それはたいていの場合，墓石が建てられた日に近い．日付は墓石がどのくらい長く雨にさらされているかを示しているので，墓石が壊れていくのを追跡する信頼できる方法になる．

「墓石計画」の使命は酸性雨が環境をどのくらい破壊するか，また酸性雨が何に最大の被害をもたらすかを知ることだった．この章も同じ使命を帯びている．しかし，雨に含まれる酸を理解する前に，酸とは何かを理解するのが先決だろう．ついで雨のなかの酸，またそれがどのようにして雨のなかに入ったかを学ぶ．そうすれば最後に実際的な問題，たとえば「酸性雨はどのように環境を破壊するか」あるいはもっと重要なこと，つまり「私たちは酸性雨に対して何ができるか？」などに取り組むことができる．

10.1　水の自動イオン化

● 溶液内のプロトンには 2 通りの書き方がある

酸は複雑なものだ．酸は気体でも，液体でも，固体でもありうる．イオンかもしれないし，分子かもしれない．酸についてだけ書かれた本もたくさん出版されている．だが，この章のおもな目的は酸性雨だ．なぜ酸性雨に注目するのだろうか？　酸性雨は何十年にもわたって，アメリカを含めた世界各国に長くつきまとう問題だ．酸性雨はとくに森林や天然水に対する害，そしてそのなかに住む多くの動植物の種に対する害から明らかなように環境破壊の主要な原因となっている．酸性雨は，酸性雨を免れている場合より速く物質を破壊する．自動車の塗料を駄目にするし，墓石や彫像のような文化遺産をも破壊する．また酸性雨の元になる汚染物質は，ヒトの心臓や肺の病気の原因にもなる．

この章では雨のなかの酸に焦点を当てているので，おもに水のなかの酸を中心に見ていこう．テーマをそのように絞ると，酸の理解がきわめて容易になる．しかし酸が水のなかでどのようにふるまうかを理解する前に，まず水とプロトンについて前に学んだことを復習しよう．これらはいずれも酸性雨に含まれている．

2 章で学んだように，記号 H^+ で表されるプロトンは，水素原子から唯一の電子を失って生じたものだ．また，ほとんどの水素原子は中性子をもたないので，H^+ のなかにある唯一の粒子はプロトンとなる．すべてのイオンが水溶液中では水分子に取り囲まれているのと同様，プロトンは水溶液中で単独には存在せず，常に水分子に取り囲まれている．

水溶液中のプロトンを表す 2 通りの方法がある．一つの方法はプロトンの記号に続けて aqueous の略号（aq）を H^+(aq) のようにあとに続ける．別法では，水分子 1 個と結合したプロトンを H_3O^+ のように表す．プロトンを H_3O^+ のように書いたときは，**ヒドロニウムイオン**（hydronium ion）とよぶ．多くの場合，プロトンとヒドロニウムイオンのどちらを用いてもよい．ただし，ある場合にはこの記号を，別の場合には別の記号を用いるのが便利だ．プロトンを書く二つの方法を**図 10.1** に示す．

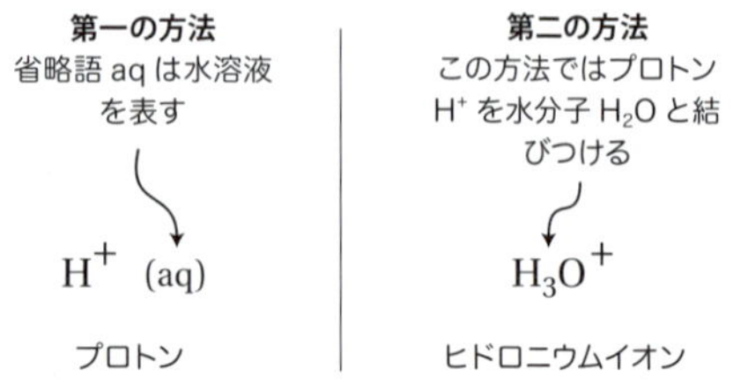

図 10.1　水のなかのプロトンは 2 通りに表記できる

● 水分子は解裂してイオンになる

高度に純粋な水を満たしたビーカーがある，しかし，どの瞬間をとっても，いくつかの水分子は，**自動イオン化**（autoionization，自己イオン化，自発イオン化ともいう）とよばれる化学反応を起こしている．自動イオン化では，水分子は開裂し，二つのイオンとなる．反応は次のように起こる．

$$H_2O \rightleftharpoons H^+(aq) + OH^-(aq)$$

生じる二つのイオンのうちの一つはすでに学んだ，水に取り囲まれているプロトン H^+(aq)．もう一つのイオンは**水酸化物イオン**（hydroxide ion）で，アニオンだ．水酸化物イオンは水のなかにあるイオンだから，やはり水に囲まれているので OH^-(aq) と書かれる．

水が自動イオン化する際に何が起こるかを詳しく見てみよう．4 章で水の点電子式を学んだ．

$$H-\ddot{\underset{\cdot\cdot}{O}}-H$$

この分子には 8 個の価電子がある．構造式の各線は共有結合 1 本を示し，共有結合 1 本は電子 2 個からなる．したがって，水には 4 個の価電子が共有結合のなかに含まれ，さらに 4 個の価電子は酸素原子の二つの非共有電子対のなかに含まれる．これで電子が 8 個になる．

水が自動イオン化すると，二つの H−O 結合のうちの一つが切れ，この結合に含まれていた 2 個の電子が酸素に移る．生じた水酸化物イオンは全部で 8 個の電子と負電荷をもつ．その結果，**図 10.2** に示すように，電子をもたないが正電荷をもつプロトンが残る．

自動イオン化反応は二重矢印で表されるのに注意しよう．9.3 節の平衡に関する議論で学んだように，この二重矢印は反応が同時に両方向に進むことを示す．逆方向の二つの反応の速度が等しいとき，系は平衡状態にあるという．水の自動イオン化において，水がイオン化して H^+ と OH^- を生じる正反応の速度が，二つのイオン（H^+ と OH^-）が近づいて水をつくる逆反応の速度と等しいとき，「系は平衡にある」という．

正反応　$H_2O \rightarrow H^+ + OH^-$

逆反応　$H^+ + OH^- \rightarrow H_2O$

化学者たちは自動イオン化がどの程度なのかを注意深く測定した．それによると，25 ℃では，1 L の純水には 1.0×10^{-7} mol の H^+ と，1.0×10^{-7} mol の OH^-

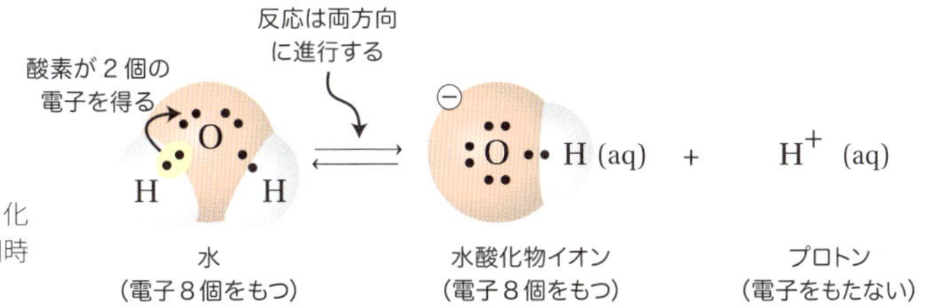

図 10.2　水の自動イオン化
水がもつ 8 個の電子はすべて，自動イオン化によって生じる水酸化物イオンに残る．同時に生じるプロトンは電子をもたない．

を含む．6 章と 9 章によると，モルはプロトンや水酸化物イオンのような小さいものを数える方法であり，あるもの 1 mol はそのものを 6.02×10^{23} 個含む．何かに溶けている物質の濃度はモル濃度（molarity），すなわち溶液 1 L に含まれる物質の物質量[*1] で表す．というわけで，プロトンの濃度は水 1 L 当たりで 1.0×10^{-7} mol となる．つまり，プロトンの濃度は 1.0×10^{-7} となるがモル濃度は mol/L で表す．そこでプロトンのモル濃度は 1.0×10^{-7} mol/L と書ける．

純水 1 L 中では，550,000,000 分子のなかの 1 個だけが自動イオン化して水酸化物イオン 1 個とプロトン 1 個を生じる．つまり，純水はほとんど水分子からなるが，イオンを少し含んでいる．では，なぜ 550,000,000 分子のうちの 1 個だけに起こる反応をそれほどまでに気にするのだろうか？　まず酸を次のように定義しておこう．「**酸**（acid）は水環境のなかでのプロトンの濃度を増加させるすべての物質をいう」．純水 1 L は，1.0×10^{-7} mol の H^+ イオンを含む．酸が加えられると，水は**酸性溶液**（acidic solution）になる．酸は H^+ イオンを増やすので，酸性溶液 1 L は 1.0×10^{-7} mol 以上の H^+ を含む．

問題 10.1　純水 2 L 中には，H^+ が何 mol 含まれているか．
解答 10.1　純水 1 L 中には 1.0×10^{-7} mol の H^+ が含まれている．したがって，2 L 中には 2 倍のイオンが含まれる．2.0×10^{-7} mol.

ちょっと待って！
wait a minute . . .

純水が厳密に同じ数の H^+ と OH^- をもっているのはまったくの偶然か？

偶然ではない．実際，いつでも同じ数の H^+ と OH^- をもっている．なぜだろうか？　水分子は常に同じ二つの部分に分かれる．自動イオン化が起こるたびに，同じ数の H^+ と OH^- が生じるからだ．

10.2　酸，塩基，pH スケール

● 酸は水のなかでイオン化してプロトンを生じる

最も簡単な酸の一つに，塩化水素（hydrogen chloride；HCl）がある．塩化水素は 2 個の原子だけからできているので単純だ．塩化水素は気体で，水のなかに吹き込むと，塩化水素の水溶液，すなわち塩酸（hydrochloric acid）ができる．この反応を化学反応式で示す．

$$HCl(g) + H_2O \rightarrow H_3O^+(aq) + Cl^-(aq)$$

この化学反応式について，二，三注意しておこう．第一に，この化学反応式が示すように，水のなかに吹き込まれると，HCl はイオン化してイオンをつくる．HCl がイオン化すると，H^+ と Cl^- の 2 種類のイオンが生じ，図 10.3 に示すように，それらは水分子に取り囲まれる（9 章ですでに学んだ）．

第二に重要なのは，この化学反応式の生成物がプロトンということ．HCl はプロトンを放出するので，酸となる．第三に，反応が一方向にしか進まない点も注意しよう．これは水に溶けたすべての HCl がイオン化することを意味する．つまり HCl は残っておらず，逆反応は起こらない．

---

*1 原書は number of moles（モル数）となっているが，日本では今は用いていない．

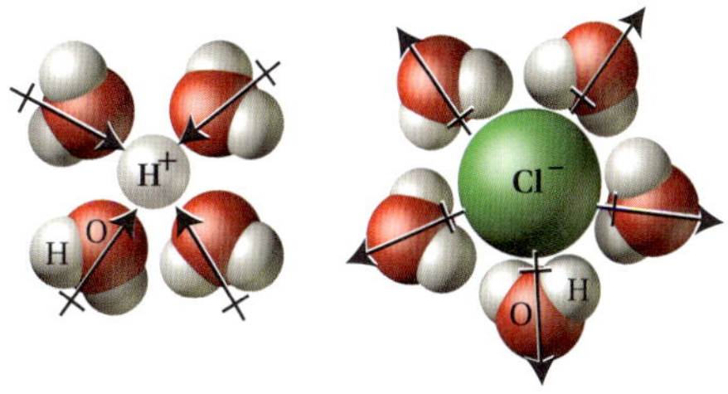

図 10.3　酸が水のなかでイオン化する
水のなかで塩化水素はプロトンと塩化物イオンとに分かれる．これらのイオンは水分子に取り囲まれる．各水分子のなかにある双極子の負電荷を帯びた末端はカチオン H^+ のほうを向く．各水分子のなかにある双極子の正電荷を帯びた末端は，アニオン，すなわち塩化物イオン Cl^- のほうを向く．

HClを純水に吹き込むと，水は酸性になる．これは溶液のプロトン濃度が純水の濃度の 1.0×10^{-7} mol/Lより高い値になったことを意味する．純水1Lは約12 molのHClを含むことができるので，塩酸中のプロトンの最高モル濃度は12 mol/Lとなる．この溶液は純水の 1.2×10^{8} 倍のプロトンを含む．

酸が水のなかでイオンになるこの過程を**解離**（dissociation）という．塩酸は水のなかで完全に解離する．反応のなかで矢印は両方向ではなく，右側だけを指している．酸が水のなかで完全に解離するとき，その酸は**強酸**（strong acid）とよばれる．

ほとんど解離しない酸もあるし，少しだけ解離する酸もある．完全には解離しない酸は**弱酸**（weak acid）とよばれ，解離が完全ではないことを示すために二重矢印を用いる．たとえば，次の化学反応式は弱酸であるフッ化水素酸HFの解離を示す．

$$HF(aq) \rightleftharpoons H^+(aq) + F^-(aq)$$

問題 10.2　化学式 $HC_2H_3O_2$ で表される物質は水中で次のようにふるまう．

$$HC_2H_3O_2 \rightleftharpoons H^+ + C_2H_3O_2^-$$

この物質は酸か，どうやったらわかるか．この物質は強酸か，どうやったらわかるか．

解答 10.2　この物質は水中でプロトンを出すから酸といえる．また二重矢印が平衡反応を示すことから弱酸とわかる．なお，この物質は酢酸．

● pHはプロトンの濃度を表す

水溶液の H^+ 濃度が 10^{-14} mol/Lのようにきわめて低いことも，また12 mol/Lのようにきわめて高いこともある．この濃度の幅はたいへん広い．これらの濃度はきわめて重要で，たびたび用いられるので，昔の化学者たちはこの数字を簡単に表す方法，すなわちpHスケールを考案した．このスケールを用いると，「純水の水素イオン濃度は 1.0×10^{-7} mol/L」という代わりに，「水のpHは7.00」といえばよい．

pHを求めるには，ちょっとした数学が必要になる．水素イオン指数**pH**はプロトンのモル濃度の負の対数値を表す．すなわち

$$pH = -\log[H^+]$$

H^+ を囲んでいる［　］は，扱っているのがプロトンのモル濃度だということを示している．たとえば，純水のpHの値を求めてみよう．まずプロトンのモル濃度 1.00×10^{-7} mol/Lの数値だけを［　］内へ入れる．

$$pH = -\log[1.0 \times 10^{-7}] = 7.00$$

プロトンの濃度が 1.0×10^{-x} mol/Lの場合，溶液のpHを求める早道がある．x = 4の例で，pHが求められるかどうか注意深く見てみよう．

$$pH = -\log[1.0 \times 10^{-4}] = 4.00$$

濃度が 1.0×10^{-x} の溶液のpHを求めるのに電卓はいらない．溶液のpHは単にxの値に相当する．プロトンの濃度が 1.0×10^{-10} mol/Lの溶液のpHは10.00となる．しかし，濃度の値が 4.35×10^{-8} mol/Lのように，複雑な場合は電卓が必要になる．電卓を使うと，この溶液のpHは7.36だとわかる．

問題 10.3　電卓を使わずに，次のプロトン濃度をもつ二つの溶液のpHを求めよ．

(a) $[H^+] = 1.0 \times 10^{-3}$ mol/L

(b) $[H^+] = 1.0 \times 10^{-5}$ mol/L

解答 10.3　(a) pH = 3.00　　(b) pH = 5.00

ちょっと待って！
wait a minute . . .

解離とイオン化は同じ現象に対する二つの用語か？

同じではない．解離は分子ないし分子に相当する化学種が二つまたはそれ以上の分子または分子種に分かれる過程を指す．イオン化（ionization）は，物質がイオンになる過程を指す．その際，物質が単に電子を得るか失うかしてイオンになる場合と，解離してイオンを生じる場合がある．

● 酸性溶液のpHは7.00より小さい

水溶液が中性というのは何を意味するのだろうか．**中性**（neutral）溶液とは，水素イオン濃度と水酸化物イオン濃度が等しい溶液のことをいう．純水は中性溶液だ．ある溶液のpHが7.00であれば，それは中性溶液だ．25 ℃の純水に対して，そのpHを7.00から変える唯一の方法は，それに何かを加えることだ．し

かし，そうすればもはや純水ではない．H^+ の元となる酸を純水に加えると，酸は H^+ を水中に放出するので，H^+ イオンの濃度は増加する．

pH が 4.00 のリンゴジュースを考えてみよう．ジュースのなかでのプロトンの濃度は 1.0×10^{-4} mol/L であり，プロトンはジュースのなかに含まれている弱酸の部分解離によって生じる．10.1 節によると，ジュースの元になる純水のなかにもごく少量の，つまり 1.0×10^{-7} mol/L のプロトンが含まれている．しかしこの量は，ジュースに含まれている酸によるプロトンに比べると，きわめて小さい．このため，純水に由来する酸性度への寄与はほとんどの場合，とるに足りないから無視する．

pH 4.00 のリンゴジュースは pH 7.00 の純水よりもはるかに多くの酸を含んでいる．pH が低ければ低いほど，溶液の酸性度は高い．実際，pH 7.00 より低いすべての溶液は，純水より多いプロトンを含むので**酸性**（acidic）といえる．普通は 25 ℃での純水の pH = 7.00 を pH スケールの基準としている．pH 7.00 以下では溶液は酸性という．

中性から離れれば離れるほど，物質は危険になる．たとえば前に扱った 12 mol/L の塩酸の pH は −1.08 で，7.00 からかけ離れている．このような強い酸は腐食性で，皮膚にひどい火傷を起こす．同じことが次に学ぶ pH スケールの反対側の端の溶液についてもいえる．

● 塩基性溶液の pH は 7.00 より大きい

どうすれば溶液の pH を 7.00 より大きくすることができるだろうか．すでに学んだように純水の自動イオン化によって，純水には濃度 1.0×10^{-7} mol/L の水酸化物イオンが含まれている．純水により多くのプロトンを含む物質，つまり酸を加えると，pH 値は 7.00 より小さくなり，溶液は酸性となる．逆に，より多くの水酸化物イオンを加えると，pH 値は 7.00 より大きくなり，溶液は**塩基性**（basic）となる．溶液に水酸化物イオンを加えるものはすべて**塩基**（base）とよばれる．方法さえわかれば，塩基は容易に確認できる．次の分子はすべて塩基だが，何を共通にもっているだろうか？

$$NaOH,\ LiOH,\ Ca(OH)_2,\ Ba(OH)_2,\ KOH,\ RbOH$$

すべて共通に OH^- イオンをもっている．これらの塩基の一部は水のなかで完全に解離する．たとえば

$$KOH(aq) \rightarrow K^+(aq) + OH^-(aq)$$

しかし $Ca(OH)_2$ などの水に対する溶解度はそれほど大きくない．純水に塩基を加えて 1.0×10^{-2} mol/L の水酸化物イオンを含む溶液をつくるとする．この溶液の pH を決めるためには H^+ の濃度からではなく，まず OH^- の濃度からはじめなくてはならない．pH を決めたのと正確に同じやり方で pOH を計算する．pOH は水酸化物イオンのモル濃度の対数 log の負の値だ．

$$pOH = -\log[OH^-]$$

pH について行ったのとまったく同じ方法で，pOH の式に数値をあてはめればよい．この塩基性溶液の pOH は，次式を計算すれば得られる．

$$pOH = -\log(1.0 \times 10^{-2}) = -(-2.00) = 2.00$$

しかし化学者たちは普通 pOH でなく pH を用いるので，pOH と pH の値を互いに換算するために，次の関係を用いる．

$$pOH + pH = 14.00$$

この関係を用いれば，先の溶液の pH は容易に求められる．

$$pH = 14.00 - pOH = 14.00 - 2.00 = 12.00$$

この例では，塩基を加えると，pH は 7.00（純水）から 12.00 に変化する．定義によって，塩基は OH^- の濃度を高めることで，pH が大きくなるので，塩基性溶液は 7.00 より大きい pH 値をもつ．この程度の強塩基性の溶液は，注意深く扱う必要がある．強酸溶液と同様，皮膚にひどい火傷を起こすからだ．

問題 10.4 いくつかの溶液の pOH を示す．それぞれの溶液の pH を求め，中性か，酸性か，塩基性かを述べよ．

(a) 3.4 (b) 6.9 (c) 1.0 (d) 12.5

解答 10.4 (a) pH = 10.6，塩基性 (b) pH = 7.1，塩基性 (c) pH = 13.0，塩基性 (d) pH = 1.5，酸性

● 酸と塩基の強さを記述するのに pH スケールを用いる

7.0 より小さい pH をもつ溶液は酸性溶液であり，

pHが7.0より大きい溶液は塩基性溶液だと学んだ．図10.4にpHスケールを示す．ふくらし粉やアンモニアのように滑りやすく，苛性[*2]を示す多くの物質は塩基で，7.0より大きいpH値をもつ．フルーツジュースのように酸っぱい物質の多くは酸性であり，pHは7.0より小さい．pHスケールはH^+濃度を，一般的にはpH範囲が0から14という都合のよい範囲に縮めてくれる．

図10.4を見ると，オレンジジュースはトマトジュースより酸性が強いが，ではどれだけ強いのだろうか？pH値を比較すると，その差がわかる．

トマトジュース　$[H^+] = 1.0 \times 10^{-4}$ mol/L
オレンジジュース　$[H^+] = 1.0 \times 10^{-3}$ mol/L

この結果から，トマトジュース1Lは，H^+イオンを0.00010 mol，オレンジジュース1Lは，H^+イオンを0.0010 mol含む．つまり，オレンジジュースの酸性度はトマトジュースの酸性度の10倍となる．

問題10.5　次の対の物質で，どちらの酸性が強いか．
(a) オレンジジュース/レモンジュース
(b) アンモニア/血液　(c) 尿/ふくらし粉
解答10.5　(a) レモンジュース　(b) 血液　(c) 尿

● ピンクの水玉模様をつけた航空機はpH測定について何を語るのか？

実験室では，pHはpHメーターとよばれる装置で測定する．しかしpHメーターが広く普及する前は，化学者たちは**指示薬**（indicator）でpHを測定していた．指示薬は，それを含んでいる溶液のpHが変化するにつれて鮮やかな色を変える分子が含まれている．たとえば，指示薬フェノールフタレインは，pHが8.3以下では無色だが，図10.5に示すように，pHが8.3以上では鮮やかなピンク色となる．やがてわかるが，pH指示薬のような古い方法でも，場合によってはpHメーターのように高度に電子化された装置よりもうまくいくこともある．

最近，伝統的な指示薬を用いる方法が，**腐食**（corrosion）というきわめて危険な問題に用いられている．腐食は化学反応の一種で，金属が環境にさらされて次第に劣化する現象をいう．航空機を扱う技術者たちは，腐食が重大な損害を与えるかもしれないこと，また航空機の機体が腐食すると，水酸化物イオンが生じることを知っている．すでに学んだように，水酸化物イオンは塩基で，pHの値を大きくする.そこで技術者たちは腐食部位を探すのにpH指示薬が使えるのではないかと考えた．

そこで技術者たちはフェノールフタレインを含む無色の塗料を航空機に塗り，待った．短時間ののち，ピンク色の斑点が航空機に現れた．腐食がはじまるとただちに水酸化物イオンが生じフェノールフタレインが無色からピンク色に変わり，ピンク色の斑点が機体に現れる．この新しい方法を発明した技術者は，腐食した部位の大きさがわずか15 μmでも明るいピンク色の斑点が現れると報告している．この部位は肉眼ではとうてい見つけられないほど小さい．

腐食を見つけ出すこの方法は多くの人に強い印象を与えた．同じ目的のために開発された高価な装置のどれよりも高感度で，しかも安価だ．将来，この塗料でおおわれた航空機が標準になるかもしれない．

ほとんどすべてのpH範囲に使える指示薬が入手できる．実際，万能指示薬（universal indicator）とよばれる物質は，いくつかの有機化合物の混合物だ．それぞれ異なるpHで変色する．図10.6(a)に示すように，万能指示薬は，pHが1単位しか違わない溶液を区別

*2 動植物を腐食する作用．いまでもNaOHを苛性ソーダとよぶ場合もある．

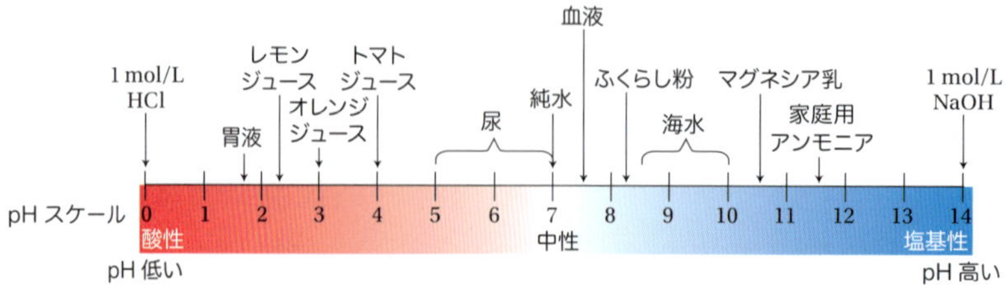

図10.4　pHスケール
すべての酸性物質のpHは,化学的に中性な値7.00より低い．すべての塩基性物質は7.00より高いpHをもつ．マグネシア乳（酸化マグネシウム，MgO）は緩下剤などに用いられる．

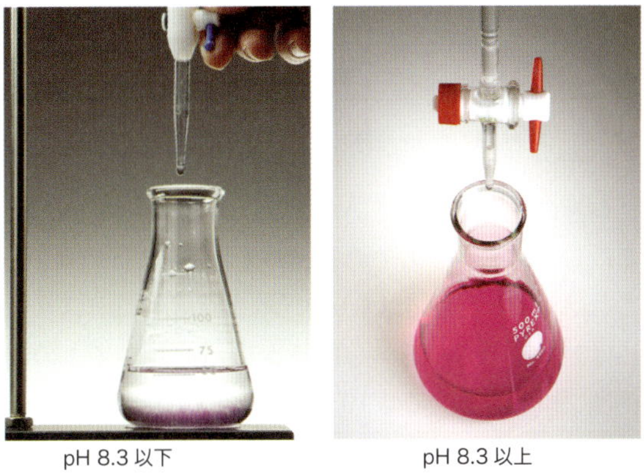

図 10.5　pH 指示薬 I
フェノールフタレインの色は pH が変化するにつれ，急速に変化する．pH が 8.3 以下ではフェノールフタレインを含む溶液は無色だが，pH が 8.3 以上では，溶液は明るいピンク色になる．

できるくらい感度が高い．**図 10.6（b）** では，家庭で用いるいくつかの製品のそれぞれに指示薬を何滴か加え，その色を図 10.6（a）の pH 値と比較することで，それらの pH を求めることができる．

10.3　酸性雨 I：硫黄による汚染物質

● 空気中の化合物は水に溶けて，水の pH を変化させる

湖，川，海など，自然界にある水の pH は 7.0 ではない．つまり，それらの水は化学的に中性ではない．自然界の水はどうして酸性または塩基性になるのだろうか．多くの要因が pH に影響するから，この問いに対する答えはきわめて複雑だ．たとえばイオン化する鉱物が海床に存在するし，海洋生物は栄養物を水から得て，廃棄物をあとに残す．温度，塩の濃度，深さなど，さまざまな要素が自然界の水に影響する．

大量の水の pH を決める最も重要な要因の一つは，水の上にある空気（大気）だ．空気は窒素分子と酸素分子，それに少量の自然界に存在する他の気体からなる．人間の活動は，この空気という気体の混合物にいくつかの気体を加える．それらの気体のあるものは水と混じると酸を生じるので，これらの気体は雨を酸性にする．**酸性雨**（acid rain）は，自然の，汚染されていない雨よりも pH が低い．きれいな雨は弱い酸性で，その pH は 5.5 ～ 6.0 だが，酸性雨の pH はそれよりもさらに低い．酸性雨は大気汚染によって引き起こされ，環境を損なう．気温が水の凝固点以下になると，酸性雨は酸性雪となり，これも環境を損なう．

1970 年の**大気浄化法**（Clean Air Act）は**環境保護庁**（Environmental Protection Agency；EPA）に，アメリカの空気に放出できる気体汚染物質の量を規制するように求めた．これらの規制は国家環境大気質基準（National Ambient Air Quality Standards；NAAQS）に報告されたが，環境保護庁による規制は環境に対する新しい挑戦に答えるためにときおり更新される．2011 年に EPA は汚染物質に対する厳しい規制を設定した．表 10.1 には最も油断のならない汚染物質の新しい最大許容レベルを示す．

これらの汚染物質を詳しく見てみよう．**表 10.1** には二つの濃度単位，**ppm**（parts per million）と **ppb**（parts per billion）が使われている．これらの単位は，ごく少量の物質が他の物質に混ざっているときに用いられる．

オゾンに対する 75 ppb の規制とは何を意味するのだろうか．75 ppb の濃度でオゾンを含む空気では，空気中の 10 億（1,000,000,000）個のさまざまな気体の原子や分子のうち，平均して最大 75 個がオゾン分子という意味になる．

大気の上層に天然に存在するオゾンは，太陽光とスモッグが酸素と反応すると，自然とは違った仕方でつくられる．大気の上層にある天然のオゾンは紫外線に

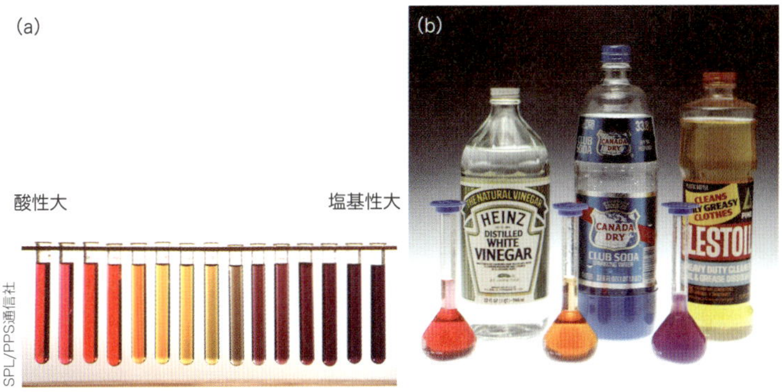

図 10.6　pH 指示薬 II
（a）万能指示薬は指示薬の混合物で，1 から 12 に至る pH 範囲で変色する．（b）家庭で用いられるいくつかの製品に万能指示薬を混ぜると異なる色を示す．食酢の pH は約 1，ソーダ水の pH は約 4，しみ抜きの pH は約 12 となる．

表 10.1 空気中によく見いだされる汚染物質

汚染分子	国家環境大気質基準の基準を超えるありふれた汚染物質の濃度
オゾン O_3	75 ppb (8時間平均)
一酸化炭素 CO	35 ppm (1時間平均)
二酸化硫黄 SO_2	75 ppb (1時間平均)
二酸化窒素 NO_2	100 ppb (1時間平均)

データは環境保護庁からの最新の値．各制限値は ppm または ppb で与えられている．示されている時間は，各測定に費やされた時間の長さに対応している．たとえば8時間平均の測定で得られたデータは，8時間以上の測定から得られた計算値．

よる害を防ぐが，その同じオゾンが地表近くに生成すると有毒であり，オゾンを定常的に吸っている人々の肺に障害を及ぼす．

表に出ているもう一つの気体，一酸化炭素（CO）は強力な温室効果ガスだった（5章，温室効果ガスは地球を取り巻く空気に熱を蓄え，気候変動と地球温暖化を引き起こす）．表10.1に示した国家環境大気質基準によると，COは35 ppmの濃度まで許される．35 ppmの濃度で一酸化炭素を含む空気では，空気中の100万（1,000,000）個のさまざまな気体の原子や分子のうち，平均して最大35個が一酸化炭素という意味になる．オゾンと一酸化炭素はどちらも厄介者．これらはとりわけ都市部の空気中に存在する有害な汚染物質となる．しかしこれらの気体のどちらも，酸性雨には関与しない．では，どんな化学物質が酸性雨を引き起こすのか？

問題 10.6 表10.1によると，一酸化炭素COは35 ppmまで許容されている．この濃度では，空気300万分子のなかに何個のCOが含まれているか．

解答 10.6 濃度35 ppmとは，空気を構成しているさまざまな気体100万分子のうち35分子がCOだという意味になる．したがって，空気300万分子のなかには $3 \times 35 = 105$ 個のCO分子が含まれている．

● 硫黄化合物は酸性雨の二大原因の一つ

表10.1の最後の二つの気体は，天然の水の汚染源についての真犯人だ．この節では二酸化硫黄 SO_2 について述べる．空気中で二酸化硫黄が酸素と水と混じり合うと，強酸の一つ，硫酸 H_2SO_4 が生じる．雨水や雨水が降る湖，川，海にとって，プロトンを放出する硫酸は問題となる．10.2節で述べたように，プロトンは水のpHを低下させる．そのことは次の化学反応式からわかる．

$$H_2SO_4 \rightarrow H^+(aq) + HSO_4^-(aq)$$

自然の，汚染されていない雨水のpHは約5.6となる．しかしアメリカでの普通の雨水のpHは約4.5だ．これはたいした差ではないように見えるが，pHスケールは対数で示される．したがって，pH単位で1の変化はプロトン濃度では10倍の変化に相当する．pH 4.5の酸性雨はpH5.6のきれいな雨の10倍以上のプロトンを含んでいる．

酸性雨の最低pHはアメリカではどこで記録されたのだろうか？ あまり名誉とはいえないこの記録はウェストバージニア州ウィーリングでのことだった．工業活動が最も盛んだったが規制が十分に行われていなかった1979年に，この町は記録されたpHが1.5という雨の洗礼を受けた．このpHは自動車のバッテリーのpH 1の酸と，pHが約2の濃縮レモンジュースのあいだの値となる．こんな雨が降っているときに外出するのは危険だ．

大気中に放出される二酸化硫黄のほとんどは一つの発生源，石炭を燃料とする火力発電所からだった．**図10.7**にはアメリカでの電力の元（燃料）を示した．このデータによると，火力発電所は再生可能エネルギー（renewable energy）の3倍もの電力をつくっている．これにはいくつかの理由がある．第一に，石炭は図10.7に示された燃料のなかで最も安価なこと．第二に石炭が豊富にあること[*3]．全米の2/3の州に石炭の炭床があり，ウェストバージニア，ケンタッキー，ペンシルバニア，テキサス（産出量の多い順に並べた）が大きな石炭の産地だ．実際，石炭は容易に得られるので，アメリカは石炭を外国に輸出すらしている．

● 火力発電所の燃焼排ガスから二酸化硫黄を除去することができる

1990年に国家環境大気質基準は二酸化硫黄 SO_2 の規制を緩めた．しかし2011年の二酸化硫黄排出に関する環境保護庁のガイドラインは厳しい規制を課し，ほとんどの火力発電所に対して，石炭を燃やす際に大気中に放出する物質を規制するように求めた．有害な汚染物質の一部を除去できる排ガス洗浄装置（スクラ

*3 もちろん，これは日本には当てはまらない．

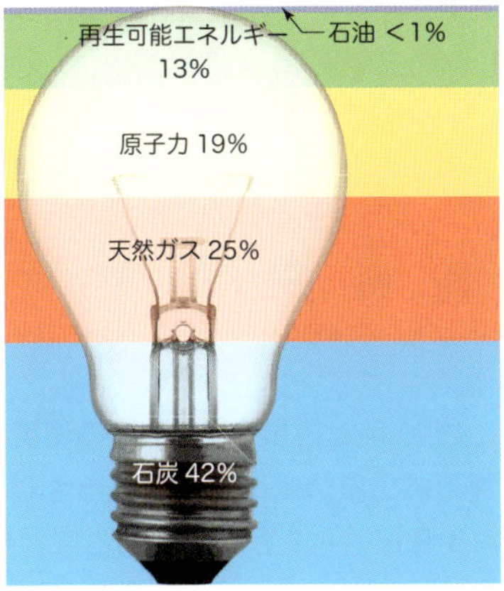

図 10.7　2011 年のアメリカでの電力の元（燃料）

バー，scrubber，硫黄除去器）を備えた火力発電所は**きれいな火力発電所**（clean coal plant）とよばれる.

火力発電所は SO_2 を除くために，煙突を通る煙道ガスの不純物を除くことができる.

最も効果的な不純物除去法は**燃焼排ガス脱硫**（flue gas desulfurization）だ．すでに述べたように，燃焼排ガスには二酸化硫黄が含まれている．石炭のなかに含まれている硫黄が空気中で燃えると二酸化硫黄を生じる．スクラバーのなかで，この二酸化硫黄の気体は石灰石の懸濁液（スラリー）の噴流と接触する．この懸濁液は，**図 10.8** に示すように，炭酸カルシウム $CaCO_3$ を含んでいる．この二つの物質は下に示す化学反応式に従って，固体の硫酸カルシウムを生じる.

$$2CaCO_3 + 2SO_2 + O_2 \rightarrow 2CaSO_4 + 2CO_2$$

火力発電所は 1 日当たり 600,000 kg の二酸化硫黄を燃焼排ガスから除去でき，これによって大気中に放出されて酸性雨の原因になる二酸化硫黄が著しく減少することを意味する．しかし，これは同時にこれらの発電所は大量の硫酸カルシウム（ギプス，石膏として知られる）と，温室効果ガスの二酸化炭素をつくることも意味する.

火力発電所がつくる 100 万 kg もの硫酸カルシウムをどう処理するかという問題もあった．幸い，硫酸カルシウムの一つの形は石膏をつくるのに使えた．建築業者はこの石膏を 2 枚の紙のあいだにはさんで，石膏ボード（プラスターウォール，または Sheetrock®）をつくった．多くのアメリカの家屋で，壁板は屋内の壁の材料として好評だった．というわけで，燃焼ガス脱硫を使う発電所がつくる石膏の重要な用途になった.

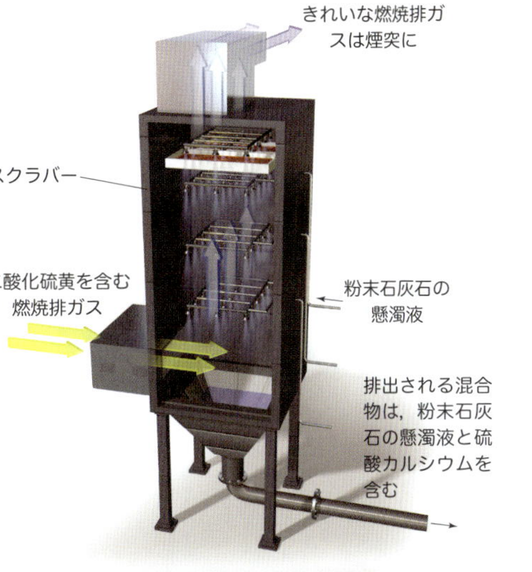

図 10.8　燃焼排ガス脱硫

燃焼排ガスは装置の左下から入り，石灰石の懸濁液のスプレーを通り抜けて上に昇る．この過程で，燃焼排ガス中の二酸化硫黄は硫酸カルシウム（ギプス，石膏）と二酸化炭素に変わる.

● ある種の石炭は他の石炭より多くの硫黄を出す

すべての石炭が同じではない．アメリカの石炭を燃やす発電所は 4 種類の石炭を使う．これらは**表 10.2** に示すように，キログラム当たりの価格，含んでいる硫黄の量，どれだけのエネルギーを出せるかなどが異なる.

すべての石炭が安価なのに注目してほしい．1 kg 当たり数円となる．一方，アメリカでのガソリン価格は 1 kg 当たり 1 ドル．ガソリン価格がアメリカの約 3 倍するヨーロッパでは 1 kg 当たり 3 ドルとなる．また 4 種類の石炭は同じ割合で使われているのではない．最もエネルギーに富んだ無煙炭は，アメリカの北東部にほんの少し，小さな鉱山で産出するだけでほとんど使われていない．アメリカの鉱山が産出する石炭のほとんどは瀝青炭（れきせいたん）か亜瀝青炭（あれきせいたん）であり，この二つの石

表 10.2　アメリカで用いられる 4 種類の石炭

石炭の種類	2010 年にアメリカで消費された量（質量%）	つくられる平均エネルギー（kJ/kg）	硫黄の平均含有量（質量%）	kg 当たりの平均価格[*4]（セント）
無煙炭	＜1%	35,300	0.7%	5.7
瀝青炭	45%	31,000	2.3%	6.6
亜瀝青炭	47%	27,500	0.8%	1.3
褐炭	7%	15,000	0.4%	2.0

*4 為替レートは変動するが，1 ドルが約 100 円，1 セントが約 1 円と考えれば見当はつく.

ちょっと待って！ wait a minute . . .

なぜきれいな雨のpHは7以下となるのか？

実際，自然に降る，きれいな雨は酸性だ．酸性になる理由は，雨に溶けた物質が雨のなかにプロトンを放出するからだ．たとえば，波しぶきや火山ガスは二酸化硫黄を含んでおり，これが硫酸となる．雷は窒素酸化物の元であり，これも雨水のpHを下げる．また，汚染されていない空気に含まれている二酸化炭素は自然界の水に溶けて弱酸になる．これらの酸の天然の原因物質，とくに二酸化炭素は，雨のpHを5.6程度に下げる．

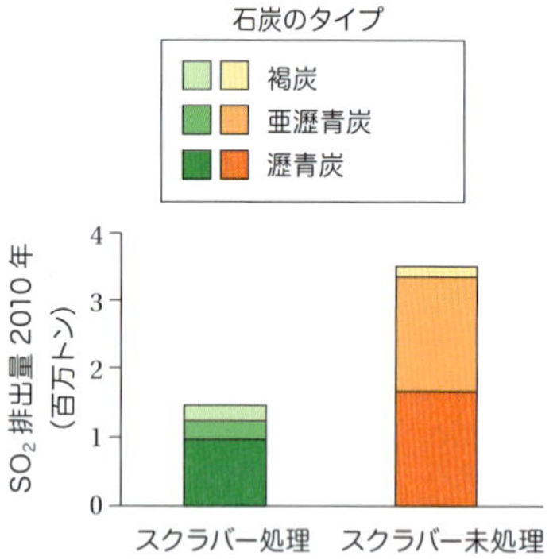

図10.9　スクラバーを使う火力発電所と使わない火力発電所

この棒グラフは，用いた石炭の種類を含めて，スクラバーを使う火力発電所と使わない火力発電所から排出されたSO_2の量を示している．縦カラムのそれぞれは3種類の濃さの異なる陰影に塗り分けられている．三つの陰影は，上に示すように，3種類の石炭に対応している．

炭はアメリカで燃やされる石炭の大部分を占める．おもに中西部と東部で採掘される瀝青炭は他の石炭より高価で，多くの硫黄を含む．亜瀝青炭は硫黄の含量が少ないので害が少ないし，またきわめて安価だ．

図10.9に示すグラフでは，アメリカの火力発電所のうち，スクラバーを使うきれいな発電所と使わない発電所とに分類した．グラフから見て取れるように，スクラバーを用いて燃焼排ガスから不純物を除いている発電所は瀝青炭を用いている．瀝青炭は硫黄含量が高いから，この結果は納得できる．

したがって，この種の石炭を燃やしている発電所は国家環境大気質基準の新しい要求に応えるために，大部分の二酸化硫黄を除去しなければならない．新しい，厳格な要求が発効されるにつれ，いくつかの発電所は高価な除染装置を設備する代わりに，発電所を閉鎖する挙に出た．

● きれいな石炭といえども，汚い，再生不能なエネルギー源

石炭と酸性雨については，よい話も悪い話もある．よい話は，1990年と再度の2011年の環境保護庁の二酸化硫黄の排出量規制は環境に放出される二酸化硫黄の量を大幅に減らしたことである．1990年から2008年のあいだに，二酸化硫黄の排出量は劇的ともいえる70%の減少となった．

悪いほうの話だが，2010年においては，きれいな発電所でつくられる電力の割合は，全米で石炭によってつくられる電力の58%にすぎない．**図10.10**の地図は色のついた円を用いており，円のそれぞれは火力発電所を表している．円が大きければ大きいほど，それだけ多くの二酸化硫黄が放出されている．この理由で，一般に緑色の円（きれいな発電所）は赤の円（スクラバーを使っていない発電所）より小さい．青色の円はきれいな発電所に切り替えようと計画している発電所を表す．残念ながら地図が示すように，青色と緑色の円は赤色の円に圧倒されており，とくに地図の大西洋側にその傾向が顕著となっている．赤色の円が多いのは二酸化硫黄が多いことを，したがってより多くの酸性雨が降ることを意味する．

石炭は汚いものだ．酸性雨の原因となる汚染源というだけでなく，石炭は水銀のような有毒物質を放出し，環境を毒する．SO_2などの毒物を除く方向に，技術は進みつつあるものの，きれいな発電所も有毒物質を環境に放出している．燃焼排ガス脱硫でも，環境を損なう物質，二酸化炭素を新しくつくってしまう．しかし最大の問題は，石炭が再生可能な資源ではないことだ．一度採掘され，一度燃やされれば終わりとなる．12章で，再生可能なエネルギー資源について学ぶ．再生可能なエネルギー資源は，うまくいけば，石炭への依存度を減らしてくれるかもしれない． 8

問題10.7　図10.9によると，きれいな石炭技術を採用している発電所はどの石炭を使用しているか．

問題10.7　きれいな石炭技術を採用しているほとんどの発電所では瀝青炭を使用している．

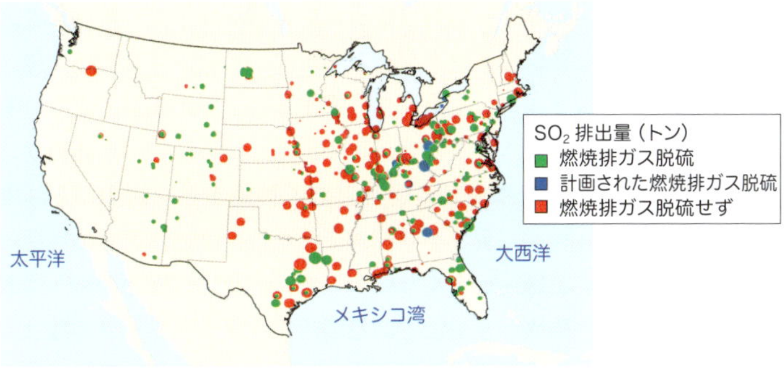

図 10.10　石炭を用いる火力発電所による二酸化硫黄の放出
スクラバーを用いない火力発電所が，アメリカでの二酸化硫黄のほとんどを排出している．円の大きさは一つの発電所が放出する質量（トン）に対応している．円が大きければ大きいほど，SO_2 排出量は大きい．色分けは図の右側に示す．

10.4　酸性雨 II：窒素による汚染物質

● 工業と農業での窒素の使用が窒素サイクルを乱す

次に，酸性雨の物語の第二の容疑者，表 10.1 に示した最後の汚染物質，二酸化窒素 NO_2 に話を進める．しかし窒素化合物がどのようにして酸性雨に関係するかを調べる前に，まず窒素がどのように環境中を循環し，このサイクルが邪魔されると何が起こるかを見てみよう．

図 10.11 に示すように，窒素は大気，地表，水のなかを移動しているが，大気中のほとんどの窒素は窒素分子の形で存在している．この反応性の低い気体窒素が反応して他の物質の一部になる過程を（窒素）**固定**（fixation）という．ある種の植物や細菌は窒素を固定し，有機物のなかに取り入れる働きをもっている．稲妻も窒素を固定できる．固定された窒素は，地中で NH_4^+, NO_2^-, NO_3^- などのさまざまなイオンとなることができる．アンモニウムイオン，亜硝酸イオン，硝酸イオンなどの窒素を含む化学種は，植物の栄養源になる．

窒素化合物は地中に天然に存在するが，農業活動によって，たいへんな量の窒素が大地に加えられる．ほとんどの農業活動は肥料をふんだんに用いるし，ほとんどの肥料は窒素を含んでいる．肥料は土壌に加えられ，栄養を与えることによって，穀物の生長を促す．アメリカでは毎年 2000 万トンの肥料が，農場，芝生，庭に使われる．図 10.11 に示すように，肥料から出た余分の窒素は土壌でろ過されて自然界の水に流れ込む．実際，海岸の水に流れ込む窒素の量はこの 50 年のあいだに倍増した．

自然界の水では，余分の窒素はプランクトンのようなある種の生物の急速な成長を促すが，これら生物が盛大に増殖するためには，生きるのに必要な酸素を必要とする．この種の生物が存在すると，それらは水に溶けている酸素を速やかに消費するので，酸素を必要とする他の生物のための酸素がほとんど，あるいはまったく残らないことになる．汚染物質がある生体の過剰な生育を引き起こし，結果として天然の水から酸素が奪われるのを**富栄養化**（eutrophication）という．

自然界の水の酸素濃度が下がると，水はまず酸素不

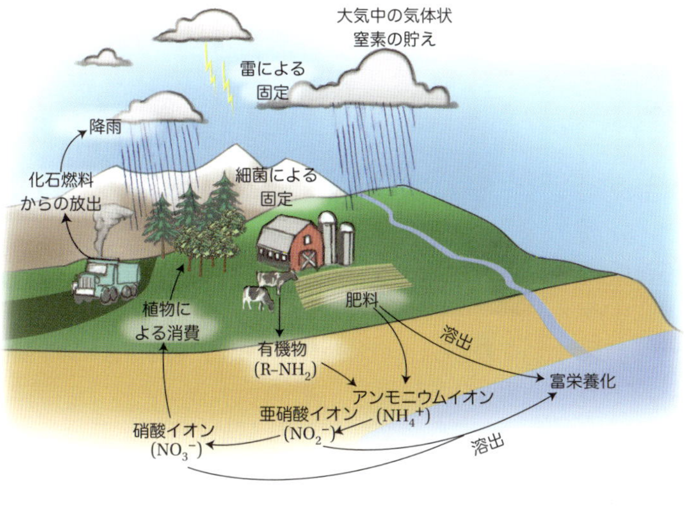

図 10.11　窒素の循環（窒素サイクル）
大気，陸地，水を巡る窒素の循環．汚染物質がサイクルに入り込むと，環境に害を与えることになる．

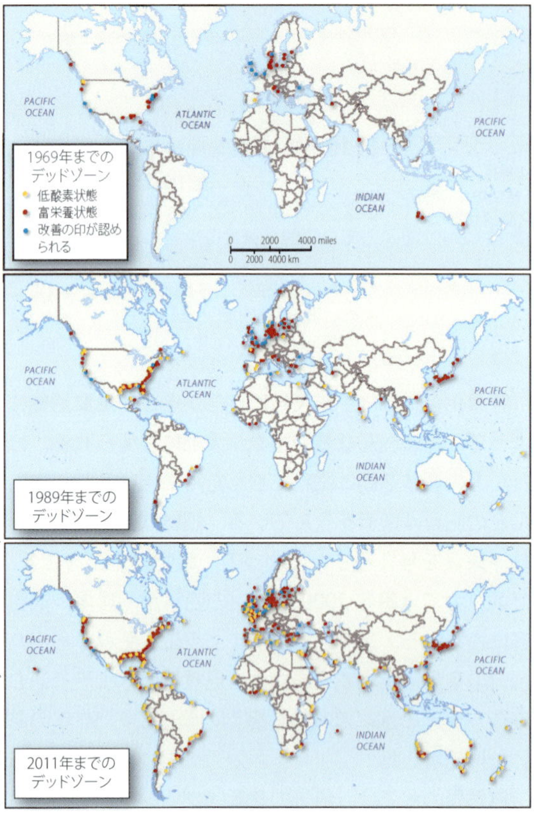

Data from Wilhelmsson, Thompson, Holmstrom, Linden, Eriksson-Hagg: Managing Ocean Environments in a Changing Climate Sustainability and Economic Perspectives.

図 10.12 世界中のデッドゾーン
図中の小さい円はデッドゾーンを表す．デッドゾーンは酸性雨，肥料のもれ，下水や洗剤に含まれる化学薬品などが原因の，過剰な窒素による酸素不足状態から生じる．

足状態になり，さらに酸素濃度が下がり続けると，最後には**デッドゾーン**（dead zone），すなわち，魚，貝，サンゴに至るすべての生物が十分に生育できない場所ができてしまう．この場所にいる生物は，死ぬか，より健康的な環境を求めて移動する．**図 10.12** は世界地図にデッドゾーンを示した．緑色と黄色の場所はそれほどひどくないデッドゾーン，暗赤色の場所は最も酸素が不足している場所だ．デッドゾーンの数は，世界中の沿岸で警戒すべき速さで増えている．

問題 10.8 図 10.12 によると，デッドゾーンは大洋に接した沿岸地帯だけで起こるか，それとも内陸部の湖や川にもあるか．

解答 10.8 図 10.12 によると，デッドゾーン（赤い円）のあるものは沿岸地帯にはないが，ほとんどは沿岸の近くにある．

● 窒素酸化物はガソリンが燃焼するときの副産物で酸性雨の元になる

二酸化硫黄と同様，燃料が燃えると窒素酸化物が生じる．二酸化硫黄は石炭の燃焼によって生じるのに対し，窒素酸化物はガソリンのような炭化水素燃料の燃

natureBOX・ビネグレット*5大会堂

イギリスのヨーク大会堂（**図 10 A**）は現存する最もよく知られ，また最大の中世ヨーロッパ建築の代表例だろう．約 800 年前に建てられて以来，大会堂は自然の力に打たれ，また落雷による火災などの被害があったが，それでも現存している．ヨーク大会堂がそれらに耐えてきた理由の一つは，用いられた建材が石灰石だったからだ．石灰石は粒子が細かく，丈夫なので，歴史を通じて，記念碑，銅像（そしていうまでもなく墓石）に用いられた．石灰石と，近縁といえる大理石はともに炭酸カルシウム $CaCO_3$（方解石）からできている．ただし，大理石のほうが石灰石より高密度で滑らかだ．

ヨーク大会堂は何百年ものあいだ，ひどい扱いに耐えてきた．しかし，最大の攻撃は汚染だろう．1760 年から 1850 年にわたる産業革命からはじまって今日まで，大気中の不純物はヨーク大会堂の石灰石に入り込み，そのため，石灰石は黒ずみ，もろくなる．すべ

Neil Mitchell/Shutterstock

Courtesy of Karen Wilson/Aston University

図 10 A ヨーク大会堂とウイルソン博士

ての恐ろしい汚染物質のなかで，最も手強いのは酸性雨といえる．

*5 ビネグレットはオリーブオイルを主原料とするドレッシングの一種．

焼によって生じる．窒素はガソリンにほとんど含まれていないのに，ガソリンの燃焼に窒素がどう関係してくるのだろうか？　この問いへの答えは，ヒトが呼吸する空気の 78％が窒素分子 N_2 だと思い出せば得られる．二つの原子のあいだの結合の強さを考えると，次に示すように窒素原子 2 個を束ねている三重結合は，最も強い結合の一つだ．この結合を切るにはたいへんな量のエネルギーが必要となる．

$$:N{\equiv}N:$$

窒素の三重結合はきわめて強いので，結合して N_2 となっている 2 個の窒素原子は不活性で，反応しないと考えられる．

前節で N_2 のなかの N−N 結合は，窒素が自然界で固定される際に切れることを学んだ．ガソリンエンジンのなかで，周囲の空気からもち込まれた窒素分子 N_2 は酸素分子と出合う．温度が 500 ℃以上にも達する，焼けつくような環境では，窒素-窒素三重結合は切れる．つまりこの条件下では，窒素分子は反応性が高まって酸素分子と反応し，2 種類の NO_x と記される窒素酸化物をつくる．下つき添字 x が 1 であれば，分子は一酸化窒素 NO，$x = 2$ であれば分子は二酸化窒素 NO_2 となる．これら二つの窒素の酸化物をまとめて言及したいときは NO_x [*6] という．

窒素酸化物は二酸化硫黄と同じ理由で問題となる．どちらも気体で，水と反応して酸を生じる．雪や雨のような媒質に溶けると，NO_x 分子は硝酸 HNO_3 になる．硝酸は強酸だから，完全に解離してプロトンと硝酸イオンを生じる．

$$HNO_3 \rightarrow H^+(aq) + NO_3^-(aq)$$

この反応で生じたプロトンは雨や雪に溶け，それらを酸性にする．国家環境大気質基準は二酸化硫黄に対して行ったことと同じように，NO_x 排出に規制を設け，酸性雨の影響を軽減しようとしている．

問題 10.9　次の窒素酸化物のうちのどれが NO_x に含まれていないか？
(a) NO_3^-　(b) NO　(c) NO_2　(d) N_2O

解答 10.9　NO_x に含まれているのは NO と NO_2．

*6 ノックスと発音する．

石灰石と大理石をつくる方解石はカルシウムイオン（Ca^{2+}）と炭酸イオン（CO_3^{2-}）からなる．炭酸イオンは塩基性で，したがって酸と反応し，その結果方解石は壊れる．石灰石だけでつくられたヨーク大会堂は，降り注ぐ酸性雨の 1 滴 1 滴によって次第に劣化する．

ここで大会堂を救うために，化学が登場する．カレン・ウイルソン博士（図 10 A 参照）率いるウェールズのカーディフ大学のグループは，大会堂を酸性雨の破壊から守るための保護膜の開発をめざして研究している．保護膜は水をはじく必要があるから，化学者たちは**疎水性**（hydrophobic）の，すなわち水を恐れる分子を探した．**図 10 B** に示すように，炭素と水素だけからなる無極性の長い鎖からなる油類はもともと疎水性だ．知ってのとおり，水は極性の強い分子であり，油をはねつけ，混じり合うことはない．化学者たちはいろいろな油を試した結果，一つの油に落ち着いた．それがオリーブオイルだった．オリーブオイルをテフロンのような物質と混ぜると，有効な保護膜ができ，酸性雨を含む雨滴から石灰石を守る．ヨーク大会堂はもう 800 年かそれ以上，誇らしげに立ちつづけるだろう．

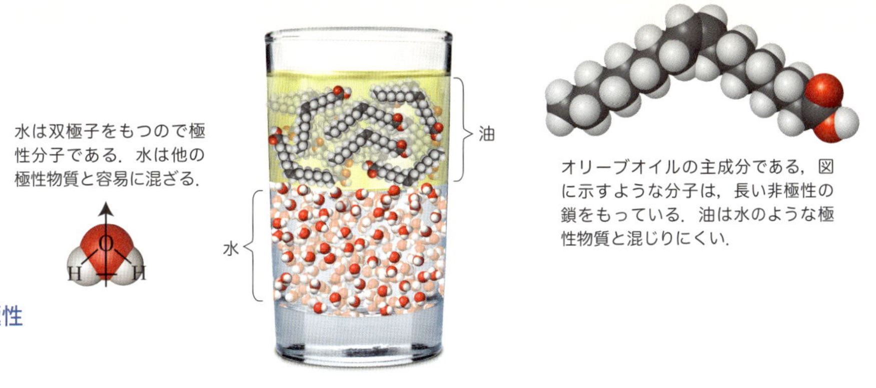

水は双極子をもつので極性分子である．水は他の極性物質と容易に混ざる．
O
H
H
油
水
オリーブオイルの主成分である，図に示すような分子は，長い非極性の鎖をもっている．油は水のような極性物質と混じりにくい．

図 10 B　水と油の極性

● 触媒変換器は車からの有毒ガスの排出を減らす

1970年の大気浄化法のおかげで，車が排出する窒素酸化物の量は減りつつある．1970年代には自動車メーカーは大気浄化法を守り続けられないし，非現実的だと主張したが，自動車産業は一酸化炭素のみならず二酸化窒素の排出を減らすよう余儀なくされた．この新しい規制に応えるべく，自動車メーカーは1970年代半ばから，NO_2やそのほかの汚染物質の排出を減らすために，自動車に**触媒変換器**（catalytic converter）を装備しはじめた．

自動車が燃料を燃焼させたときに生じる気体は，触媒変換器を通って排気管に流れる．変換器は菱形の装置で，排ガスのなかの一部の気体と結合し，それらを他の分子に変える触媒が詰まっている．典型的な触媒はロジウムRh，白金Pt，パラジウムPdなどの金属元素でできている．これらは高価な金属なので，触媒変換器に手が届きやすい，車高の高い自動車からの盗難が頻発している．

触媒変換器のなかの触媒は，次の化学反応式にしたがってNO_xと反応する．

$$2\,NO_x \rightarrow xO_2 + N_2$$

触媒変換器によって，約90％のNO_xが無害なN_2に変換される．図10.13に示すように，ほとんどの新しい触媒変換器は三段式（three way），つまり一酸化炭素COと燃え残りの燃料を二酸化炭素CO_2に変換する．

触媒変換器は成功をおさめたが，自動車の排ガスのクリーニングについての完全な解決にはならない．第一に触媒変換器は温室効果ガスの二酸化炭素を放出する．第二に，触媒変換器がうまく機能するためには，十分に予熱しなければならない．その結果，たいていの車は触媒変換器がまだ十分に暖まっていない最初の5分間に，汚染物質の大半を放出してしまう．最新の車のなかには，車がスタートしたばかりでも，より多くの排ガスが触媒と反応するように，触媒変換器に加熱器を備えていて，触媒を速やかに暖めることができるものもある．

● NO_xの放出の減少は，SO_2の放出の減少より遅い

図10.14に示すように，国家環境大気質基準のきびしい要求と，触媒変換器のような技術革新によって，過去30年，NO_xの放出量は減少しつつある．1980年から2009年のあいだに，空気中の窒素酸化物のレベルは48％減少した．これらのデータから，大気浄化法は，空気中の窒素酸化物のレベルに大きな影響を与えたことは明白だ．

しかし，よい話ばかりではない．確かに窒素酸化物の濃度は減少したが，その減少速度は二酸化硫黄の濃度減少に比べて進みが遅い．たとえば2008年にアメリカの大気にはNO_xとSO_2，それぞれ1700万トンと1000万トンが放出されている．一台の自動車が放出するNO_xは著しく減少したが，車の数は増えたし，また増え続けるだろう．

では将来NO_xレベルについての希望はあるのだろうか？　答えはイエス．アメリカの環境保護庁が近年発効する燃料経済規則を発布した．2013年には，平均的な車の燃費は，ガロン当たり24.9マイル（mpg [*7]）だ．2016年までに，車の燃費を35.5 mpgにしなければならない．2025年までに，この値を54.5mpgにしなければならない．これらの値を図10.15に示した．燃

*7　1ガロン＝約3.8 L，1マイル＝約1.6 kmだから，24.9 mpgは約10.5 km/Lに相当する．アメリカの標準車は日本の基準ではかなり大型車．

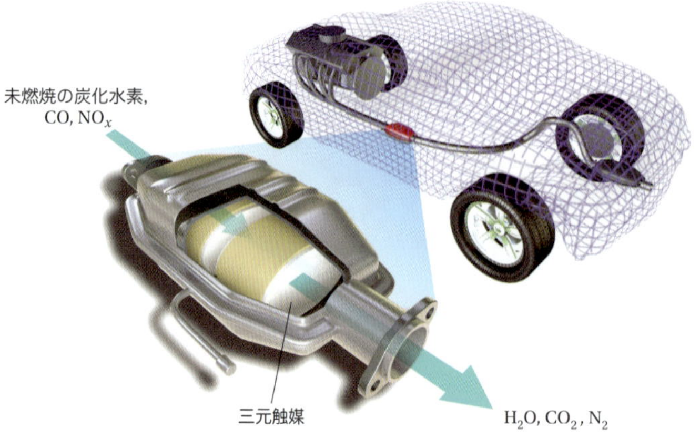

図10.13　触媒変換器
触媒変換器は車の排気システムの一部に組み込まれている．燃焼されなかった燃料，NO_x，一酸化炭素のすべてが，金属触媒を含む触媒変換器を通過するあいだに害の少ない気体に変換される．変換器の出口から，二酸化炭素，窒素分子と水が放出される．

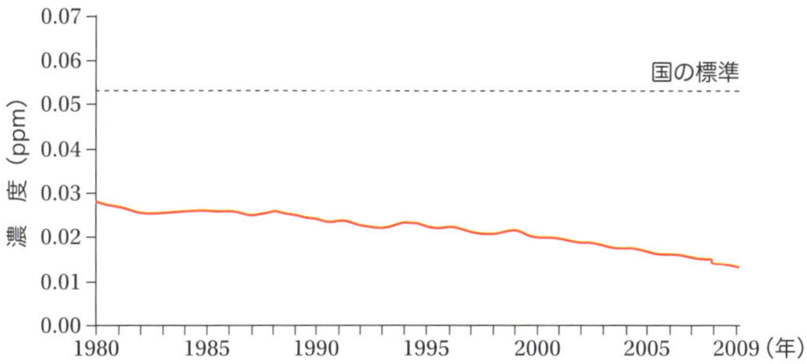

図 10.14　二酸化窒素レベル

グラフは 29 年にわたる大気中の二酸化窒素の濃度を示す．縦軸には二酸化窒素の ppm 単位の濃度を，横軸には年度を示す．横軸に平行な点線は，この気体に対する国家環境大気質基準の標準の 0.053 ppm（1 年間平均）を示している（この値は表 10.2 のものとは異なる. 表 10.2 のデータは 1 時間平均，図 10.14 のデータは 1 年平均だから）．

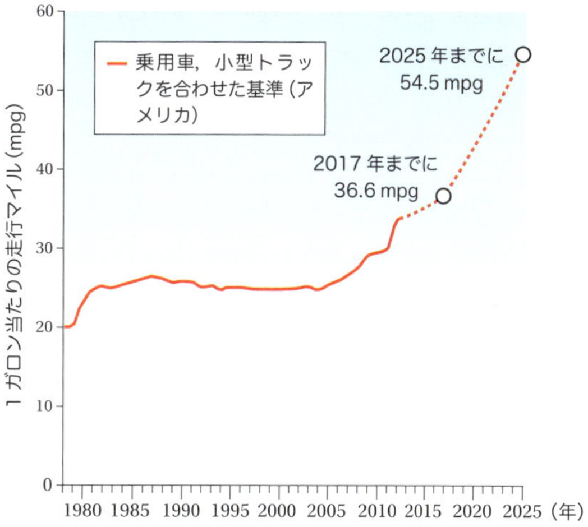

図 10.15　燃費に対する環境保護庁の新しい目標

費の向上を自動車の（汚染物質の）放出量の減少（図 10.14）に対応させてみよう．燃費の向上は NO_x の減少，そしておそらくは酸性雨の減少に対応している．

10.5　酸性雨の影響

● 自然界の水は加えられた酸や塩基に対してかぎられた耐性しかもたない

人間の活動に影響されていない湖の pH は 6.0 ～ 7.0 のあいだの値をもつ．大気中の汚染物質によってつくられた大量の酸性雨が pH を下げはじめると，湖の環境も変わりはじめる．pH が低下しはじめると水棲植物が死にはじめる．これは水棲植物を餌にしている水鳥に悪い影響を与えた．pH がさらに低下すると死んだ有機物を分解するバクテリアが死に，あとに有機物の山が残った．pH が 4.5 より下がると，もはや魚は生きることができない．**図 10.16** はある種の水棲動物の生態系が破壊されるまでに，pH の値がどのくらいまで下がることができるかの可能性について示しているアメリカの環境保護庁が用意したグラフだ．

最も長く続いた徹底的な酸性雨の研究の一つは，ウイスコンシン大学マディソン校の湖沼学者によるものだった．彼らは北ウイスコンシンにあるトラウト湖の半分を酸性化するという許可を得て，対照実験のために酸性化した半分を，酸性化しない半分と比較した（**図 10.17**）.

1984 年から 1990 年のあいだに，酸性化された湖

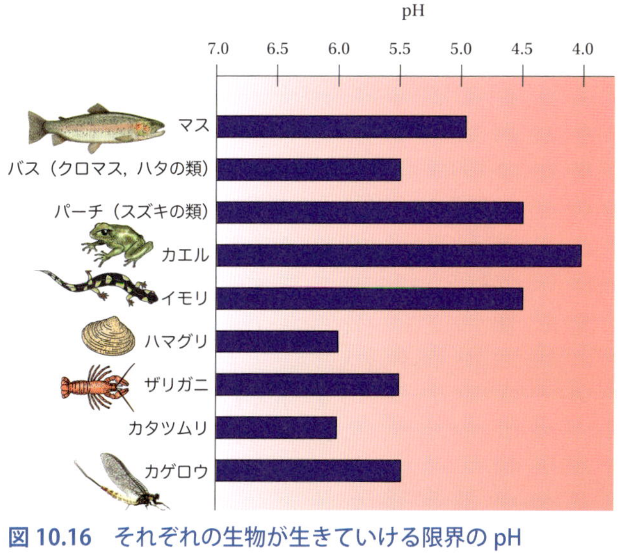

図 10.16　それぞれの生物が生きていける限界の pH

この棒グラフは，異なる種類の水棲生物が生きていける pH レベルの限界を示す．

図 10.17　北ウイスコンシンにあるトラウト湖

湖の衛星写真によると，二つの部分は湖の中央にある狭い開口部で分けられている.

の半分のpHは6.1から4.7と，しだいに低くなった．酸性化の初期の段階では，魚の一部は生きながらえた．しかし，pHがどんどん低くなるにつれて，元から棲息していた魚の子孫は生きることはできなくなる．この半分の湖はたいへん澄んできて，太陽から届く紫外線が以前より深く通るようになり，その結果，湖の底に繁茂している緑藻類の成長を促進した．酸性度が強まり続けた結果，湖の底の水銀が遊離してくるようになる．かつて棲息していたプランクトンは死に絶え，酸に強く抵抗できる種に取って代わられた．

酸性化計画が終了したのち，研究者たちは次の10年間に，トラウト湖の回復を研究した．pHと溶けている化合物の濃度はわずか数年のあいだに通常の水準に回復したが，生物の回復はもうすこし時間がかかった．水棲植物と魚の回復はさらに数年を要した．しかし，この研究は，酸性雨による自然界の水になされたある種の破壊は，不可逆的ではないことを示しているため，私たちに希望を与える結果となった．

問題 10.10 ウイスコンシン大学によってされた研究のあいだに，トラウト湖の水素イオン濃度は10倍以上増えたか．

解答 10.10 10倍以上増えている．pH 1の変化は10倍の変化を意味することを思い出そう．研究のあいだにpHは6.1から4.7に減少した．これはpH単位で1.4の変化で，濃度の変化は10倍以上となる．

● 酸性雨は水圏だけではなく，森林にも害を与える

この章では，ここまでもっぱら酸性雨が天然の水に与える影響に焦点を当ててきた．しかし，酸性雨は浴びせたものすべて，とくに森林を破壊する．長年にわたって，樹木を研究する科学者たちは，ある木は生長が遅かったり，葉や針葉を失ったり，永久に死んでしまったりすることに気がついていた．この効果は一様ではなく，アメリカのある場所では木々に問題はない．しかし別の場所で，森林破壊が起こってしまった．図10.18に酸性雨を浴びた松の木の写真を示した．

なぜある森林は他の森林に比べて酸性雨により強く影響されるのだろうか．まず，酸性雨のpHはアメリカ全土で一様ではない．工場が大気中にSO_2を排出する重工業地帯ではNO_xを大気中に放出する．人口密度が高い都市部では，酸性雨のpHは最も低い．しかし，これらの原因がない地域でも，工業地帯や都市部の風下にあると，pHが低くなることもありうる．このことは，とくにアメリカの北東部の地方にあてはまる．メイン州，ニューハンプシャー州，バーモンド州には工業地帯や都市部があまりないのに，酸性雨による被害は，アメリカでも最悪の部類に属する．これらの地域は，酸性雨の影響を受けているが，その酸性雨は，近くの工業地帯，大都市や火力発電所がつくった汚い空気を心ならずも引き受けてしまった結果，生じたものだ．

Science Source/PPS通信社

図 10.18 酸性雨は樹木に影響する

● 酸性雨は土地から栄養分を奪い，樹木を傷める毒を放出する

酸性雨は，森林に対して正確にはどの程度影響するのだろうか？ 実際のところ，樹木の木質部は直接には害を受けないが，酸性雨は樹木に必要な栄養分を土壌と葉から奪う．樹木の正常な生長に不可欠な元素はカルシウムだ．酸性雨はカルシウムを樹木の葉や，その木が生えている土壌から浸出させるため，カルシウムが木から失われてしまう．カルシウム不足の樹木は病気になりやすい．弱った木は寒さや病気に弱いが，それは人間の場合と同じといえる．アメリカの北西部に生えるやサトウカエデやアカトウヒにとって，酸性雨はとりわけ危険だ．酸性雨に影響された全水域にカルシウムを加えるという実験によると，この重要な元素を加えることで，森林の健康が回復した．

まだ問題がある．多くの土壌は自然の状態ではアルミニウムを含むミネラルをもっている．健全なエコシステムでは，この種のミネラルは水に溶けてアルミニウムを放出することはない．

酸性雨のせいでpHが下がると，アルミニウムミネラルが溶けはじめ，有害なアルミニウムイオンが土壌

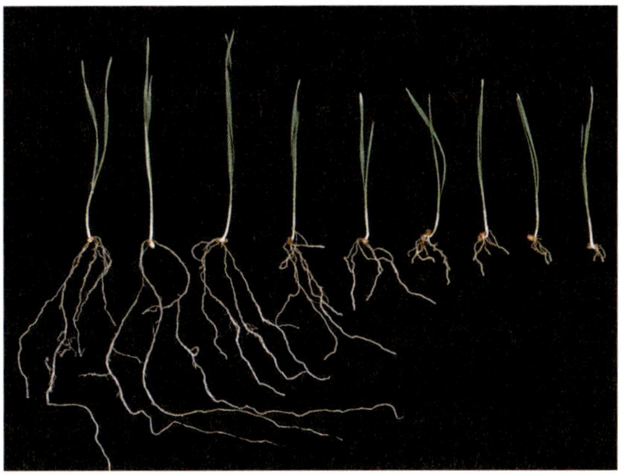

図 10.19　アルミニウムの毒性
これらのワタは，pH の減少が植物の根に与える影響を示している．ごく低い pH の土壌で生育する植物（右端）は，高濃度のアルミニウムによって，損害を受けている．

に放出されるようになる．**図 10.19** に示すように，アルミニウムは健康なワタの根の成長を阻害する．アルミニウムは樹木が根から取り込んだカルシウムを減らし，役に立つ細菌を殺す．

場所によっては，土壌は酸性雨に対して耐性があり，その影響をより長い期間，耐えることができる．たとえば中西部のネブラスカ州やイリノイ州の土壌には緩衝作用がある．これらの州の土壌は天然の**緩衝剤**（buffers），すなわち，雨のなかにある過剰の酸と反応して，これらの地域に生育する森林に対する効果を減らす働きをもつ物質を含んでいる．これに対してアメリカの北西部の土壌は緩衝作用が弱く，この地域の森は，緩衝作用がよく働いている地域の森林に比べて，酸性雨の影響を受けやすい．

酸性雨は環境にストレスを与え続けている．**図 10.20** に，この章で議論してきた酸性雨の影響をまとめた．幸いなことに，火力発電所，工場，自動車からの気体排出物を規制しようとする苦労の多い仕事は報われつつあるように見える．

アメリカのある場所では，かつて pH 4.0 の雨が降った．現在では，これらの地域の雨の pH は，1 単位高くなっている．しかし，多くの楽観的な報告にもかかわらず，酸性雨が依然として引き起こし続けている損害についての報告も見られる．注意深く見続けることが必要だろう．

問題 10.11　図 10.20 を参考にして，次のどれが酸性雨の原因，あるいは結果なのかを示せ．
(a) 車の排気管から放出されるもの
(b) 土壌中の有機物の腐敗
(c) 自然界の水のなかの水棲生物の減少
(d) 病んだ木

解答 10.11　(b) 以外は酸性雨の原因，あるいは結果といえる．(b) の有機物の腐敗は自然現象で，酸性雨の原因，あるいは結果ではない．

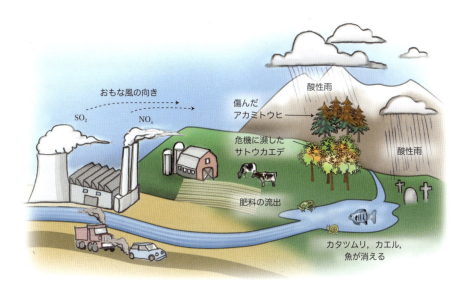

図 10.20　酸性雨
この図では酸性雨の原因と，それが環境に及ぼす影響をまとめた．

THEgreenBEAT ● 環境に関する話題

ピンク色の手をつかまえた！

一般の台所の戸棚には，塩基性の固体である炭酸水素ナトリウム（重曹），酸性の果汁や酢などの液体が入っていることが多い．だが，あるものが酸か塩基かは，どうやって知るのだろう．異なる pH の溶液中で色を変える pH 指示薬を使うのが一番簡単な方法である．pH 指示薬は自分でつくることもできる．赤キャベツの葉を刻み，2 分ほど煮てからキャベツの葉をひっぱりだす．残ったのは優れた指示薬である濃い紫色の溶液である．**図 10.21** には赤キャベツからつくった指示薬に，pH が異なるいろいろな物質と混ぜるとどうなるかを示した．酸性溶液は赤キャベツ指示薬を紫色から赤色やピンク色に変え，塩基性溶液は青色，緑色色あるいは黄緑に変える．

pH が変わると，pH 指示薬はどのように色を変えるのだろう．この問いに答えるには，もっと単純な指示薬を調べるのがよい．フェノールフタレイン分子は pH 約 8 以下では無色だが，pH 約 8 以上になると明るい赤紫色になる．色が変わるのは，pH が変わって分子の構造も変わるからである．**図 10.22** はこの過程を示している．左側の無色の分子は pH 8 以下で存在する．pH が 8 以上になると化学反応が起こり，右側の分子が生じる．右側の分子は明るいピンクである．

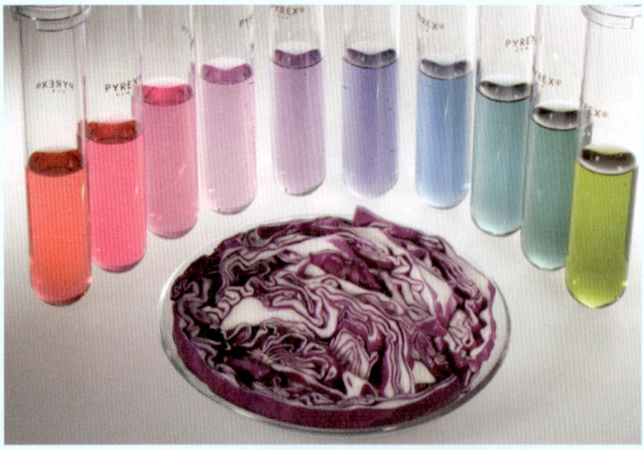

図 10.21　pH 指示薬として赤キャベツを用いる

pH 指示薬分子の構造変化が起こると，指示薬の色がつねに変わる．

赤キャベツは指示薬が複雑に混ざっていて，pH が変化すると図 10.21 に示したようなスペクトルの色を示す．色の濃い植物を思い浮かべてみよう．たとえばブルーベリーやルバーブ，ビート，紅茶などが pH 指示薬として用いられてきた．また，バラやハイビスカスなどの花からも色のついた物質を抽出して pH 指示薬がつくられた．「リトマス試験」で有名なリトマスも，（リトマス苔などの）地衣類から抽出した天然の指示薬である．

pH 指示薬は化学実験室以外でも使い道がある．何十年ものあいだ，図 10.22 に示したフェノールフタレインは贈収賄事件の有罪を証明するのに用いられてきた．フェノールフタレインは固体で白い粉末である．警察の捜査官はこの粉末を紙幣にうすく塗り，その紙幣を賄賂として受け取る人に渡す．この人がお金を扱ったことを証明するために，犯罪者の手を炭酸ナトリウム水溶液のような弱い塩基で洗えばよい．すると，pH は 8 より大きくなり，フェノールフタレインは図 10.22 の右側にあるような，鮮やかな赤紫色の分子に変化する．このピンク色は法廷で贈収賄の証拠と認められる可能性がある．もしこのテストがまだ用いられているところに住んでいて，警察官から賄賂をもらおうと考えているなら，最善のアドバイスは「忘れずに手を洗え！」だ．

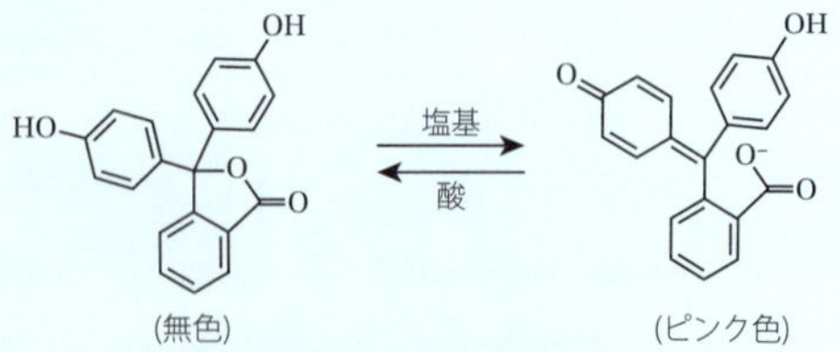

図 10.22　pH が変化すると，フェノールフタレイン分子の構造も変化する

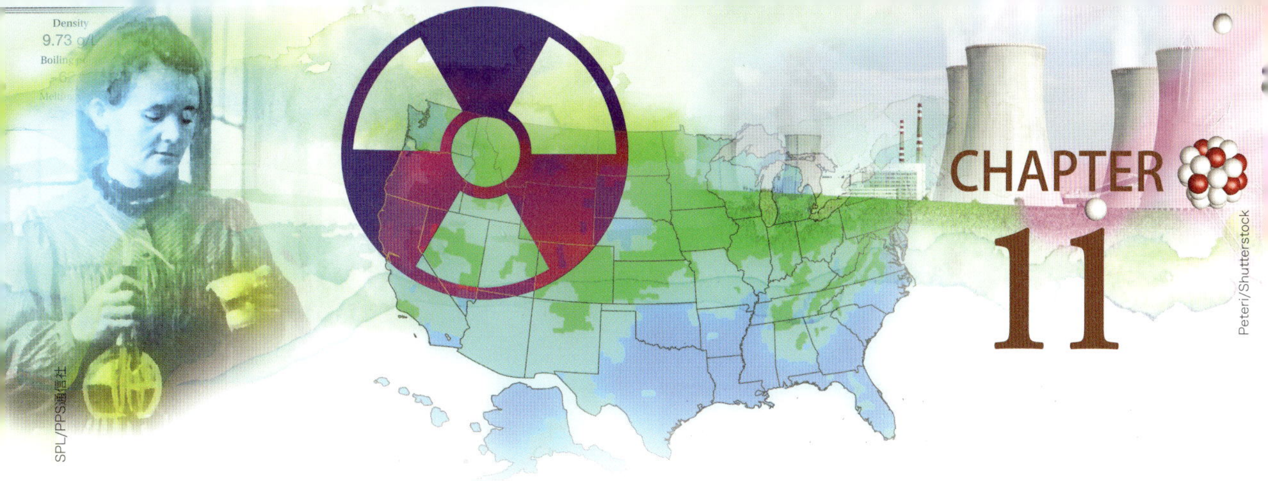

CHAPTER 11

原子力
核化学の基礎

自然現象にせよ，人間が引き起こしたにせよ，大災害に見舞われたとき，どう対応すればよいのか．巻き込まれた人々はどう助ければよいのか？　なかなかの難問だ．危機に際しては情報交換が最も重要で役に立つ．そのため，科学者たちは災害のひどさを人々に伝える方法を工夫してきた．たとえば，地震の激しさを示すのにマグニチュード 1 から 10 までランクづけにするリヒタースケール[*1] が用いられている．ちなみに，これまでに記録された最大のマグニチュードは，1960 年のチリ地震[*2] だ．

国際原子力事象尺度（International Nuclear Event Scale；INES）は，原子力関連の事故を同様のスケールでランクづけする．このスケールによると，レベル 1 はちょっとした事故だが，レベル 7 となると大災害だ．津波マグニチュードスケールは津波による災害の強さを評価する．激しさをスケール 1 から 6 までで見積もるが，ランク 6 の津波は何百 km もの海岸線を破壊する．

2011 年 3 月 11 日，東京の北 240 km のところに住む人々にとって，これらのすべてのスケールが突然自分たちにかかわるものになった．この日の午後 2 時 46 分に太平洋側の沖合で地震が起こった．この地震のマグニチュードはリヒタースケール 9.0，これまでに起こった地震のうちで 4 番目に大きいもので，それも四重に酷い地震だった．沖合で起こった地震で 5 段階目の強さの津波が発生し，この津波は 1 時間後に海岸を襲ったが，津波の通路にいくつかの原子力発電所があった．福島第一原子力発電所はまさに津波の矢面にたってしまい，炉心室などが破壊されて，その結果，大量の放射線が大気と水に放出されてしまった．核による災害は INES の最高基準の 7 にランクされた．これまでに国際原子力事象尺度のランク 7 を与えられたのは他にただ一つ，1986 年にウクライナで起こったチェルノブイリ原子力発電所の爆発だけ．左の写真は津波が襲ったあと，福島第一原子力発電所の原子炉が燃えている様子だ．

この章では，原子力発電所で起こっていること，すなわち，原子核が変化するときに起こることにまつわる化学を扱う．核エネルギーの歴史は短いので，放射

*1 アメリカの地震学者リヒターが定めた尺度．地震波の振幅が 10 倍大きくなるごとに，マグニチュードが 1 ずつ上がる．マグニチュードが 7 を超えたら大地震，8 を超えたら巨大地震．
*2 マグニチュードは 9.5 といわれる．

能の発見というはじまりまで戻ってみよう．また人間がこの発見を善用もしたが，どちらかといえば悪用してきたかを学ぶ．最後に振り出しに戻り，あの運命の日，2011年3月11日に日本で起こった出来事から何を学ぶことができるか，見てみよう．

11.1 核反応の性質

● いま，放射能と核反応に関する私たちの知識は，その大部分が4人の女性の研究による

人間が科学研究を行っているのだから，重要な科学上の発見の話は，ときとしてソープオペラ[*3]のように見える．原子核のなかで起こっている予期できない発見は，まさにこれだろう．

1895年にレントゲン[*4]はX線を発見し，妻の手のX線写真（2章）を撮影したが，この時期に，同じように重要な発見が偶然になされている．ベクレル[*5]は，光が特殊な岩石に与える影響を研究中に，ある種の岩石は未知の強力なエネルギーを放出することを発見した．X線を発生させるには電気を流す必要があるのに，ベクレルのエネルギーは何も与えなくても放出されるという点で，この発見は驚くべきものだった．加熱されることも，電気を与えられることもなく，まったくそれ自身でベクレルの岩石は暗闇で光った．ベクレルは暗闇で光る岩石に関する彼の奇妙な発見を発表したが，科学界の人々はほとんど注目しなかった．

この発見に注目したのは，パリで博士論文を執筆中の，若いポーランドの女性だった．やがてマリ・キュリー[*6]は当時博士号をもつヨーロッパでただ2人の女性のうちの1人になる．彼女は博士号を得るための研究テーマとして，まったく新しい，他とは異なるものを探していた．ベクレルの発見はこの目論見にピッタリだった．数か月のあいだに，マリはこの神秘的なエネルギー放出の本性を明らかにし，測定し，それを放射能（radioactivity）と名づけた．夫の高名な科学者ピエール・キュリー[*7]と共同して，マリはこの奇妙な新物質を系統的に研究した．一生取り組んだ研究から，マリは原子核に関する新しく，エキサイティングな知識を獲得し，新元素ラジウムRaとポロニウムPoを発見した．図11.1は夫妻が実験室で研究に励んでいる様子を示す．

図11.1 キュリー夫妻

これらの理解しがたい発見に科学界は注目した．物質が自ら放射線という形でエネルギーを放出できるという概念は，まったく新しいものであり，事実というよりもSFのようだった．物質のふるまいに関する当時の知識はすべて疑問の対象となった．科学研究にはよくあることだが，ベクレルとキュリー夫妻によってなされた発見は，彼らが見いだした以上の問題を投げかけた．

1930年代の半ばまでに，科学者たちは原子とその中身について，より多くのことを学びはじめた．2章で学んだ原子中の電荷を帯びた二つの粒子のうち，電子は1897年に，プロトンは1919年に発見されていた．電荷を帯びていない粒子，中性子も1932年には発見された．

一つの元素に属するある原子は，異なる数の中性子をもち，それらは同位体（isotope）とよばれた（同位体の詳細については，2.3節参照）．化学者や物理学者は，中性子線を使って，現在の**放射性物質**（radioactive substance）とよばれる，原子核が反応してエネルギーや粒子を放出する物質の研究をはじめていた．

そのなかの1人，フェルミ[*8]は，すべての元素に一

*3 以前アメリカでは，ラジオ・テレビの連続ドラマがこの名前でよばれた．これらの番組のスポンサーがセッケン会社のことが多かったためといわれる．
*4 ヴィルヘルム・レントゲン（Wilhelm Conrad Röntgen, 1845-1923）：ドイツの物理学者．1911年ノーベル物理学賞受賞．2章参照．
*5 アンリ・ベクレル（Antoine Henri Becquerel, 1852-1908）：フランスの物理学者．1903年ノーベル物理学賞受賞．
*6 マリ・キュリー（Marie Skłodowska Curie, 1867-1934）：ポーランド/フランスの科学者．1903年ノーベル物理学賞受賞，1911年ノーベル化学賞受賞．
*7 ピエール・キュリー（Pierre Curie, 1859-1906）：フランスの物理学者．1903年ノーベル物理学賞受賞．
*8 エンリコ・フェルミ（Enrico Fermi, 1901-1954）：イタリアの物理学者．1938年ノーベル物理学賞受賞．

AP/アフロ

図 11.2 リーゼ・マイトナー

つずつ中性子を当て，どの元素がどうふるまうかを調べることにした．フェルミにとって最も面白い結果が得られたのは，原子核に92個のプロトンをもつウランだった．フェルミがウランに中性子を照射すると，同定できない，ごちゃごちゃの混合物が生じた．フェルミのウラン実験は，当時の科学者にとって挑戦に価する謎だった．誰が最初にこの問題を解明するのだろうか？

当時この分野で研究していたノダック[*9]は，おそらくウランは分裂して，似たような質量をもつ二つの軽い元素になると提案した．物理学者たちはこの考えを受け入れず，ノダックも自分の提案を証明する実験を行わなかった．1937 年にマリ・キュリーの娘で，母親と同様科学者であったイレーヌ・キュリー[*10]は，生成物の正体を確かめようとして，フェルミのウラン実験を繰り返した．イレーヌは 57 個のプロトンをもつ生成物を発見した．彼女自身，自分の発見に当惑したが，自分が得た結果は正しいと主張し続けた．

ドイツでは，別の研究グループがこの問題に取り組んでいた．このグループにはハーン[*11]，シュトラスマン[*12]，それにドイツで最初の女性物理学教授となったマイトナー[*13]（**図 11.2**）がいた．3 人の科学者は，フェルミが最初に得たウランのデータを化学的方法で解析しようと研究をはじめた．まだ解答を得るに至らなかった時点で，ユダヤ人だったマイトナーはナチス支配下のドイツからの脱出を余儀なくされた．彼女はすぐにスウェーデンで職を得，ハーンとシュトラスマンに絶えず手紙で連絡してグループへの貢献を続けた．

フランスのキュリーが得た結果を聞いて，マイトナーは甥の物理学者でよき聴き手であったフィリッシュ[*14]に，謎に満ちた結果に対する彼女の考えを話した．1938 年に，マイトナーとフィリッシュは，以前に他の科学者も進めていた考え，すなわちウランの原子核は水滴のようなものだと考えた．中性子ビームに当たると，粒子ははじめノダックが 4 年前に提案したように，同じ大きさの二つの部分に分かれる．

マイトナーは二つの生成物はクリプトン（プロトンを 36 個もつ）とバリウム（プロトンを 56 個もつ）と確信した．二つの数を合わせるとウランの原子番号 92 になるからだ．マイトナーは彼女の考えをドイツのハーンとシュトラスマンに伝えた．彼らはウラン（原子番号 92）が実際にクリプトンとバリウムに分裂することを示した．これらの結果は互いに独立して，ハーンとシュトラスマン，マイトナーとフィリッシュによって報告された．原子核の分裂，すなわち**核分裂**（nuclear fission）はこうして発見された．

発見が報道されると，マイトナーは，とくにアメリカで，たちまち名士となった．しかし 1944 年ハーンに「重原子核の分裂の発見」によってノーベル賞が与えられたとき，受賞者に他の科学者の名前はなかった．第二次世界大戦終了後，1944 年のノーベル化学賞受賞者を巡る論争の検証がはじまり，核分裂の発見に果たしたマイトナーの決定的役割はそれ以来認められた．マイトナーへの敬意を評して，109 番元素にはマイトネリウム Mt という名前が与えられた．しかし，1997 年にマイトナーの栄誉を称えて元素が命名されたとき，マイトナーはもはや存命していなかった．

問題 11.1 プルトニウム原子 Pu が分裂して，2 個の原子になったとする．一方の原子はセリウム Ce だ．もう一方の原子は何か．

解答 11.1 プルトニウムは 94 個のプロトンをもつ．分裂して 58 個のプロトンをもつセリウムができたから，もう一つの原子がもつプロトンの数は 94 − 58 = 36 で，その原子はクリプトンとなる．

*9 ワルター・ノダック（Walter Noddack, 1893-1960）：ドイツの化学者．
*10 イレーヌ・キュリー（Irene Joliot-Curie, 1897-1956）：1935 年ノーベル化学賞受賞．
*11 オットー・ハーン（Otto Hahn, 1879-1968）：ドイツの化学者．1944 年ノーベル化学賞受賞．
*12 フリッツ・シュトラスマン（Friedrich Wilhelm “Fritz” Straßmann, 1902-1980）：ドイツの化学者．
*13 リーゼ・マイトナー（Lise Meitner, 1878-1968）：オーストリアの物理学者．
*14 オットー・フィリッシュ（Otto Robert Frisch, 1904-1979）：オーストリア / イギリスの物理学者．

● 核反応は化学反応とは異なる

典型的な化学反応は，電子の再配列や結合の生成，切断を伴うが，反応する原子のなかのプロトンや中性
4 子の数に変化はない．それに対して**核反応**（nuclear reaction）では，プロトンおよび中性子の数が何らかの仕方で変化する．核反応を大別すると，いま紹介した分裂（fission）と融合（fusion）がある．

次の核分裂反応式は，フェルミのウラン実験を表している．

$$^{235}_{92}\mathrm{U} + ^{1}_{0}\mathrm{n} \rightarrow ^{91}_{36}\mathrm{Kr} + ^{142}_{56}\mathrm{Ba} + 3^{1}_{0}\mathrm{n}$$

フェルミは $^{1}_{0}\mathrm{n}$ で表される中性子で，**図 11.3** に模式的に示すようにウランを破壊した．生成物は最終的にハーン，マイトナー，シュトラスマンによって確認された．

ここに示された化学反応式は読者には少し奇妙に見えるかもしれない．というのも，普通は化学反応式のなかの化学記号の前に，上つき添字や下つき添字をつけないからだ．では，これらの数字は何を意味するのだろうか？ 上つき添字は質量数，すなわち核のなかのプロトンと中性子の数の和を意味する．フェルミの実験での場合，ウランの質量数は 235 だ．多くの原子には同位体があり，それらの質量数，およびそれによって決まる中性子数の違いで定義できる．

原子番号は元素記号の前に置かれた下つき添字で示される．フェルミが実験したウランの場合，原子番号は 92．プロトンの数が元素を定義するから，各同位体の原子番号は常に同じになる．ある同位体に対して中性子数を知りたいなら，質量数から原子番号を引けばよい．すなわち

質量数 − 原子番号 ＝ 中性子数

たとえば，$^{235}\mathrm{U}$ 中の中性子の数は

235 − 92 ＝ 143 中性子数

前の核反応式で，中性子は上つき添字 1 をもつ n で

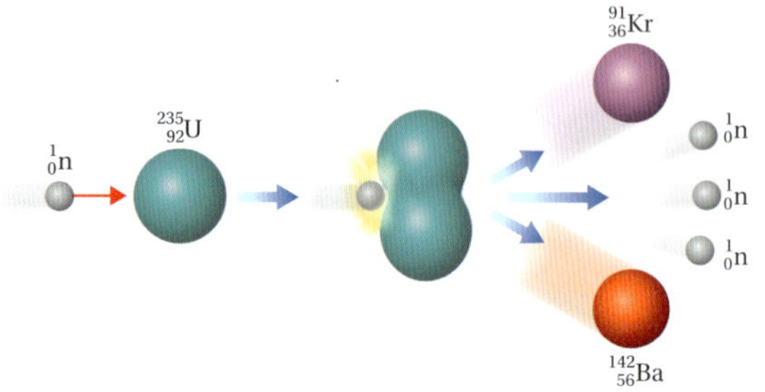

図 11.3 フェルミのウラン実験
中性子が $^{235}\mathrm{U}$ に衝突すると，ウラン原子は $^{91}\mathrm{Kr}$ と $^{142}\mathrm{Ba}$ に分かれる．中性子 3 個も生じる．

表される．中性子だから質量数は 1 で，プロトンをもたないから，下つき添字は 0 となる．プロトンと中性子の数の和は 0 ＋ 1 だ．

この核反応式が奇妙に見えるのは，バランスが悪くみえるからだ．つまり，この式の両側の上の原子の数は異なる．ウランは反応式の左側，クリプトンとバリウムは右側にある．これは正しい．核反応では元素が他の元素に変化するので，化学反応式のように，各辺にある原子のバランスがとれているとは限らない．

● 核反応式では中性子とプロトンは両辺でバランスがとれている

一見バランスがとれていないようにみえるが，核反応式でもバランスはとれている．核反応式では，原子の数のバランスはとれていないが，両辺の中性子の数とプロトンの数は等しい．フェルミのウラン実験の式のなかのプロトンと中性子の数を数え，バランスがとれているかどうかを確かめよう．

この化学反応式のそれぞれの元素記号について，中性子とプロトンの数を**図 11.4** で数えてみる．プロトンと中性子の数について，合計は両辺で一致しているから，核反応式はバランスがとれている．核反応式のバランスがとれているかどうかをチェックするもう一つの方法は，左辺のすべての上つき添字の合計と，右辺のすべての上つき添字の合計を求め，さらに左辺のすべての下つき添字の合計と，右辺のすべての下つき

ちょっと待って！ wait a minute . . .

原子の分裂と核分裂は同じことか？

核分裂（nuclear fission）が起これば，元の原子も分裂によって生じた原子も（電子，あるいは中性子をもたないごく小さい原子を別にすれば），プロトン，中性子，電子をもつ．だから，核分裂に際して原子のなかのすべての粒子が分割されるので，原子核の分裂（nuclear splitting）は，核分裂の正当な表現といえる．

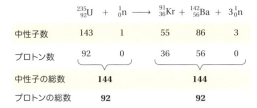

$$^{235}_{92}\mathrm{U} + {}^{1}_{0}\mathrm{n} \longrightarrow {}^{91}_{36}\mathrm{Kr} + {}^{142}_{56}\mathrm{Ba} + 3\,{}^{1}_{0}\mathrm{n}$$

	$^{235}_{92}\mathrm{U}$	$^{1}_{0}\mathrm{n}$	$^{91}_{36}\mathrm{Kr}$	$^{142}_{56}\mathrm{Ba}$	$3\,^{1}_{0}\mathrm{n}$
中性子数	143	1	55	86	3
プロトン数	92	0	36	56	0
中性子の総数	**144**		**144**		
プロトンの総数	**92**		**92**		

図 11.4 核反応式はバランスがとれているか？
両辺が同数のプロトンと同数の中性子をもっているので，バランスがとれている．

添字の合計を求める．両辺のすべての上つき添字の合計が等しければ，また両辺のすべての下つき添字の合計が等しければ，式のバランスはとれている．この二つの方法では，両辺でプロトンと中性子の数が等しいかどうかをチェックできる．

問題 11.2 次の核反応式について，両辺のプロトン数と中性子数を合計せよ．この式はバランスがとれているか．

$$^{209}_{83}\mathrm{Bi} + {}^{58}_{26}\mathrm{Fe} \rightarrow {}^{266}_{109}\mathrm{Mt} + {}^{1}_{0}\mathrm{n}$$

解答 11.2 この式はバランスがとれている．左辺の質量数の和 (267) は右辺の質量数の和 (267) は等しく，また，左辺の原子番号の和 (109) は右辺の原子番号の和 (109) に等しい．

典型的な化学反応式と，典型的な核反応式を**図 11.5** に示した．化学反応式では質量数は通常示されず，式は両辺に同じ元素をもっている．典型的な化学反応には，反応に関与する原子のもつ電子の再配置が起こるだけで，原子核はそのままであり，元素記号も変わらない．化学反応にはプロトンの再配置は伴わない．（図の一番下に示した）核反応では，核の変化に際してプロトンの数が変わり，ある元素から別の元素へと，原子の変化が起こる．

問題 11.3 次の反応は核反応か，それとも化学反応か？

(a) $^{246}_{96}\mathrm{Cm} + {}^{12}_{6}\mathrm{C} \rightarrow {}^{254}_{102}\mathrm{No} + 4\,{}^{1}_{0}\mathrm{n}$

(b) $CH_4 + 2O_2 \rightarrow CO_2 + 2H_2O$

解答 11.3 新しい元素が生じているから，反応 (a) は核反応．反応のあいだに原子の種類や数に変化はないから，反応 (b) は化学反応．いいかえれば，同じ原子が新しい組合せになっているだけだから．

この例は，原子番号や質量数が通常の化学反応式では記載されない理由を示している．これらの数に変化はないし，書けば化学反応式がおおいにごたごたしてくる．

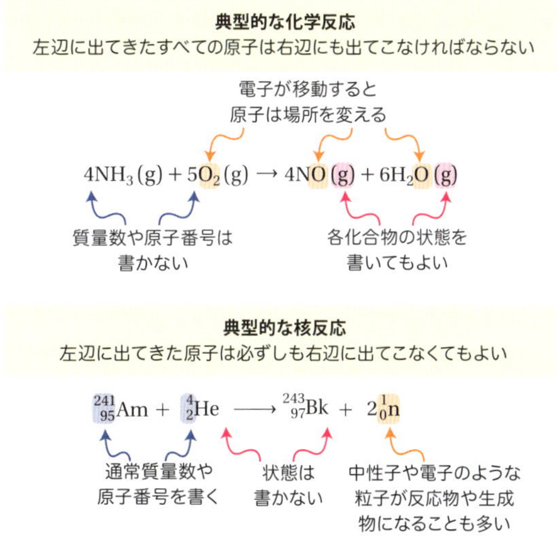

図 11.5 化学反応式は核反応式とは異なる
化学反応式では，左辺に表れるすべての原子は右辺にも出てくる．核反応式では左辺の質量数（上つき添字）の合計は，通常，右辺の質量数の和に等しい．この例では質量数の和は両辺で等しく 245 となる．同じことが下つき添字についてもいえる．両辺ともプロトン数は 97 で，どちらの式もバランスがとれている．

● 放射性壊変には三つの重要な種類がある

核反応と化学反応では別の面で違いがある．核反応がつくりだすのは新しい元素だけではない．核反応は粒子または放射線の形でエネルギーを放出する．**放射性壊変** (radioactive decay) とは，ある種の同位体がこれらのエネルギーを生み出す過程をいう．放射性壊変する同位体を放射性同位体という．放射性壊変には三つの重要な種類があり，それらには名前と，ギリシャ語のアルファベットの最初の三つ，アルファ (α)，ベー

ちょっと待って！ wait a minute . . .

図 11.4 のウランの反応式で，中性子の前に 3 があるのはなぜか？

7 章で学んだように，化学反応式のバランスについて，ときには反応物や生成物の前に乗数として係数を置くことができる．核反応式でも係数を用いてよい．この場合，数字の 3 は式の右辺には 3 個の中性子があることを示している．

タ（β），ガンマ（γ）の記号が与えられている．この節では三つの壊変について，順を追って簡単に説明する．

次に示す核反応では，放出されるエネルギーをα粒子という．反応式の左辺にある同位体，^{273}Hsは分裂して^{269}Sgと，式のなかではギリシャ文字αで表されるα粒子（ヘリウムの原子核）になる．別のいい方では，108番元素ハッシウムが**α壊変**（alpha decay）した，となるし，ハッシウムはα粒子を放出する，といってもよい．バランスのとれた核反応式を次に示す．

$$^{273}_{108}\mathrm{Hs} \rightarrow {}^{269}_{106}\mathrm{Sg} + {}^{4}_{2}\alpha$$

放射性壊変のもう一つの種類は**β壊変**（beta decay）だ．この反応で放出されるエネルギーはギリシャ文字βで表されるβ線で，次の壊変はβ壊変を示す．

$$^{239}_{93}\mathrm{Np} \rightarrow {}^{239}_{94}\mathrm{Pu} + {}^{0}_{-1}\beta$$

^{239}Npは放射性で，β線を放出する．β線は電子なので，β粒子ともいう．このため符号βの下つき添字に負号がついている．

第三の放射性壊変の種類は**γ線**（gamma radiation，ガンマ線）の放射だ．α壊変，β壊変はいずれも粒子を放出するが，γ線は一種の光といえる．2章で学んだ電磁放射のスペクトルで，γ線は最もエネルギーに富んだ光だったことを思い出そう．多くの核反応では，γ線としてとりわけエネルギーに富んだ放射線を出す．多くの場合，そのときα粒子，あるいはβ粒子の放出を伴う．次のバランスのとれた核反応式のなかでは，γ線はギリシャ文字のγで示される．

$$^{273}_{108}\mathrm{Hs} \rightarrow {}^{269}_{106}\mathrm{Sg} + {}^{4}_{2}\alpha + \gamma$$

γ線は核反応式のバランスに影響しないので，核化学者たちは核反応式にγ線を省略することも多い．というわけで，核反応式にはγ線があったりなかったりする．だから，たとえ核反応式に含まれていなくても，γ線の放射を伴う場合が多いことを理解しておこう．

ある特定の放射性物質から，どの種類の放射能が放出されるのかを知ることは，なぜ重要なのだろうか．それは三つの種類の放射能が，人体に異なる仕方で影響するからだ．11.4節では，これらの異なる種類の放射性壊変がどのように人体に影響するかを学ぶ．

問題 11.4　α粒子はいくつのプロトンと中性子を含むか．

解答 11.4　α粒子1個はプロトン2個と中性子2個を含む．

11.2 原子核からのエネルギー

● ほとんどの核反応は，化学反応よりはるかに大きなエネルギーを生じる

典型的な核反応は，典型的な化学反応よりはるかに大きなエネルギーを生じる．両者の比較を実感するために，他の章で触れた反応を考えてみよう．天然ガスとしても知られているメタンの燃焼を見てみよう．

$$CH_4 + 2O_2 \rightarrow CO_2 + 2H_2O + \text{エネルギー}$$

1 molのメタンが上のバランスのとれた式にしたがって酸素と反応すれば，約550 kJのエネルギーが得られる．これは約130 kcalに相当し，バナナ1本に含まれているエネルギーにほぼ等しい．これに対して核反応は，この種の燃焼反応に比べて約100万倍ものエネルギーを放出する．この理由の一つは，核反応が原子核のなかで起こっている変化により莫大な量のエネルギーを放出するからだ．これに対し，典型的な燃焼反応では，化学結合ができたり，切れたりする発熱反応によってエネルギーを放出する．というわけで，核反応によって放出されるエネルギーの量は，化学反応によって放出されるエネルギーの量よりはるかに大きい．

問題 11.5　次に二つの反応式を示す．一つは10,000,000 kJの熱を，もう一つは100 kJの熱を放出する．どちらの反応がより大きなエネルギーを放出するか．

$$C_3H_8 + 5O_2 \rightarrow 3CO_2 + 4H_2O$$

$$^{27}_{13}\mathrm{Al} + {}^{4}_{2}\alpha \rightarrow {}^{1}_{0}\mathrm{n} + {}^{30}_{15}\mathrm{P}$$

解答 11.5　最初の式は化学反応なので，ごく少量のエネルギー（100 kJ）しか生じない．第二の式は核反応なので，はるかに多くのエネルギー（10^7 kJ）を放出する．

● 核反応では連鎖反応が起こる

すでに学んだように，核反応は巨大な量のエネルギーを放出する．これらの反応に基礎を置いた原子力発電所は人間社会にとって明白なエネルギー源だが，同時に環境に対する大きな挑戦となる放射性廃棄物を生じる．この章のはじめに紹介した福島第一原子力発

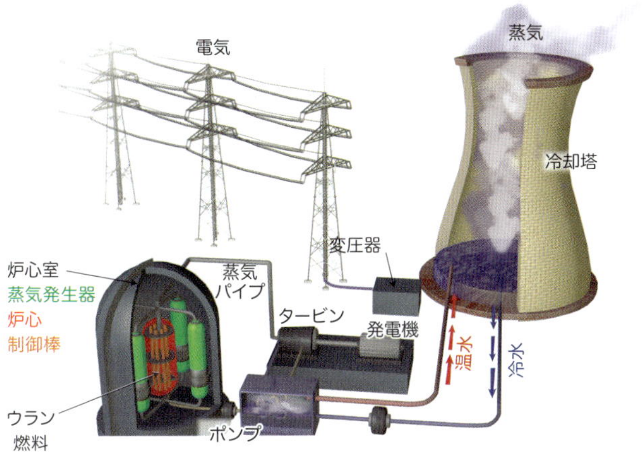

図 11.6　原子力発電所

核燃料（いまの場合は ^{235}U）は炉心室に入れられる．水が炉心室を巡回しているあいだに，核分裂反応によって熱せられる．生じた蒸気はタービンを回転させ，それが電気を生み出す．蒸気は冷却塔の天辺から放出される．

電所の「おはなし」は，原子力発電所が危険にさらされたときに何が起こるかを思い出させてくれる．ドイツやスイスなど一部の国では，原子力発電所抜きの方針をとっている．それにもかかわらず，アメリカは原子力の利用を拡大しようと計画している．

原子力発電は石油や石炭に頼らずにエネルギーをつくりだす方法だという点で，アメリカにとっては魅力的だ．ただ，10 章で議論したように，石油や石炭のどちらの資源も有限であり，温室効果ガスの排出量を増大させる．一方，ウラン資源も無制限にあるというわけではない．私たちが使えるように地球に残されたウランの資源はかぎられている．

図 11.6 には典型的な原子力発電所を図示した．反応炉の炉心は格納容器（containment building）にある．熱い放射性物質はここに格納されている．炉心で，核分裂によって途方もないエネルギーが生じ，このエネルギーが炉心の上を通過する水を水蒸気に変える．高圧蒸気は発電機に連結しているタービンを回転させ，回転するタービンのエネルギーは電気エネルギーに変換される．炉心には**制御棒**（control rods）が放射性物質のなかに沈められ，核反応を制御し，炉心の過熱を防ぐ．

私たちはこれまで核反応の燃料を核分裂可能な物質とよんできた．通常，原子炉ではマイトナーと共同研究者が研究した ^{235}U を燃料として使用する．ウランは壊変，つまり下記のフェルミ反応を起こすことを学んだ．

$$^{235}_{92}U + ^{1}_{0}n \rightarrow ^{91}_{36}Kr + ^{142}_{56}Ba + 3^{1}_{0}n + \text{熱エネルギー}$$

中性子 1 個と ^{235}U 原子 1 個の衝突によってこの反応がはじまり，それによって 3 個の中性子が生じる．これらの中性子が自由になると，それらはさらに 3 個の ^{235}U 原子と衝突する．それぞれがまた 3 個の中性子を生じる．この反応はさらに多くの反応を開始することで自分を増加させる．この一連の核分裂は**図 11.7** に示すように，**連鎖反応**（chain reaction）とよばれる．

図 11.7 を見ると，この種の連鎖反応がまたたく間に制御不能になることがわかる．核分裂反応の数は急速に増加し，各段階で熱エネルギーがつくられるので，反応を制御しなければ，反応炉は容易に過熱してしまう．加速の度が過ぎると，結果として爆発する．このため，原子炉のなかに入れるウランの量は最も重要なことで，注意深く制御されなければならない．爆発を避けるために，連鎖反応を維持するのに最小限必要な核分裂可能な燃料の量，すなわち**臨界質量**（critical mass）が用いられる．

原子炉で使用された後も，核燃料は放射性物質であるため，どこかに置かねばならない．どこに置くのか，どうやって運ぶのかが話題になっている．この章の natureBOX では，その議論について詳しく説明する．

● 核分裂爆弾（原子爆弾）が爆発すると制御不能の連鎖反応が起こる

核分裂反応の目的が人間にとって必要なエネルギーをつくるのではなく，原子爆弾のように爆発を起こす

ちょっと待って！
wait a minute . . .

***β* 壊変の式の各辺で，プロトンの数と中性子の数が等しくないのはなぜか？**

β 壊変の式は，これまでこの章で述べた核反応式のようにはバランスがとれていない．ちょっと計算してみると，バランスがとれた式の各辺には等しくない数のプロトンと中性子があるとわかる．バランスがとれた核反応式では，プロトンと中性子の数が等しくなるのだが．

β 壊変すると，中性子 1 個がプロトン 1 個と電子 1 個に変換されるため，*β* 壊変の事例は例外的となる．つまり，そのバランスがとれた式が示すよりも *β* 壊変は複雑だ．*β* 壊変の化学式を書くときには，*β* 粒子に対して −1 を書く．そうすると，式の両辺の上つき添字と下つき添字が等しくなる．

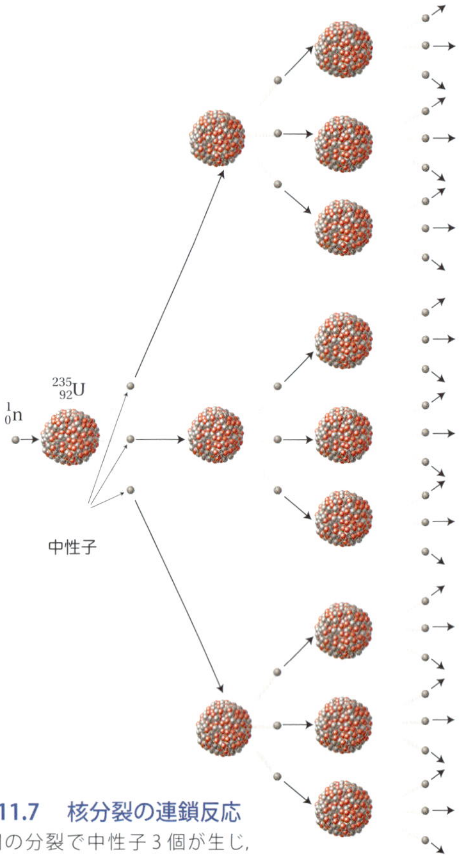

図 11.7 核分裂の連鎖反応
1回の分裂で中性子3個が生じ，それに続く反応は掛け算的に増え，反応は加速される．

ことにあるのなら，臨界質量だけの核燃料が必要になる．しかし，爆弾を使った結果は破壊だ．この目的のためには，制御不能な連鎖反応が必要となる．つまり原子力発電所とは異なり，原子爆弾のなかの反応を防ぐ安全弁のようなものは不要となる．

臨界質量をもつ爆弾をつくる試みでは，早期爆発が問題となる．この問題を避けるために，ある原子爆弾では核分裂物質を二つに分けて内蔵する．それぞれ臨界質量以下の量，臨界未満質量（subcritical mass）とする．

図 11.8 は核分裂爆弾（原子爆弾）を模式図に示した．臨界未満質量の核分裂物質が二つ，爆弾容器の両端に納められ，化学的な爆薬が核分裂物質の後ろに置かれている．臨界未満質量の核分裂物質が合体するまでは，少なくとも理論的には爆発は起こらず，爆弾を安全に輸送することができる．爆弾が発射され，化学的な爆薬が爆発して，二つの臨界未満質量の核物質を激突させる．すると分裂可能なすべての物質が臨界状態になり，爆発的な連鎖反応が加速される．

最初の核分裂爆弾は1945年8月6日，アメリカに

図 11.8 原子爆弾の模式図
臨界未満質量の放射性燃料ははじめ別々に蓄えられている．化学的爆薬が爆発すると，爆弾のなかの，二つの臨界未満質量の核燃料が合体し，臨界質量に達する．

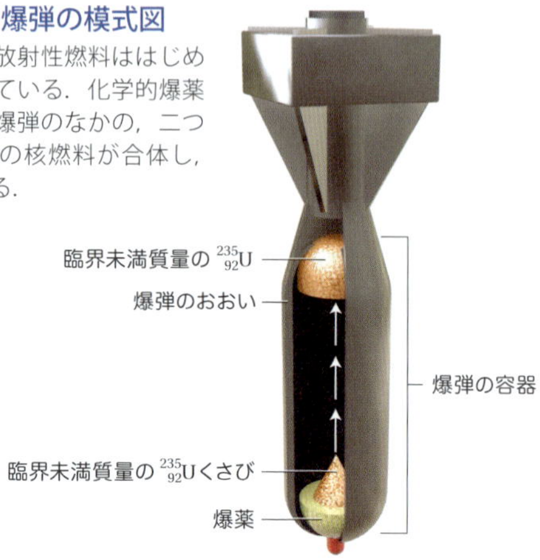

よって広島に投下された．爆弾の破壊力はTNT 20,000トンに匹敵し，広島は完全に破壊された．毎年8月6日に広島市民は爆弾犠牲者の追悼のため，また平和の重要さを世界の人に思い出させるため集会を開く．

問題 11.6 次の文は正しいかどうか．臨界質量とは，核反応が起こるのに不可欠な核分裂可能な物質の最小量をいう．

解答 11.6 誤り．核反応は質量が臨界以下であっても，核分裂可能な物質のなかで起こりうる．臨界質量は連鎖反応を維持できるのに必要な質量に関連している．

11.3 すばらしい半減期

● ラドンの放射線は自然現象

1985年12月のある日の寒い朝，ペンシルバニア州のコルブルック・タウンシップ在住のスタンレー・ワトラスにとって，いつもと変わらない1日がはじまった．彼はライミリックの原子力発電所にいつもの時間に車で向かい，1日の仕事についた．だが，この日は違っていた．仕事を終えてスタンレーが発電所の出口を通ろうとすると，放射線検出器がけたたましい警報を発した．核反応で動かされている原子力発電所が時々放射線警報を発するのは，とくに変わったことではない．最初は，スタンレーが働いているあいだに放射線を浴びたと考えられたので，放射線漏れや汚染はないかと，発電所は丁寧に調べられた．しかし放射線源は，スタンレーの労働現場では見つからなかった．発電所に漏れが見つからなかったので，スタンレーの家の放射線レベルがチェックされた．その結果，レベ

ルはきわめて高く，これまでに個人の家で記録されたどんな値よりも高かった．レベルがあまりにも高かったので，スタンレーの衣類が放射線警報器を作動させてしまったのだ．スタンレーは，定常的に放射線レベルがモニターされている職場で働いていた点で幸運だった．そうでなければ，彼の家の超高レベルの放射線はおそらく発見されなかっただろう．

ワトラス家の高レベルの放射線は，γ 線を測定する検出器によってモニターされた．家をさらに調べると，γ 線は貴ガス，原子番号 86 の**ラドン**（radon）のせいだった．ラドンは化学的にはそれ自身とも，他の物質とも相互作用しない．しかしラドンはきわめて放射性レベルが高く，壊変して α 粒子と γ 線を放出する．

$$^{222}_{86}\mathrm{Rn} \rightarrow {}^{218}_{84}\mathrm{Po} + {}^{4}_{2}\alpha + \gamma$$

放射線による被曝を考えるとき，普通は原子力発電所での事故，核兵器からの被曝，X 線装置など，すべて人工的につくられた放射線を考える．しかし，放射線は自然現象でもあり，放射性物質は地球の地殻にも含まれる．アメリカの広範囲な地域の地下に，放射能をもつウランが埋まっている．ウランが高レベルの地域は家庭で見いだされるラドンのレベルと相関する．ウランの無数の鉱床をもつ地域では，ラドンのレベルも高い．**図 11.9** にアメリカにおけるラドンのレベルを地図に示した．

ウランはラドンとどういう関係にあるのだろうか．答えはラドンも ^{238}U の，連鎖核反応による壊変によって生じる元素の一つだ．放射性壊変の連鎖はよく知られている．というのも放射性同位体は，安定同位体に達するまで，別の放射性同位体を生じることが多い．これらの一連の反応はまとめて**放射性壊変系列**

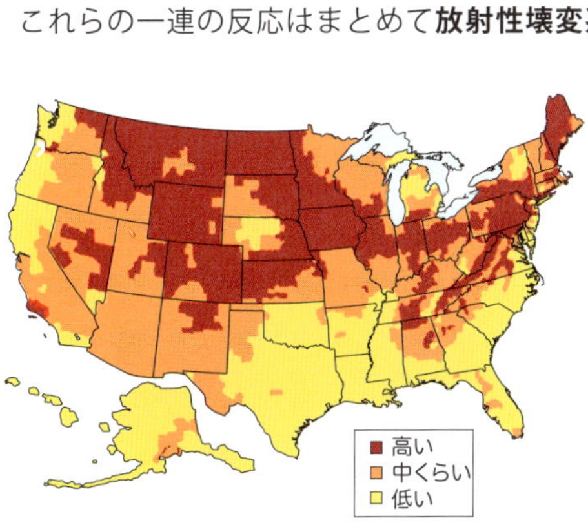

図 11.9　アメリカでのラドンのレベル
赤い領域はラドンが高レベルの地域，オレンジの領域は中くらいのレベルの地域，黄色の領域はラドンが低レベルの地域．

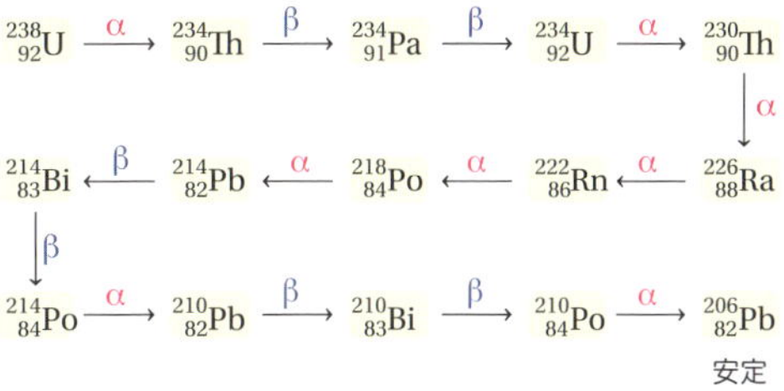

図 11.10　^{222}Rn を生じる放射性壊変系列

（radioactive decay series）とよばれる．ラドンに至る放射性壊変系列を**図 11.10** に示す．各段階で生じる α 線または β 線を，各段階を示す矢印の上に記す．

^{238}U から生じた ^{222}Rn はそれ自体が放射性物質であるため，放射線を出し続ける．最後に安定な ^{206}Pb に達するまで，さらに 8 段階の核反応が起こる．

問題 11.7　図 11.10 によると，^{238}U から ^{206}Pb が生じる放射性壊変系列のなかで，何個の α 粒子，β 粒子が生じるか．

解答 11.7　一連の放射性壊変の流れのなかで，α 粒子 8 個，β 粒子 6 個がつくられる．

● 半減期は放射能をもつ試料の半分が壊変するのに要する時間

^{235}U，^{238}U，それに ^{222}Rn も高い放射能をもつ．また，図 11.9 によると，鉛の同位体の一部は放射能をもつが，^{206}Pb はそうではない．では，ある物質が放射能をもつかどうかを追跡できるだろうか．放射性元素がどのくらいの期間，放射線を出し続けるかを決めることはできるだろうか．答えはイエスだ．

放射性試料の半分が壊変するのに要する時間を，科学者たちは**半減期**（half-life）とよぶ．たとえば ^{238}U の半減期は 4.5×10^9 年なのに対し，^{222}Rn の半減期は 3.8 日．ある時点で，この二つの同位体をそれぞれ 1 g をもっているとしよう．3.8 日後，ラドンは 0.5 g 残るが，^{238}U はほとんど丸ごと 1 g 残っている．4.5×10^9 年後には，^{238}U は 0.5 g 残っている．さらに 4.5×10^9 年たつと，その 50%に当たる 0.5 g が壊変し，元の量の 25%（0.25 g）が残る．ある放射性元素の半減期が長ければ長いほど，元素はそれだけゆっくり壊変する．**図 11.11** は親放射性元素が，何回かの半減期を経て，壊変して娘放射性元素をつくる様子を示す．

問題 11.8　^{59}Fe の半減期は 45 日だ．

(a) ^{59}Fe の試料の半分が壊変するのに要する時間

natureBOX・ゴミを捨てるのは誰か

アメリカ政府の立場は，ゴミ捨てをいいつけられた意地っ張りのティーンエイジャーにそっくりだ．誰もこの仕事をやりたくはないが，何としてでもやらなくてはならない．アメリカ政府は原子炉から出る放射性廃棄物を除去し，廃棄しなければならない．しかし，核廃棄物をどこに置くか，どのように安全に保管するかをわかっている人は誰もいない．

1982 年，アメリカ全土の核廃棄物に対して一つの場所が選ばれたのが，ネバダ州のユッカ山（Yucca mountain）だ（**図 11 A**）．政府は 1998 年にユッカ山への全核廃棄物の廃棄開始を承認した．企業はお金をつぎ込んでこの場所の整備をはじめた．この場所はラスベガスから約 130 km 北西にある人里離れた場所にあり，この計画の支持者たちは，万一事故が起こっても，人が住んでいない砂漠地帯が汚染されるだけだと考えた．これは 1982 年にスタートした計画だった．しかし，ユッカ山計画は多くのアメリカ人，とくにネバダ州の住民にとって重要問題となった．ネバダ州の住民は核廃棄物が全米から自分の州に運び込まれるのを望まなかった．環境論者たちは連続している 48 の州のうちの 43 を核廃棄物が通過（**図 11 B**）する危険の他に，ネバダの自然美に対する脅威になると，声を高めた．加えて，ユッカ山地帯は地震が起こりやすい地域にあったし，放射性廃棄物が埋められる場所は地下水面（water table）に近かった．

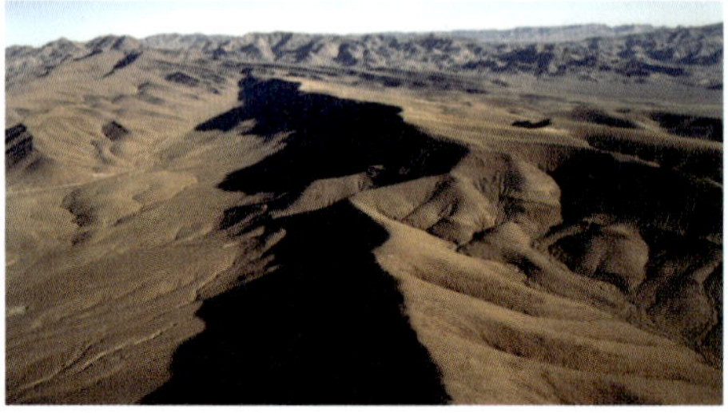
Department of Energy

図 11 A　ユッカ山

クリントン大統領[*15]は，2000 年 4 月にこれらの環境へのきわめて強い脅威を考慮して，ユッカ山計画法案に対して拒否権を行使した．しかし 2002 年 6 月にはブッシュ大統領[*16]はこの決定をひっくり返した．さらに 2010 年にはオバマ大統領[*17]はこの計画への予算のほとんどを切り捨てた．いまやユッカ山は 8 km の長さの試掘トンネルがあるだけで，核廃棄物の住み家になる日が近いようには思えない．

では，現在アメリカ全土にある原子力発電所は核廃棄物をどのように貯蔵しているのだろうか？　約 50,000 トンの核廃棄物が一時的かつ個別に原子炉に

はどのくらいか？

(b) ^{59}Fe は 90 日後にはどのくらい残っているか．

解答 11.8　(a) ^{59}Fe の試料の半分の壊変には 45 日かかる．(b) 90 日後には，45 日後に残っていた試料の半分になるから，はじめの試料の 4 分の 1 になる．

ウランの放射性壊変に現れるすべての同位体のなかで，^{222}Rn が最も心配なのはなぜだろうか？　その答えは，ラドンだけが気体なのと，ラドンが地下のウラン鉱床からしみ出し，建物の基礎のひび割れを通して建物に入り込むからだ．そのうえ，図 11.10 に示した ^{222}Rn から ^{210}Pb までのすべての反応はきわめて速い．これらの反応のあいだに生じる，α 粒子 4 個，β 粒子 2 個を含む放射線はラドンが壊変するあいだに速やかに放出される．もし，ヒトがラドンを吸い込んでしまい，排出される前にラドンが壊変すると，壊変生成物が肺の組織を破壊する恐れがある．

ラドンによる被曝を心配すべきだろうか？　答えは，確証されてはいないが，イエスだ．**図 11.12** に自然，人工両方の放射線源による放射線被曝を示すグラフを示した．このデータによると，普通のヒトが 1 年間に受ける被曝の半分以上がラドンによる．半分以上という数値

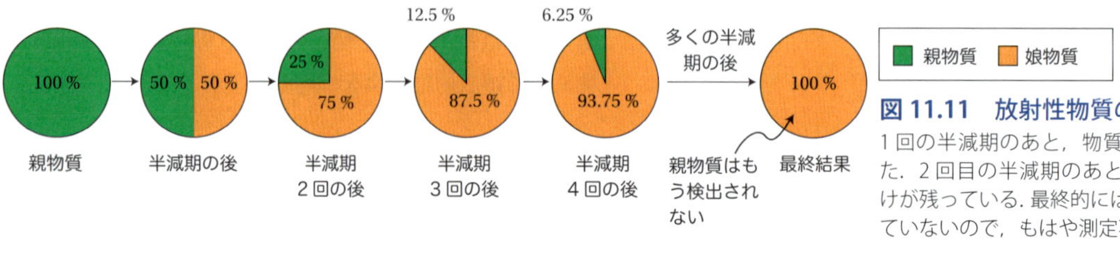

図 11.11　放射性物質の壊変
1 回の半減期のあと，物質の半分が壊変した．2 回目の半減期のあとには 4 分の 1 だけが残っている．最終的には極少量しか残っていないので，もはや測定不能となる．

ある場所に貯蔵されている．そしてその 90%はミシシッピ河以東にある．これらの廃棄物は，誰かがこれらはどこへ行くべきか，どうやってそこに送るか，そして到着したにしてもそれをどうやって貯蔵するかが明らかになるまで，その場所に留まるだろう．

他の国では，核廃棄物をもう少しうまく扱っているようだ．たとえばフランスは必要電力の 3/4 以上を原子力発電所に依存している．しかし核廃棄物の問題は，アメリカのそれに比べてはるかに小さい．それはフランスが放射性廃棄物をリサイクルする方法を開発したからだ．その方法はいくらかの廃棄物を生じるが，アメリカで処理を待っている 50,000 トンに比べればわずかなものだ．20 年以上も核原子力を扱っているフランスは，そのあいだにわずか 25 mL のリサイクル不可能の放射性廃棄物をつくっただけだった．体積でいえば，大きめの角氷 1 個の体積に少々足りない程度だ．ではリサイクル不可能な核廃棄物をフランスはどう処理しているのだろうか．彼らは地下に一時的な貯蔵庫をつくり，未来の科学者がそれらをリサイクルする方法を考案し，地下貯蔵庫から取り出し再利用するのを待つ．

アメリカに話を戻そう．アメリカ国内でうず高く積み上げられた核廃棄物に対する裁判沙汰が頻発している．核廃棄物を貯蔵する場所を約束された公益会社は，自分で核廃棄物を保管するために莫大のお金を支出し

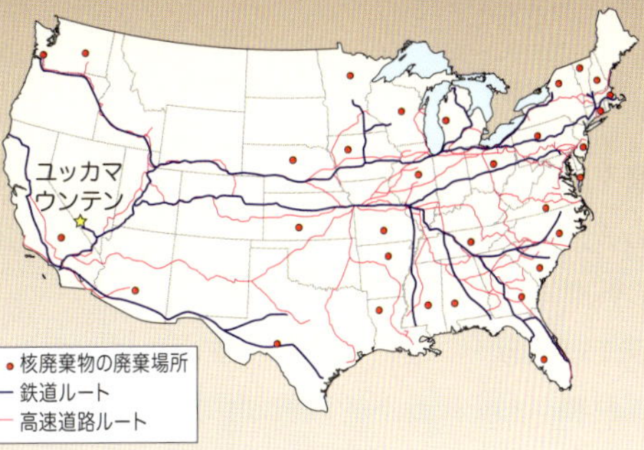

図 11 B　ユッカへのすべてのルート

提案された核廃棄物の輸送ルートは，アメリカの大陸部の，ロートアイランド，デラウエア，ノースダコダ，サウスダコダとモンタナを除くすべての州を通過する．少なくとも一つの稼動中の原子炉がある州を赤い点で示した．

なければならない．ではなぜアメリカはフランスの例にならわないのだろうか？　一つの理由は，政府にはリサイクル最中に生じる放射性同位体が盗まれ，それらの同位体を含む核爆弾をつくるのに用いられるのでは，という懸念がある．また，核物質のリサイクルは危険だと信じている人もいる．この本を執筆している時点では，下院とホワイトハウスは，核廃棄物を一時的に保管する計画に関する議論に巻き込まれている．ともかく，いまのところユッカ山貯蔵計画は実現されないままの可能性が高い．

＊15 ビル・クリントン（William Jefferson “Bill” Clinton, 1946-）：アメリカの第 42 代大統領．
＊16 ジョージ・ブッシュ（George Walker Bush, 1946-）：アメリカの第 43 代大統領．
＊17 バラク・オバマ（Barack Hussein Obama II, 1961-）：アメリカの第 44 代大統領．

は，他のすべてのタイプの被曝よりもラドンによる被曝のほうが大きいことを意味する．さらに肺がんの死亡者の 10%がラドンの被曝によると見積もられている．

図 11.9 で黄色に塗られている地域に住んでいてもラドンによる被曝に対して安全だろうか？　専門家によると，知られているウラン鉱床がある地域の家のなかには高レベルのラドンがある可能性はあるが，ラドンレベルは家によって変わる．ウランが多い地域で，ある家のラドンレベルは高いが，隣の家のレベルは低いということもしばしばある．それはラドンの建物に入り込みやすさは，建物の材料，建物の古さ，換気，その他の諸々の要因に影響されるからだ．

しかし，ウランの鉱床がほとんどない，あるいは離れている地域でも，ラドンのレベルがきわめて高い建物が見つかることもありうる．

自分の家のラドンレベルを確認する方法は，測定だけといえる．スタンレーと彼の家族が住んでいた家のラ

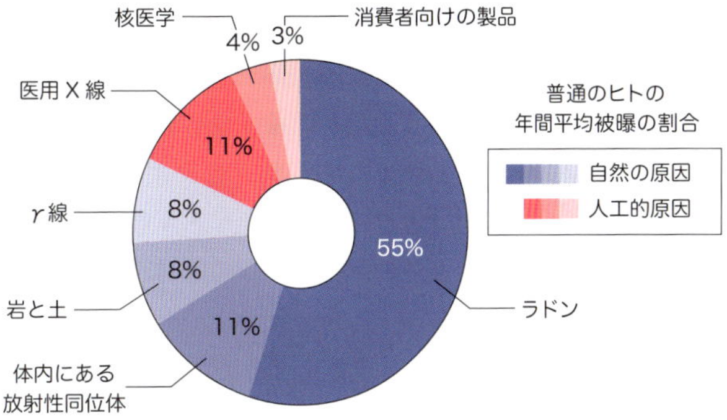

図 11.12　自然および人工的な原因による放射線被曝

ドンレベルは，アメリカ政府が許容範囲と定めた限界の 675 倍もあった．ラドンレベルが飛び抜けて高かったことが彼らの命を救ったといえる．一家はただちにその家を退去し，この原子力発電所の当時の所有者だったフィラデルフィア電力会社は地下室に換気装置をつけ，地下室の床や壁のひび割れをふさぐといった，彼らの家を修復する経費を負担した．これらの方策によってこの家のラドンレベルは許容範囲に収まり，一家は自宅に戻った．

問題 11.9 次の話は本当かどうか？ 医用 X 線などの人工放射線は，自然に生じる放射線よりもヒトの健康に対するより大きな脅威になるか？

解答 11.9 誤り．図 11.12 が示すように，自然源の放射線，とくにラドンは健康に対する大きなリスクとなる．1 人 1 人の危険レベルは，各人がさまざまな放射線源に，どのくらい被曝するかによるが．

11.4 生体と放射線

● 核医学は病気の治療と診断に放射性同位体を用いる

11.1 節で紹介した 3 種類の放射線はそれぞれ異なる．γ 線はきわめて高エネルギーの電磁放射線なのに対し，α 線と β 線は，それぞれ正電荷と負電荷をもつ粒子からなる．3 種類の放射線はそれぞれ異なるから，ヒトの組織にそれぞれ異なる仕方で作用する．**図 11.13** はそれぞれの放射線の種類で，物質を通過する能力が異なっていることを示す．

α 粒子は比較的大きく，ゆっくり動く．そのため，α 粒子はヒトの皮膚のような物質を簡単には通過できない．これに対し，電子からなる β 線はかなり速く，ヒトの体を数 cm くらい通過できる．γ 線は，ヒトの組織を含めたほとんどの物質を通過できるので，最も危険だ．実際，γ 線からヒトを守るには，数 cm の鉛板が必要となる[*18]．

γ 線は強い通過力をもつので，医学の分野では細胞が制御できない状態で増殖して生じる腫瘍の治療に用

*18 条件によって異なるが，5 cm の鉛板は γ 線を 90%カットするといわれている．

THEgreenBEAT ● 環境に関する話題

原子力発電所は十分に安全か？

どの不動産業者も，「場所，場所，場所」，というマントラ[*19] をかかげている．家を買おうという人たちはしばしば立地条件，つまり水辺近くの不動産，角地，あるいは当世風の近隣などに惹かれる．だが適当でないにもかかわらず，家を買おうという人たちがとかく選んでしまう場所がある．それは原子力発電所の近くだ．実際 2010 年のアメリカの国勢調査によると，3 人に 1 人のアメリカ人が原子力発電所から半径 80 km の距離に住んでいて，この数値は前回の国勢調査から 6%増えている．どうやらアメリカ人は，自国の原子力発電所をすっかり信頼しているようだ（**図 11.14**）．

どの原子力発電所も，事故に耐えられるように設計されている．原子炉は炉心内の隙間に差し込まれ，核分裂反応を弱める制御棒を備えている．原子力発電所には炉心から発生する熱を取り去るための手の込んだ冷却システムもある．炉心は頑丈な建屋に納められている．使用済み燃料はプールの水中に蓄えられる．水は放射線を遮り，使用済み燃料を冷却する働きがある．また原子力発電所の安全装置は電力を必要とするので，電源が落ちた場合に始動する予備の発電機なども備えている．これらのすべてのシステムが維持され，点検されていれば，原子力発電所はまあまあ安全といえる．

それでは，福島第一原子力発電所にいったい何が起こったのだろうか．原子力発電所自体が原因だったのだろうか，それとも単に運が悪かったのだろうか．どうやら，この二つの致命的な組合せの結果のようだ．福島第一原子力発電所を動かしている東京電力が世論の挑戦を受けていた．日本の大衆は原子力に反対し，新しい原子力発電所の建設は承認されない状態だった．そこで東京電力は耐用年数が過ぎた多くの原子力発電所の耐用年数を延ばしてもっと長く稼働することを求めた．そのうえ，東京電力は倹約の目的でいつかの安全性検査を省略し，多すぎる使用済み燃料を福島に蓄積していた．日本の原子力安全委員会（現原子力規制委員会）はひび割れしていて壊れそうな古いディーゼル発電機を放置し，原子力発電所の冷却装置の点検と維持を十分に注意深く行わなかった東京電力に警告した．

Alamy/PPS通信社

図 11.14 家の近くで
アメリカの国勢調査によると，ますます多くのアメリカ人が原子力発電所の近くに住むようになっている．

いられる．核医学では，同位体としては ^{60}Co が最もよく用いられる．放射線治療では，β粒子とγ線の両方を放出する ^{60}Co を銃のような装置に詰め，生長している腫瘍の部位に向ける．β粒子はごくわずかしか皮膚を通過しないので，おもにγ線が腫瘍に到達する．操作がうまくいけば，γ線の被曝によって細胞が破壊され，腫瘍も小さくなる．

皮肉な話だが，核医学はがんとおぼしき組織を破壊する一方で，健康な細胞をも殺してしまう．このため，放射線治療を受けている多くの患者の症状は悪化する．これらの患者は，吐き気，疲労感，脱毛などの症状を

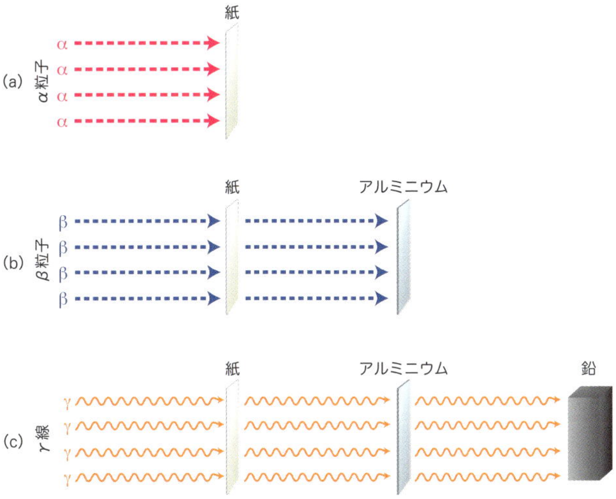

図 11.13 放射能の通過力の比較
(a) α粒子は紙を通過することができない．つまりヒトの皮膚は通過できない．(b) β粒子はもう少しエネルギーに富み，紙を通過できる．しかしアルミニウムには遮られる．β粒子は皮膚を数センチ通過できる．(c) γ線は紙やアルミニウムを通過できるが，鉛の厚い板にはさえぎられる．γ線は皮膚を容易に通過できるので，放射のなかで最も危険といえる．

東京電力は原子炉のお粗末な保守に関して有罪かもしれない．しかしそれだけでなく，東京電力は運も悪かった．

2011 年 3 月 11 日に津波が福島第一原子力発電所を襲ったとき，電源が切れた．電気がないということは，循環する冷却剤がないことを意味する．予備のディーゼル発電機は壊れ，水は沸騰して蒸発してしまい，使用済み燃料棒は大気にさらされ，炉心の温度は天井知らずとなった．爆発は原子炉を何日も揺さぶり続け，東京電力の技術者たちは事態を制御しようと懸命になった．放射線は大気や海に流れ込み，汚染された大気はアメリカやカナダの沿岸部に 1 週間もたたないうちに到達した．2011 年 4 月 4 日のハワイのヒロでの測定によると，核分裂の産物の一つ，^{131}I の濃度は，EPA の限度の 5 倍であった．

このことは私たちに多くのことを教えてくれる．まず，原子力発電所は安全なように設計されているが，最高優先事項が原子力発電所の近くの住民の安全ではない，と考える感心できない人たちによって運営されている点．第二に，原子力発電所は巨大地震 / 津波には敵わない場合もあるという点．第三に，一段階の安全システムでは不十分という点だ．打撃が核による事故のように猛烈な場合に備え，原子力発電所は安全装置の予備，予備の予備，予備のまたその予備を準備するべきだろう．

福島第一原子力発電所はアメリカの設計によるものであり，同じデザインの原子力発電所がアメリカにほぼ 2 ダースある．アメリカ本土にあるこれらの古いタイプの原子力発電所，とくに地震多発地帯のような危険な場所にあるものは心配の種になっている．

AP/アフロ

図 11.15 より安全な原子力発電所
2 基の新式原子炉がジョージア州オーガスタで建設中．

受動的核安全性 (passive nuclear safety) という概念をとり入れた新しい世代の原子炉が設計されている．受動的核安全性とは，原子炉のシャットダウンをはじめるのに，人間あるいは電子信号を必要としない，というものをいう．問題が発生したが電力が供給されないし，人間も手近にいないような場合，コンピュータの命令がなくても，また人間が緊急ボタンを押さなくても原子炉がシャットダウンする．受動的核安全性は，危険が起こったとき核分裂が自動的に停止するように設計されることを意味する．現在アメリカは原子炉の建設を再開したが，いつの日か，新しい世代の原子炉が福島の原子力発電所のような古い世代の原子炉を数のうえで超える日がくると期待したい．現在，アメリカで建設されつつある原子炉 5 基のうち，4 基は受動的安全性の機能が盛り込まれている (**図 11.15**)．

＊19 英語ではヒンドゥー教などの宗教の宇宙観を指す．日本では通常，仏教の世界観を表現した絵画などのこと．

示すが，これらは死の灰，原子炉の事故などで被曝した人々と同じ症状だ．

放射性同位体そのものは皮膚を簡単に通過することはないが，α 粒子などを放出する同位体を体内に飲み込んだり，吸い込んだりすると，（体内で放出された）粒子が健康な細胞や組織を破壊する．11.3 節によると，ラドンは核反応で α 放射線を生じる．体内では，α 放射線は β 放射線よりさらに危険となる．というのも，α 粒子は組織ときわめて狭い範囲で相互作用し，その狭い範囲を治癒不能なまでに損傷するからだ．

ときに人々は放射線を不注意で吸収してしまうこともあるが，医学的な処置として，**放射性トレーサー**（radioactive tracer）とよばれる放射性同位体を意図的に服用させ，患者の体内で制御された方法で放射線を作用させることもある．α 粒子による強力な破壊力は制御が難しいから，多くのトレーサーは γ 線と β 粒子を放出する．たとえばトレーサーとして用いられる ^{99}Tc は γ 線だけを放出するが，半減期は 6 時間にすぎないので，患者がこのトレーサーを摂取しても，数日のうちにほとんど放射能がない状態になる．

患者が ^{99}Tc を投与されると，特別な γ 線カメラが患者の体をスキャンし，γ 線を感知する．カメラは患者の体の周りを動き，三次元画像を撮影する．得られた画像はコンピュータによって，専門家が患者の体内の異常を診断するのに用いる情報に変換される．^{99}Tc は体内の一番活発な組織に速やかに移動するので，脳や心臓，関節炎の部位，骨腫瘍などを調べるのにとくに有用だ．

医学では ^{99}Tc 以外の放射性トレーサーも用いられている．たとえば放射性同位体，^{131}I は放射性ヨウ化ナトリウム Na^{131}I として投与される．ヨウ素は，ヒトののどにあって，ヒトが使うエネルギー量を制御する甲状腺に輸送され，そこで用いられる．この同位体は甲状腺疾患の疑いのある患者の検査によく使われる．**図 11.16** は放射性ヨウ素を投与されたあとの甲状腺を示している．スキャンの結果から見ると，甲状腺の左側は過度の活動状態にあるが，右側は正常といえる．

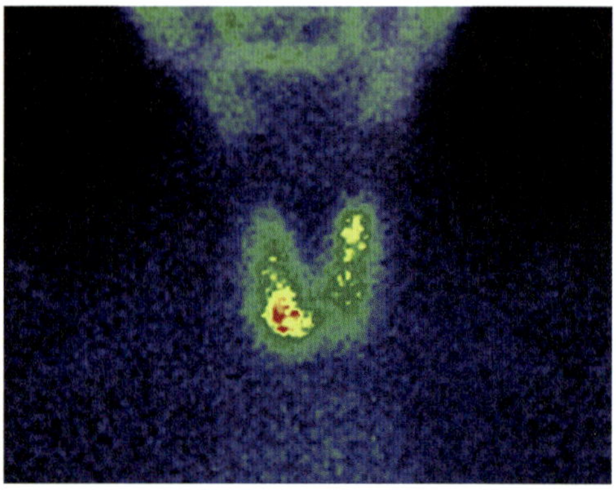
SPL/PPS通信社

図 11.16 医学における放射能
放射性ヨウ素を用いると，健康な甲状腺を観察できる．

ちょっと待って！ wait a minute . . .

^{238}U の壊変がそんなに遅いのに，なぜ ^{238}U のことを心配するのだろうか？

地球上にはウラン鉱床が豊富なので，^{238}U の壊変は心配の種となる．ウランの半減期が 4,500,000,000 年であっても，地中には十分なラドンが貯まっている．このウランは何百万年ものあいだ壊変を続けるので，ウラン鉱床が見いだされる地域の地中からは，相当量の ^{222}Rn が絶えることなく放出される．

問題 11.10 気体のラドンは吸い込んだときだけ危険といえる．では，なぜヒトの体の外部に対する影響を心配しないのだろうか．

解答 11.10 気体のラドンは α 粒子を放出するが，この粒子は皮膚を通過するのは難しいから．

● 放射線量と被曝量を表すのにはいつかの方法がある

ヒトが被曝した放射線量の SI 単位は**シーベルト**〔sievert（**Sv**）〕という．核医学では，有効放射線量に対して通常用いられる単位は**レム**（rem）という．これは "roentgen equivalent for man" を表す．定義によって，1 Sv = 100 rem となる．通常，ヒトは 1 年に約 0.3 rem の放射線を被曝する一方，放射線病の症状は 25 rem の被曝で現れる．いいかえれば，通常の年間平均の約 80 倍の被曝量で，放射線病の軽い症状が現れる．白血病は放射線被曝に関連する最も一般的な型のがんといえる．新しいそれぞれの細胞は生まれるとすぐに放射線にさらされるので，放射線は体内で最も速く生長する組織に影響を及ぼす．リンパ腺や骨髄といった部位では細胞が急速に増殖するので，最もひどく高濃度の被曝を受ける．

ヒトは自然，人工両方の原因による放射線に絶えずさらされていることを忘れてはならない．われわれのほとんどは，放射線病になるほどの放射線を浴びることはまずない．しかし可能なかぎり，低レベルの放射線源による被曝もさけるのが賢明といえる．

Pavegen/WENN.com/アフロ

CHAPTER 12

エネルギー・電力・気候変動

電力を発生させ，エネルギーを保存する新しい方法

サイモン・ラングトン・グラマースクール[*1]（男子校）は，中世以来のイギリスの古い街，カンタベリーの近郷にある．この学校は多くの点で，イギリスにある他の私立学校とたいして変わらない．違うのは，学校のなかで最も激しく踏まれる特別な玄関だ．この玄関では，照明は配電盤に接続されていない．その代わり，玄関の端から端まで敷き詰められた特別なタイルに接続されている．この革新的タイルは，生徒の歩みからエネルギーを得ている．照明はタイルにつなげられていて，生徒がタイルを踏むと，廊下の照明が点灯する．

これはイギリスの発明家・デザイナーで，このタイルを販売しているペイブジェン・システムズ社（Pavegen systems）の創立者，まだ20代のローレンス・ケンボール・クックの頭脳の産物だ．ペイブジェンタイルを踏むと，タイルは5 mmほどへこむが，この程度のへこみは歩行者には気づかれない．この小さな動きによって生じる摩擦が，電子の流れ，すなわち電流に変換されるが，ペイブジェン社はその仕組みをまだ公開していない．歩みから得られるエネルギーの約5%がタイル自身の照明に用いられ，残りは蓄電池に蓄えるか，電気を必要とする何かに使うことができる．このタイルは地球に優しく，また実用的でもある．タイルはリサイクルゴムからつくられ，どんな天候でも野外で使用できる．

Pavegen/WENN.com/アフロ

ペイブジェン社はこのタイルの特許を取るだろうが，この革新的なアイデアを独占することはないだろう．オランダのエンビュウ社は，ダンスを力に変えるバネを組み込んだダンスフロアを開発した．耳を聾（ろう）するような大音響を発するスピーカーや目もくらむような光のショーは悪名高いエネルギー食いだった．だがこの新技術は，最終的にはダンスの力がナイトクラブで用いられるエネルギーの一部，あるいは全部をつくりだすかもしれない．

いま紹介したような，エキサイティングで独創的なエネルギー源を論じることがこの章の目的の一つだ．エネルギーを蓄え，力を生み出す新しい方法の例をいくつか見ていくことにしよう．しかし，まず「エネルギー」と「電力」とは何か，またどう違うかをより深く考えよう．また現在エネルギー源として圧倒的に利用されている化石燃料について考え，なぜ他のエネルギー源に注目しなければならないかを理解しよう．最後に新しいエネルギーの考え，とくに十分には利用されていないエネルギー源，すなわち太陽に注目しよう．

＊1 英語圏での中等教育の担い手の一つ．伝統的には授業料を徴収する私立校で，かつては上流階級の子弟のための学校だった．

12.1 エネルギーと電力

● エネルギーは一つの型から別の型に変換できる

ごくやさしい言葉でいえば，**エネルギー**（energy）は離れているところに力を及ぼす能力であり，**力**（force）は物体を押したり引いたりすることをいう．

ここにエネルギーの本質を明らかにするのに役立つ例がある．ダムのある大きな湖を想像してみよう．ダムは湖に水を貯めるため閉じられている．ダムの放水路が開かれると，水は湖から水車の上に流れ出て，水かき（paddle）に当たる（**図 12.1**）．水が流れてくる前は，水車は動かない．しかし動いている水が水かきに当たると，水車は回転しはじめる．水かきに当たる水の力が水車をぐるぐると回転させる．われわれの定義によると，動いている水はエネルギーの源となる．この動く水のエネルギーは水車にぶつかって回転させるので，動く水車のエネルギーに“変換された”といってよい．

この例から，一つの型のエネルギーを別の型のエネルギーに変換できることがわかるだろう．実際このことは私たちを取り巻く世界で常に起こっている．ミキサーは電気エネルギーを得て，それで野菜を切り刻むエネルギーに変換する．技師は食事から得たエネルギーを，ねじ回しをまわすエネルギーに変換する．自動車は蓄えていた燃料からエネルギーを得て，それを移動するエネルギーに変換する．

地球上に存在するさまざまな型のエネルギーを，核，光，電気，機械，熱，化学エネルギーなどに分類する．**図 12.2** はさまざまな型のエネルギーの例と，エネルギーが一つの型から別の型にどう変化するかを示した．

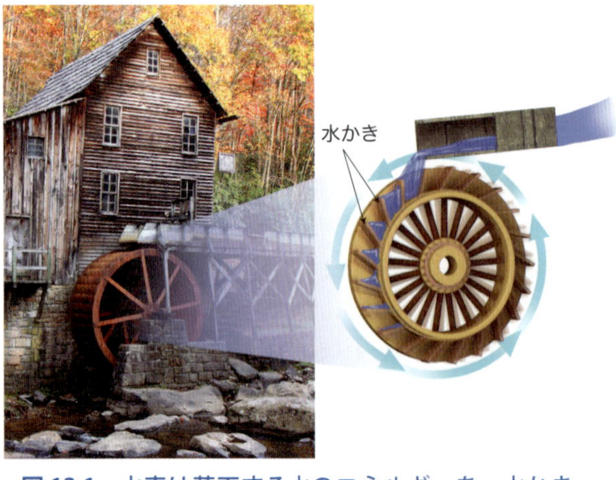

SNEHIT PHOTO/Shutterstock

図 12.1 水車は落下する水のエネルギーを，水かきを動かすエネルギーに変換する

● 力はある時間内に使われるエネルギーを表す

水車とそれを回転させる水の問題に戻ろう．ダムが完全に開かれ，水が全力で流れ出るとしよう．その結果，水車はかなりの速度，たとえば毎分 100 回転（rpm[*2]）で回転する．明らかに相当な量のエネルギーが流れる水から回転する水車に移される．ここで排水口からの水の流れが著しく弱まったらどうなるだろうか．水車の水かきに当たる水が大幅に減るので，水車の回転も，たとえば 10 rpm になり，だいぶ遅くなる．ここである一定時間内，いまの場合 1 分間の水車のエネルギー，水車の力を考える．**力**（power）とは，一定時間内につくりだされるか，使われるエネルギー量をいう．だから 100 rpm の水車は 1 分当たりでより多く回転するから，10 rpm の水車より力が強い（**図 12.3**）．

力のメートル法単位は**ワット**（watt），記号は W だ[*3]．ワットは 1 秒間に移動するエネルギー〔J（ジュール）〕を表している．たとえば，スイッチを入れるたびに，100 W の電球は毎秒 100 J のエネルギーを使う．100 W の電球と比べると，きみのノートパソコンはスリープの状態で 30 W の電力を使うが，モニターを一番明るくしてグランド・セフト・オート[*4]（Grand Theft Auto）で遊んでいると，60 W を消費する．

問題 12.1 ある電球は 2 秒ごとに 300 J を消費する．この電球のワット数はいくらか？

解答 12.1 ワット数は毎秒当たりのエネルギーを J で表したものだ．この例では，2 秒ごとに 300 J が消費される．したがって，この電球は毎秒 150 J を消費するから，ワット数は 150 W．

● エネルギーはつくられもしないし，失われもしない

時代遅れの白熱電球を交換したことがあれば，このタイプの電球が光以外のものを生じることを知っていよう．大きいワット数の白熱電球は，点灯時には熱くて触れない．これらのきわめて熱い電球は，電気エネルギーを光エネルギーに変換するという点では効率がよいとはいえない．実際，これらの電球は電気エネルギーのわずか約 2％を光に変換しているだけで，残り

＊2 rpm; revolution per minute．回転速度を表す単位．
＊3 国際単位系では，力の単位はニュートン，記号はNで，ワットは仕事率（単位時間内にどれだけのエネルギーが使われているか）の単位で，記号はWである．
＊4 現代的な都市を舞台に，殺人・強盗・喧嘩といった犯罪行為などを行うクライムアクションゲーム．

図 12.2　エネルギーは一つの型から別の型に変換される

原子力発電所でつくられたエネルギーは電気エネルギーに変換され，それはミキサーを動かすのに用いられる．ミキサーは電気エネルギーを機械エネルギー，つまり仕事のエネルギーに変換する．仕事のエネルギーは，たとえばミキサーの刃を回転させるのに用いられる．ミキサーのなかでつくられたタンパク質を含むスムージーは，それを飲む人に食物の形で化学エネルギーを供給する．飲んだ人は化学エネルギーを機械エネルギーに変換し，箱をトラックに積み込む．箱を運ぶトラックは化学エネルギーを含んでいるディーゼル油を補給するために停車する．トラックは燃料を燃やして化学エネルギーを得て，それを，車輪を動かして車軸をまわす機械エネルギーに変換する．太陽電池パネルを照らす太陽からのエネルギーは電気エネルギーに変換され，高速道路の緊急信号灯に用いられる．

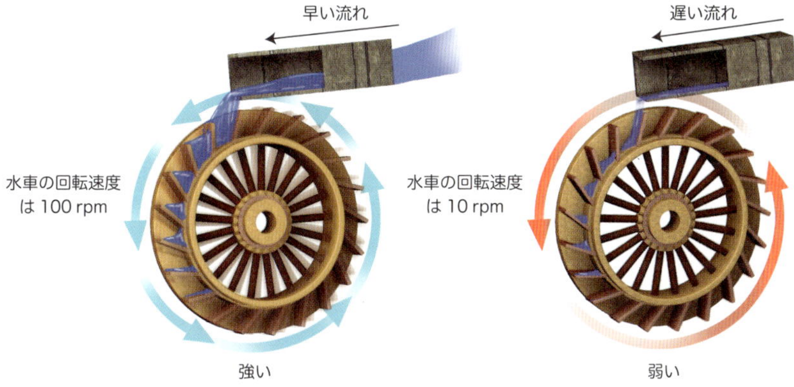

図 12.3　二つの水車

速く回転する水車は，遅く回転する水車よりも力強い．

の 98%は熱，つまり熱エネルギーになっている．光を放出するダイオード電球[*5]（LED）はもう少しましで，受け取る電気エネルギーの約 18%を光に変えるが，残りはやはり熱になる．

すべての電球は，一つの共通点をもっている．電球に流れ込んだエネルギーの 100%は，他の形のエネルギーに変換される（**図 12.4**）．一つの型のエネルギーは他の型のエネルギーに変換されるが，エネルギーは必ず残り続ける．エネルギーが失われてしまうことはない．電球についていえば，電球が受け取ったエネルギーは熱あるいは光に変換される．つまり，エネルギーのすべては何かの形のエネルギーになり，失われることなくどこかに行く．

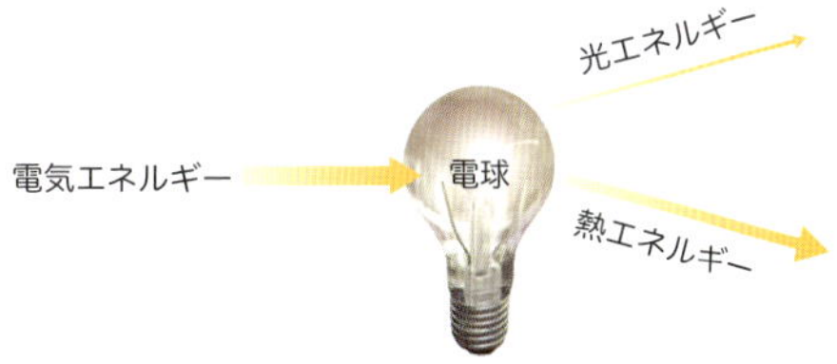

図 12.4　電球が受け取ったエネルギーのすべては，光または熱エネルギーに変換される

エネルギーと力の挙動は，一つの自然の絶対的法則，**熱力学第一法則**（first law of thermodynamics），すな

*5 Light-emitting diode：発光ダイオード．日本では LED，LED 電球とよばれる．p.21 の注も参照．

わちエネルギーは創造されることも破壊されることもないという法則に従う．このよく知られた自然界の事実があるにもかかわらず，アメリカの特許を調べると，無からエネルギーを生みだせるという，何百もの装置のリストができる．たとえば図 12.5 に示す装置は，浮く磁石からなるシステムで，与えられたエネルギーよりも多くのエネルギーを生み出す．繰返し，繰返し，新しいエネルギーを生み出すと主張する装置の正体は暴露されている．これまでのところ，熱力学第一法則に挑戦した小道具やプロセスで成功したものはない．

問題 12.2 電球が受け取る電気のごく一部しか光エネルギーに変換しないのであれば，電球は熱力学第一法則に従っているだろうか．

解答 12.2 熱力学第一法則によれば，エネルギーは破壊されない．したがって，電球に入ったエネルギーはどこかに行かなくてはならない．この本に記したように，残ったエネルギーは熱エネルギー（熱）の形で放出される．

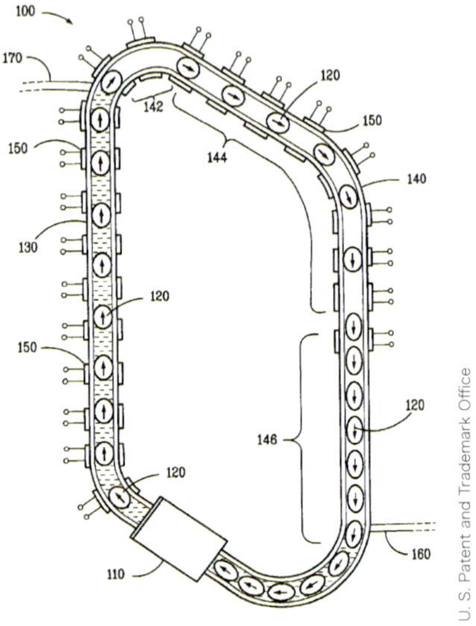

図 12.5 アメリカの特許：6,734,574B2
2004 年に特許が下りたこの装置の発明者は，「この装置は消費する以上のエネルギーを生み出す」と主張した．

12.2 化石燃料：化石燃料とは何か，それはどこから得られるか

● 化石燃料は炭化水素の混合物

この 200 年のあいだに，アメリカでのエネルギー利用に急激な変化があった．図 12.6 のグラフでは，横軸に年代，縦軸にはエキサジュール（EJ）単位でエネルギーがプロットされている．エキサ（exa）はメートル法による接頭辞で，基本単位を 10^{18} 倍することを示す．

つまり 1 EJ は 1,000,000,000,000,000,000 J となる．このグラフはアメリカ人が長年にわたってエネルギー消費を，木材から石油を含めて使用してきた主要なエネルギー源に割り振っている．

1700 年代，1800 年代では，アメリカでの主要なエネルギー源は木（木材）であった．1800 年代後半からはじまった産業革命のあいだに，機械が人力による生産に取って代わるようになった．初期の機械はまず馬，あるいは荷物を引く動物，ついで水流，蒸気，そして最後に石炭で動かされた．20 世紀半ばに石油と天然ガスに追い越されるまで，石炭は主要なエネルギー源だった．天然ガスの主成分はメタン CH_4 だ．技術が進歩して，石炭を燃料とする火力発電所で電気エネルギーをつくるようになって，石炭は復活した．現在，石油，天然ガス，石炭の三つが依然として主要なエネルギー源で，原子力エネルギーや他のエネ

ちょっと待って！ wait a minute . . .

エネルギーがつくられないものとしたら，発電機の仕事とは何だろうか？

発電機[*6] はエネルギーの有用な型といえる電気エネルギーを別の型のエネルギーからつくりだす装置だ（電気エネルギーについては 12.5 節で述べる）．たとえば蒸気タービン（steam turbine）は蒸気からエネルギーを得て，12.1 節で述べた水車に似た車のような装置のタービンを回転させる．この装置は電気をつくるので発電機と見なされているが，無からエネルギーを生み出しているのではない．そうではなく，この装置は電気エネルギーよりは使い勝手の悪い蒸気エネルギーを，有用な電気エネルギーに変換しただけだ．名前が示すように，発電機はエネルギーを生み出すように見えるが，熱力学第一法則に違反しているのではない．

*6 発電機の英語は generator で，英語でも生み出す (generate) という意味を含んでいる．

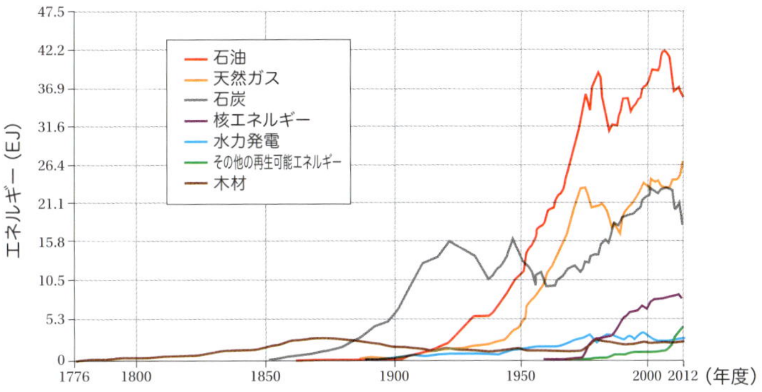

図 12.6 アメリカでのエネルギー源：1776-2012 年
この図は過去 200 年ほどのあいだに，アメリカでのエネルギー資源の利用がどのように変化してきたかを示す．縦軸の単位はエキサジュール（EJ）だ．1 EJ は 10^{18} J に等しい．

ルギー源，たとえば水力発電（水の落下を利用した発電），風力発電，太陽光発電は遅れをとっている．

図 12.6 はいくつかの明白な問題を示している．第一に，アメリカは過去 200 年のあいだにエネルギー消費を劇的に増大させている．第二に，1950 年代以降，石油，天然ガス，石炭がアメリカのエネルギー消費の大部分を占め，表に示された他のエネルギー源を利用しようというはっきりした傾向はまったく見られない点だ．石油，天然ガス，石炭のビッグスリーはすべて**化石燃料**（fossil fuel）で，地質時代から堆積した動植物などの死骸が長年月のあいだに地圧・地熱などにより変成されて化石となった有機物のうち，燃料として用いられるものをいう．

さまざまな種類の化石燃料に含まれる分子を図 12.7 に示した．まず，図で原子は線で結ばれており，これらは分子であり，結合は共有結合だとわかる．次に炭素と水素という 2 種類の元素だけからできているので，これらの分子は炭化水素（hydrocarbon）という．炭化水素には異なる形や大きさがある．炭化水素は直線状または枝分れ状の炭素鎖をもつ．環をつくることもある．

問題 12.3 図 12.7 によると，炭素原子の数と沸点とのあいだに関係はあるか？

解答 12.3 図に示された化合物では，炭化水素の炭素数が少なければ少ないほど，その沸点は低い．

● 石油精製所は原油を利用可能な成分に分離する

天然ガス，石油，石炭を含む化石燃料はおもに炭化水素の混合物だ．地下から汲み出された原油は，黒っぽくねばっこい液体なので，精製する必要がある．精製は，図 12.8 に示すように，含まれる炭素原子の数に基づいて，原油を各成分に分離する操作をいう．この分離の操作は**分留**（fractionation）とよばれる．分留操作では，原油すなわちさまざまな炭化水素混合物は高温で加熱され，気体となって高い塔を昇っていく．分留カラムは混合物を，似たような質量と物理的性質をもつ炭化水素を含む留分に分けていく．

すべての炭化水素は液体から気体に変わる温度，すなわち沸点をもつ．これはまた，気体が液体に変わる温度，すなわち凝固点でもある．図 12.7 にはいろいろな炭化水素の沸点を示した．炭化水素のなかの炭素原子の数と，その沸点のあいだには関係はあるだろうか？　答えはイエス．メタンの沸点が一番低く，炭素

化学式 ： CH_4
沸　点 ： −164°C

化学式 ： C_6H_{14}
沸　点 ： 69°C

化学式 ： $C_{10}H_{22}$
沸　点 ： 160°C

化学式 ： $C_{13}H_{28}$
沸　点 ： 214°C

化学式 ： $C_{16}H_{34}$
沸　点 ： 287°C

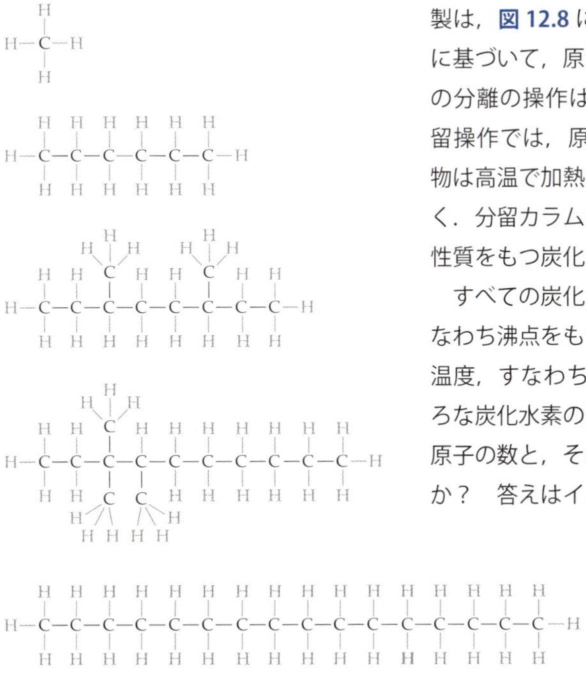

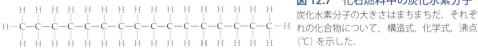

図 12.7 化石燃料中の炭化水素分子
炭化水素分子の大きさはまちまちだ．それぞれの化合物について，構造式，化学式，沸点（℃）を示した．

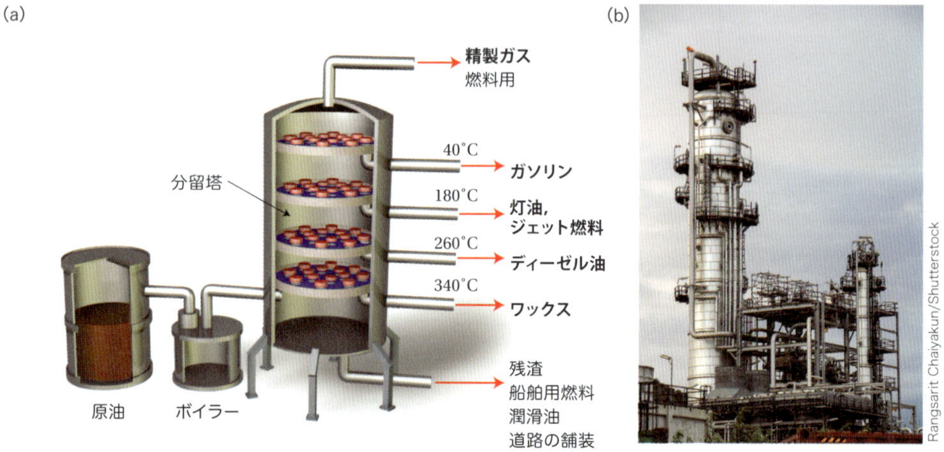

図 12.8　分留塔の働き

(a) 原油の混合物は，混合物中のほとんどの炭化水素分子が気化するまで加熱される．気体は塔のなかを上昇し，次第に冷たくなっている部分に達する．ある炭化水素がその凝固点の部分に達すると，気体は液体になり，同じような炭素数をもつ他の炭化水素とともに，塔から除かれる．(b) 分留カラムは製油所の分留塔のなかに設置されている．この種の塔には 30 階建てのものもある．

原子は 1 個だけだ．炭素数が 6 の炭化水素がその次に高い沸点をもつ．それに炭素数が 10，13，16 の炭化水素が続く．

炭素原子の数が大きい炭化水素の沸点が概して高いのはなぜだろう．それは炭素数が多ければ多いほど，分子の表面積が大きいからだ．表面積が大きいと，分子は隣の分子とより強く相互作用する．その結果，分子間相互作用を切るのにより高い温度が必要になる．16 個の炭素原子をもつ炭化水素の相互作用は，4 個の炭素原子をもつ炭化水素の相互作用より大きい．

分留カラムは上部ほど低い温度になっている．温度を下げることで，原油から蒸留されて出てくる炭化水素は凝縮して液相に戻る．炭化水素の分子量が大きければ大きいほど，また，気体から液体に戻るのが速ければ速いほど，カラムを昇る距離は短い．分子量の小さい炭化水素は，より低い温度で気体から液体へ変化するので，凝縮する前に，カラムの上部へ昇る．メタンはカラムの最上部まで昇り，そこで集められ，天然ガスとして売られる．

図 12.8(a) が示すように，炭素数の多い炭化水素は，カラムの底に近いところでカラムから離れる．これらの重い炭化水素混合物は潤滑油，ワックス，アスファルトなどに用いられる．カラムの上部へ昇ると，炭化水素混合物の分子は炭素原子の数が少なく，より軽くなる．ディーゼル油，灯油，ジェット燃料，ガソリンなどが凝縮したあとに，メタンのような軽い炭化水素が最上部に達し，サイフォンの原理でカラムから吸い出される．図 12.8(b) は分留塔の写真で，塔の高さは 50 m 以上，17 階のオフィスビルよりノッポだ．

問題 12.4　分留塔の最上部から得られる原油の留分と，カラムの底から得られる留分のうち，どちらの沸点が高いか？

解答 12.4　カラムの底から得られる留分のほうが高い沸点をもつ．原油の液体混合物は，ほとんどの成分が気体になるまで加熱される．カラムの上部にまで昇らない成分は沸点が高いため，カラムの低い部位で沸点 / 凝固点に達する．

12.3　化石燃料と気候変動

● 燃料は酸素分子の存在下で燃焼する

燃料がどこから得られるかがわかったので，次に燃料がどうやってエネルギーを供給するかを考えてみよう．化石燃料がある特別の化学反応，燃焼を行うとエネルギーが発生する．燃焼反応が起こるためには，酸素が存在しなくてはならない．酸素が存在すると，化石燃料のなかの物質は燃焼して，二酸化炭素と水を生じる．炭化水素の一つ，メタンの燃焼は次に示すバランスのとれた化学反応式にしたがって起こる．

$$CH_4(g) + 2O_2(g) \rightarrow CO_2(g) + 2H_2O(g) + 熱$$

たとえば台所のコンロに点火すると，メタンガスがバーナーから流れ出て，火花によって燃焼反応がはじまる．ガスが流れ続け，空気があるかぎりバーナーは熱を生み続ける．化学反応式には（通常）「熱」を書かないが，ここでは，この反応は熱を生じるということを強調するために「熱」を書き加えた．

自動車のエンジンでは，別の化石燃料の**ガソリン**（gasoline）が同様の反応を行う．ガソリンは炭素数が1分子当たり平均6～8個の炭化水素の混合物だ．ガソリンが燃焼すると，二酸化炭素，水と大量の熱が得られる（一酸化炭素のような副産物も生じる）．自動車のエンジンで燃焼によって生じた熱は，気体を急速に膨張させるので，エンジン内の圧力は急速に増加する．この圧力がピストンを押し，ピストンに押されたクランクが車軸を回転し，タイヤが回転しはじめる．

● 自動車の燃費はその出力に関係する

12.1節で学んだように，エネルギーは一つの形から，別の形に変換できることを思い出そう．ガソリンの燃焼で生じたエネルギーが運動のエネルギーに変換されると，自動車は動く．どのくらい速く動くかは，自動車がどのくらい力強いかによる．自動車に対しては，加速（pick up）という言葉が用いられる．加速のよい自動車は，燃料の化学エネルギーを，短時間に車輪を回転させるエネルギーに変換できる．自動車の出力は通常，馬力（horsepower）という単位で表される．1馬力はおよそ746Wに相当する．

化石燃料で動く自動車では，自動車のもつ出力と消費する燃料のあいだには重要な関係がある．強い力をもっている自動車の燃費（fuel economy），すなわちある量の燃料で走行できる距離はきわめて低い．

アメリカで市販されている2種の異なる自動車の出力と燃費を比較してみよう．

図12.9に，2013年式スマート フォーツー（メルセデス・ベンツ社）と，2013年式ダッジ・バイパーSRT-10（クライスラー社）の仕様の一部を比較した．これらの自動車の共通点は何だろう．どちらも二人乗りで，トランクの容量は小さい．これらの点を別にすれば，二つの自動車は，これ以上違いようがないくらい違っている．70馬力の質素なスマート フォーツーは15.5秒で速度が0から96km/時になり，最高時速は約130kmになる．一方，強力な570馬力のダッジ・バイパーSRT-10は4.0秒で時速0から100kmに達し，最高時速は約330kmだ（しかしダッジのこの車はチー

図12.9　2種の自動車の燃費
ここでは2013年式スマート フォーツーと，2013年式ダッジ・バイパーSRT-10の仕様（specification）を比較した．

仕　様	スマート フォーツー（2013年式）	ダッジ・バイパー SRT-10（2013年式）
	 Vladimir Fomin/Dreamstime.com	
トランクの体積（L）	約340	約416
価格（標準仕様）†	12,490ドル（約125万円）	97,395ドル（約974万円）
最高速度（km/時）	約135	約330
質量（kg）	約730	約1500
馬力（5800 rpm時）	70	570
燃費（km/L；市内走行時）	約14.5	約5.1
0から96 km/時に達するまでの時間（秒）	15.5	4.0

†（　）は目安としての価格．1ドル＝100円で換算．

ちょっと待って！ wait a minute . . .

石炭はどうか？　石炭はどんな炭化水素を含んでいるか？

原油の精製で生じる炭化水素を例示した図12.7に，石炭は加えられていなかった．原油は地中から粘り気のある液体として汲み出されるのに対し，石炭は地下の鉱脈に見いだされる固体だ．石炭を掘り出す方法として，1000m以上の長さに達する採鉱トンネルを掘る場合もある．原油中の分子と同様，石炭をつくる分子はおもに炭素と水素からなる．しかし，石炭のなかの分子は巨大で，炭素原子100個以上を含んでいるものもある．石炭にはいくつかの種類があり，それぞれが炭化水素の複雑な混合物からなる．12.3節では，各種の石炭と，石炭を燃やす火力発電所について議論しよう．

ター[*7] ほど加速できない．チーターは約 3.5 秒のあいだに時速 0 から 100 km に加速できる）．

明らかに，この二つの自動車はまったく異なる買い手を惹きつけるだろう．97,395 ドルを払う余裕があり，きわめて強力な自動車がほしいなら，バイパーはお誂え向きの車だ．しかし，自動車を買う際に，価格やスタイルだけで決めるのではなく，「この車を運転すると，環境にどう影響するか」を考える人がしだいに増えてきた．同じ量のガソリンでスマート フォーツーは，バイパーに比べてほぼ 3 倍の距離を走ることができる．また，走行距離 1.6 km に対して，スマートは約 260 g の二酸化炭素を放出するが，バイパーは約 740 g 放出する．地球上に存在する化石燃料は有限であり，いろいろな仕方で気候変動と環境汚染の問題
8 にかかわることを考えると，スマートになぜその名がついたかがわかるだろう．

問題 12.5 ダッジ・バイパーは何ワットの力を用いるか．

解答 12.5 バイパーは 570 馬力だから，次のように馬力をワットに変換する．

$$570\ 馬力 \times \frac{746\ \mathrm{W}}{1\ 馬力} = 430{,}000\ \mathrm{W}$$

● 気候変動は地球温暖化の結果

私たちの惑星――地球――の気候は変化しつつある．観測によると，干ばつ，極端な天候，大量の降雨，熱波などが頻繁に起こっている．これらの変化はまとめて気候変動（climate change）という．気候変動は，地球は過去における温暖化より速いペースで温暖化が進んでいることによる．大半の気候学者，環境学者の意見は，この変化は人間の活動，とくに石炭，天然ガス，石油を含む化石燃料を燃やした結果だ，という点で一致している．

二酸化炭素が大気中に放出され，太陽からの熱を捉えるから，化石燃料の燃焼は地球を暖かくしている．この過程を図 12.10 に示した．

地球の大気を通過した太陽からの光は地球の表面に吸収されるか，あるいは空間に逃げてしまう．エネルギーの一部は温室効果ガスとよばれるある種の気体に閉じ込められる．この自然現象は**温室効果**（greenhouse effect）とよばれ，生命が維持できる範囲に地球の温度を保つ．

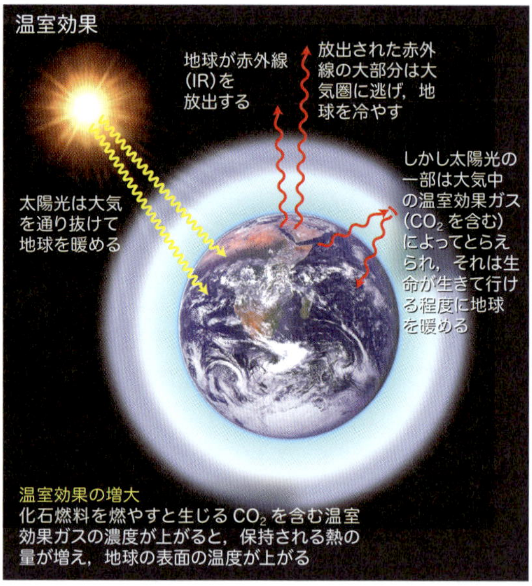

図 12.10 温室効果
温室効果は自然現象で，生命が存続できるように地球の大気を暖める．しかし化石燃料の燃焼で生じる温室効果ガスは，温室効果を促進させる．すなわち，過剰な熱が地球を取り巻く大気に閉じ込められ，地球は不自然に暖かくなる．

1800 年代から人間は化石燃料をエネルギー源として使いはじめ，1900 年代のはじめから半ばまでに，石炭，天然ガス，石油などの化石燃料がわれわれの主要なエネルギー源となった（図 12.6）．すべての化石燃料は燃焼すると温室効果ガスの二酸化炭素と水を生成する．温室効果ガスは地球の大気に熱を閉じ込め，地球温暖化，ひいては気候変動を引き起こすことを 5 章で学んだ．だから大気に入った膨大な量の二酸化炭素は，地球がだんだん暖かくなる原因だと推論しても間違いあるまい．この現象は**人為的温室効果**（enhanced greenhouse effect）とよばれている．

図 12.11 は人間の活動による地球の温度上昇，すなわち地球温暖化を示している．図に示した証拠を支持しているデータは，アメリカ航空宇宙局（National Aeronautics and Space Administration；NASA）のゴダード宇宙研究所（GISS）とコロンビア大学との共同研究（HadCRUT）の成果だ．HadCRUT はイギリスのイーストアングリア大学の気候研究ユニット（CRU），アメリカのコロラド州ボルダーにある国立大洋・大気機構（NOAA），NASA の衛星データの計算を行っている私企業の RSS，それにアラバマ大学ハントビル校（UAH）などが得たデータをまとめたものだ．

＊7 熱帯雨林地方を除くアフリカ大陸，イランに棲息する肉食動物．ネコ類に属する．時速 110-120 km/h に達するという．

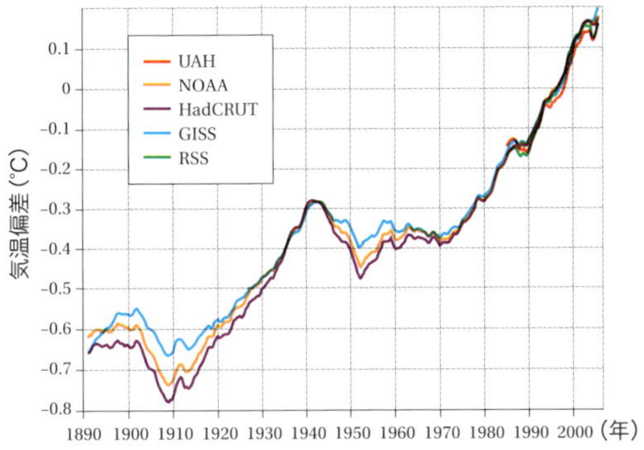

図 12.11 五つの研究機関による地球の温度
地球の温度は五つの研究機関によって追跡された．これらの機関については本文を参照されたい．

いくつかのデータは海水の温度（GISS, HadCRUT, NOAA），いくつかのデータは地球表面の温度（GISS, HadCRUT），いくつかのデータは衛星，大気の温度（GISS, NOAA, RSS, UAH）に依存している．どこで得られたにせよ，全データが集められ，科学的方法で解析され，吟味されている．グラフは 1890 年以来，地球が次第に暖かくなっていることを示している．実際，記録に残る範囲で最も暑かった夏はいずれも 2000 年から 2012 年のあいだに起こっている．1

気温の上昇による気候変動に関する証拠は明らかで，またよく調べられている．海面が上昇している（1 章の THEgreenBEAT）．氷床が沈みつつある，北極の氷がだんだん薄くなっているという証拠がある．氷河が世界規模で消失しつつある（5 章の THEgreenBEAT）．こうした圧倒的な証拠があるにもかかわらず，一部の人は，気候変動など起こっていないと主張する．しかし地球温暖化による気候変動についての説得力のある証拠に対抗できるだけの，信用でき，厳しく審査されたデータを示すことができた人は一人もいない．

● 2013 年に大気中の二酸化炭素濃度は 400 ppm に達した

2013 年 5 月 20 日は地球温暖化と気候変動に関心がある人にとって重要な日となった．この日，地球の大気の二酸化炭素濃度の測定値が 400 ppm を超えた．では，なぜこの値が大問題になるのだろうか？ 答えは**図 12.12** にある．地球の歴史を通じて，二酸化炭素の濃度は上下したが，だいたい 180-300 ppm の範囲に収まっていた．しかし，300 ppm の区切りは 1950 年代以前に超えられてしまった．次の重要な区切りは，300 の次の概数 400 だ．これは人間にとって 30 歳を迎えるようなものを意味する．29 歳のときと同じ人間だが，人間は重要な区切りの歳を迎えると，次の区切りを考えるようになる．科学者たちの予測よりもはるかに早くこの値に達してしまったため，400 ppm の区切りはたいへん重要となった．

さて，400 ppm の区切りに達してしまったのだが，もはや元に戻ることはできないのだろうか？

最近の研究によると，元に戻せないのはイエスといえる．地球温暖化の効果を簡単には逆転することはできない．研究によると，いますぐ二酸化炭素の排出量を劇的に減らしても，気候変動はなお続く．それも何百年の単位ではなく，千年またはそれ以上の単位で続く．

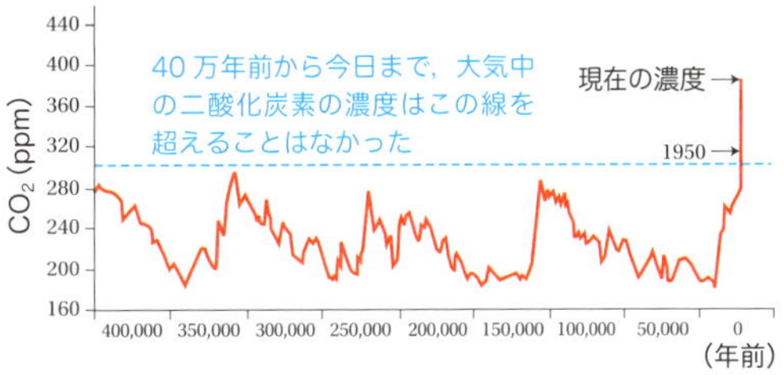

図 12.12 過去 40 万年間の二酸化炭素濃度

ちょっと待って！ wait a minute . . .

地球温暖化と気候変動は同じことか？

違う．地球温暖化と気候変動は同じではない．地球温暖化は人間の活動の結果起こる地球の温度上昇をいう．地球温暖化は原因であり，気候変動はその効果といえる．気候変動は，気候の変化のパターン，氷塊の溶解，海面上昇などの，地球が暖まるもろもろの効果を含めた広い意味の用語といえる．

問題 12.6 この本では，次の分子のどれを温室効果ガスとしているか．

(a) ラドン (b) 二酸化炭素 (c) メタン
(d) 亜酸化窒素（一酸化二窒素）

解答 12.6 ラドンは温室効果ガスではない．他の気体はこの本では温室効果ガスを意味する．

12.4 新しい環境基準に対応する

● 古い研究方法が挑戦を受けるとパラダイムシフトが起こる

世界規模での化石燃料の使用によって，膨大な量の二酸化炭素が大気中に放出される．その二酸化炭素は，地球の温度を上昇させ，気候を変える．化石燃料の使用には別の費用もかかる．化石燃料を産出する地域に政治的あるいは軍事的な介入があると，それには費用がかかる．石油プラットフォーム[*8]が爆発して原油がメキシコ湾に流れ出ると，それにも費用がかかる．しかし，地球は来るべき何十年ものあいだ，化石燃料を提供できるし，化石燃料は安価なので工業はその周りに群がり，人間は化石燃料を使い続ける．ある人たちは化石燃料を使う習慣を止めるのは複雑で面倒だと主張する．しかし，時には人間は一見越えがたい挑戦を何とか克服する方法を発見する．次の話がそれを物語る．

環境問題は新しい現象ではない．それに自然を脅かすものは自動車のような機械とはかぎらない．時には，まさに反対のこともある．1800 年代，世界中の都市は馬糞という恐るべき問題に直面していた．都市では馬が主要な輸送手段だったから，都市は莫大な量の馬糞に対抗する手段を見つけなければならなかった．一見解決しがたいこの問題を議論するため，国際会議が招集されたが，多くの人は暗い見通しをもっていた．とにかく馬糞は町の空き地に 12 m の高さまで積もっていた．1950 年までに，馬糞はニューヨークのビルの 3 階まで達すると予測されていた．

当時の人々にとって，問題は手に負えないように思われた．しかし次の世紀，つまり 20 世紀になると，路面電車と自動車が登場し，都市交通のパラダイムシフト（5.2 節参照）が起こった．馬が他の交通手段によって置き換えられて馬糞問題は解決し，この特別の環境問題は終わりを告げた．

自動車が路上の馬に取って代わると，交通に関する別の問題が生じた．そもそものはじめから，自動車工業は自分たちがつくる自動車の燃費と安全性を規制する試みに対して抵抗した．シートベルト[*9]に関する法律が発効したとき，ヘンリー・フォード[*10]は，この新しい安全性に関する法律は彼の会社を閉鎖に追い込むだろうと予測した．

また，1900 年にアメリカ全体では 8000 台の自動車があった．1970 年までにアメリカで登録された自動車は 1 億台以上であり，別の環境問題がまさに起ころうとしていた．石油を猛烈に消費する自動車が道路を支配し，燃費は 15 mpg（km/L に換算すると 6.4 km/L）以下だった．1973 年に中近東で起こった政治的緊張のため，タンカーの出港が禁止され，アメリカは中近東からの石油のほとんどが手に入らなくなった．石油の価格は 30%も上昇し，品不足となった．配給制がひかれ，ガソリンスタンドの多くは，売るべき石油がないという状況になった（**図 12.13**）．

● アメリカの CAFE 法は自動車とトラックの燃費の最低レベルを設定する

タンカー出港禁止の余波といえるが，1975 年に企業（別）平均燃費法（<u>C</u>orporate <u>A</u>verage <u>F</u>uel <u>E</u>fficiency law；CAFE）がアメリカの議会を通過した．この法律は 10 年以内に燃費を 2 倍向上させて 11.7 km/L にすることを要求するものであった．自動車工業界の見通しは暗かったが，10 年以内になんとか目標を達成した．

---

*8 海底から石油や天然ガスの掘削のために海上に設置される巨大な人工構造物．
*9 アメリカでは 1950 年代末には多くの自動車の標準装備となった．日本では 1969 年に装備が義務化された．
*10 ヘンリー・フォード（Henry Ford, 1863–1947）：フォード自動車会社の創立者．

ちょっと待って！ wait a minute . . .

二酸化炭素以外にも，温室効果ガスがあるのでは？

その通り．たとえば水も天然の温室効果ガスで，温室効果にかなり寄与している．しかし多くの温室効果ガスは人間がつくりだしている．たとえば，自動車は一酸化炭素 CO，一酸化二窒素 N_2O，メタンを放出する．あとの二つの気体は二酸化炭素より強力な温室効果ガスだ．しかし，二酸化炭素の存在量は他の気体に比べて段違いに多いので，二酸化炭素は人間がつくりだした温室効果ガスのなかで，地球温暖化の最大原因といえる．メタンについては 5 章の THEgreenBEAT で扱った．

図 12.13 石油ありません
1973年の石油輸出禁止の措置のため，ガソリンスタンドは売るべき石油がないという状況になった．

図 12.14 は1975年からのアメリカの自動車とトラックの燃費を示している．CAFE法が1975年から1985年にかけて燃費の改善をもたらしたあと，次の20年間，燃費の向上は見られなかった．新しい燃費の規則が2005年に発効されたので，2005年から2010年にかけて，若干の向上が見られた．2010年，オバマ政権は二つの新しいCAFE法を成立させた．この法律によると，「自動車もトラックも」平均mpg値は2010年に25.3 mpg（10.8 km/L），2016年までに34.1 mpg（14.5 km/L）に，2025年までに54.5 mpg（23.2 km/L）に向上させよというものだった．

2014年9月4日号のフォーブス（*Foebes*）[*11] 誌で，記者は「驚くにはあたらないが，自動車業界は新しいCAFE規則を歓迎しない」と述べている．ではこの新しい挑戦に対して自動車業界はどう対応するだろうか？　これまでの成り行きからみれば，結局彼らは何とか対応するだろう．

＊11 世界有数の経済誌．本社はニューヨーク．アジア版，日本版など30以上の国際版も発行している．

＊12 2004年に世界最初の風力発電と水素製造の工場が建てられた．最大時速110-120 km/hに達する風速が利用された．

問題 12.7 図12.14についての次の記述のうち，正しくないのはどちらか．

(a) 一般に自動車のほうがトラックよりも燃費がよい．

(b) 21世紀がはじまるとともに燃費は急速に向上した．

(c) 比較的最近のある時期に，トラックの燃費は下った．

(d) この図では燃費は1 L当たりのkm数で表示されている．

解答 12.7 (b) 図12.14のグラフのデータによると，2000年に燃費の著しい向上は見られないから，正しくない．

12.5 エネルギーを水素分子のなかに蓄える

● 燃料電池は酸化還元反応を利用して電気と水をつくる

たまたま風の強い地域に住んでいる人たちにとって，風は力を供給できるエネルギー源となる．そのような場所の一つはノルウェーの南西部海岸にごく近い，ウツシラ[*12]（Utsira）とよばれる小さな島だ．ウツシラ島には240人の住民と多くの羊が住んでいるが，同時に，世界最初の風力・水素複合発電所の一つのホームでもある．

ウツシラ島は長年風力を利用してきた．実際，島の風力タービンは住民が使い切れないほどの電力を風力からつくりだしていた．しかし島の住民はエネルギーを蓄えるすべをもっていなかったから，使い切れなかったエネルギーは捨てられていた．この問題を解決するために，近年島は次の化学反応式にしたがって，水を分解する発電機を設備した．

$$2H_2O + 電気エネルギー \rightarrow 2H_2 + O_2$$

図 12.14 自動車が生産された年次の関数としての燃費（km/L）
1970年代に成立したCAFE法によって1980年代までに燃費は改善された．しかし，その後新しい燃費基準が発効される2005年ごろまで，その水準に留まった．一連の新しいCAFE法は，来るべき10年のあいだに燃費の顕著な向上をもたらすはずだ．図の両方は「自動車とトラック両方の平均」を示す．

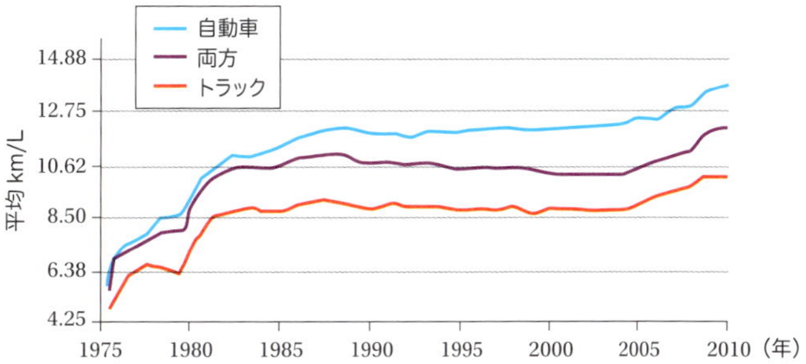

natureBOX・氷床コアの測定

気候変動の証拠の多くは，過去 40 万年に及ぶ二酸化炭素濃度の測定に依存している（図 12.12）．では現代人が進化して登場する前に地球上にあった大気中の二酸化炭素濃度を，どうやって正確に測定できるのだろうか．はるか昔の地球の自然史について人間が知っていることの多くは，氷床コア*13（ice core）試料から得られる．

非常に厚い氷を見つけたら，それは何千年も前にその場所で起こったことを知る機会が得られる．先端が鋭い刃になった長いパイプを垂直に氷床コアに差し込むと試料が採取できる．パイプを引き揚げると，円筒形の氷床コアが得られるが，これは科学者に，これらの層が形成されたときに何が起こっていたかを教えてくれるので，まさにタイムカプセルだ．

図 12 A は，グリーンランドの氷床の，深さ 1837 m のところから採取された氷床コアだ．氷床コアに沿った細い縞のそれぞれは 1 年を表している．1 年中降り続けている雪でも，その量は極近くでは 24 時間太陽が照っている夏と，1 日中暗い冬とでは違う．季節が劇的に変化するので，降る雪の密度や構造も変わる．この季節の変化は氷床コアの縞模様で見てとれる．

氷床コアのそれぞれの縞模様は，科学者にその年にどのくらいの降雪があったかを教えてくれる．氷の化学分析から，ほこり，花粉，火山灰などが氷に閉じ込められているのが明らかになる．これらのことから，その年にはどのくらい風が強かったか，あるいは大きな火山の噴火があったかどうかを明らかにしてくれる．氷のなかに閉じ込められた気泡は，その年の空気の小さな試料だ．たとえば氷床コアの気泡に含まれているメタンの測定から，地球がそれぞれの年にどのくらい湿地におおわれていたかを教えてくれる．メタンを生じる細菌は湿地に棲息し，メタンを大気中に放出するからだ．

Courtesy of National Ice Core Laboratory

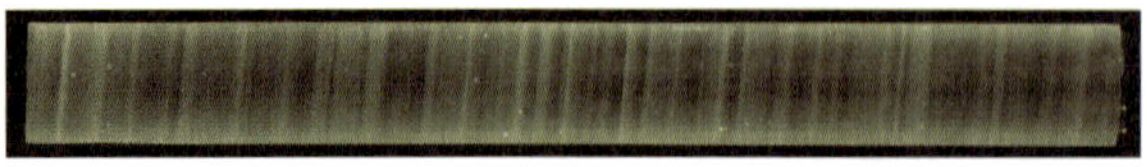

図 12 A　グリーンランドで集められた氷床コア
この 1 m 分の氷床コアは，グリーンランドの氷床の範囲内で 1837 m の深さから集められた．この芯で最も古い氷が，16250 年前にできた．

Courtesy of Gifford Wong

図 12 B　古気候学専攻の大学院生ジフォード・ウォン
ウォンはバックライト付雪穴のなかに立っている．雪の塊の縞がはっきり見えている．

氷床コアに含まれている小さい気泡は，大気の自然の成分の二酸化炭素も含んでいる．骨の折れる分析によって，図 12.12 に示された 40 万年分の二酸化炭素のデータが集められた．これらのデータは，二酸化炭素の放出が 21 世紀に起こっている地球温暖化を招いているという反論できない証拠だ．

大地から引き抜かれた氷床コアはどうなるのだろうか．氷床コアは十分に断熱された容器に入れられて，コロラド州デンバーにある国立氷床コア研究所に注意深く送られる．ここで科学者たちは −35 ℃に冷却された特別の実験室で氷床コアを分析する．この施設では世界中から集められた 14,000 m 分の氷床コアを保存している．

氷床コアを研究する科学者は気候変動の歴史の研究者なので，古気候学者（paleoclimatologist）とよばれる．彼らの写真のほとんどには，常に帽子をかぶっているという共通点がある．1 年中氷づけの，恐ろしく寒い気候のところで働く彼らは非常に献身的だし，帽子は欠かせない．**図 12 B** には，そのような研究者の例として，古気候学専攻の大学院生ジフォード・ウォンを紹介する．この写真で，彼は氷の洞窟の壁にできている縞を指さしている．

*13 氷床から取り出された筒状の氷の柱．気候などに関する正確な情報を含んでいる．

この過程は，水を分解（-lysis）するのに電気（electro-）を用いるので，**電気分解**（electrolysis）とよばれる．電気分解は水から水素をつくるのに，商業的に最も引き合う方法だが，この方法は莫大な電気を必要とする．ウツシラ島では余った電力は水を電気分解するのに用いられる．電気分解によって得られた水素は後の利用に備えて蓄えられる．

電気分解の式で H_2 と書かれた水素はなぜ燃料になるのだろうか？　それは燃料電池のなかで水素分子が酸素分子と反応してエネルギーを生じるからだ．炭化水素燃料が自動車のエンジンのなかで酸素と反応すると，エネルギーが生じる．**燃料電池**（fuel cell）は，ある種の化学反応から電気エネルギーを取り出すことができる**化学電池**（electrochemical cell）の一種といえる．化学電池は逆方向にも働き，電気を用いて化学反応を起こさせることもできる．

$$H_2 \rightarrow 2H^+ + 2e^-$$

酸化半反応では電子は生成物（右辺）側にある

上の式は半反応（half reaction）とよばれる，化学反応式の特別なタイプの一つだ．電子が反応物（左辺）あるいは生成物（右辺）のどちらかにあるので，半反応と認められる．半反応式で電子が生成物側にあれば，この反応は酸化反応という．**酸化**（oxidation）は電子を喪失する．この半反応では水素分子は電子を失ってプロトン H^+ となり，電子は記号 e^- で表される．

何かが酸化されると，生じた電子は反応の他の半分，還元反応に関与する．**還元**（reduction）は電子を獲得する反応である．燃料電池では，酸素分子は次のようにプロトンと結合して，水を生成するときに還元される．

$$O_2 + 4H^+ + 4e^- \rightarrow 2H_2O$$

還元半反応では電子は反応物（左辺）側にある

問題 12.8　次の半反応は酸化反応か，還元反応か．
(a) $Cu \rightarrow Cu^{2+} + 2e^-$　　(b) $Ni^{3+} + e^- \rightarrow Ni^{2+}$

解答 12.8　反応（a）は電子が生成物側にあるから酸化反応，反応（b）は電子が反応物側にあるから還元反応．

● 酸化還元反応は酸化半反応と還元半反応を組み合わせたもの

酸化反応と還元反応は，一方が起こるためには他方も起こらなくてはならないから，酸化半反応と還元半反応は対となって全反応をつくる．酸化半反応は電子をつくるが，この電子は還元反応で消費される．**酸化還元反応**〔レドックス（redox）反応ともいう〕は，両辺の電子が打ち消し合うような仕方で二つの半反応を結合させると得られる．この仕組みを理解するために，前節で見た，異なる数の電子を含む二つの半反応を調べよう．電子の数を等しくするために，酸化反応のすべてに 2 を掛けて，次の結果を得る．

$$2H_2 \rightarrow 4H^+ + 4e^-$$

各半反応が電子 4 個を得たので，それらを足して酸化還元反応をつくることができる．各半反応の左辺のすべてと右辺のすべてを足し合わせると，図 12.15 に示すように，新しい一つの化学反応になる．ついで化学反応式の左辺と右辺の両方に表れるものを打ち消し合う．プロトン H^+ が電子 e^- を打ち消し合うと，燃料電池のなかで起こっている化学をまとめた酸化還元反応が得られる．

図 12.16 に燃料電池の模式図を示した．水素ガスはセルの左側から流入し，前に示した酸化半反応に従って酸化される．酸化反応は**負極**（anode）で起こる．負極での酸化半反応で生じた電子は電池を**電流**（electric current），すなわち電子の流れの形で離れる．ある速度で電線を伝って流れる電流は電気で動く装置，たとえば電気自動車とか，ウツシラ島の住民の家電製品などに電力を供給する．

電子の流れは燃料電池の**正極**（cathode）に戻り，ここで還元半反応が起こり，プロトン H^+，電子，酸

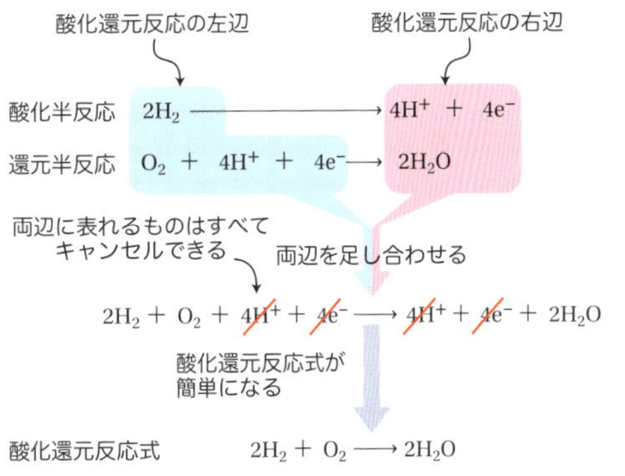

図 12.15　燃料電池での半反応

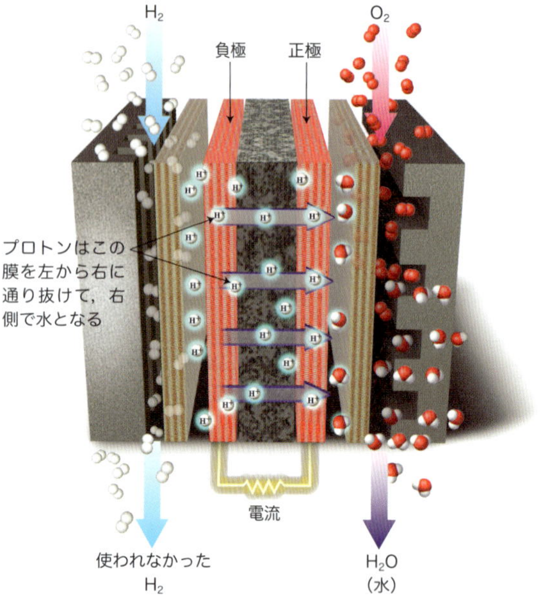

図 12.16　燃料電池
燃料電池では，水素分子 H_2 がセルに流入し，負極での酸化半反応によってプロトン H^+ に変換される．酸素分子 O_2 は別の入り口からセル内に流入する．負極で生成したプロトンと結合して，酸素分子は還元半反応によって水 H_2O に変換される．

素が集まって水をつくる．この過程を全体として見ると，酸化還元反応を電池のなかで物理的に隔てられた二つの半反応に分けるから，化学電池は電流を生じる．物理的に隔てられているので，酸化半反応で生じた電子は，還元半反応に関与する前に通常電流となって向きを変える．次に化学電池の例として蓄電池を扱う．

問題 12.9　次の二つの半反応式を足し合わせ，同じものが両辺にあればキャンセルせよ．

$$Cu \rightarrow Cu^{2+} + 2e^-$$

$$Ni^{2+} + 2e^- \rightarrow Ni$$

解答 12.9　電子をキャンセルして得られた式は次のようになる．

$$Ni^{2+} + Cu \rightarrow Cu^{2+} + Ni$$

● 燃料電池は水素ガスの手に入れやすさで制限される

燃料電池はエネルギー獲得の手段としてすばらしい方法のように見える．燃料電池は水素と酸素を用いて水と電流をつくる．だがこれが本当にすばらしいアイデアなら，なぜ自分の家庭や自動車に燃料電池を取りつけないのだろう．答えは，水素が手に入れにくいからだ．水素は自然界にはほとんどないし，つくるのも，貯蔵するのも容易ではない．風力から余分のエネルギーを得て，それで水を電気分解して水素を得ることができるウツトラ島の人々は幸運だろう．だが，水の電気分解はきわめて大量のエネルギーを必要とし，現在のところ，商業的に見合う水素の製法は（水の電気分解以外には）ない．

図 12.17　水素はきれいな燃料か？

図 12.17 のマンガは，水素ガスで走る燃料電池自動車をいささか皮肉っている．二酸化炭素をまったく排出しない"きれいな"自動車を走らせるのは素晴らしいことのように思われる．しかし，自動車に詰め込んだ水素が核エネルギーあるいは化石燃料によってつくられたとすれば，その日の終わりには結局のところこの車はクリーンだとはとてもいえないことになる．

12.6　太陽からのエネルギー

● 実際のところ太陽は無限のエネルギー源

世界の人口が増大するにつれ，エネルギーの需要も増大する．そのエネルギーをどこからか工面しなくてはならない．これまで議論してきたように，その大部分は，石炭，天然ガス，石油などの化石燃料を燃やすことで得ている．しかし，化石燃料の使用は環境に対して破滅を招くような対価の支払いを伴うし，化石燃料資源は無限ではない．誰に尋ねるかによるが，化石燃料の保有量は今後 75 年から 500 年分と見積もられている．

しかし，無限のエネルギー源としては太陽がある．実際，人間が生命を維持するのに必要なエネルギーを与えてくれるのは太陽だ．驚嘆すべき化学反応といえる**光合成**（photosynthesis）によって，植物は太陽のエネルギーを化学エネルギーに変換する．次の化学反応式は光合成の化学反応の簡略版だ．

$$6CO_2 + 6H_2O\ (+\ 太陽エネルギー) \rightarrow C_6H_{12}O_6 + 6O_2$$

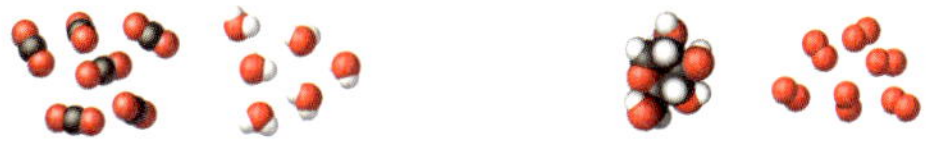

光合成によって，植物は太陽光，二酸化炭素，水を結びつけてグルコースと酸素をつくる．グルコースは植物のための食事となり，酸素は大気中に放出される．この酸素は人間が呼吸する酸素の供給源の一部となる．だから植物は温室効果ガスの二酸化炭素の重要な流し（捨て場）であり，同時に酸素分子をつくる．この理由から，土地を他の目的に利用するために森の木を切ってしまう**森林破壊**（deforestation）に重大な危惧が指摘されている．

太陽光は地球に棲息するほとんどの生物にとって究極のエネルギー源といえる．ほとんどの植物はエネルギー源として太陽光を消費する．肉食動物は動物を消費し，動物は植物を消費し，植物は太陽を消費する．だから人間のような動物が何を食べようとも，食物のなかにある化学エネルギーは結局のところ，太陽の賜（たまもの）だ．人間はこのエネルギー源に限界があるかどうかを思いわずらう必要はない．太陽は来るべき数十億年のあいだ輝き続けるからだ．

● 光電池は太陽光を電気エネルギーに変換する

もしわれわれが太陽光を捕まえ，利用できるなら，地球の表面を照らす太陽は無料で無限の資源となる．だが，太陽は1日24時間照るわけではないから，簡単ではない．しかし太陽が照っているあいだに，そのエネルギー（**太陽エネルギー**，solar energy）を集め，蓄えることができれば，日没後にそのエネルギーを家やビル，自動車を動かすのに使える．

太陽エネルギーは，光エネルギーを電気エネルギーに変換する装置の一種，**光電池**（photovoltaic cell）からなる太陽パネルによって集められる．ほとんどの光電池は半金属元素のケイ素板からなる．ケイ素原子が Si−Si 結合をつくると，これらの結合はダイヤモンド中の C−C 結合のように結晶のなかで伸びていく．ネットワーク中のケイ素原子に含まれる価電子のいくつかは，低エネルギー準位から高エネルギー準位へ，エネルギーギャップを越えて動くことができる（図 12.18）．高エネルギー準位への昇位は，太陽光のような外部からのエネルギーを必要とする．光電池中のケイ素原子が太陽光にさらされると，電子の一部がこの太陽エネルギーを吸収して，高エネルギー準位に昇位する．

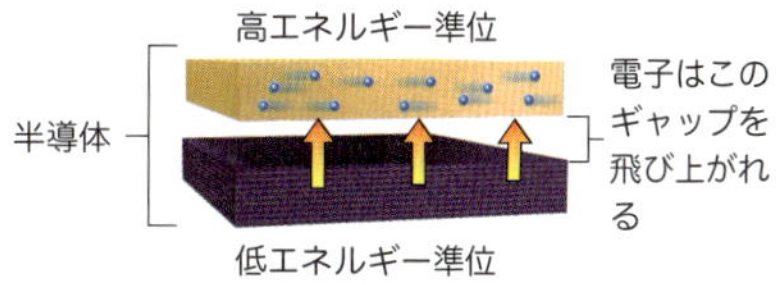

図 12.18　半導体の働き
半導体はギャップによって隔てられた二つのエネルギー準位をもつ．たとえば光によって励起されると，電子は低エネルギー準位から高エネルギー準位に昇位する．高エネルギー準位にある電子は動きやすく，半導体を通る電流をつくる．励起の原因が光の場合，光が半導体に当たるかぎり，電流は流れる．

電子が高エネルギー準位に昇位すると，最後に結晶のなかに"正孔（ホール）"が残る．この正孔は失われた負電荷，つまり電子を意味するので，正孔は正電荷を帯びていると考えられる．正電荷を帯びた正孔はネットワークのどこからか電子を引きつける．この電子は正孔への移動に際して，元の場所に新しい正孔を残す．その結果，ケイ素ネットワークのなかで，電子の"交通"が盛んになる．この章の前半で学んだように，電子の移動が電流となる．したがって，光が当たったあと電流を伝えることのできる光電池にケイ素が用いられる．ケイ素はこれらの特殊な条件下で電流を伝えるので，**半導体**（semiconductor）とよばれる．

図 12.19 に示す光電池の上部には反射防止膜がある．この膜は電池の表面から光が反射するのを最小にし，なるべく多くの光が電池内に入るようにする．膜の下には電池のなかで発生した電流を運ぶ電線の格子と接点がある．これらの電線は特殊加工されたケイ

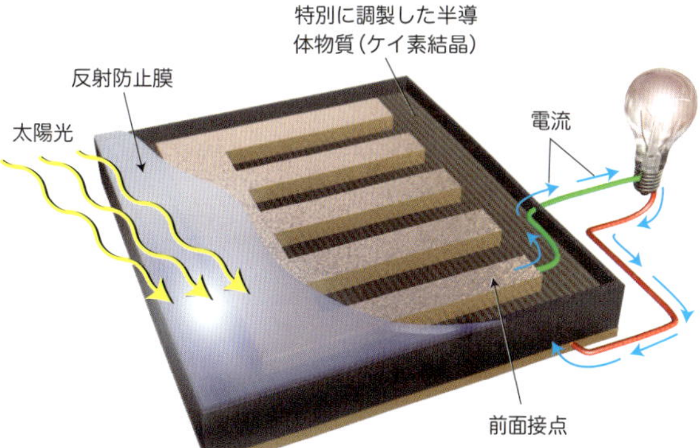

図 12.19　光電池
太陽光は光電池の表面にある反射防止膜に当たる．電池内の特別に加工されたケイ素のなかで電流が発生する．電流は（前面）接点と電線に流れ，電球や装置，あるいは電気自動車を動かすのに使われる．この電気を蓄電池に蓄えることもできる．

素結晶でできている．光がこのケイ素結晶に当たると，電流は前面接点に流れ，電池から流れ出る．この電流は，たとえば冷蔵庫を動かし，電気自動車を走らせ，あるいは蓄電池に貯蔵される．

問題 12.10　太陽電池の表面にある反射防止膜の役割は何か．

解答 12.10　反射防止膜は太陽光の反射を減らし，ケイ素半導体に当たる光を最大にする．

● 二次電池は太陽エネルギーを貯蔵できる化学電池

家庭で必要とするエネルギーの 100%を集めるために太陽エネルギーを利用する人も少なくない．太陽電池は太陽が当たっているときだけ太陽エネルギーを集めることができるので，日中に集めたエネルギーを貯蔵して，夜間にも使えるようにする必要がある．**蓄電池**（battery[*14]）は太陽エネルギーやその他のエネルギーを蓄える一般的な方法といえる．蓄電池は二つの半反応からなる．燃料電池のなかと同様，蓄電池のなかで酸化半反応は電子が生成物（右辺），もう一つの半反応は電子が反応物（左辺）の還元半反応だ．

図 12.20 は電気自動車にもっぱら用いられている蓄電池，すなわち最新の水素化金属ニッケル蓄電池（Ni-MH[*15]）のなかで起こる二つの半反応を示す．還元半反応は金属（M で表す）の混合物を用いる．酸化半反応ではニッケルイオンが酸化され，電子 1 個が生じる．これらの二つの半反応は，蓄電池のなかで物理的に仕切られているので，電流は蓄電池の二つの半反応のあいだを流れる．蓄電池の仕事が懐中電灯を照らすことにあるのなら，電流は豆電球のほうに流れ，電球は点灯する．

Ni-MH 蓄電池はそのなかの二つの半反応が可逆反応という点で特別だ．それらは正方向にも逆方向にも進むことができる．図 12.20 ではこの点を二重矢印で示した．これらの半反応を，図 12.15 に示した燃料電池の半反応と比較するとよい．燃料電池では，矢印は正方向だけに向いていて，逆方向には向いていない．

ある化学電池は可逆半反応を用いるのに，他の電池は不可逆半反応を用いるのはなぜだろう．答えは蓄電池をつくる費用の問題と，化学電池が行う仕事の問題にある．燃料電池では，その目的は水素と酸素を結合させて水と電気エネルギーを得ることなので，半反応は正方向に進むだけでよい．これが予定された，ただ一つの仕事だ．同様に，おなじみの懐中電灯の電池は，その仕事が懐中電灯ともす電流をつくるだけだから，不可逆半反応を用いている．

しかし二つの仕事をする蓄電池もある．その種の蓄電池の一つが，電気自動車によく用いられるニッケル水素電池（Ni-MH）だ．Ni-MH 電池が充電されているときは，電気エネルギーがそのなかに流入し，図 12.20 に示した二つの半反応は充電方向に進む．蓄電池が完全に充電されると，自動車を動かすことができる．自動車を動かすには，蓄電池からの電流が必要となる．自動車が動いているあいだは，半反応は逆方向に進む．図 12.20 では，これは放電方向という．蓄電池は繰り返し充電でき，また放電できるので，Ni-MH は二次電池[*16]とよばれる．

二次電池は太陽が照っているあいだ，集めた電気エネルギーをソーラーホームやソーラービルに蓄えるのに用いられる．**図 12.21** はソーラーホーム設計の一例だ．余った電気エネルギーは二次電池に蓄えられる．充電中は蓄電池のなかの半反応は充電方向に動く．日が落ちると，太陽光からはもはやエネルギーは得られないので，家庭用電力は蓄電池から供給される．蓄電池中の半反応は放電方向に切り替えられ，電気エネルギーが流出する．この過程は太陽が昇るとまた繰り返される．

太陽エネルギーで動くビルや家は，連結されてソーラーパネルになっている太陽電池を用いる．配列されたソーラーパネルは 1 日中太陽を追いかける可動式

$$H_2O + M + e^- \xrightleftharpoons[\text{放電（酸化）}]{\text{充電（還元）}} OH^- + MH$$

$$Ni^{2+} \xrightleftharpoons[\text{放電（還元）}]{\text{充電（酸化）}} Ni^{3+} + e^-$$

図 12.20　充電可能な Ni-MH 蓄電池での半反応

二次電池では，二つの半反応は二つの方向，すなわち正方向と逆方向に進むことができる．

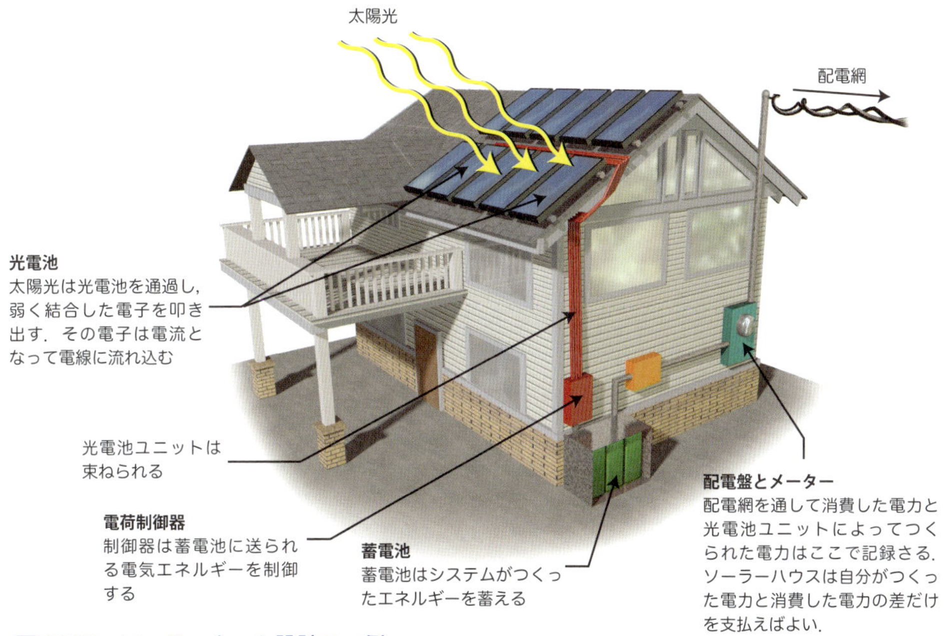

図 12.21 ソーラーホーム設計の一例
ソーラーホームでは，屋根の上に並べられた光電池が太陽エネルギーを集め，それを電気エネルギーに変換し，そのエネルギーを家屋内に送る．エネルギーの一部は日中家のために使われるが，残りは二次電池に蓄えられる．ソーラーホームは配電網に接続され，メーターを通して電気を会社に売ることもできる．

プラットフォームに取りつけられる．

図 12.21 に示す住宅は，電気を発電所から家庭に運ぶ配電網に接続している．ソーラーホームが必要なエネルギーを太陽から得られるのなら，なぜ配電網に接続するのだろうか．それはソーラーホームが消費する以上のエネルギーを太陽から得て，余った電気を配電網に送り返すことができるようにするためだ．多くの場所で公益事業会社（utility company）は家の持ち主にそのエネルギーの対価を，**ネットメータリング**（net metering *17）とよばれる払い戻しシステムを使って払う．アメリカで最も日照時間の長い地域では，ソーラーホームはつくりだすエネルギーの 20 ～ 40%を，ネットメータリングを通じて社会に還元できると見積もられている．

問題 12.11 図 12.20 に示した Ni-MH 蓄電池の酸化還元反応で，文字 M は何を表しているか．
解答 12.11 金属の混合物を表している．

● 太陽エネルギーは太陽が照らすすべての場所で用いうる

世界全体を通じて見ると，ある場所は他の場所に比べて太陽エネルギーの利用が難しい．しかし理論的には太陽が照るすべての場所で太陽エネルギーは利用できる．一般的に，ピークの日照時間が 4 時間かそれ以上あれば，太陽エネルギーは明白な代替エネルギーになりうる．太陽エネルギー利用工業の世界では，ピーク日照時間数 *18（peak sun hours）を用いる．1 ピーク時間は 1 時間で地面 1 平方メートル当たり 1000 W の電力が得られる日照に相当する．地球上のすべての場所で太陽エネルギーがどのくらい容易に利用できるかはピーク日照時間数で決められる．

図 12.22 の地図はアメリカとヨーロッパのピーク日照時間数を示す．アメリカでは，1 日に最も多くの太陽エネルギーを受け取る地域は南西部の砂漠地帯と

*14 電池のうち，とくに二次電池（蓄電池），なかでも自動車搭載用の鉛蓄電池やラジコンカー用のニッケル・カドミウム蓄電池（ニッカド電池），ニッケル-水素充電池を指すことが多い．
*15 日本工業規格（JIS）上の名称は，「密閉形ニッケル-水素蓄電池」（JIS C 8708）．一般的には，「ニッケル水素電池」や「Ni-MH」と表記されることが多い．なお，一般に商用上用いられている名称の「ニッケル-水素充電池」は，「Ni-MH」と同じものを表す（「充電池」は商用に用いられる語であり，学術用語ではない）．（→*16 の二次電池参照）
*16 英語では rechargable battery，すなわち再充電可能電池．
*17 ソーラーパネルで自家発電している家庭，企業などが使用した電力と，過剰を販売した電力の差を自動的に計算するシステム．
*18 たとえば 6 ピーク日照時間数は，システムが 1 kW/m^2 の日照を 6 時間受け取るエネルギーを指す．

ハワイだった．ヨーロッパのほとんどはアメリカの北部と中西部と同程度の太陽エネルギーを受け取る．

世界的に見て，人口1人当たりで太陽エネルギーを最も利用しているのは，ピーク日照時間が2～4時間のドイツとブルガリアだ．これを見ると，アメリカのほとんどの州でドイツの電力会社が行っているように，太陽エネルギーを電力の重要な源として利用できることを意味する．

ハワイでは輸送が高くつくので，化石燃料はきわめて高価だ．ハワイにはもっと手ごろなエネルギー源を見つけたいという動機があり，またピーク日照時間数が多いので，ハワイはアメリカにおける太陽エネル

THE green BEAT ● 環境に関する話題

インターネットのサーバファームのエネルギー使用量

2010年10月に，ネパールの電信電話会社がエベレストの山頂で高速インターネットへのアクセスを可能にした．こうしてエベレストはとうとう21世紀の仲間入りをした．その日以来，世界の屋根からフェイスブックに写真を載せたり，それこそスカイプで生の会話したりできるようになった．実際，インターネットへのアクセスができない場所は世界にそうはない．

図12.24 はインターネットユーザーと世界の人口を比較したグラフだ．来るべき10年のあいだのいつの日か，世界の総人口の半分がインターネットユーザーになるだろう．以前も，たとえば自動車がはじめて使われるようになったとき，あるいは電話が個人の家に導入されたときのように，新しい技術を大々的に受け入れたことがあった．しかしインターネット革命は以前の技術革命とはいささか異なる．第一に，1900年ころに一般市民がはじめて電話を手にしたときに比べ，今日の地球にはもっと多くの人がいる．

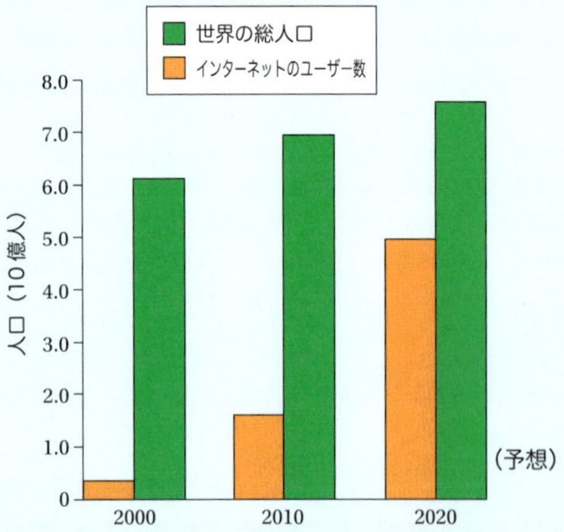

図12.24　2000～2020年の世界の総人口とインターネットユーザーの比較
2010～2020年のあいだのいつの日か，世界の住民の半分はインターネットユーザーとなる．

そのうえ，インターネットは触れられないという点で，他のものと異なっている．コードや電柱，それにオペレーターなどを必要とした電話と違い，インターネットのほとんどの装置は使用者にも見えない．私たちはスマートフォンやノートパソコン，タブレットなどを見ることができるが，それぞれがもつ装置の背後にある内部構造はほとんど見ることができない．個人のハードディスクに収まらないデータは「クラウド（cloud）」に保存される．クラウドという名前は，どこか架空の場所に存在する，はかなく浮かんでいるメガバイトサイズの雲のようなものを連想させる．ところが，データはどこかに存在しなくてはならず，実際の雲のなか，あるいは雲に似た何かのなかに保存されるわけではない．それらはサーバファーム*19（server farm，データセンターともいう）に蓄えられる．

サーバファームは，それ自体プリンター，モニター，キーボードのような周辺機器をもたない強力なコンピュータといえるサーバの倉庫のようなものといえる．それぞれのサーバファームは25,000かそれ以上のサーバを収容することができる．世界中に300万以上のサーバファームがあり，データ貯蔵の要求が増大し続けるので，その数は着実に増えている．きみたちがインターネットを使って電子メールを送信するたびに，あるいはグアカモーレ*20のレシピを検索するたびに，どこかにあるサーバを働かせている．友だちに送ったメッセージもインターネットの内部構造を何kmも移動し，最後にデータセンターの一つに達し，

ギーの最大ユーザーの一つといえる．

太陽エネルギーに対するよくある批判の一つは，ソーラーパネルの効率が悪い点だ．市販されている最上のソーラーパネルの効率は約 20%．すなわち，パネルが受ける光の約 20%が電気エネルギーに変換される．しかし，ソーラーパネルの効率は長年のあいだに少しずつよくなってきたから，さらに向上しつづけると期待できる．ソーラーパネルの効率向上のための研究にたいへんな努力が払われてきた．現時点で，実験室で最上の結果を出したパネルの効率は 50%以上となっている（**図 12.23**）．効率が向上すると，地球のより多くの場所で，家やビルに電気の唯一のエネルギー

15 m 先の友だちに届く．サーバは私たちがもつすべての情報の集積所でもある．5 年前にアン伯母さんの結婚式の際に撮った写真，お気に入りのウェブサイトのリスト，学期のレポート，ファンタジーフットボールの統計などは，どこかのサーバファーム内のサーバに蓄えられる．

サーバファームは巨大な倉庫のような建物で，ふつうマイクロソフトやグーグル，ヤフーあるいはその他のどの IT 企業に属しているかを示していない．**図 12.25** の地図はアメリカのサーバファームの所在地を示している．この倉庫に最も適した場所はエネルギーが安価で，空気が冷たいところだ．というのも，サーバファームはたいへんな量の熱を発生し，大量のエネルギーを消費するからだ．サーバは冷やしておかねばならず，サーバファーム内のサーバを冷やすのに用いられるエアコンもまた，たいへんな量のエネルギーを消費する．

インターネットと IT 産業はきれいで，効率がよいと考えるのは誤解だろう．2012 年にニューヨークタイムスに発表された，"エネルギー，汚染，インターネット" と題する研究報告によると，「IT 産業は環境に対して多額の使用料を払うべきだ」．世界的に見て，サーバファームは 760 億 kW の電力を消費している．一つのサーバファームだけで，中くらいの大きさでも町全体の電力を消費している．

2011 年アメリカでは，電力の約 67%が，ともに化石燃料の石炭または天然ガスを燃料とする火力発電所でつくられている．約 19%は原子力発電所，約 13%が水力発電，太陽光発電，風力発電などによっている．つまりどこにあるかによって程度は違うが，サーバファームは化石燃料の燃焼による二酸化炭素の放出，あるいは核のゴミの放出に寄与している．

他にもある．インターネットの利用者は，サーバが落ちるのを我慢できないので，サーバファームはサービスをいつでも提供できるようにしておかねばならない．これを保証するために，サーバファームはどの時間においても，利用可能なサーバのごく一部しか使用していない．ニューヨーク・タイムズによると，6 ～ 12%のサーバ時間が実際に使われているだけで，残りはアイドル時間[*21]（idle time）だ．このシステムではインターネットの要求の波が押し寄せても，サーバファームがクラッシュすることはない．さらに多くのサーバファームはバックアップ用の多数の発電機を用意しており，これにディーゼル油を使う．バックアップ用発電機が運転したり，あるいはテストされたりすると，大気中に二酸化炭素が放出されることになる．

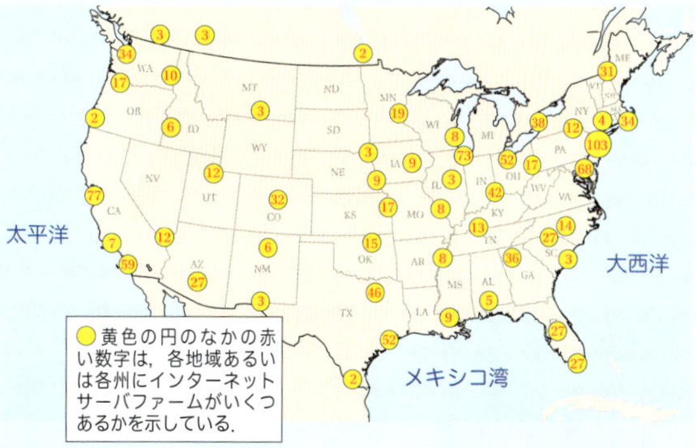

図 12.25 アメリカでのサーバファーム

環境問題を意識しているユーザーは，サーバファームが環境に及ぼす負の効果をどうやったら減らせるだろうか．第一に，めいめいはウェブにおさめるデジタルデータの量を減らすことができる．第二に，サーバファームを動かすのに代替エネルギーを用いている IT 会社を探すことだろう．インターネットの利用が環境に及ぼす影響を知れば知るほど，IT 産業がよりきれいなエネルギー源に移行することを望みたくなる．

*19 多数のサーバ集合．単体の一つのサーバではできない仕事をするのに使われる．
*20 p.29 の注を参照．
*21 コンピュータの処理で，次の作業指示やデータを待つ時間．また，インターネットへの接続時に，回線は接続されているがデータのやり取りがない状態もアイドル時間という．

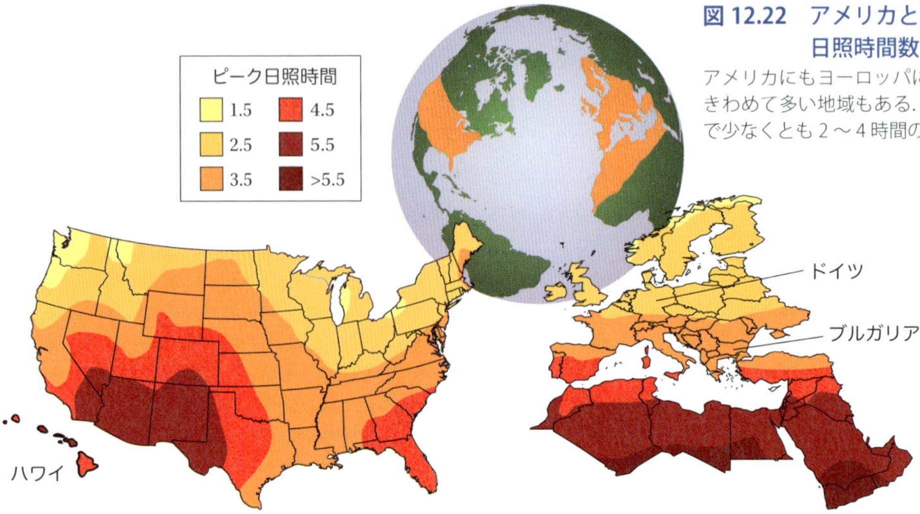

図 12.22 アメリカとヨーロッパのピーク日照時間数地図
アメリカにもヨーロッパにもピーク日照時間数がきわめて多い地域もある．しかしほとんどの地域で少なくとも 2 ～ 4 時間のピーク日照時間がある．

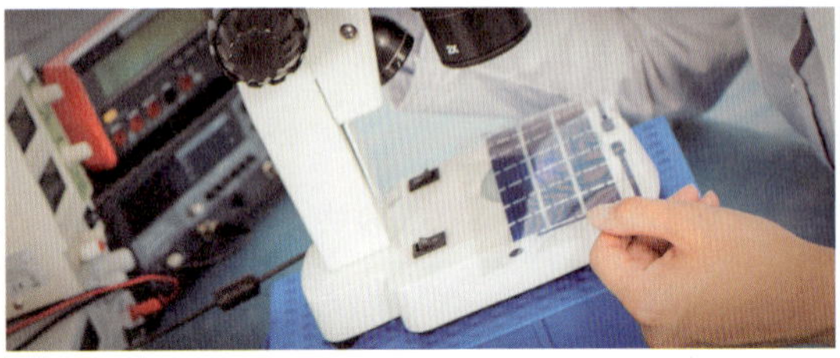
luchschenF/Shutterstock

図 12.23 光電池の研究が実験室で進められている

源として太陽エネルギーを使えるようになるだろう．

ある最新のソーラーパネルは，太陽光を光電池に集約するという研究段階にある．これらのパネルは，鏡を使って太陽光からより多くのエネルギーを光電池に焦点を合わせることによって，ピーク日照時間数を劇的に増大させている．

アメリカのエネルギー省（Department of Energy）は Sunshot Initiative とよばれる課題を発表した．この課題の目標は 2020 年までに，化石燃料に基礎をおいた動力と，価格において等しいか，より安価な太陽パネルをつくるというものだ．このプログラムはソーラーパネルの効率が向上すると，ソーラーパネルのシステムの設営が，家屋所有者や経営者にとってより少ない負担でできるようにする計画であり，またアメリカのなかで太陽パネル製造業での雇用を増やす計画に対する動機を与えようという目論見でもある．

Africa Studio/Shutterstock　stable/Shutterstock

CHAPTER 13

持続可能性とリサイクル

資源の利用・再利用のためのよりよい方法をめざして

はるか昔，下の写真に示すように電話器はコードがついていた．こうした昔の電話器はもち運ぶことを想定していなかった．いまの携帯電話の 100 倍もの重さがあったし，不格好だが，携帯電話に勝る，明らかな利点があった．これらは事実上，壊れることはなかったのだ．

写真の電話器は，いかなる天然物も使わずにつくられた，最初の純粋な人工物だった．ベークライト[*1]はプラスチックの一種で，当時は腕輪，電話器からチェスの駒に至るあらゆるものをつくるのに用いられた．ベークライトのような初期のプラスチックは，その丈夫さがおおいにもてはやされた．工場でベークライトがいったん電話器の形につくられると，それはいつまでも電話器の形をしていた．実際信じられないくらい頑丈な物質だった．しかし壊れない製品というのは油断ならない問題を生じた．それをもう必要としなくなったら，どうすればよいのだろうか？　幸い，それは大きな問題とはならなかった．というのも，ベークライトは 1920 年代から 1940 年代のあいだだけしかつくられなかったからだ．写真に示したような電話器は最近，珍しくて価値があるので，ネットオークション（eBay）で 60 ドルの値がついたという．

stable/Shutterstock

好都合なことに，21 世紀の携帯電話はベークライトでつくられてはいない．最近の電話は壊れない材料でつくられているわけではないが，それを捨てるのには，やはり問題がある．最近の電話器にはカドミウム（Cd），鉛（Pb），ベリリウム（Be），水銀（Hg）などの有毒元素を含んでいる．3 章の THEgreenBEAT では，捨てられた携帯電話，すなわち電子ゴミ[*2]の蓄積と，そのなかの有害物質が環境に及ぼすかもしれない影響による困難について述べた．

この章では，身のまわりのすべての物質について，それらがどこから来たのか，どのくらい長もちするのか，それらが不要になったときにどうすればよいかを議論する．つまり，身のまわりの品物をつくるときに用いる物質をどうデザインするかについての話だ．身のまわりで用いる物質は，ベークライトのようにひどく長もちさせるべきか，それほど長もちせず，できれば再利用できるようにすべきか？　この物質はどんな種類のゴミになるのか？　まず，海に捨てられたものがどうなるかがわかる場所からはじめよう．

---

*1 1907 年にアメリカの技術者レオ・ベークランド（Leo Henricus Arthur Baekeland, 1863-1944）がフェノールとホルマリンを原料としたベークライト（Bakelite）を発明，1920 年工業化に成功した．

*2 3 章 p.34 を参照．

13.1 持続可能性とは何か？

● 持続可能性は我慢できる能力といえる

サンフランシスコからハワイをめざして漕ぎ出すと，北太平洋環流とよばれる，テキサス州の面積より広い海域を通過する．ここではさまざまな方向に流れるいくつかの海流が交差する．その結果，水の大きな渦巻き――絶えず時計まわりに動く渦（vortex）――が発生する（**図 13.1**）．太平洋のあらゆる場所から水が環流に流れ込み，また多くの海流がその環流をめがけて流れ込むので，海洋のゴミはそこに集まる．つまり，環流は海に入ったゴミの大部分の最終目的地だ．

世界中で毎年つくられる何百万トンのプラスチックの約 20%が海に捨てられる．このゴミの多くは海岸から流れ出るか，河の流れに従うか，あるいは下水と一緒に，海岸から大洋へと進む．だが，驚くほど大量のプラスチックが沈没した輸送用コンテナから排出されることもある．最も悪名高い貨物船の沈没は，1992 年に太平洋で起こった 28,000 個のゴム製アヒルのおもちゃを積んだコンテナの沈没事故だ．アヒルのおもちゃは世界中に流れ着き，漂着した場所から海流の動きをたどるのに用いられた．多くのアヒルが北太平洋環流に捕らえられた．

あらゆる深さの海洋において，プラスチックがゴミの大部分を占めている．そして海洋に流れ出たプラスチックの約 70%は沈み，残りは浮かんでいる．プラスチックの大量使用がはじまった 1950 年代からずっと，プラスチックゴミはゴミ捨て場と海に貯まっている．時が経つにつれ，海にあるプラスチックは**生分解**（biodegrades）の働きで，だんだん小さい破片に分解される．しかし，この過程は地上での過程に比べてきわめて遅く，したがって海中のプラスチックは何十年もそこに留まることになり，これは新たな問題を引き起こす．たとえば，多くの海鳥はプラスチックの小片を食物と取り違える．毎年約 50 万羽のアホウドリが消化できないプラスチックで胃袋を一杯にして死んでいる．科学者たちが死んだアホウドリを解剖してみると，胃袋のなかにはレゴ，ビンのキャップから使い捨てライターに至るまで，何でもかんでも入っていることがわかった．この問題は厳しく，また扱いにくい．

この海洋ゴミの問題が起こるのは，持続不可能な方式が巨大なスケールで行われているからだ．もし人間が何百万トンものプラスチックを，それらを捨てたり再利用したりする方策をもたずにつくり続けるなら，プラスチックゴミはただただ積み上げられていく．プラスチックはつくられ，使われ，そのほとんどがゴミとなる．これは一方通行のプロセスだ．

現時点では，人間はつくったものをほとんど再利用していない．プラスチックをいわば直線的に使っている．つまり利用して，そのまま捨てている．世界中でつくられたプラスチックの約 10%を再利用（リサイクル）しているだけだ．持続不可能（unsustainable）なこの過程をいつまでも続けることはできない．やがて限界，つまり海がもはやプラスチックゴミを受け取れないとき――もう限界に達しているという意見もある――がやってくる．

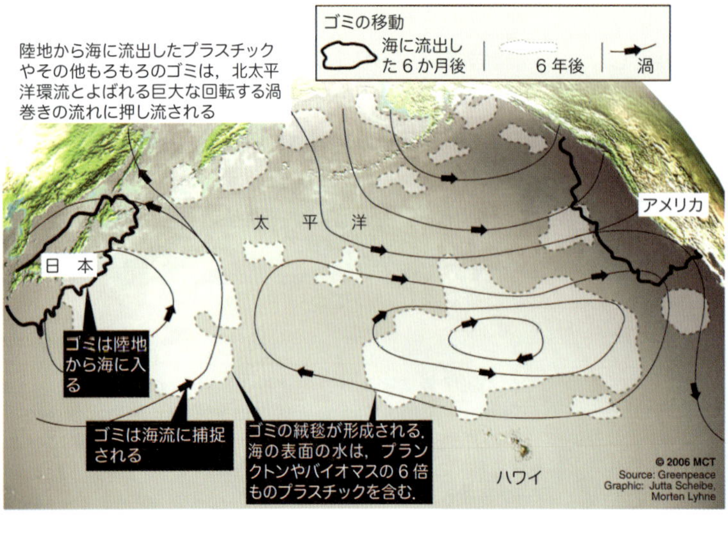

Newscom/アフロ

図 13.1 北太平洋環流
この節で議論しているのは，ハワイのすぐ北にある大きな環流だ．ゴミは日本の東海岸に近い小さな環流にも蓄積される．

ちょっと待って！ wait a minute . . .

北太平洋環流は，本当にゴミの山のように見えるのか？

ゴミの山というと，私たちはほとんどプラスチックからなる，うず高く積み上がったゴミを連想する．北太平洋環流は文字通り何百万トンものプラスチックを含むが，浮かんでいるゴミの山のように見えるわけではない．海にあるほとんどのプラスチックは紙吹雪のように小さい破片になっている．大きなプラスチックが風や波の作用で次第に細かくなり，時には太陽光で促進される化学反応によっても分解する．というわけで，環流は浮かぶゴミの島のように見えるわけではないが，プラスチックはやはり残っていて，海面のすぐ下で，ひょこひょこ動いている．

Coutesy of Barbara Zazzi

図 13.2　ハワイの大きな島にあるグリーンサンドビーチへの途中にある海岸のゴミ

ハワイでは環流付近の島々の海岸で問題の大きさがあきらかだ．ゴミを運んできた海流に洗われた海岸は，運が悪ければ，まったくゴミの山のように見える（図 13.2）．

持続可能性（sustainability）は「我慢できる能力」を漠然と指す言葉といえよう．たぶん，この章を通じて出てくる例で説明するのがよいだろう．海の環流の問題についていえば，持続可能な解答としてはプラスチックを 100％リサイクルすれば，毎年出るプラスチックゴミの量を劇的に減らすことができる．もう一つの持続可能な方法は，長もちしないプラスチックを発明することだ．より容易に分解するプラスチックは何十年も海に留まることはないだろうから，この方法は毎年つくりだされている何百万トンのゴミを減らし「我慢できる能力」を高めるだろう．

● 製品をつくるのに用いられるエネルギーと材料をライフサイクル的に評価する

身近な例で持続可能性を考えてみよう．あるメーカーが飲物の使い捨て（disposable）コップをつくろうとしているとしよう．メーカーは，紙コップをつくるか，それともプラスチックコップをつくるかを決めなくてはならない．経営者たちはそれぞれの方法に対して，生産過程の各段階を考え，消費者に払ってもらう価格を決める．図 13.3 に示すように，ほとんどの製品が通過する段階——原料，製品の製造，流通，販売から製品が実際に使用される段階，さらに廃棄に至る各段階を考えなければならない．この経路に沿った

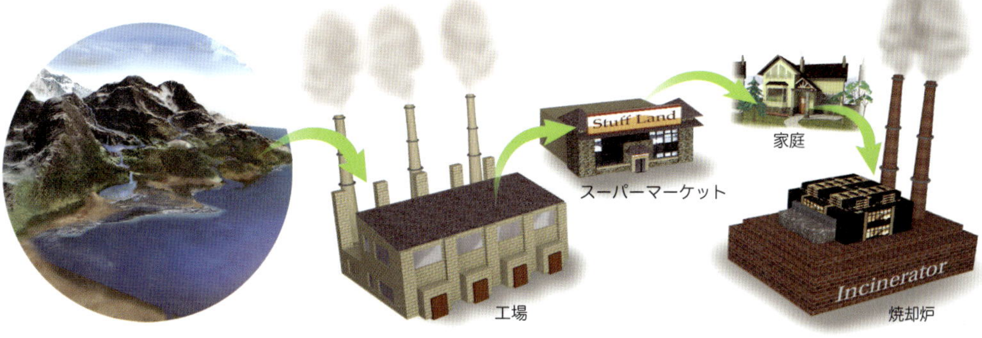

図 13.3　製品のライフサイクル
購入するほとんどの製品は，スーパーマーケットに届くまでに図のような過程をたどる．原料が収穫され，工場に運ばれ，何かの製品としてつくられる．製品はスーパーマーケットに輸送され，人々はそれをスーパーマーケットで買い，家にもち帰り，使い，最後には製品とその包装を捨てる．最終的には多くの製品は焼却炉に送られる．

各段階で，メーカーは製品を次の段階に進めるのにいくら費用がかかるかを検討する．

コップメーカーは，プラスチックコップと紙コップを比較しながら解析する．そしてどちらのコップをつくるか，情報に基づいて決定を下す．この種の調査は，原料（つまりゆりかご）から廃棄（つまり墓場）までの道のりをたどるので，時として「ゆりかごから墓場まで」の解析とよばれる．この解析法のもう少し現代的な名称を，「**ライフサイクルアセスメント**（life-cycle assessment）」あるいは単に**LCA**という．ライフサイクルアセスメントはある製品がつくられ，それが廃棄されるまでに要する物質のすべてとエネルギーを考慮する．この種の解析は，各段階のカーボンフットプリント，ウォーターフットプリントの解析に用いられる（カーボンフットプリントとウォーターフットプリントはそれぞれ5章と8章で扱った）．

プラスチックコップのライフサイクルアセスメントを考えてみよう．この章の後半で学ぶように，ほとんどのプラスチックは化石燃料の石油に含まれる化合物からつくられる．プラスチックコップをつくるには，メーカーは油田から原油を得なければならない．コップをつくるのに必要な材料は原油の精製によって得られる．石油の掘削と精製工程はエネルギーを必要とし，その費用も考慮しなければならない．プラスチックの製造に用いられる石油の副生成物が工場に送られ，そこでプラスチックがつくられる．工場が利用するエネルギーも含まれる．

コップができたら，それらを包装しなければならない．この段階はもっとプラスチックを必要とするか（プラスチックの袋に入れる包装），段ボール（箱包装）が必要になる．

包装に用いられた原料やそれを得るのに要したエネルギー，包装するのに要したエネルギーも考慮しなければならない．最後に，包装されたコップは問屋に送

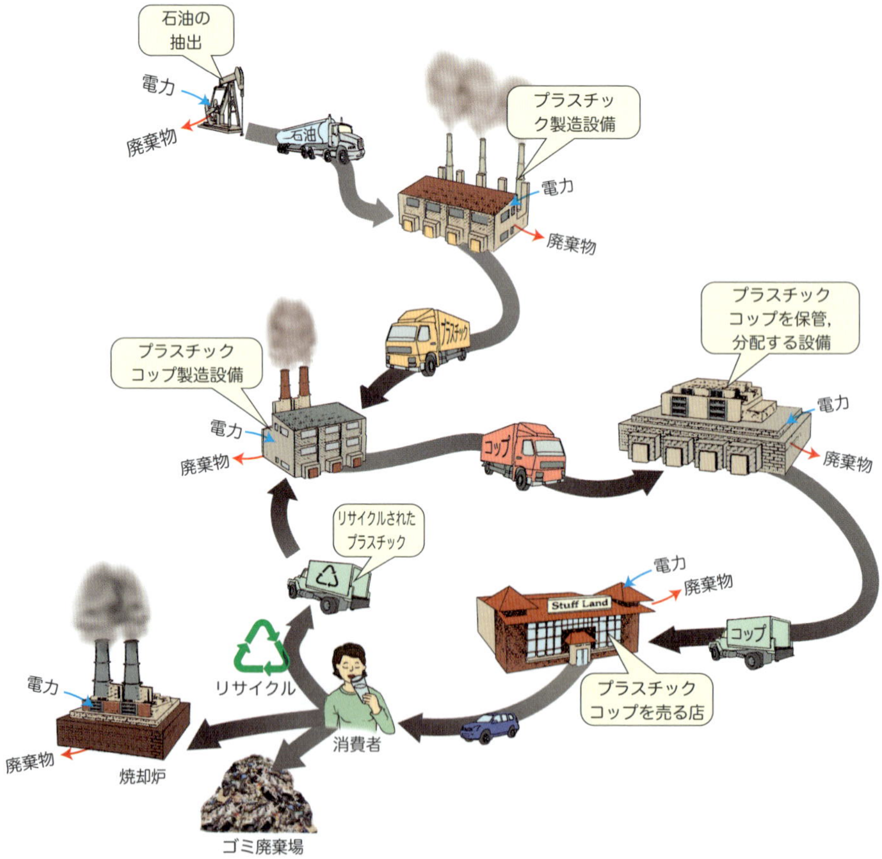

図 13.4 プラスチックコップのライフサイクルアセスメント

プラスチックコップは石油からつくられる．地下から抽出された石油はプラスチックとなり，そのプラスチックはコップになる．つくられたコップは問屋，ついでスーパーマーケットに分配される．各スーパーマーケットで消費者はコップを買う．これらの段階のそれぞれでエネルギーが消費され，ゴミができる．使用済みコップは次の三つ，燃やされるか，ゴミになるか，リサイクルされるかのどれかの運命をたどる．

られ，さらにスーパーマーケットに送られる．消費者はコップを買い，1，2 回使ったあと，それらを捨てる．リサイクルされなければ，プラスチックの種類に応じて焼却炉で燃やされるかゴミ集積場に送られる．プラスチックコップのライフサイクルアセスメントを**図 13.4** にまとめた．リサイクルされたコップの運命は 13.4 節で考えよう．

紙コップのライフサイクルアセスメントを試みることもできる．紙は木からつくられ，木は太陽からエネルギーを得る．木は土地と水を必要とし，また木を切り倒し，樹皮を除くのに機械を必要とする．木は製紙工場まで運ばなければならないし，そこで 1 インチ（約 2.5 cm）四方のチップに切られ，製紙するため強い化学薬品とともに高温加熱され，ついでしゃれた紙コップに成型される．これらすべての段階でエネルギーが必要となる．プラスチックコップと同様，紙コップも問屋に送られ，ついでスーパーマーケットに運ばれる．

それぞれの種類のコップに対する多段階の各行程にかかる費用を計算し，各メーカーがプラスチックコップと紙コップのどちらに投資すべきかを決めるのに，こうしたデータが用いられる．

● ある製品あるいは工程が環境に与える影響を評価できる

単に工程のコストを見積もるためだけでなく，工程が環境に及ぼす影響を見積もるために，ライフサイクルアセスメントを利用するメーカーが増えている．コップの例でいえば，メーカーは数種類のコップを製造するための最終的なコストと，それぞれのコップ製造がどれだけ環境に影響を及ぼすかを，同じように重要なことと考える．たとえばプラスチックコップは紙コップに比べて輸送の段階が少なくてすむ．ほとんどの輸送の手段は化石燃料を用いるので，輸送は二酸化炭素と二酸化窒素の環境への排出を伴う．二酸化炭素は地球温暖化の第一の原因であり，二酸化窒素は酸性雨の原因でもある．同様に，プラスチックコップ製造工業がそのエネルギーを，石炭を燃やす火力発電所から得るなら，コップの環境に与える影響を考える際に，二酸化炭素と硫黄酸化物の放出を考慮しなければならない．**表 13.1** にはおもな汚染物質をまとめた．

表 13.2 に，プラスチックコップと紙コップのライフサイクルアセスメントを行った科学者グループが環境に関連した事項について見いだしたことの一部をまとめた．まず注目すべきは，どちらの方法にしても，製造工程でかなりの電力を必要とすることだ．どちらも木材や原油などの天然資源を用いる．汚染をもたらす指標であるカーボンフットプリントは，プラスチックコップのほうが紙コップより大きいが，これはプラスチックコップ 1 個をつくるのに，高レベルの二酸化炭素を大気中に放出することを意味する．紙コップの製造も汚染をもたらすが，紙の製造は空気よりも水を汚染する．

捨てられる紙コップと，プラスチックコップのどちらを製造すると，メーカーは決めるだろうか．メーカーはその決定を，最も費用の効率のよい方法を教えてくれるライフサイクルアセスメントの結果にゆだねる．また，多くのメーカーは自社製品のカーボンフットプリントとウォーターフットプリントを考慮するだけでなく，製品の製造に要するエネルギーも考える．環境保全のためには，プラスチックコップをつくるのがよいのか，紙コップをつくるのがよいのか？　答えはメーカーが何を優先と考えるかによる．

環境にとって最善の選択をしようとすれば，きみは紙を選ぶべきか，それともプラスチックを選ぶべきか？　もしきみが，製紙会社が森林を伐採し尽くし，水を汚染してしまった地域に住んでいれば，プラスチックを選ぶだろう．一方，カーボンフットプリントがより小さいコップを選びたいなら，たぶん紙コップ

表 13.1　おもな汚染物質

汚染物質	環境に放出される要因	環境への害	参照箇所
硫黄酸化物	石炭の燃焼	酸性雨	10.3 節
窒素酸化物	化石燃料の燃焼	酸性雨	10.4 節
二酸化炭素	化石燃料の燃焼	地球温暖化と気候変動	12.3 節
メタン	農業活動	地球温暖化と気候変動	12.2 節

表 13.2　プラスチックコップと紙コップについてのライフサイクルアセスメント比較

	プラスチック	紙
原　料	天然ガス，原油，電力	太陽，森林地，木，電力
コップ 1 個当たりの製造原価	1 セント	12 セント
カーボンフットプリント（コップ 1 個当たりの排出二酸化炭素の質量）	高い	低い
生分解性	低い	中くらい
水の汚染度	低い	高い

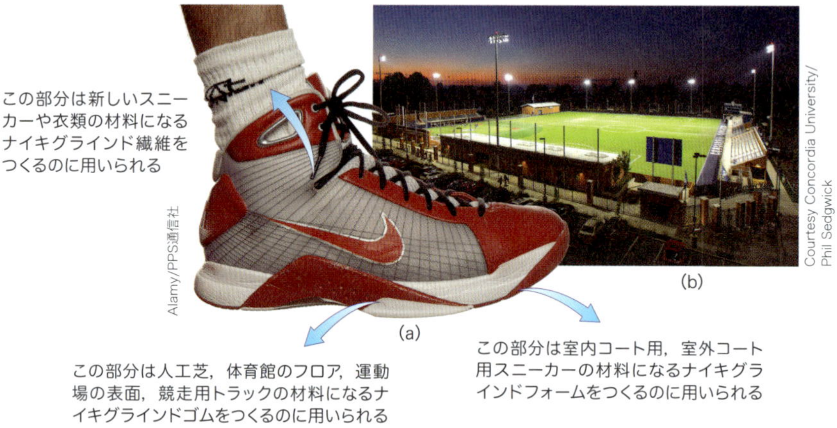
この部分は新しいスニーカーや衣類の材料になるナイキグラインド繊維をつくるのに用いられる
Alamy/PPS通信社
(a)
この部分は人工芝，体育館のフロア，運動場の表面，競走用トラックの材料になるナイキグラインドゴムをつくるのに用いられる
この部分は室内コート用，室外コート用スニーカーの材料になるナイキグラインドフォームをつくるのに用いられる
(b)
Courtesy Concordia University/ Phil Sedgwick

図 13.5 スニーカーの第二の人生
(a) ナイキは使用済みのスニーカーを分解し，再利用して各部分から異なる物質をつくる．(b) コンコーディア大学のグランドはナイキグラインドでつくられている．

を買うだろう．答えを見つけるのは容易ではない．どちらのコップに対しても賛否両論があるから，消費者は自分の生き方，優先度に従って選ばざるをえない．

問題 13.1 (a) 二酸化炭素による汚染を起こすのはプラスチックコップの製造か，それとも紙コップの製造か．(b) 水の汚染についてはどうか．理由をつけて答えよ．

解答 13.1 (a) プラスチックコップのカーボンフットプリントのほうがより大きい．製造の結果，より多くの二酸化炭素が放出される．(b) 紙コップの製造は水の汚染をよりひどくする．

●「ゆりかごからゆりかごまで」計画は製品の再利用計画を含む

ライフサイクルアセスメントはプラスチックコップ対紙コップの持続可能性——我慢できる能力——を考慮できる．プラスチックコップは持続不可能な資源，つまり，化石燃料を用いる．地球上に存在する化石燃
8 料は有限であり，時が経つにつれて，その発見や取り出しはますます困難になる．化石燃料に依存し，意識的にリサイクルしない製品はすべて持続不可能といえる．原料の供給が有限だからだ．持続可能な過程は資源を破壊せず，資源を製品の再利用サイクルの一部として用いる．

持続可能性は原料だけの問題ではない．それは製品の生涯の最後にも関連してくる．近年メーカーは自分たちの製品が捨てられようとしているときに，それらがどうなるかを考えることが多くなった．たとえば，ナイキやプーマもリサイクル可能なスニーカーをつくっている．消費者がスニーカーを使い終わると，スニーカーメーカーはそれらを何かに変えている．

ナイキはスニーカーをゴム，フォーム（泡状の部分），繊維の部分に分け，ナイキグラインド[*3]（再生ゴム粒）をつくる（**図 13.5 a**）．ナイキは靴の部品を細分して，「ナイキグラインド」をつくるために，多くの革新的な技術で高級原材料をつくりだす．ナイキグラインドは高性能のナイキ製履物や衣類，さらには高級なスポーツ用の表層剤（surface），すなわちテニスなどのコート，陸上競技のフィールドやトラックなどの材料になる．

遊園地の表面をおおうには，一つあたり 2500 足のスニーカーの外底が必要だ．オレゴン州ポートランドにあるコンコーディア大学の野球場は，すべてナイキグラインドからできている．600 万足以上のリサイクルされた靴からできている人工グランドのおかげで，芝生の水やりや維持に必要な数千ドルを節約できている（**図 13.5 b**）．

あるメーカーのはじめの計画が製品の再利用を含んでいるなら，これを製品設計の「**ゆりかごからゆりかごまで**（cradle-to-cradle）」方式とよぼう．この語は「ゆりかごから墓場まで」[*4] 方式をもじったものだ．製品が「ゆりかごから墓場まで」方式に従って計画されたなら，製品はその人生の終わりに墓場へ行く．「ゆりかごからゆりかごまで」方式の意味するところは，製品はゆりかごでその生涯をはじめ，消費者によって用

---

*3 ナイキ社の靴再利用プログラム Reuse-A-Shoe Program の一部．1993年にはじまった．金属を含まないすべてのスニーカーなどを，ブランドを問わず集めて再利用する．
*4 Cradle to Grave：1942 年にイギリスで提案されたベヴァリッジ報告書に基づいて第二次世界大戦後，イギリスで実施された，健康保険，失業保険，年金などを軸とする社会保障制度は「ゆりかごから墓場まで」をカバーする制度といわれた．

いられ，最後は新しいゆりかごに達する．ここで第二の人生がはじまり，原材料は新しい製品のなかで再利用される．

問題 13.2　ある人がベークライト製の電話器を使ったあと，誰かにそれを売った．その人は電話器を使ったあと，さらに別の人に売った．これは「ゆりかごからゆりかごまで」過程の例といえるか．

解答 13.2　いえない．ベークライト製品は一度つくられると，一つの機能を果たすだけで，リサイクルも再利用もされない．「ゆりかごからゆりかごまで」過程では，ある製品は人生でまず一つの機能を果たし，その後再生され，別の目的のために再利用される．

13.2　プラスチックとは何か？

● プラスチックは大きな有機分子からなる高分子でできている

ポリではじまる言葉を考えてみよう．ポリという接頭辞は，ポリグロット（polyglot），ポリガミスト（polygamist），ポリグラフ（polygraph）のように，元の語を複合的にする働きがある．ポリグロットは多くの言語に通じた人，嘘発見器として知られているポリグラフは，血圧，呼吸，心拍などを同時に測定して嘘つきを発見しようとする多元記録器が元となっている．化学用語でも，ポリは「多くの」という同じ意味をもつ．だから，ポリサッカライド（多糖類）は多くのサッカライド（糖類）分子を含み，ポリスチレンは多くのスチレン分子を，ポリエステルは多くのエステル分子を含んでいる．

非常に多くの化学物質名の接頭辞がポリではじまる．これらの分子は典型的には，**モノマー**（monomer，単量体）とよばれる小さな分子からできている．モノマーは結合して長い鎖，すなわち**ポリマー**（polymer，重合体）をつくる．ポリマーをつくるのに，何個のモノマーが結合する必要があるかは厳密な規則はない．しかしほとんどのポリマーは少なくとも 100 個のモノマーからなり，何千ものモノマーからなるものもある．

ポリマーの多様性は，ポリマーが含んでいるモノマーの数と同様だ．ポリマーの鎖は長いのも短いのもあるし，直鎖形でも枝分れ形でもありうる．物理的性質もまちまちで，ポリマーのあるものは鋼鉄より強い．別の形のポリマーは引き延ばせて，耐水性もあり，生分解性であり，あるものは殺菌性をもつ．

図 13.6 に日常で見かけるポリマー製品を示した．これらの品々を表現する最も一般的な方法は，「これらは**プラスチック**（plastic）だ」といえばよい．プラスチックという言葉は，変わりやすいという意味の形容詞として使える．プラスチックでつくられたもののほとんどは変わりやすく，どんな形にも成型できる（唯一の有名な例外は，最初の純正なプラスチック，ベークライトだ．前述のように，ベークライトは簡単には変形しない）．

プラスチック材料から，食物のパッケージ，携帯電話，耐候性コートなどをつくることができる．つまりプラスチックは本当に「プラスチック」で，考えうるかぎりの形に成型し，引き延ばし，平らにすることができる．しかし，なぜプラスチックが異なる形につくることができるかを理解するためには，まずその分子構造を理解しなければならない．

● 天然ゴムはポリイソプレンとよばれるポリマーである

図 13.7（a）は線構造式で描かれた典型的なポリマーの例だ．分子はひどく大きく見えるが，最初の印象ほど複雑ではない．構造をよく見ると，繰り返し表れるモチーフがあることに気づく．モチーフはところどころで黄色に塗ってわかりやすくしてある．構造を

図 13.6　プラスチック製品
ここに示した物品は大部分がポリマーからできている．

natureBOX・ゴミ集積場，紙，使い捨てボトルの脅威

多くの人々にとって，ゴミは歩道の隅や大型ゴミ容器にいやいや引きずっていくものにすぎない．ゴミがいったん家から離れると，その後どうなるか考えてもみない．しかし，アリゾナ大学の一部の科学者にとってはそうではない．1973 年にはじまった「ゴミ計画」は 20 年以上も続いたデータ収集計画だったが，その発見のなかには驚くべきものが多々ある．

ゴミ集積場を考えるとき，捨てられたおむつ，プラスチックの包装材を思い浮かべ，有機物ゴミはすべて比較的すみやかに分解するだろうと考える．しかし統計によると，平均的なゴミ集積場ではプラスチックゴミは約 5 分の 1 を占めるにすぎない．UA の研究者の発見によると，紙類が意外に多く，体積で 40%を占める．何十年も前に埋められた新聞紙がいまだにはっきり判読できる．明らかに，新聞は予想するほどすみやかには生分解しない．研究者たちを驚かせたことに，50 年ものあいだ放置されて分解が起こっていたゴミ集積場では，紙は分解されずに残っていた．よく分解されていたものは食物の滓，刈られた草にかぎられていた．

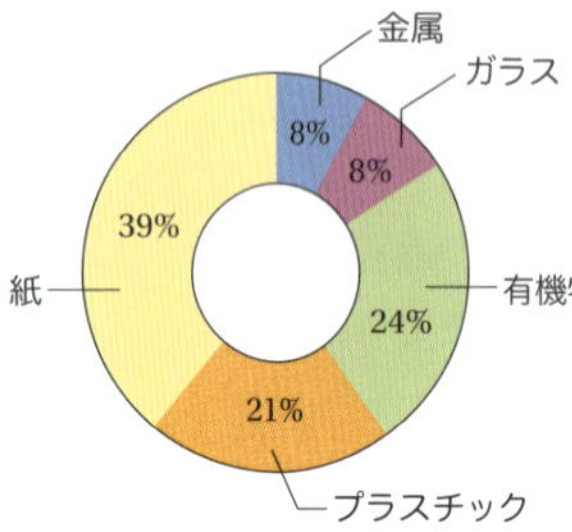

図 13 A　典型的なゴミ集積場にあるさまざまな物質の割合
表のなかで有機物（organics）というのは庭の手入れからでた草と食物のゴミなどを指す．

図 13A の表に，典型的なゴミ集積場にあるさまざまなゴミの質量%の近似値を示した．

「ゴミ計画」によると，この研究がなされた 32 年間に，ゴミ集積場のプラスチックはほとんど変わらなかった．この期間にプラスチックの使用量が猛烈に増えたことを考えると驚くべきことだ．この現象は**軽量化**（lightweighting），すなわちある物質の一定体積を入れる容器をつくるプラスチックの質量を減らす工夫のおかげといえる．たとえば，1/2 L の水を入れるボトルは 2000 年には 18.9 g だったが，2008 年には 12.7 g にまで減った．スーパーマーケットの紙袋は破れることが多くなったが，それは 1976 年には 33 μm だったのが，今は 13 μm 未満にすぎないからだろう．

図 13A でプラスチックに与えられた場所は驚くほど小さいが，プラスチック，とくに使い捨てボトルが

図 13.7　天然ゴム
(a) 天然ゴムポリマーの完全な線構造式の図．ここではページにうまく収まるように円を描かせてあるが，実際は柔軟な構造だから，どんな形に書いてもよい．モノマー 1 個を橙色に塗って目立つようにした．その構造は簡略化された形で示され，36 回繰り返されている．(b) ラテックスがゴムノキ（*Hevea braziliensis*）からしたたり落ちている．

たどれば，モチーフの数がたとえば 36 と数えられる．これらの分子構造を毎日研究している高分子化学者は，まず繰り返されるモチーフを書いて，何回繰り返されているかを見つける．これはまさに化学者がすることだろう．

図 13.7 (a) に示されたモチーフを囲んだ［　　］は，繰返し単位が次々と結合していくこと，下つき添字 36 はモチーフが 36 回繰り返されたことを示す．ただし，モチーフが何回繰り返されたか不明なことが多い．そのような場合は数字を示さず，代わりに文字 *n* を書いて，モチーフが多数回繰り返されたことを示す．

図 13.7 (a) のポリマーはポリイソプレンで，そのモノマー，イソプレンがモチーフ，つまり繰返し単位と

ゴミ集積場に積みあがっている．アメリカでは使い捨てボトルが毎年500億本以上使われ，捨てられている．その約23%がリサイクルされているが，これは残りの77%，つまり3.85×10^{10}個のボトルが毎年ゴミ集積場に捨てられることを意味する．これらのボトルは石油からできているので，このことは原油の使用，依存度の増加を意味する．平均して1年にアメリカ人は1人当たり167本の使い捨てボトルを使うが，リサイクルされるのはそのうち38本に過ぎない．

なぜ人間はそんなにたくさんのボトル入り水を飲むのだろうか．第一に便利だ．第二に多くの人はろ過された水道水はボトル入りの水より純度が低いと信じている．しかし，ボトル入りの水の多くは，きれいな山の流れから得られたものばかりではない．単に今年の水道水をろ過したものにすぎないかもしれない．そのうえ，天然資源保護協議会（National Resources Defense Council）の上級科学者ソロモン博士の，ろ過した水道水とボトル入り水の最近の比較研究によると，ボトル入り水は，たいていのろ過した水道水より健康的だとはいえないようだ．500億のボトルが環境に及ぼす影響を考えると，どちらを選ぶべきか自明だろう．

ではゴミ集積場に蓄積されつづける膨大な数のプラスチックボトルをどうすればいいだろうか．マサチューセッツ州コンコルドの80代の女性ジーン・ヒ

Matthew J. Lee/The Boston Globe via Getty Images

図 13B　マサチューセッツ州コンコルドのジーン・ヒルと使い捨てボトル禁止運動のロゴ

ルはある考えをもっていた．「使い捨てボトルを禁止する」という案だ（**図 13B**）．

「私たちは巧みな戦略に迷わされない賢い人たちからなる社会をつくっています．さしあたっての便利さを，直近の，そして将来のボトル問題に優先させるようなことがあってはならないと思います…わたしは最後まで活動しつづけます」．ジーンと賛同する人々の頑張りのおかげで，2013年のはじめから，コンコルド市は，使い捨てボトルの使用を禁じるアメリカで最初の街となった．それ以来，アメリカ全土で何十もの都市が，使い捨てボトルの，完全な，あるいは部分的な使用禁止を法律化した．

なる．ポリイソプレンは天然ゴムの主要成分で，これがチューインガムをつくるのに用いられている．天然
6 ゴムは，ゴムノキ（*Hevea braziliensis*）とよばれる熱帯性の木から取り出されるラテックスとよばれる白い液体から得られる（**図 13.7 b**）．マヤ人はこの木のこと，さらにこの木からゴムが抽出できることを知っていた．彼らはゴムを靴や衣服の防水に用いていたし，また物に弾力を与えることも知っていた．彼らは丸い物――自分たちの頭までも――をゴムで覆い，ボールをつくってサッカーのようなゲームを楽しんだ．

マヤ人がラテックスを木から得ていたとき，ヨーロッパ人は弾む物質を知らなかった．イギリス人たちは皮でおおった豚の膀胱や動物の頭蓋骨をボールにしたが，どれもよく弾むとはいえなかった．1500年代にスペインの征服者たちがアメリカにやってきたとき，彼らは弾むボールをいくつかヨーロッパに土産としてもち帰っている．ヨーロッパ人たちはラテックスを生み出すゴムの木の種ももち帰り，今日のスリランカやマレーシアのような熱帯地方に植えた．

13.3　ポリマーの物理的性質

● ポリマーの構造はその物理的性質を表すことがよくある

よくあることだが，ある物質の性質をその構造から推し量ることができる．たとえば天然ゴムは，炭素と 7
水素だけからなる巨大な分子だと知っている．4.6節で，共有結合は強い極性にも，また無極性にもなりうることを学んだ．炭化水素は，炭素-炭素結合と炭素-水素結合だけからなる有機分子であり，またこのタイプの結合はどちらも極性がない．というわけで，ポリイソプレンは他のほとんどの炭化水素と同様，無極性のポリマーといえる．

ポリイソプレンに比べると，水分子は大きな極性を

問題 13.3 ポリ塩化ビニルは下水管をつくるのに用いられるポリマーである．その構造を次に示した．このポリマーの繰返し単位（モノマー）は何か．

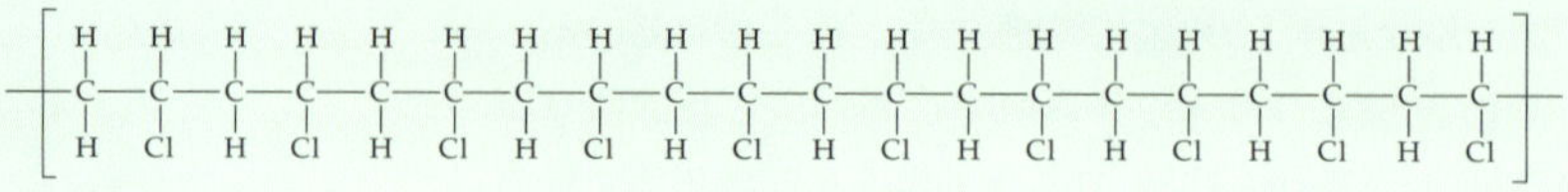

解答 13.3

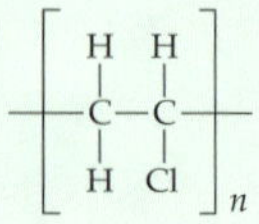

もつ分子であり，この極性の違いのため，ポリイソプレンと水分子は互いに反発する．一般に，極性物質どうしはよく混ざり，無極性物質どうしはよく混ざる（9.3 節参照）．しかし，極性物質と無極性物質，たとえばポリイソプレンと水，油と酢どうしは混ざらない．この基本的な考えを「似たものどうしはよく混ざる」という格言でまとめている．こうした性質のために，ポリイソプレンは有用な防水物質となる．このタイプのポリマーは**疎水性**（hydrophobic[*5]）があるという．

すべてのポリマーが炭素と水素でできているわけではない．メーカーが異なる性質をもつ，たとえばソフトコンタクトレンズ用のポリマーを必要とするとどうなるだろう．この種のポリマーにはどのような性質が求められるのだろうか？　ソフトコンタクトレンズは**親水性**（hydrophilic[*6]）でなければならない．というのも，常に水溶液で覆われている眼球の表面に具合よく収まらなくてはならないからだ．だからコンタクトレンズメーカーでは，水になじむが，水には溶けない高分子が必要となる．

コンタクトレンズは使用者の眼球に合わなくてはならないので，柔軟性をもつ必要もある．この意味で，コンタクトレンズは天然ゴムに似ていて，曲がることができる骨格をもち，柔軟でなければならない．骨格のなかの多くの結合，すなわち炭素-炭素結合は曲がりやすく，これらの結合が天然ゴムの柔軟性の元になっている．

図 13.8 に示すポリマーを考えよう．このポリマーは数字 n で示される，数が不明のモノマーの連鎖でできている．このポリマーは炭化水素ではなく，多くの酸素原子を含んでいるが，これは分子により大きい極性を与える．図では，ポリマーと水分子は水素結合によって相互作用している．8 章で，水素結合は水分子とある種の原子――この場合は水素原子に結合した酸素原子――とのあいだにできることを学んだ．ポリマーと水分子のあいだのこの種の相互作用によってポリマーは親水性となり，水分子との相互作用を容易にする．親水性ポリマーはゴムと違って水を弾かない．

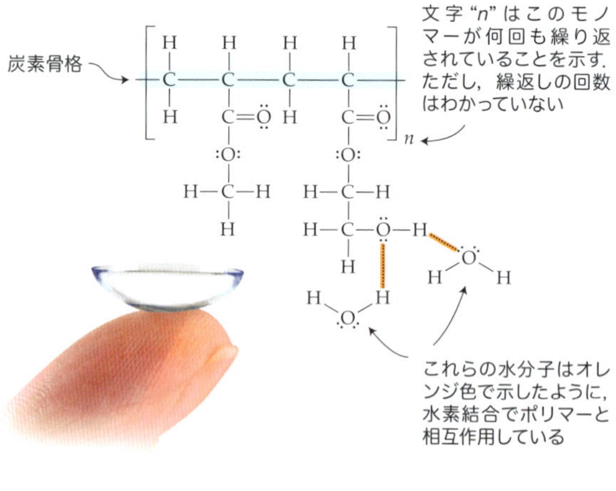

図 13.8 あるソフトコンタクトレンズに含まれている親水性ポリマー

このポリマーの骨格はすべて炭素-炭素結合からできている．つまりこのポリマーは柔軟で容易に曲がるが，二重結合をもつポリマーは柔軟性が低い．これらの性質をまとめると，眼球に適合しそうだ．これらの性質はコンタクトレンズの設計に考慮され，このポリマーは工場でモノマーを特殊な方法で混合してつくられる．

問題 13.4 次に示す化合物のどちらがより極性が大きいか．

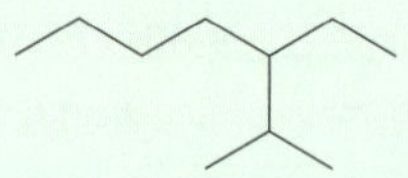

または

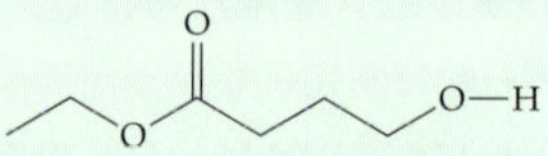

解答 13.4 より多くのヘテロ原子，この場合は酸素を含んでいる下の化合物の極性が大きい（5.3 節参照）．これらのヘテロ原子は極性結合をつくり，分子全体の極性を高める．

*5「水を恐れる」の意．
*6「水が好き」の意．

● ポリマーは硬さと耐久性を高めるようにデザインできる

ポリマーは，強度，弾力，曲がりにくさについてデザインできる．これはデュポン社にポリマーの専門家として 45 年勤務した化学者ステファニー・クオレクに課せられた挑戦だった（図 13.9 a）．この間に彼女は例外的な強さをもつ新しいポリマーの実験を行っていた．彼女がとくに興味をもったのは，固体の塩のなかのイオンが詰まって結晶格子（4 章と 9 章参照）をつくるのと同じように硬く詰まっているポリマーだった．彼女が行き着いたのは，図 13.9 (b) に示したポリマーだ．このポリマーはベンゼン環の繰返しを含んでいるが，これによってポリマーの柔軟性は減少する．その他に，炭素原子 1 個，窒素原子 1 個，酸素原子 1 個からなる特別な原子の官能基を含んでいた．**アミド** (amide) 基とよばれるこの官能基は，図では目立つように，黄色の印がついている．アミド基はタンパク質のような他のポリマーでも重要である（タンパク質とアミド基の重要性を 14 章「食べ物」で学ぶ）．

この章では詳細に述べないが，アミド基のなかの窒素と炭素の結合は比較的曲がりにくい．ベンゼン環とアミド結合があるため，クオレクのポリマーはきわめて硬い．このポリマーはほとんど曲がらず，分子内の綱はまっすぐだ．綱がまっすぐで硬いので，ちょうどゆでる前のスパゲッティが束ねられているのと同様に，このポリマーも束ねられる．これらのぎっしりと詰められた綱が通常の三次元結晶格子をつくる．

ポリマーの綱が硬く詰まると，それぞれの綱は水素結合によって互いに相互作用する．これらの水素結合は，図 13.10 では橙色の破線で示され，綱のあいだを**橋架け** (cross-links) して，ポリマーをさらに強固にしている．このポリマーでは，水素結合は図では緑色に示したアミド基のあいだにあって，隣の綱とつながっている．この三次元結晶構造が，ポリマーに例外的な強さを与えている．実際，ケブラーとよばれるこのポリマーは，鋼鉄の 5 倍の強度をもつ．このポリマーは吊り橋のケーブル，防弾チョッキ，保護ヘルメット，帆などに用いられている．

問題 13.5　次に示す化合物のどれがアミド基を含んでいるか？

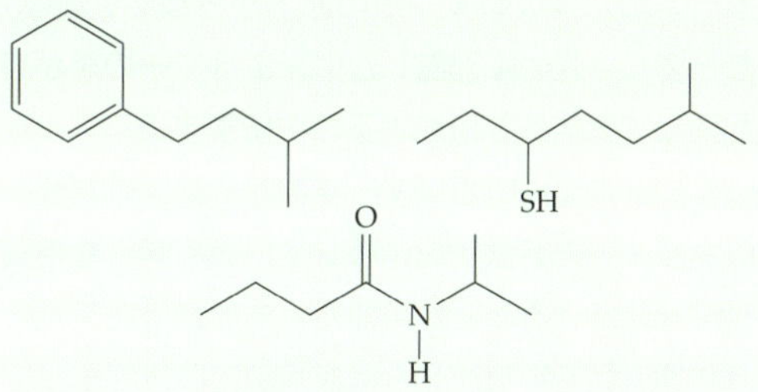

解答 13.5　下段の真ん中の化合物がアミド基，すなわち炭素原子 1 個，窒素原子 1 個，酸素原子 1

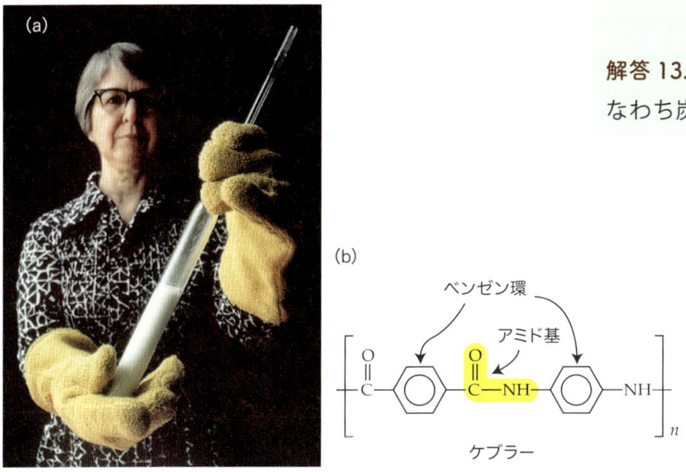

図 13.9　壊せないポリマー
(a) 高分子化学者ステファニー・クオレクはケブラー*7 ポリマーの開発を指導した．(b) ケブラーはアミド系のポリマー．目立つように，アミド結合は黄色で印づけられている．

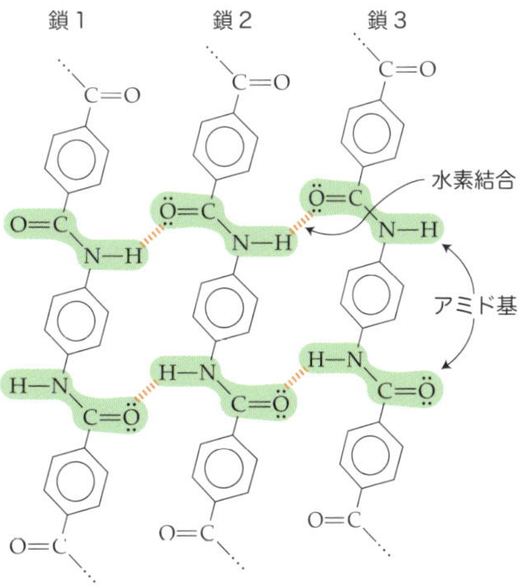

図 13.10　橋架け構造と強度
恐ろしく頑丈で耐久力のあるポリマーの理由はケブラー内の分子構造にある．アミド基は緑色に，水素結合は橙色で示してある．

---

*7 ケブラー (Kevlar)：芳香族ポリアミド系樹脂の登録商標名．1965 年にデュポン社に勤めていたアメリカの化学者ステファニー・クオレク (Stephanie Kwolek, 1923-2014) が発明した．1970 年代初期に商業的使用開始．学名はポリパラフェニレンテレフタルアミド．

個と，必要に応じて水素原子を含む特別な官能基を含んでいる．

● 微結晶はポリマーをさらに硬くする

ケブラーの驚異的な硬さは，部分的にはポリマーの綱が微結晶[*8]パターンに積み重ねられることによる．この現象は他の多くのポリマーにも起こる．ポリマーの内部で高度に秩序があり，結晶性の部分は**微結晶**（crystallite）とよばれる．

微結晶を多く含めば含むほど，ポリマーは硬くなり，高温などの外部の影響に耐えることができる．たとえば比較的硬いポリマーのポリエチレンの一定体積中の微結晶の数は，同じ体積のポリ（シアノアクリル酸メチル）[*9]という液体のポリマー中の微結晶の数よりはるかに多い．図13.11の二つのポリマーの構造式を一見するだけでその理由がわかる．ポリエチレンは直線構造をもっている．ポリ（シアノアクリル酸メチル）には枝があり，それは腕輪の中心の鎖にぶらさがったチャームのようないくつかの原子からなる官能基だ．これらの枝は互いに邪魔し合い，ポリマーの鎖が容易に配列して微結晶を形成するのを妨害する．

いくつかの面白いポリマーをながめただけだが，新しいポリマーのデザインに際して，ある特別な性質をポリマーに与えることが可能だともわかった．たとえば，科学者は純粋な炭化水素を用いて防水性ポリマーを，水素結合できる官能基を導入して親水性ポリマーを設計できる．柔軟なポリマー，剛直なポリマーをつくれるし，橋架け構造を導入して強度を高めることもできる．また次節で紹介するように，ポリマーの構造的特徴から，そのポリマーが容易にリサイクルできるかどうかがわかる．

*8 微結晶：結晶性高分子体の結晶質部分．
*9 瞬間接着剤（superglue）に含まれるポリマー．

13.4 リサイクル可能，持続可能なプラスチック

● プラスチックは熱可塑性ポリマーと熱硬化性ポリマーに分類できる

加熱されると，ある種のプラスチックは得られた熱エネルギーで組成が変わり，微結晶が壊れ，特定の形と秩序をもたない液体の領域に変化する．ポリマー中の微結晶の割合が減るにつれて，ポリマーはますます曲げやすく，可鍛性となる．この有用な性質によって，熱せられたポリマーは，たとえば櫛や歯ブラシに成型できる．**熱可塑性ポリマー**（thermoplastic polymer）は冷やされると微結晶を再生し，新しい形を保つ．

日ごろ出合うプラスチック製品――プラスチック製フォーク，携帯電話，ペン，コンタクトレンズのケース――などは熱可塑性（thermoplastic）プラスチックからできている．それらを加熱すると，溶けて微結晶は液体となる．この液体の塊は新しい形をとり，その新しい形は冷やされるとそのまま残る．この節の終わりの部分で述べるように，熱可塑性ポリマーをうまくあやつると，**リサイクル可能**（recyclable）になる．つまり，これらのポリマーを繰り返し利用できる．

櫛や歯ブラシ，あるいは他の製品に成型する代わりに，ジェットエンジンの部品をつくるプラスチックが必要なら，どうすればいいだろう．ジェットエンジンの部品に要求される性質はどんなに高温でも形が変わらないことだ．だから最も丈夫な熱可塑性ポリマーでも不適当といえる．というのも，定義によって熱可塑性プラスチックは高温では液体になってしまう．ジェットエンジンに対しては，メーカーは熱せられてもその形を保つポリマーを必要とする．**熱硬化性ポリマー**（thermosetting polymer）は熱せられてもその形を変えない，丈夫なポリマーだ．ベークライトは熱硬化性ポリマーのすばらしい例の一つといえる．

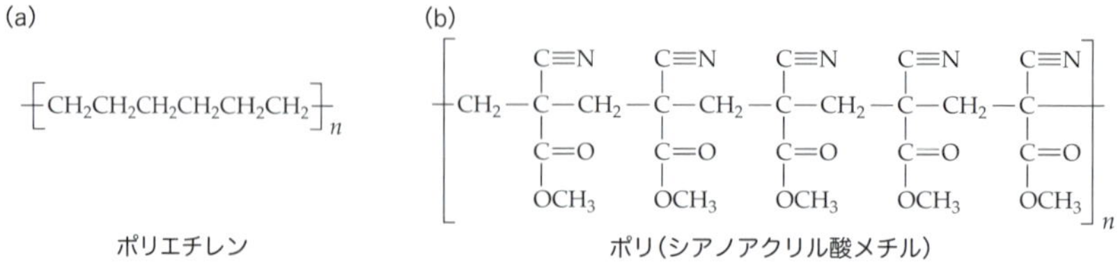

ポリエチレン　　ポリ（シアノアクリル酸メチル）

図13.11　微結晶の形成
(a) ポリエチレンの流線型構造のため，結晶内で微結晶の形成が可能になる．(b) ポリ（シアノアクリル酸メチル）の枝分れ構造のために，このポリマーは規則的に繰返しのある微結晶構造をとるのが難しい．

問題 13.6 次の製品のうちで，熱可塑性ポリマーでつくってはならないのはどれか？
(a) 冷たい飲物用のコップ (b) 蛍光ペン
(c) 自動車のエンジンの部品 (d) 自動車のなかのカップホルダー

解答 13.6 (a) 大丈夫 (b) 大丈夫 (c) 高熱にさらされるので× (d) 夏などに，窓を締め切ったまま長時間駐車すると，車内は高温になる可能性があるので×

● プラスチックはその樹脂識別コードによって再生される

熱硬化性ポリマーとは対照的に，熱可塑性ポリマーは容易に再成型し，再利用できる．熱可塑性という言葉には，「熱で成型可能」という意味がある．したがって，すべての熱可塑性ポリマーは定義上，融解できる．しかし，すべてのポリマーが同じ融点をもっているわけではない．構造のわずかな違いで，各ポリマーの融点は変わる．融点のわずかな違いも，異なる目的に用いられるプラスチックをつくるための研究の対象になる．

現在，最も良く用いられるプラスチックをつくる6種類の熱可塑性ポリマーを**表 13.3**にまとめた．それぞれのプラスチックの最初の項目は**樹脂識別コード**[*10]（resin ID code）として知られる数値だ．これらの数値は，それぞれの熱可塑性ポリマーがどのくらい容易に融解し，したがってどのくらい簡単にリサイクルできるかを示す．樹脂識別コード1から6で，1はリサイクルが最も容易なことを示す．二つのポリマー，低密度ポリエチレンと高密度ポリエチレンは同じモノマーからできているが，樹脂識別コードは異なる．両者の違いは製造法の違いによる．二つの異なる製法で，密度の異なる2種類のポリマーが得られる．樹脂識別コードの7は，いろいろな熱可塑性ポリマー1種類以上を含んだポリマーの混合物だ．

身のまわりのプラスチック製品をちょっと調べてみよう．公園で読書していると，プラスチック製のフリスビーとか，ソーダ水のプラスチックボトルなどが目に入る．図書館にいるなら，プラスチック製のゴミ箱，ホッチキス，鉛筆ケースなどが見つかる．家ではシャンプー，クレンザー，牛乳，あるいは洗剤の容器などがある．それらの多くには，樹脂識別コードが（底に）印刷されている．コードは三角形の矢で囲まれていて，そのものがリサイクル可能なことを示している．7種類の樹脂識別コードのすべてを探してみよう（「1」

*10 日本の現状については，Wikipedia などで「プラスチック識別表示」を調べてみるとよい．

表 13.3 リサイクル可能なポリマーに対する樹脂識別コード

樹脂識別コード	ポリマーの名前	モノマーの構造	用 途
1	PET（ポリエチレンテレフタラート）	 エチレングリコール と 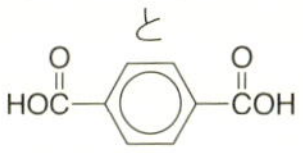 テレフタル酸	清涼飲料，サラダのドレッシング，ピーナツバターなどの容器，フリース（衣類），荷物
2	HDPE（高密度ポリエチレン）	エチレン 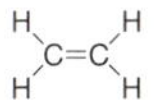	牛乳，ジュース，液体洗剤などの容器，水筒
3	PVC（ポリ塩化ビニル）	塩化ビニル 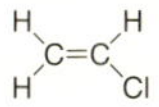	レインコート，包装用フイルム，シャワーカーテン，クレジットカード，ルーズリーフ式バインダー，泥よけ，交通標識（コーン），パイプ
4	LDPE（低密度ポリエチレン）	エチレン 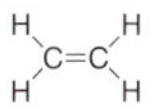	パンの袋，レジ袋，ジッパー・シールバッグ，輸送用封筒，コンポストの袋
5	ポリプロピレン	プロピレン 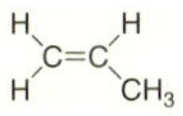	食物の包装，射出成型，自動車内部の部品，アイススクレイパー
6	ポリスチレン	スチレン 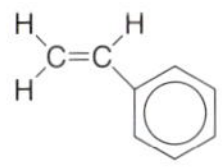	発泡スチロール，ファーストフードの容器，CDケース，カフェテリアのトレイ，絶縁体
7	混合物	混合物	プラスチック木材，びん，水用大型びん，柑橘類ジュースやケチャップのびん

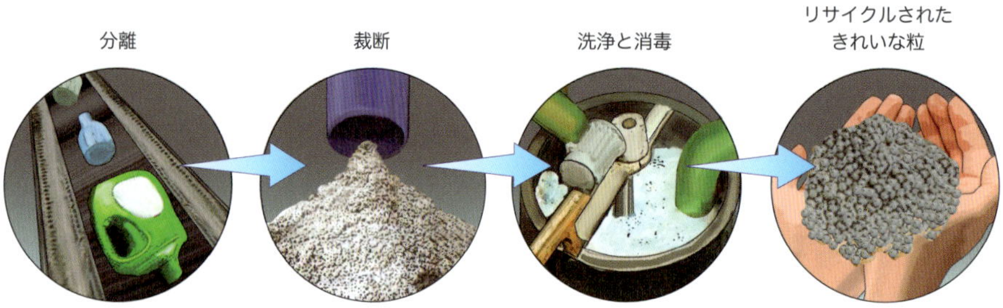

図 13.12 リサイクル過程
分別後，同じ樹脂識別コードをもつプラスチック製品は小さな薄片に裁断，消毒され，リサイクル用のプラスチックペレットとしてリサイクルされる．

以外の番号が見つかるか，調べてみよう）．

ほとんどの都市のリサイクルプログラムでは，市民は使用済みのプラスチックすべてを一つの容器に捨ててよい．したがってリサイクル工場では，まずそれらを 7 種の樹脂識別コードごとに分類する（**図 13.12**）．分類を終えると，プラスチックは裁断機に送られ，そこで小さい薄片に裁断され，ついでゴミやラベルを除くため十分に洗浄される．薄片の消毒が終わり，ラベルが除かれたプラスチックは，分類ごとにプラスチックメーカーに販売される．メーカーはこれを融解し，新しい形に成型する．

問題 13.7 表 13.3 のうち，次のプラスチックをリサイクルしやすい順に並べよ．一番リサイクルしやすいものを先頭に置け．
(a) PET (b) ポリスチレン (c) LDPE
(d) PVC
解答 13.7 PET ＞ PVC ＞ LDPE ＞ ポリスチレン

● リサイクルされたプラスチックは新しい製品，構造につくりかえられる

1980 年代，ごく少数のアメリカ人しかプラスチックのリサイクルにはかかわらなかった．リサイクルのためにプラスチックを集め，処理するインフラがなかったので，処理に時間がかかった．いまではアメリカのほとんどの都市や町はリサイクルプログラムがあり，リサイクルに協力しない人は少数派だ．リサイクルの努力の成功は部分的には法規制の効果といえる．それによると，丈夫なプラスチック容器はある最低量の再生プラスチックを含めて製造しなければならない．アメリカのいくつかの州（ウイスコンシン，ミネソタ，ミシガン，ノースカロライナ）では，リサイクル可能な物質をゴミ集積場にもち込むことは許されない．そして，人口 1 人当たりのリサイクル量が最も大きい都市は，サンフランシスコだ．

リサイクル率が高まるにつれ，容器内のプラスチックが 5 回も再利用されるのは珍しいことではなくなった．シャンプー容器のなかのプラスチックが，以前はモーターオイルの容器，あるいはソーダ水のびんであったこともありうる．熱可塑性プラスチックをつくる際の原料が石油だから，プラスチックの需要が減れば，石油への依存度も減る．

リサイクルプラスチックは，古い材料から新しい製品を生み出す革新的な手法で利用されている．ナイキグラインドが運動場に使われたり，古いプラスチックから衣類がつくられたりすることは紹介した．リサイクルプラスチックを最初に使った企業の一つ，パタゴニア社[*11]はリサイクルプラスチックからフリースジャケットをつくった．ジャケット 1 着あたり，25 個の 2 L のソーダ容器が使われる．また，企業の Common Threads Partnership を通じてパタゴニア社は顧客から着古したジャケットを回収し，それを電子書籍リーダーのカバーなどの新しいプラスチック製品をつくるのに再利用している（**図 13.13 a**）．

台湾にある「エコの方舟（EcoARK）」というビルは 150 万個のリサイクルされたプラスチックボトルからつくられた（**図 13.13 b**）．この建物の目的は，リサイクル率がわずか 4%にすぎない国でのリサイクルを促進するためという．Sherwin Williams 社はいまや部分的ではあるが，リサイクルされたボトルを使った塗料を生産している（**図 13.13 c**）．おまけだが，この塗料は大気中に容易に入りこむ**揮発性有機物**（VOC）の含有量が少ない．VOC は多くの塗料，洗剤，のりなどに含まれ，呼吸器疾患を引き起こし，腎臓や肺の組織に害をもたらす．

*11 パタゴニア（Patagonia）：アメリカのスポーツ用品のメーカー，およびそのブランド名．環境に配慮する商品の製造販売で知られている．

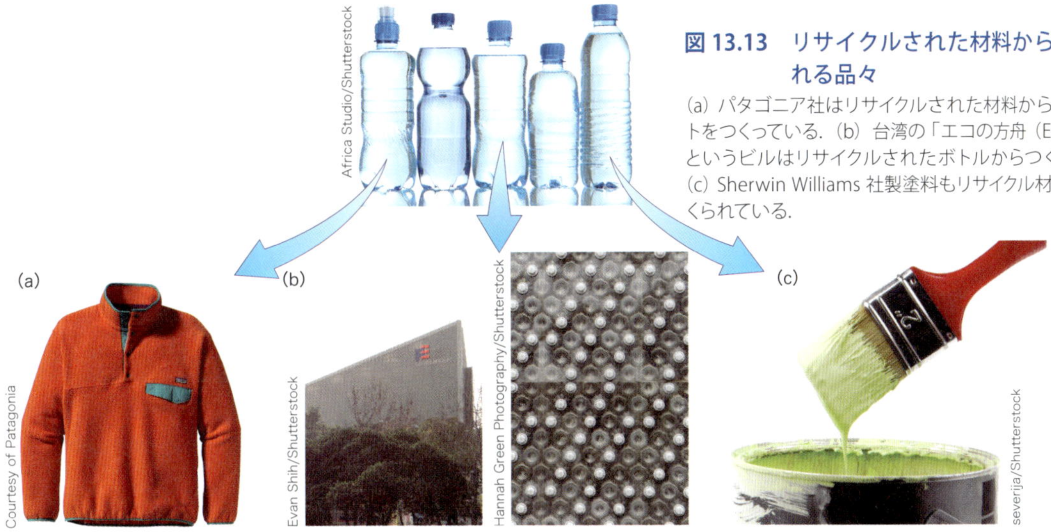

図 13.13　リサイクルされた材料からつくられる品々

(a) パタゴニア社はリサイクルされた材料からジャケットをつくっている．(b) 台湾の「エコの方舟（EcoARK）」というビルはリサイクルされたボトルからつくられた．(c) Sherwin Williams 社製塗料もリサイクル材料からつくられている．

● リサイクルされない廃棄されたプラスチックはゴミ集積場または焼却炉に行き着く

異なる種類のプラスチックは異なる運命をたどり，その運命が一つには樹脂識別コードに委ねられている．使われるプラスチックのほとんどが，1 から 6 の樹脂識別コードをもち，リサイクル可能だ．だが，残念なことにアメリカではその 10%程度がリサイクルされるだけで，残りはゴミ集積場かゴミ焼却炉に送られるか，海への道をたどる．ゴミ集積場では樹脂識別コードが 1 から 6 までのプラスチックの分解速度は遅いので，いつまでも残る．これらの熱可塑性プラスチックは環境のなかで何十年も生きながらえる．

樹脂識別コード 1 から 6 のプラスチックは通常石油に由来するから，持続可能ではない．リサイクルされないと，それらの旅路はゆりかご（石油）から墓場，すなわちゴミ集積場，あるいはゴミ焼却炉に終わる．焼却のあいだに，プラスチックは化学反応によって，二酸化炭素と水を含む小さな分子に分解される．この過程で生じる二酸化炭素は，気候変動や地球温暖化を引き起こす．燃焼はダイオキシンのようなきわめて毒性の強い化合物をつくりだす．ダイオキシンはヒトの免疫系や内分泌系を破壊し，いろいろながんと関係する．

このため，今日では生分解性の新しいポリマーの設計が推奨されている．すでに学んだように，生分解性物質は環境中にある何か，たとえば微生物や太陽にさらされると，分解して小さな物質となる．ゴミ集積場かゴミ焼却炉に送られた生分解性プラスチックの小片は，ほぼ 100 日以内という短期間で分解する．

ポリマーが生分解されるとどうなるのか．生分解はリサイクルされたプラスチックの粒がとかされ，別の新しい何かにつくられる「再形成」とは大きく異なる．ポリマーはとけても，それは依然として長いポリマー鎖からなり，それらの鎖は高温では液体のように自由に動く．冷やされると，ポリマーは固相に戻り，与えられたどんな形にもなる．つまり，リサイクルの過程はポリマーの本質を変えるものではない．

しかしポリマーが時間をかけて生分解されると，鎖は切れ，小片が生じる．この過程が長く続くと，ポリマーを元のモノマー，さらには次節で述べるように，より小さい分子に変換できる．**図 13.14** にプラスチックの可能な運命をまとめた．

問題 13.8　正しいかどうか．プラスチックがリサイクルされるとき，加熱されてもモノマーに分解されることはない．

解答 13.8　正しい．ただし，あとで学ぶように，特殊な場合にかぎって，リサイクルをするときにポリマーはモノマーに変換される．樹脂識別コード 1 から 6 のポリマーを含め，大多数のポリマーは新しい製品に成型できるようになるまで加熱される．

● ポリマーの構造が生分解性を定める

あるポリマーは容易に分解するのに，他のポリマーが分解しないのはなぜか？　**図 13.15** に示したきわめて異なる二つのポリマー，ポリプロピレンとポリ乳酸（PLA）の例からこの問いの答えを見つけよう． 7

最も簡単に分解するポリマーはその構造のなかに攻

図 13.14　プラスチックゴミの考えられる運命

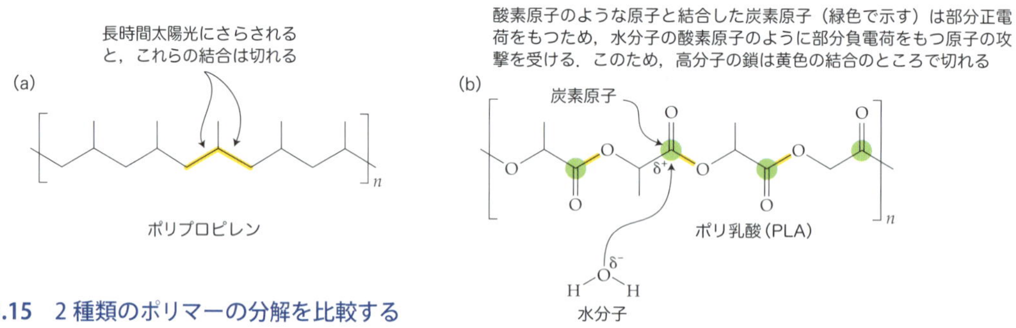

図 13.15　2 種類のポリマーの分解を比較する

THEgreenBEAT ● 環境に関する話題

太陽光を燃料とする蓄電池の登場

世界で最も豊富な化石燃料は，地下に埋蔵されているガソリンやディーゼル油，メタンなどの炭化水素である．これらの化石燃料は何百万年も前に腐敗した有機物の残渣からつくられた．だが，化石燃料の問題点は，燃やすと熱と水と二酸化炭素が放出され，その二酸化炭素はかんたんに回収やリサイクルができないことだ．つまり，化石燃料は一方通行の系である．本章ではこの系に対する代替案として，〝閉じた〟エネルギー系をつくりだすことを目指している最新のエネルギー研究を取りあげる．

閉じた系というのは，各過程が段階的に循環してつくる輪（ループ）のことである．電流を発生させる電池では，電子が生成する反応と，生じた電子が消費される反応が起こり，そのあいだに電流が流れる．電池の一般的な問題点は，用いられている化学物質や金属が毒性をもっていたり，持続不可能な金属であったりすることが多く，さらに膜などの消耗する部品を使っていることである．

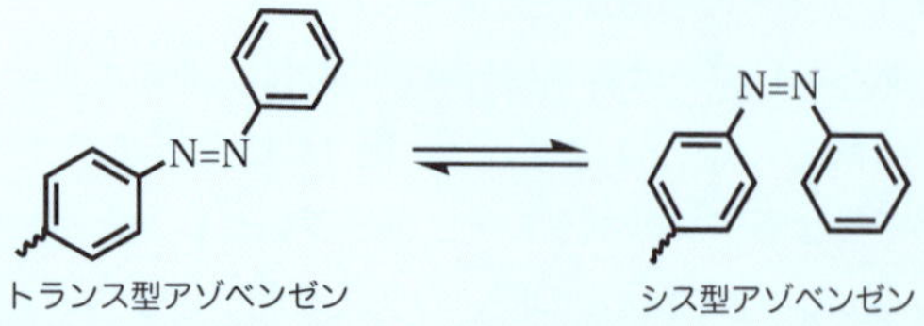

図 13.16　光励起の過程

もっと簡単で，充電を必要とせず，消耗せず，しかも電流すら生じない電池があったらどうだろう．持続可能な方法で熱を蓄えられる熱電池があったらどうだろう．マサチューセッツ大学アマースト校の化学者ダンダパニ・ベンカタラマンらのグループはそんな電池の開発に取り組んでいる．

ベンカタラマンらは，光励起（**図 13.16** 参照）とよばれる過程によって，太陽光に当たると形を変える分子を設計した．励起される前のアゾベンゼン分子は伸びきっている（トランス型）が，励起されると折りたたまれる（シス型）．新たに折りたたまれた分子は，太陽光がなければ起こらない形状変化を起こして，太撃を受けやすい場所がある．4章を思い出してみよう．有機分子の結合は，極性のきわめて大きいものでもありうるし，極性がないもの，その中間もある．二つの炭素原子のあいだの結合，あるいは炭素原子と水素原子のあいだの結合には極性がない．結合に極性がないので，分子のなかには電荷が過剰な場所も，電荷が不足している場所もない．

有機分子が，酸素原子や窒素原子，あるいは硫黄原子などのヘテロ原子を含んでいると，これらの原子は電子を自分のほうに引きつける．その結果，それらの原子のあるものが炭素原子と結合すると，その結合は極性を帯びる．そのため，有機分子のなかにそれらの原子が存在すると，分子は別の極性分子，たとえば水の攻撃を受けるようになる．

まずヘテロ原子を含まないポリマーを考えよう．プラスチックの一つ，ポリプロピレンは食物の容器，自動車の部品，包装容器，ラベルなどあらゆるものに使われている．このポリマーの樹脂識別コードは5で，より小さい樹脂識別コードをもつポリマーよりリサイクルが難しいことを示す．**図 13.15（a）**をよく見ると，ポリプロピレンは炭化水素で，分解が起こりやすいヘテロ原子を含んでいない．一般的に，ヘテロ原子を含むポリマー鎖と対照的に，炭化水素ポリマーは化学分解に対して活性がない．これはポリプロピレンについて当てはまる．しかしきわめて長い時間——数千年もの時が経てば，ポリプロピレンの構造式のなかで，黄色で示した炭素 - 炭素結合も太陽の光に曝されると切れるだろう．

第二の例はポリ乳酸（PLA）で，トウモロコシ，タピオカ，サトウキビなどから得られる植物由来のポリマー，**バイオプラスチック**（bioplastic）の一種だ．これらの植物は**図 13.15（b）**に示すように，ポリ乳酸ポリマー用のモノマーをつくる．ポリ乳酸の構造は数個の酸素原子をもっている．それぞれの酸素原子は電子を自分のほうに引き寄せる．緑色で示した各炭素原子は電子不足性で，部分正電荷をもつ．

陽エネルギーを蓄えたことになる．つまり，この系は太陽エネルギーを放出するまで，太陽エネルギーを蓄えるヒートシンクのような役割を果たしている．

この過程を太陽エネルギーを捕まえ蓄えるのに役立てるため，ベンカタラマンらはこれらの分子を長い高分子の鎖に沿って結合させた．アゾベンゼン分子はクリスマスのイルミネーションの電球のように，重合した鎖からぶらさがっている．アゾベンゼン分子が鎖にくっついていると，基は整列して重なりあう．鎖の部分が緊密に組み合わされると，太陽光が当たれば鎖全体とその付属物が新しい形になる．光がなければ，系全体はかちっとはまり，蓄えていたエネルギーを熱の形で放出する．

この過程を**図 13.17**に示した．（a）では高分子の鎖に結合しているアゾベンゼンはすべてトランス形である．太陽光に当たると，高分子全体が（b）のような形に変化し，アゾベンゼン分子はすべてシス形になる．

8章では，エネルギーを蓄える場所，熱貯めとして水を用いるパッシブソーラーハウス（p.113参照）を紹介した．水は日中には太陽から熱を吸収し，日没後はその熱を家のなかに放出する．ベンカタラマンらが開発した光熱“電池”は同じ機能だが，さらに優れている．この高分子はほぼ同じ量の水よりはるかに多くのエネルギーを蓄えることができるのだ．実のところ，一般的なリチウムイオン電池よりも多くのエネルギーを蓄えることができる．しかも高分子の長い鎖の形は，アゾベンゼンの付属物の形が変わるだけのほんのわずかな変化なので，この変化を繰り返すことができるのである．光が入り，熱がでていく．これこそ，究極の閉じた系である．物質の出入りもなく，廃棄物もなく，充電の必要もない．太陽から熱をとらえ，蓄えるのに抜群に優れているので，これらをソーラークッカーとしても使うことができる．高分子を戸外で太陽に当て，家へ持ち込んで夕食を温めよう．

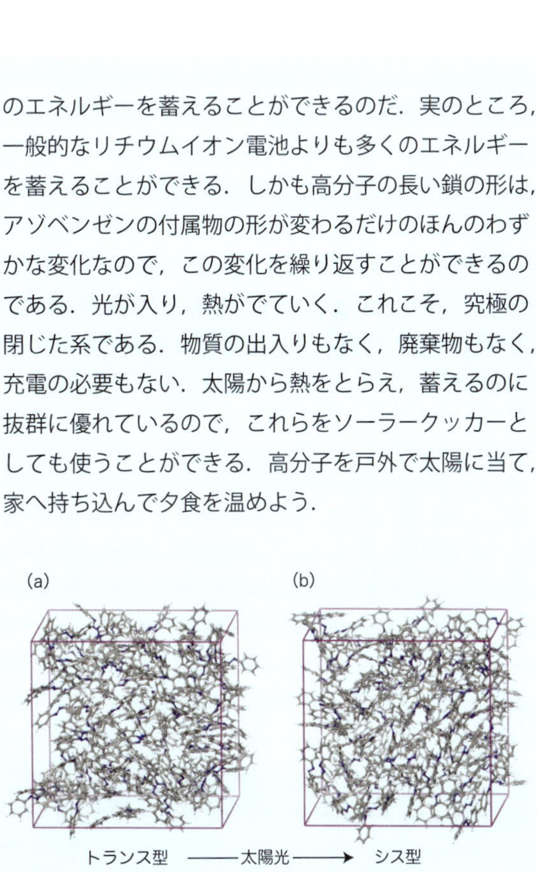

High Energy Density in Azobenzene-based Materials for Photo-Thermal Batteries via Controlled Polymer Architecture and Polymer-Solvent Interactions, Jeong et. al. Scientific Reports volume 7, Article number: 17773 (2017)/Nature Publishing Group; https://creativecommons.org/licenses/by/4.0/

図 13.17　トランス型とシス型

ちょっと待って！
wait a minute . . .

ポリ乳酸のような生分解性プラスチックの樹脂識別コードが7なのはなぜか？

樹脂識別コードはさまざまなポリマーがどのくらい容易にリサイクルできるかの指標だ．あるポリマーに与えられるコードはおもに現行のリサイクル過程にどのくらいうまく適合するかで決まる．表13.3に示したポリマーは，リサイクル過程でモノマーに分解しないことを思い出そう．図13.14の左側に示した過程，すなわちポリマー鎖がそのまま残る過程をたどる．

ポリ乳酸をリサイクルするためにはモノマーに分解しなくてはならない．モノマーはポリ乳酸のヴァージンポリマー（新樹脂）につくり直すことができるが，そんなわけでポリ乳酸はプラスチックの混合物からなるカテゴリーに分類される．これらのプラスチックは通常ゴミ集積場に送られることになる．というわけでポリ乳酸は生分解性ではあるが，リサイクル機構をつかっても，簡単にリサイクルされない．

バイオプラスチックはゴミ集積場では石油由来のプラスチックに比べてはるかに速く分解する一方，リサイクルは難しい．これは現行のリサイクルシステムが石油由来のプラスチックを扱うようにつくられているからだ．これら新しい持続可能なポリマーを処理するために，生分解性のバイオプラスチックリサイクルセンターが設けられている．長い目で見れば，石油由来のプラスチックリサイクルセンターよりは，よい投資先となろう．バイオプラスチック工業は発展し続けているので，これらの新しいプラスチックはより安価になり，いずれ持続不可能なプラスチックの代わりを務めるようになるだろう．

酸素のような原子と結合すると，緑色で示した炭素原子は，水分子のなかの酸素原子のような部分負電荷をもつ原子の攻撃を受ける．この結果，ポリマーのなかの黄色に示した結合の切断を引き起こす．反対符号の電荷は互いに引き合うので，部分正電荷を帯びた炭素原子は負電荷を帯びた分子によって攻撃される．

自然界では，水分子の酸素原子が攻撃者になることが多い．8章で学んだように，極性を帯びた水分子のなかの酸素原子は，かなりの部分負電荷をもつので，攻撃を受けやすい炭素原子を攻撃してポリマーの鎖を切る．そこでポリマーは分解する．ある分子の正電荷を帯びた部分とモノマーの負電荷を帯びた部分との相互作用は，多くの化学反応の開始のきっかけとなる．

簡単に分解するため，ポリ乳酸は高度に生分解性の高いポリマーといえる．これはまた成長の早い植物（きわめて成長が遅いので，持続可能性不能な木とよい対照をなす）から得られるので，持続可能なポリマーでもある．そのうえ，ポリ乳酸は樹脂識別コード7で
8 リサイクル可能だ．

表13.4 はこの章で用いられたプラスチック関係の用語をまとめた．

表 13.4　プラスチックの用語

ポリマーは…	それが意味するのは…	このタイプのポリマーの例
分解性（生分解性）	化学作用または細菌の作用でモノマーを2分解する	ポリ乳酸
リサイクル可能性	リサイクル可能で別のプラスチック製品になる	ポリプロピレン
持続可能性	植物のような持続可能な材料からつくられる	ポリ乳酸

問題 13.9　次の分子のどちらが水分子に攻撃されやすいか？

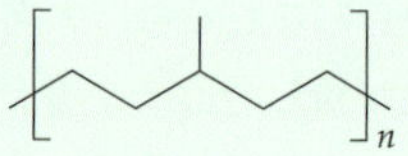

または

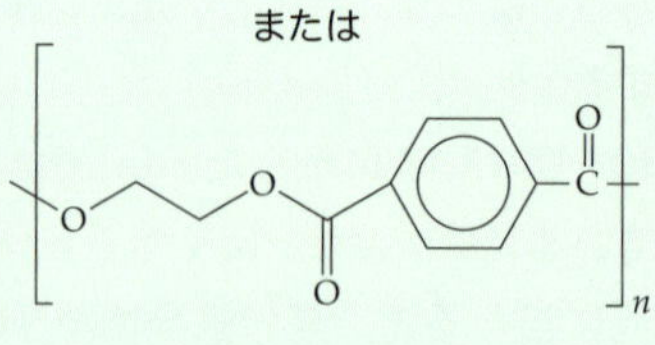

解答 13.9　下側の分子はヘテロ原子をもち，これが水の攻撃を許す場所をつくる．

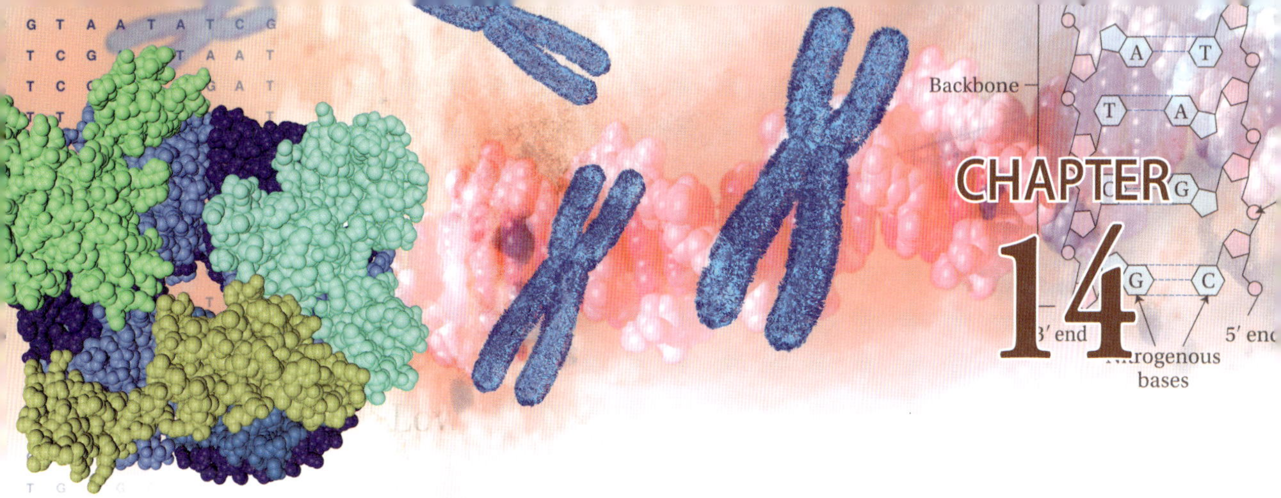

CHAPTER 14

食べ物
私たちが口にする食品の生化学

2013年8月5日，この年最大の文化的行事になるという期待をもって，ロンドンでテレビ用のステージが準備された．用意されたのは，ふつうの料理番組のセットで，台所，白い帽子と白い服を着たシェフ，コンロの鍋，あらかじめ量ってある材料などが用意されていた．カメラマンたちのカメラからの多数のシャッター音を伴って，3人の立会人は席に座り，コンロでシェフが行う魔法に注目していた．

このイベントのメニューは何だったのか？　それはシェフがいつものシーズニングとバターでソテーしたハンバーガーだった．だが，ふつうのハンバーガーではなかった．これには330,000ドルものお金がかかっていたのだ．この驚くべきハンバーガーが料理されているあいだ，世界中の人は答えを知りたがった．どんな味がするのだろう？

この大きなお祭りの日にもまだ元気に生きている牛からつくられたため，びっくりするほど高価なこのハンバーガーがプレス発表された．これはサイエンスフィクションではない．このハンバーガーは牛のひき肉からではなく，生きている牛の肩の筋肉から取った特別な細胞――生体の最小構成単位――からつくられた．どうしてこんなことができるのか？　これはオランダのマーストリヒト大学のマーク・ポスト博士の努力による．ポスト博士のチームは，彼らが「培養肉」とよんでいる，世界最初の実験室で培養されたハンバーガーをつくった．

では，このハンバーガーはどんな味がしたのだろうか？　味見をした人たちによると，肉らしい歯ごたえ，香り，味だった．しかし，すべての有名なハンバーガーとは違って，汁気がなかった．これは脂肪も血液も含んでいない培養ハンバーガーの避けられない欠点だ．しかし，実験室でつくられた世界初のハンバーガーは食べることができたし，これは偉大な前進だった．勇気づけられて，ポスト博士はより美味しい培養ハンバーガーをめざして実験室兼キッチンに戻った．

ポスト博士らの，人工肉を製造しようという試みはサイエンスフィクションのように見えるが，彼らの研究は重要だ．食用動物の飼育には，使用可能な土地の30%，使用可能な真水の8%が使われ，強力な温室効果ガス，メタンの放出量の40%に関与している．牛に植物起源のタンパク質を100g与えても，牛は15gの肉しかつくらないし，大量のエネルギーと水を使うので，きわめて非能率なプロセスといえる．人口が増えるのに，食用として動物を飼育するのは持続不能な

David Parry/ロイター/アフロ

のは明白だ．環境への影響の大きさと消費される大量のエネルギーと水のことを考えると，家畜の飼育はもはや耐えられないと考える人も多い．

この章では食べ物とそのなかに含まれているすべてについて考える．人間の食べ物の三大栄養素，タンパク質，炭水化物，脂肪を調べ，ついで食べ物がどこからくるのか，穀物の現代的生育法，新しい農業の手法と農業の技術が食生活をどのように変えるかを考える．最後に，すでに食べている合成食品と，それが健康と環境にどう影響するかを考える．まず，食べ物で最も重要な部分，タンパク質を取りあげる．

14.1 タンパク質：最も重要な栄養素

● 人体は健康を維持するために燃料の混合物を必要とする

自動車と同様，人体が機能するためには燃料が必要だ．しかし，ほとんどの自動車が1種類の燃料ですむのに対して，人体が最高の働きをするためには燃料の混合物を必要とする．その混合物はある程度まで変わりうるし，各自の選択の余地もある．人体は成長，生命維持と最良の健康を維持するために，栄養を供給する物質に対して，**栄養素**（nutrient）という言葉が燃料の代わりに用いられる．

人体は液体と細胞の集まりで，成人の身体は37兆個の細胞でできている．なかには，それぞれが機能と栄養素の特別のバランスを必要とする多くの細胞型を含む．細胞が組織をつくり，組織は器官をつくる．器官は体内で特別の機能を果たす．心臓，骨，脳などの異なる器官はそれぞれ異なる栄養上の必要条件をもち，全身の栄養上の必要条件は，その個々の部分の必要性を反映している．

人間が何を食べるべきか，健康な食事とは何かについての助言は無数にある．人気のある食事には，はやりすたりがある．地中海ダイエット，パレオダイエット，低糖質ダイエットなどがあるが，これらの食事には一つの共通点がある．どれもが人体が大量に必要とする三大栄養素――タンパク質，炭水化物，脂質（油脂としても知られる）の主要食事要素としても知られる**主要栄養素**[*1]（macronutrient）をある割合で含んでいる．食事へのいろいろな助言は，これらの主要栄養素を異なる割合で食べるように推奨するが，これら三つはすべて健康的な食事に不可欠といえる．

タンパク質，炭水化物，脂肪は生命を支える**生体分子**（biomolecules）だ．生体分子はこの本で学んだ他の分子と何ら変わることはない．単に大きいだけだ．

問題 14.1　次の物質のどれが人間にとって主要栄養素か．

(a) 脂肪　(b) 炭水化物　(c) 水
(d) タンパク質　(e) 鉄

解答 14.1　(a)，(b)，(d) が該当する．

● 微量栄養素と主要栄養素はそれぞれバランスのとれた食事を構成する

地球にいる人間の8人に1人が十分な食べ物をとれていない．これらの人々のおよそ80%がおもにアフリカとアジアのかぎられた20か国に住んでいるが，飢えはアメリカにも存在する．実際，アメリカの家庭の約15%で食物不足が問題になっている．

時として，飢えは量の問題ではなく，人々がそれぞれの家計の範囲で購入できる食べ物の質の問題にもなる．この章のはじめで見たように，健康的な食事は，主要栄養素，すなわちタンパク質，炭水化物，脂肪の正しい組合せを含んでいなければならない（きれいな水も必要とする．水は8章で扱った）．健康な食事は微量栄養素を含む．ビタミン〔ナイアシン[*2]（niacin）やビタミン B_{12}〕やミネラル（鉄やカルシウム）などの**微量栄養素**（micronutrient）は，人間の健康な食事にとって少量必要とされる物質だ（ビタミンは有機化合物，ミネラルは無機化合物）．

微量栄養素，主要栄養素のどの成分も，深刻な不足は**栄養不良**（malnutrition），すなわち適切な栄養の不足を招く．医学雑誌ランセット[*3]によると，世界中の子どもの死亡原因の45%は栄養不良だ．主要栄養素のうち，タンパク質は世界的に見て最も手に入れにくく，タンパク質不足は栄養不良の最大の原因となる． 8

タンパク質は肉や酪農製品に含まれ，また大豆などのマメ類やナッツなどの植物性の食べ物などにも含まれている．しかし栄養不良が圧倒的に多い地域では，これらの肉や植物由来のタンパク質源は入手困難なことが多い．このため，飢えと栄養不良問題に従事して

*1 日本では通常「三大栄養素」とよんでいるものに該当する．
*2 ニコチン酸，ニコチン酸アミドの総称．ビタミン B_3 ともいう．
*3 1823年にイギリスで創刊された，最も権威のある医学雑誌の一つ．

図 14.1　昆虫料理
(a) タイのスナック料理には味つけしたバッタ，コオロギ，カブトムシ，さなぎなどもある．(b) エキソ（チョコ）バーはコオロギの粉からつくられたタンパク質バー*4．

*4　最近は日本でもいくつかの昆虫食品が市販されている．

いる国連機関は，栄養不良を減らすのに役立つと感じている新しい方針を最近発表した．では，国連は新しいタンパク質源として何を推奨したか？　昆虫が推奨されている！

国連の報告によると，昆虫は肉や農産物と同じだけのタンパク質を供給できるが，脂肪ははるかに少ない．昆虫は家畜よりはるかに効率的に成育できるし，環境に対する影響もほとんどない．実際，地球上で 20 億以上の人間が昆虫を通常のタンパク質源として食べている．図 14.1 に，食事用に料理され，お皿に盛られた昆虫とコオロギからつくられたチョコバーを示した．

問題 14.2　次に示したものは主要栄養素か微量栄養素か？
(a) 鉄　(b) 脂肪　(c) タンパク質
(d) ビタミン C　(e) 炭水化物

解答 14.2　主要栄養素は（b），（c），（e）．

● タンパク質はポリマー，それをつくるアミノ酸はモノマー

将来，地球の資源がますます不足すると，私たちの多くが昆虫や培養された牛肉を食べるようになるだろう．では，「食べ物が完全なタンパク質源」というとき，何を意味しているのだろう．**タンパク質**（protein）は**アミノ酸**（amino acid）のポリマーといえる．アミノ酸は小さい有機分子で，つながって長い鎖状のタンパク質ポリマーをつくる．完全なタンパク質は，その基本成分のさまざまなアミノ酸からできている．

図 14.2 はあるタンパク質の鎖とそのなかに含まれているアミノ酸を示す．このタンパク質の構造にはいくつかの重要な点がある．第一に，アミノ酸は似たような構造をもっている．違いは，それぞれがもつ側鎖にある．側鎖は窒素原子の隣りにある炭素原子に結合している．第二に，それぞれのアミノ酸の炭素原子は隣りのアミノ酸の窒素原子に，一つ，また一つと，つながっていく（図では緑色の線で示した）．**ペプチド結合**（peptide bond）とよばれるこの種の結合は，つくられたり，切れたりする．このようにしてモノマーのアミノ酸が集まってポリマーのタンパク質となる．タンパク質は分解すると，元のアミノ酸になる．

通常 20 種のアミノ酸がタンパク質から見つかっている．図 14.3 はタンパク質中のアミノ酸の配列を示す．図では，各アミノ酸は 3 文字の略号で表記される．図に示した配列は，体内の脂肪と炭水化物の代謝を調整するタンパク質インスリン（insulin）のものだ．このタンパク質は実際 2 本の独立したタンパク質鎖からなることに注意しよう．図ではこの 2 本の鎖は S—S で示される**ジスルフィド結合**（disulfide bond）で

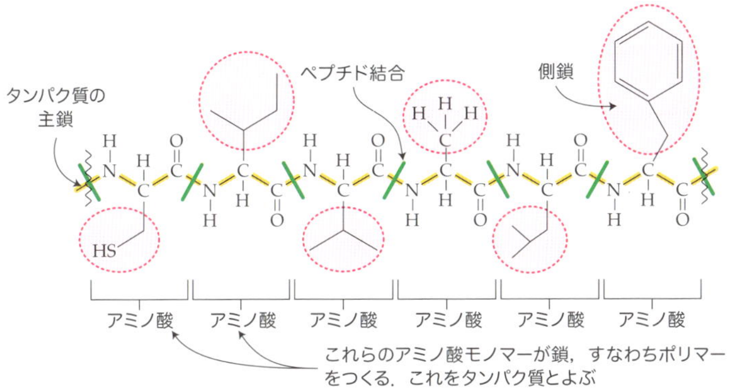

図 14.2　タンパク質の構造
タンパク質の鎖の一部．タンパク質の鎖の背骨は黄色にしてはっきり示した．アミノ酸がつながる部位，すなわちペプチド結合は緑色の線で示した．ピンク色の円はタンパク質の主鎖から枝分れしている側鎖を示す．20 種の側鎖が可能なので，20 種のアミノ酸があることになる．この図では 6 種の側鎖を示す．

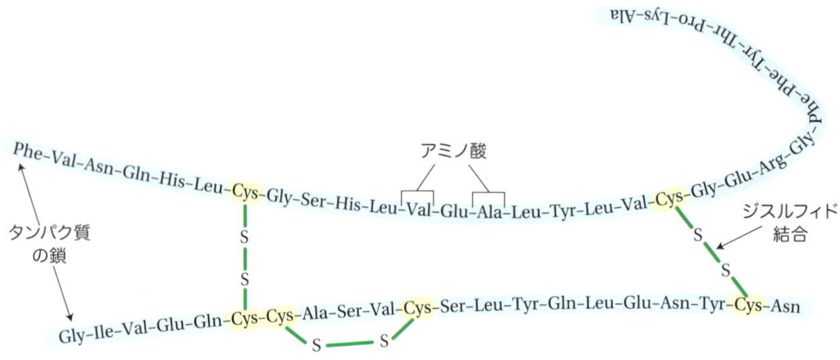

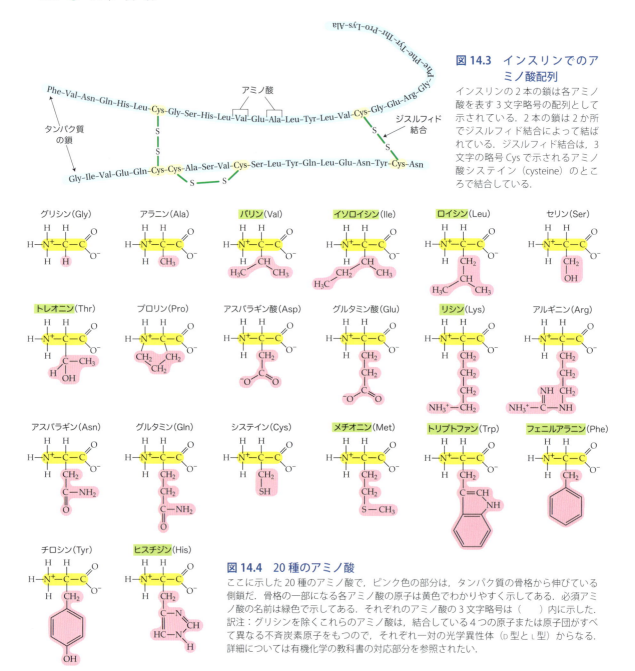

図 14.3 インスリンでのアミノ酸配列
インスリンの 2 本の鎖は各アミノ酸を表す 3 文字略号の配列として示されている．2 本の鎖は 2 か所でジスルフィド結合によって結ばれている．ジスルフィド結合は，3 文字の略号 Cys で示されるアミノ酸システイン（cysteine）のところで結合している．

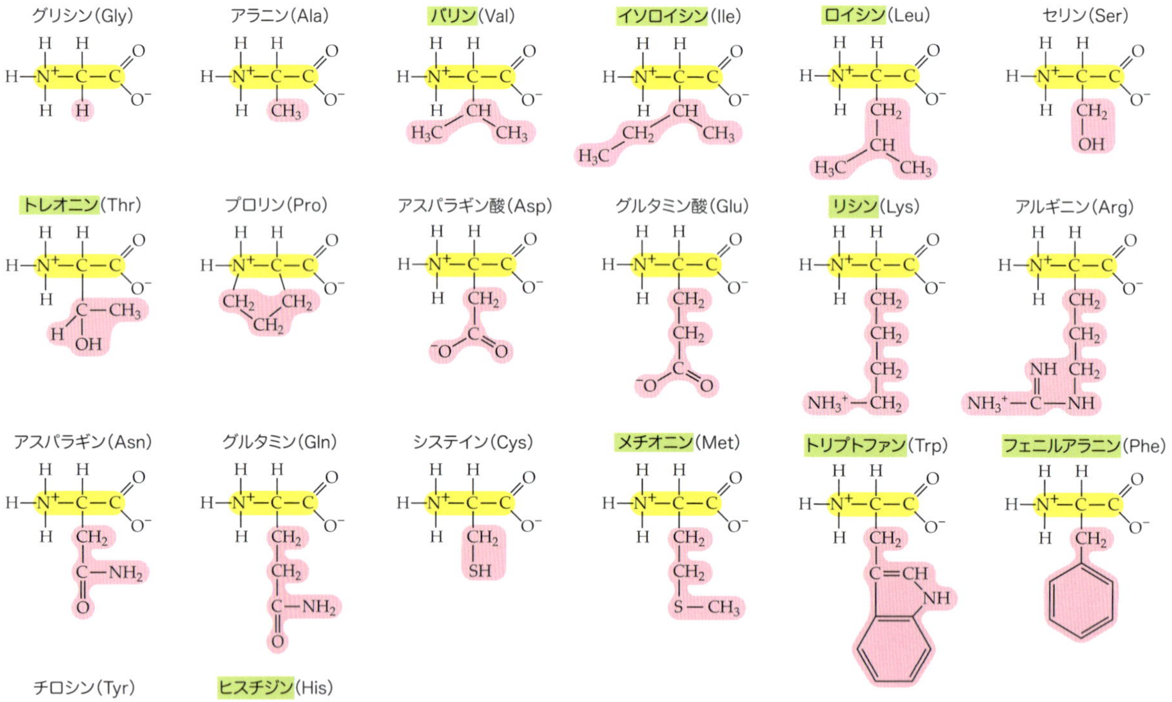

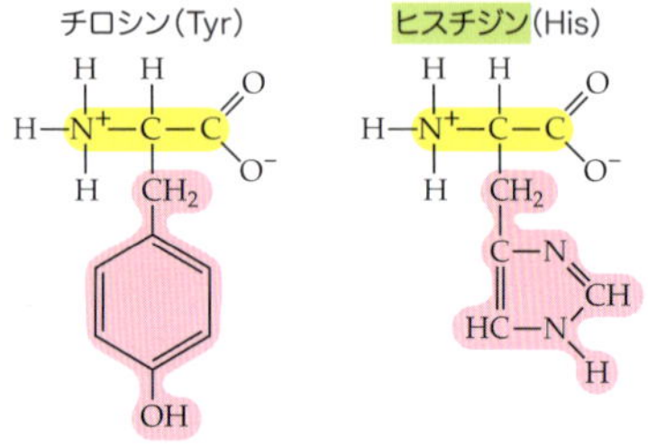

図 14.4 20 種のアミノ酸
ここに示した 20 種のアミノ酸で，ピンク色の部分は，タンパク質の骨格から伸びている側鎖だ．骨格の一部になる各アミノ酸の原子は黄色でわかりやすく示してある．必須アミノ酸の名前は緑色で示してある．それぞれのアミノ酸の 3 文字略号は（　）内に示した．
訳注：グリシンを除くこれらのアミノ酸は，結合している 4 つの原子または原子団がすべて異なる不斉炭素原子をもつので，それぞれ一対の光学異性体（D 型と L 型）からなる．詳細については有機化学の教科書の対応部分を参照されたい．

結びついている．ジスルフィド結合は 2 個の硫黄原子からなる．この結合はタンパク質に共通であり，タンパク質の鎖をつなぐという点で重要だろう．すべてのインスリンはアミノ酸の 2 本の鎖とある特定の配列をもつ．

アミノ酸は**図 14.4** のように，二つのグループに分けられる．第一に図 14.4 で名前に網かけされていない 11 種類の非必須アミノ酸（nonessential amino acid）がある．成人の身体はこれらのアミノ酸を自分自身でつくることができる．第二に名前が緑色に網かけされている 9 種類の必須アミノ酸（essential amino acid）がある．これらが「必須」といわれるのは，非必須アミノ酸よりもより重要な役割を果たすからではなく，人間が生存し続けるために，成人の食事にこれらのアミノ酸が含まれていなければならないからだ．人間は，体内でこれらのアミノ酸をつくるすべを知らず，その代わりに自ら食べ物として摂取しなければならいない（必須アミノ酸と非必須アミノ酸の種類は成人と子どもとでは少し異なる）．図 14.4 で，それぞれのアミノ酸の側鎖はピンク色でわかりやすくした．

食事に完全タンパク質が含まれていなければならないというのは，すべての必須アミノ酸を適当量含まれていなければならないことを意味する．肉，肉製品，乳製品，卵などは完全タンパク質であり，キノア[*5]（quinoa）や大豆のような植物食品も完全タンパク質だ．しかし，多くの植物由来の食べ物は不完全タンパク質であり，必須アミノ酸のすべてを含んではいるにしても，その一つあるいはそれ以上のアミノ酸がごくかぎられた量しか含まれていない．

動物由来の食べ物をとらない人，つまり菜食主義者はアミノ酸，あるいは特定のアミノ酸不足による健康上の問題を抱えることがあるのだろうか．答えはノー．植物由来のいろいろな食べ物を摂取しているかぎり，菜食主義者がアミノ酸不足で健康を害することはほとんどない．

問題 14.3　人体がつくれない必須アミノ酸は，食事を通して摂取しなければならない．正しいかどうか．

解答 14.3　正しい．

● タンパク質の鎖は折りたたまれて球状タンパク質となる

タンパク質はその構成単位となる 20 種のアミノ酸の自由な組合せでつくられるので，自然界にはぼう大な数の異なるタンパク質がある．驚くべき多様な配列があり，特定のタンパク質中のアミノ酸配列はタンパク質がどのように折りたたまれて，ユニークな三次元構造をつくるかを教えてくれる．成熟タンパク質（mature protein）は単なるしなやかな鎖ではない．アミノ酸の側鎖が互いに相互作用し，その相互作用がコンパクトに折りたたまれた三次元構造を安定化する．

図 14.3 に示したインスリン分子は 2 本の鎖からなる．図の下方の鎖には 21 個のアミノ酸が，上方の鎖には 30 個のアミノ酸が連なっている．2 本の鎖は 2
7 対の S–S 結合で結ばれており，その 2 対は鎖の特定の場所にある．どちらの場合もアミノ酸システイン（Cys）が結合できる場所だ．この結合は一方ではタンパク質内の鎖が相互作用し，折りたたまれて形をつくる（出発点となる）．ジスルフィド結合は同じ鎖の別の場所にも結合できる．この種の結合は長いタンパク質の鎖をコンパクトな構造に折りたたむのに重要な働きをする．

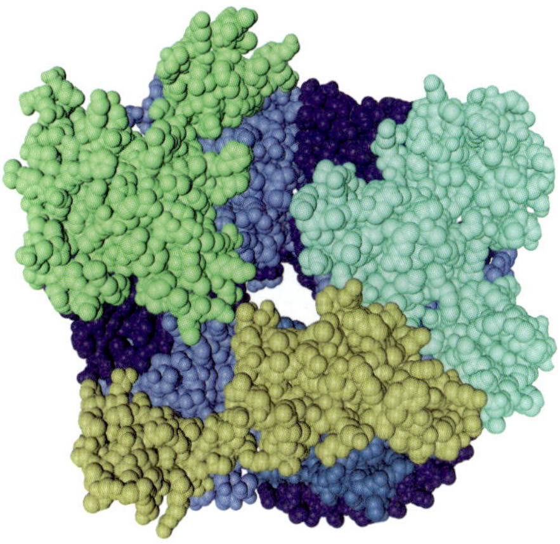

図 14.5　ウシのキモトリプシノーゲンの空間充塡型分子模型

この図はタンパク質の表面を示したもので，その機能の鍵を与える．たとえばタンパク質の輪郭は他の分子にとっての結合の場になることが多い．

このように折りたたまれて巻きあがるタンパク質を**球状タンパク質**（globular proteins）という．知られているすべてのタンパク質のリストを見ると，ほとんどが球状タンパク質だ．各球状タンパク質は，それぞれ異なる三次元構造に折りたたまれるが，その形はもっぱらアミノ酸配列で決まる．これがあるタンパク質が固有のアミノ酸配列をもち，いつでも同じ三次元構造に折りたたまれる理由だ．

たとえばヒトのエキソソーム複合体[*6]（human exosome complex）とよばれるタンパク質は，それぞれが 200 以上のアミノ酸からなる球状タンパク質を含み，それが集まってより大きなメガタンパク質をつくる．このタンパク質の仕事は，ヒトの細胞内にある不要な分子を分解することにある．図 14.5 に，この巨大な分子の空間充塡型分子模型を図示した．この種の画法は読者にタンパク質の表面――外側の輪郭――を示すためのもので，タンパク質の鎖そのものや，アミノ酸配列順序の詳細を示すものではない．図から，このタンパク質がほぼ球形――丸い塊をなしていることがわかる．球状タンパク質という名称は，三次元の形がほぼ球形を示しているウシのキモトリプシノーゲンの形などに由来する．もっとも，他の球状タンパク質は細長い形，長円形，あるいは平べったい形をとることもできる．

---

*5 アカザやホウレンソウに似ている．おもに南米で食用に栽培されている類似の植物．

*6 単にエキソソームともいう．真核生物，古細菌の核のなかにあって RNA を分解するタンパク質複合体．

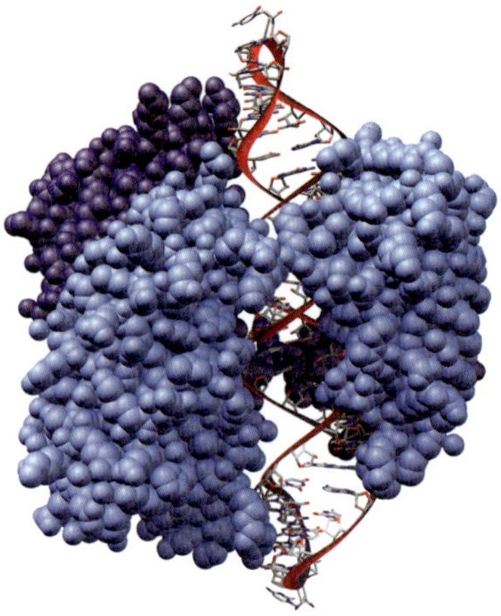

図 14.6 タンパク質の表面にある深い裂け目に閉じ込められた分子

タンパク質リボヌクレアーゼⅢは青色の空間充填型分子模型で示してある．模型では，赤色の分子が青色のリボヌクレアーゼⅢに閉じ込められている．閉じ込めたあと，リボヌクレアーゼⅢ分子は赤色の分子を二つに切り，裂け目から出す．リボヌクレアーゼⅢのような化学反応を促進するタンパク質を酵素という．

球状タンパク質はさまざまな形をとりうる．タンパク質が何をするかを決めるのは表面の場合が多いので，タンパク質はさまざまな機能を果たせることを意味する．たとえば多くの球状タンパク質は表面に他の分子と結合できるくぼみをもっている．**図 14.6** に示すタンパク質分子，リボヌクレアーゼⅢを考えよう．このタンパク質は深い裂け目をもっていて，ここには図では赤色で示した他の分子がぴったりはまる．リボヌクレアーゼⅢはこの赤い分子を切り，それを裂け目から出し，次の分子と結合し，またそれを切る．

生体系ではリボヌクレアーゼⅢのような球状タンパク質は，面倒な仕事のほとんどを引き受ける．リボヌクレアーゼⅢのような球形タンパク質が化学反応を促進する，すなわち触媒作用を示すとき，それを**酵素**（enzyme）という．感染部位に送られる球状タンパク質は抗体（antibody）という．酸素を血液で運んで蓄える生体分子，ヘモグロビン，ミオグロビンもともに球状タンパク質だ．

私たちが食べるタンパク質はほとんどが球状タンパク質だ．さらにそのほとんどは体内で消化という過程でアミノ酸に分解され，体はそれらのアミノ酸を新しいタンパク質をつくるために利用する．人体のなかでこのように重要な役割を果たすタンパク質は最も重要な栄養素といえよう．

● 構造タンパク質は機械的あるいは構造的役割を果たす

タンパク質は二つの大きなグループに分類される．いま扱った球状タンパク質はそのグループの一つだ．もう一つのグループが機械的な役割を果たす構造タンパク質で，生体内で保護的な役目をもつ．たとえば，皮膚や爪は構造タンパク質からなる．構造タンパク質はまた，サイの角やゾウの牙（象牙）などの元にもなっている（**図 14.7**）．

構造タンパク質は伸び縮みのような機械的仕事に役立つ．これはヒトをはじめとする動物の筋肉運動の基礎となる．昆虫の羽の関節に見いだされる生体分子

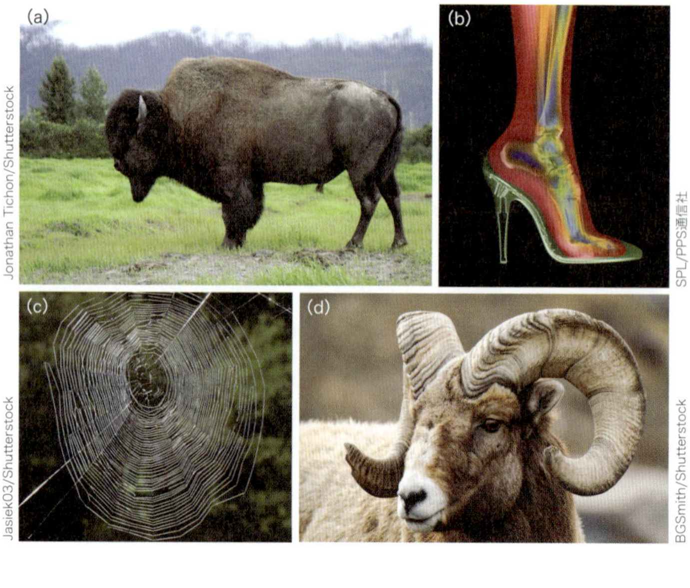

図 14.7 自然の支え

(a) 図に示したバイソンの毛皮やヒトの皮膚は，柔軟な構造タンパク質からなる保護バリアだ．(b) 構造タンパク質は骨に体重を支えるのに必要な強度を与える．(c) クモが吐き出す糸に含まれる驚異的な強度の構造タンパク質によって，クモの巣ができる．(d) 構造タンパク質の強度は，ある種の動物の枝角や角だけでなく，われわれの爪などからもはっきりとわかる．

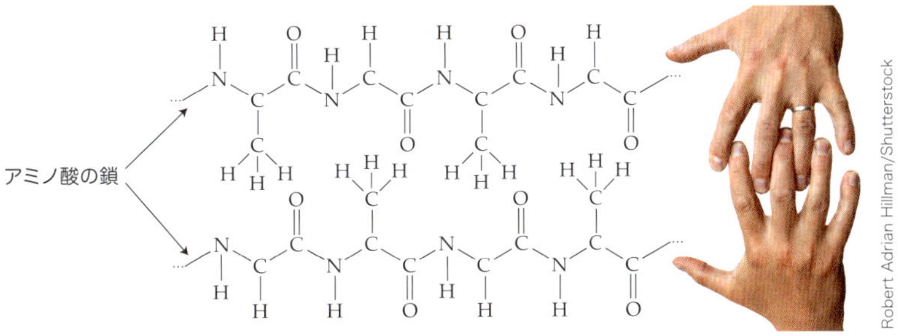

図 14.8 絡み合った鎖
絹のタンパク質の鎖はジグザグ形をつくり，人の指のように，隣りの鎖と互いに絡み合っている.

レシリン（Resilin）は引き延ばせ，また柔軟でもある．自然はいかなる機械的，構造的な用途に適した構造タンパク質をつくる手段を心得ているといえる．

構造タンパク質は球状ではなく，繊維状あるいは網状となっている．たとえばカイコがつくる絹は，自分自身の上に折り重なり，指のように絡み合って，**図 14.8** に示すような絡んだパターンをつくるアミノ酸の鎖からできている．

問題 14.4 球状タンパク質のアミノ酸配列順序はなぜそれほど重要か．
解答 14.4 アミノ酸配列順序は，それぞれのタンパク質がどのように三次元的に折りたたまれるかを決めるから．

14.2 タンパク質はどのようにつくられるか

● DNA はヌクレオチドのポリマー

タンパク質がどのようなものか少しわかったので，タンパク質がつくられる過程を考えてみよう．タンパク質がつくられる過程はとりわけ複雑で，科学者の現在の理解も不完全といえよう．あらゆるタンパク質をつくる指令は，**デオキシリボ核酸**（deoxyribonucleic acid，**DNA** ともいう）に保管されていることはわかっている．DNA もタンパク質もともにポリマーで，似ている点も違っている点もある．

DNA は**核酸**（nucleic acid）とよばれる生体分子の仲間に属している．DNA は骨格と，そこから伸びている側鎖をもつ点でタンパク質に似ている．タンパク質に付属しているのはアミノ酸の側鎖であり，すでに学んだように 20 種類の異なるアミノ酸がある（図 14.4）．DNA のそれぞれの側鎖は**窒素塩基**（nitrogenous base），あるいは単に塩基（base）という．DNA には 4 種類の異なる塩基があり，それぞれ異なる 1 文字の記号で表される．グアニン（guanine，G），シトシン（cytosine，C），チミン（thymine，T），アデニン（adenine，A）という四つの塩基だ．つまり，タンパク質が 20 種類の基本要素をもつのに比べ，DNA は 4 種類の異なるヌクレオチド基本要素をもっているにすぎない．

DNA もタンパク質も骨格をもつが，骨格は異なる種類の分子でつくられている．タンパク質の骨格は互いに結合したアミノ酸からできているのに対し，DNA は**ヌクレオチド**（nucleotide）とよばれる単位からできている．各ヌクレオチドは三つの部分からなり，リンを含む基（リン酸基）と糖が骨格をつくり，骨格から窒素塩基がぶら下がる（**図 14.9**）．DNA 中の糖はデオキシリボース（deoxyribose）で，この語は DNA のフルネーム（deoxyribonucleic acid）の一部になっている．

DNA は 1 本ではなく 2 本の鎖からできている．では，

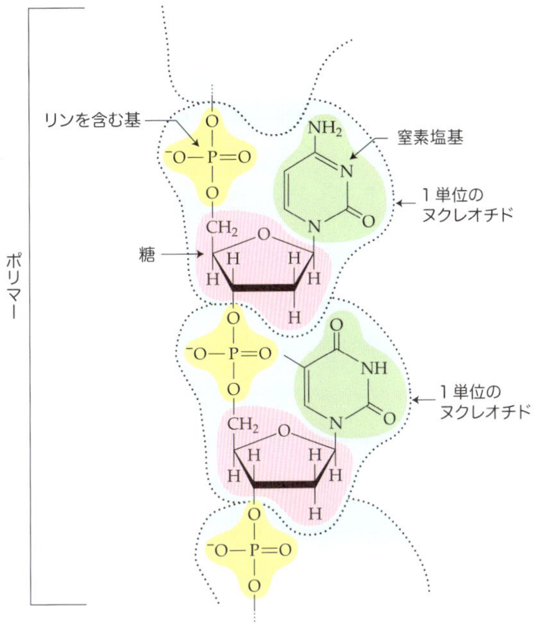

図 14.9 ヌクレオチドの構造
ヌクレオチドモノマーは結合して DNA ポリマーの鎖をつくる．各ヌクレオチドはリン酸基，糖と窒素塩基を含む．

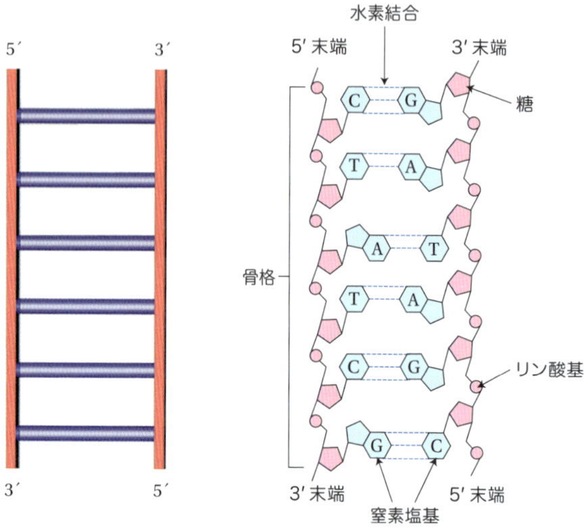

図 14.10　相補的塩基対の形成
DNA 分子中の塩基は，分子の骨格に結合している．相補的塩基対が水素結合によって対をつくると，はしごに似た二つの鎖がつながった骨格ができる．塩基ははしごの横木の，骨格は二つの垂直な棒（縦木）の役割を果たす．

2 本の鎖はどのように集まって二重鎖の DNA 構造をつくるのだろうか．一つの鎖にある四つの塩基，G，C，T，A は別の鎖の四つの塩基と相互作用する．ここが肝心だ．一方の鎖に G が現れると，その G は別の鎖の C と対をつくる．一方の鎖に T が現れると，その T は別の鎖の A と対をつくる．G と C の対，A と T の対を**相補的塩基対**（complementary base pair）という．塩基対のなかの塩基は水素結合によって互いに結ばれ，こうして二つの鎖は互いに結合する．

DNA の 2 本の鎖は垂直に置かれたはしごに似ている．二つの縦木が近づくと，二つの鎖に結合している塩基が水素結合をつくって，**図 14.10** に示すように，はしごの横木に相当するものになる．

はしごの例は二重らせんを視覚化するのに有用な方法だろう．しかし，はしごモデルはあまりにも単純化している．というのも，はしごと違って，二重らせんをつくる二つの鎖はそれぞれ異なる末端をもっている．一つの末端を 5′ 末端（5 プライム末端），もう一つの末端を 3′ 末端（3 プライム末端）という．これら両方の DNA 鎖の末端を図 14.10 に示した．

図 14.10 の二つの鎖は反対方向を向いている．左側の鎖は 5′ から 3′（天辺から底）に，右側の鎖は 3′ から 5′（これも天辺から底）に向く．配列の向く方向を，これらの 3′ とか 5′ の数を加えて示す．たとえば図 14.10 では 5′-CTATCG-3′ であれば，右側の相補的鎖は 3′-GATAGC-5′ となる．

相補的鎖の別の例を示そう．DNA の一つの鎖の連鎖が 5′-GGCCTATC-3′ とすれば，相補的鎖は 3′-CCGGATAG-5′ となる．G は C と対をつくり，T は A と対をつくる．というわけで，それぞれの塩基は互いに相補的なのと同様，一つの完全な鎖は互いに相補的となる．

図 14.10 に示したはしごが柔軟だと考えよう．きみと友達の一人がはしごの反対側の端をもち，ねじりはじめるとしよう．**二重らせん**（double helix）とよばれる DNA の形が得られる（**図 14.11**）．

問題 14.5　DNA の 1 本の鎖は 3′-AGGTACCTGGTA-5′ だった．その相補的配列順序はどうなるか．
解答 14.5　G は C と，T は A と相補的だから，相補的配列順序は 5′-TCCATGGACCAT-3′ となる．

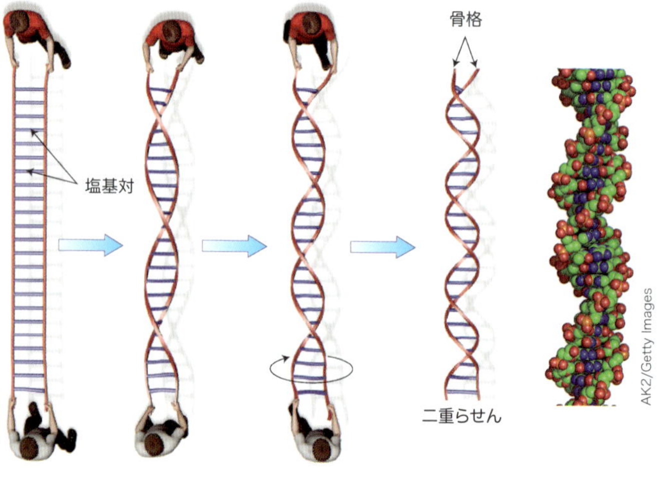

図 14.11　ねじれたはしご
柔軟なはしごの両端をもっている二人は，はしじって右周りのらせんをつくることができる．側の構造は DNA 分子の空間充填型分子模型．

● DNA のなかの遺伝子は RNA に転写され，それはタンパク質に翻訳される

DNA 分子は動的な構造をもっている．各 DNA 鎖のなかの結合は共有結合で強いが，二つの鎖を保持する水素結合は弱く，簡単に切れる．弱い結合は二つの鎖を束ねているので，その二つの鎖はジッパーのように開閉できる．あとで学ぶように，この外側を向いている鎖は，新しいタンパク質をつくるのに必要な情報を含んでいる．鎖のジッパーが開くと，一方の鎖の外側を向いている塩基が新しい鎖形成の鋳型になりうる．

DNA の鎖はどのようにしてタンパク質の鎖になるのだろうか．DNA のヌクレオチド配列が鍵となる．DNA のどんなに長いヌクレオチド配列でも，**遺伝子**（gene）とよばれる小さい断片に分けられる．遺伝子のそれぞれは体が必要とする特定のタンパク質をつくるための情報をもっている．すべての生物の全細胞のなかに DNA が含まれ，それぞれの DNA は 100,000 種の異なる新しいタンパク質をつくりだすのに十分な遺伝子を含んでいる．

ジッパーが開いた DNA は露出された塩基のコードをもち，このコードは最終的にはタンパク質の配列になる．しかしこれが起こりうる前に，外側を向いた DNA 鎖は異なる核酸をつくるための鋳型になる．その核酸は**リボ核酸**（ribonucleic acid；**RNA**）とよばれる．RNA は DNA とほとんど同じ構造をもつが，二つの点で異なっている．第一に RNA 内の糖はリボース（ribose）で，この名前は RNA の名前の一部になっている．第二に，RNA は T の代わりに塩基ウラシル（uracil，U）をもっている．RNA が DNA 鋳型から**転写**（transcription）とよばれる過程で，DNA 上の A は新しい RNA 鎖上の U と対をつくる．その様子を図 14.12（a）に示す．

新しい RNA 鎖で新しいタンパク質をつくる準備ができた．たとえば，きみの体はある感染症と闘うために特定のタンパク質を必要とするとしよう．感染症と闘う役割を果たすために，きみの体内の細胞内でこの過程は起こる．感染症と闘うタンパク質，あるいはどんなタンパク質にしてもそれがつくられると，感染症と闘う細胞の核内の DNA 鎖が分かれ，必要なタンパク質をつくる特定の遺伝子のための DNA 鎖が露出する．DNA 鎖が分かれると，図 14.12（b）に示すように，これらの鎖の一つは新しい RNA 鎖をつくる鋳型となる．

四つの塩基のさまざまな組合せでできている RNA から，20 種類のアミノ酸のさまざまな組合せでできているタンパク質がどのようにして得られるのかという問いは，科学者たちを長いあいだ当惑させたが，1960 年代，ついに答えが見つかった．四つの文字（塩基）を使うメッセージを 20 の文字を使う（アミノ酸）メッセージに翻訳するために，細胞はいわゆる**遺伝暗号**（genetic code）を使う．**トリップレット**〔triplet，コドン（codon）ともいう〕とよばれる三つの RNA 塩基の各グループを特定のアミノ酸と等価にすることによって遺伝暗号は機能する．RNA のトリップレット

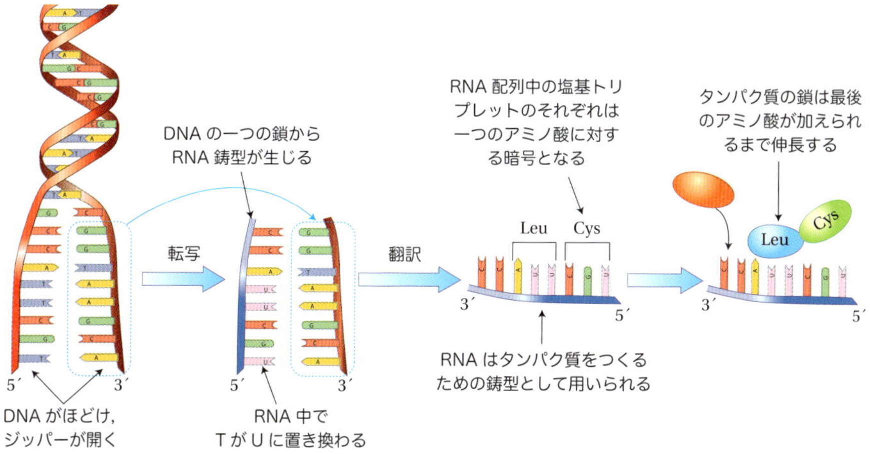

図 14.12　DNA から RNA へ，RNA からタンパク質へ
(a) ジッパーが開いた DNA の部分は，転写とよばれる過程で，RNA の新しい鎖をつくる鋳型として働く．(b) RNA はタンパク質をつくる鋳型として働く．(c) RNA 配列中の塩基の各トリップレットは一つのアミノ酸の遺伝暗号となる．タンパク質の鎖は最後のアミノ酸が加えられるまで伸長する．

UUU	Phe	UCU	Ser	UAU	Tyr	UGU	Cys
UUC		UCC		UAC		UGC	
UUA	Leu	UCA		UAA	停止	UGA	停止
UUG		UCG		UAG	停止	UGG	Trp
CUU		CCU	Pro	CAU	His	CGU	Arg
CUC		CCC		CAC		CGC	
CUA		CCA		CAA	Gln	CGA	
CUG		CCG		CAG		CGG	
AUU	Ile	ACU	Thr	AAU	Asn	AGU	Ser
AUC		ACC		AAC		AGC	
AUA		ACA		AAA	Lys	AGA	Arg
AUG	Met	ACG		AAG		AGG	
GUU	Val	GCU	Ala	GAU	Asp	GGU	Gly
GUC		GCC		GAC		GGC	
GUA		GCA		GAA	Glu	GGA	
GUG		GCG		GAG		GGG	

図 14.13 遺伝子コード
窒素塩基の各トリップレットは1個のアミノ酸の遺伝暗号となる.「停止」を意味するトリップレットはタンパク質鎖の末端へ信号を送る.

ごとに，**図 14.13** で示すような対応するアミノ酸がある．たとえば二つのトリップレット UUU あるいは UUC は 3 文字の省略形 Phe で表されるフェニルアラニンに対応する．

RNA 鎖の塩基配列は，**図 14.12 (c)** に示すように遺伝子コードを反映したアミノ酸配列に変わる．RNA 鎖の 3 種類のヌクレオチドごとに一つの特定のアミノ酸がつくられ，アミノ酸がペプチド結合に関係のある生長しつつあるタンパク質鎖に加えられる．図 14.13 に示す「停止」を意味するトリップレットの一つに達すると，タンパク質は完成し，これ以上のアミノ酸はつけ加わらない．**翻訳**（translation）というこの過程は RNA ヌクレオチドの一つの配列をとり，それを他のタンパク質中のアミノ酸配列に翻訳する．新しいタンパク質が形成されるにつれ，それは柔かい広がった鎖から，硬く折りたたまった鎖に変わる．このようにして，毎秒数百回きみの細胞は体内にある食べ物に由来する必須アミノ酸からつくられた非必須アミノ酸を利用し，新たなタンパク質をつくりだす．

問題 14.6 次の段階は，DNA の系列からはじまったタンパク質の製造に含まれる．それらが起こる順に並べよ．

(a) RNA 中のトリップレットが翻訳される
(b) DNA のジッパーが開く
(c) 新しいタンパク質の鎖がつくられる
(d) DNA の小さい鋳型から，RNA の新しい小片がつくられる．

解答 14.6 (b) - (d) - (a) - (c)

14.3 遺伝子工学と GMO

● 遺伝子工学は食べ物の DNA を変える

アメリカの消費者は，スーパーマーケットで良質の製品を見つけるのに慣れている．しかし，多くの野菜と果物は，国内のほとんどの場所では 1 年の限られた時期でしか生育しないが，多くの作物は世界中から年中輸入されているので，年中買うことができる．

また，生産物は立派に見える，まるまるとしていて，赤く輝いているトマトが望まれ，傷のないリンゴが求められる（**図 14.14**）．現代の農産物は，出荷や温度変化に耐えなければならない．また，長いあいだ棚に置かれても傷まず，害虫がついていてもいけない．

しかし，いつもそういうわけにはいかなかった．作物の品質は過去 50 年のあいだにおおいに変化した．その進歩の一部は，**遺伝子工学**（genetic engineering）——植物にせよ，動物にせよ，科学者が生物の遺伝子を操作することができる技術——が担っている．**遺伝子組換え作物**[*7]（genetically-modified organism；**GMO**）では DNA が変更されている．この変更は DNA がつくるタンパク質に影響する．たとえば，遺伝子操作された果物は，新しい，有益なタンパク質を生じることを可能にするかもしれない．この種のタンパク質は果物を長く棚に置くことを可能にするかもしれないし，傷を減らすかもしれない．

科学者がある植物に，天然には含まれない特別なタンパク質を含むようにするには，どうしたらよいだろうか．どの種類の植物にしても，遺伝子工学の奥に

Maks Narodenko/Shutterstock

図 14.14 これは本物か？
最近の農作物はあまりにも完全なので，時にはつくりもののように見える．

ある秘密は，一つの生物の DNA のかけらを切りとり，他の生物に貼りつけることだ．技術の進歩によって，科学者は DNA 鎖を断片に切り，その断片を別の方法でくっつけることを可能にした．異なる生体から，一つあるいはそれ以上の遺伝子をもつ生体は，**遺伝子導入作物**（transgenic organism）とよばれる．GMO と遺伝子導入は同じ意味で用いられている．

● 遺伝子工学は除草剤，殺虫剤に耐性をもつ食用農作物をつくるのに用いられる

近代農業では，二つの遺伝子操作がよく用いられる．一つは，昆虫に耐性を示す遺伝子を切りとり，それを植物の DNA に継ぎ合わせる方法．遺伝子は土のなかに住んでいる Bt（*Bacillus thringiernsis*）とよばれるバクテリアから得られる．このバクテリアはある種の昆虫に対して毒性をもつタンパク質をつくりだす．Bt で修飾された GMO 植物は自分の遺伝子に埋め込まれた毒性タンパク質をもっている．そのため，この遺伝子操作された植物は，その毒性タンパク質で昆虫を殺せるため，一生（枯死するまで）昆虫から守られる．

このよく用いられる遺伝子操作は，除草剤に対する抵抗性を与える方法にも応用される．除草剤抵抗性をもつ GMO は HT[*8]（herbicide tolerance）という略号で表される．たとえば，アメリカではほとんどの大豆は HT 大豆だ．これらの遺伝子導入作物には，除草剤抵抗性をもつ遺伝子が遺伝物質内に組み込まれている．HT 植物が生育するとき，多くの植物と同様，雑草に圧倒される．しかし HT 農作物には，除草剤抵抗性遺伝子をもつ農作物以外のすべての植物を枯らす除草剤を散布できる．**図 14.15（a）**は除草剤抵抗性をもつように遺伝子操作されていない大豆畑を示した．

多くの植物が耐性をもつように設計された除草剤の一つはラウンドアップ®（Roundup®）だ．モンサント社が製造し，幅広い有効性をもっている．ラウンドアップ®の有効成分は，**図 14.15（b）**に示したグリホサート（glyphosate）とよばれる薬品で，植物がある種のアミノ酸をつくる経路の一つを阻害する．これらのアミノ酸は植物の生長に不可欠で，この段階がブロックされると，植物は生長できなくなる．この経路は植物とバクテリアだけに存在するので，少なくとも理論的にはグリホサートは動物に無害といえる．

ラウンドアップ®を大豆畑に用いると，雑草は枯らすが，HT ダイズには影響はなかった．遺伝子操作された植物と，されていない植物との差は明白で，否定できないものだった．除草剤抵抗性あるいは害虫抵抗性をもつ農作物の発展によって，農作物の収穫は著しく増えた．そのうえ，害虫抵抗性遺伝子組換え作物を栽培する農業者は，それまでに使っていた殺虫剤が少しで済むようになった．というのも，それらは通常動物に対して有毒であり，環境を汚染し，長期的には人間の健康問題に関連するからだ．

1990 年代に導入されて以来，アメリカでは GMO 農作物は増える一方だ．**図 14.16** は現在遺伝子操作されたいろいろな農作物の割合（%）をグラフに示したものだ．たとえば Bt ワタは，アメリカでは 2000 年には約 35%，2013 年には約 76%に達している．

＊7 遺伝子工学のさまざまな技術を用いて遺伝子を操作された生物．日本ではいろいろな語が使われている．
＊8 除草剤に抵抗性をもつ，の略称．

(a)

Science Source/PPS通信社

(b)

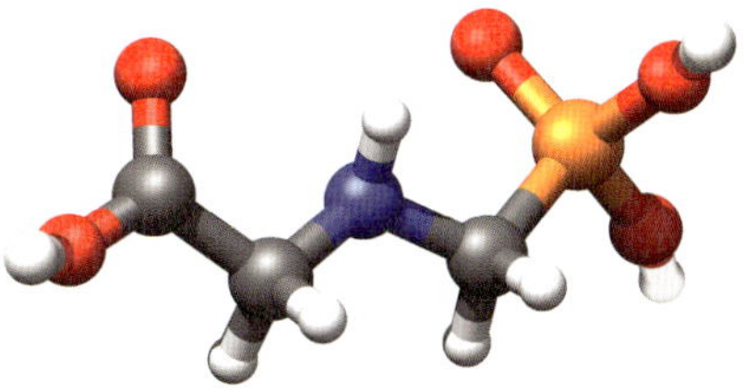

グリホサート分子

図 14.15　モンサント社製の除草剤ラウンドアップ®
(a) 遺伝子操作されていない大豆畑には雑草が生えている．(b) ラウンドアップ®の有効成分グリホサート．有機リン化合物の一種，ホスホン酸の誘導体．

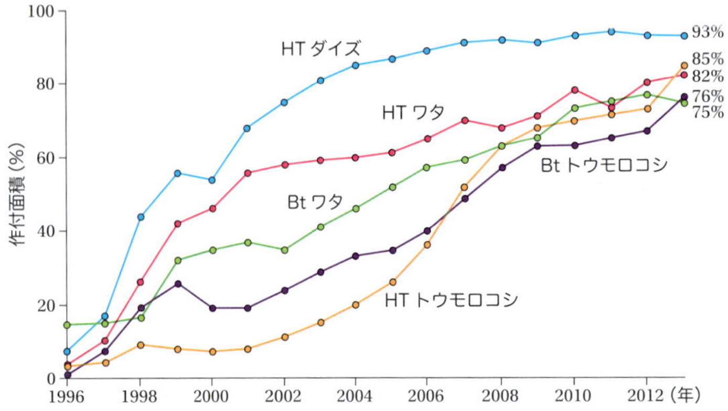

図 14.16 アメリカでの GMO 農作物

● ある種の GMO の利用は矛盾を含む

バラ色の見通しといえよう．収量が増えれば，飢えた人々への食べ物が増える．やがて遺伝子工学はビタミン E の含有量が多いキャノーラ[*9]（canola），熱帯病を防ぐ作用のある食用ワクチンを含むバナナ，カフェインを含まないコーヒー，ニコチン抜きのタバコなどをもたらしてくれるかもしれない．こんな見通しに誰が反対できようか？ これらの革新は，すべての生活をより幸せに，より健康にしてくれるではないか？

実際のところは，多くの人が遺伝子操作を経た農作物が拡大するのに反対している．宗教的な立場から反対している人たちは，遺伝子をいじるのは道徳的に悪いと主張する．環境論者たちは遺伝子操作を受けた植物の監視の不適切さを案じる．健康第一主義者は，遺伝子操作を受けた食べ物をフランケン食物[*10]（frankenfood）とよんでいる．それは，彼らはこの種の食べ物は混ざり物であり，不健康だと信じているからだ．

別の人たちは除草剤のことを心配している．というのも，除草剤に抵抗性のある植物に対して，農業者たちは自由に（大量の）除草剤を使ってしまうからだ．近年，グリホサート使用の安全性が疑問視されている．ラウンドアップ®がヒトの身体だけではなく，農場で飼育されている動物の健康に及ぼす悪影響の可能性を述べた論文が出版されている．これらの論文によると，ラウンドアップ®に曝された動物たち，たとえばウシやニワトリ，カエル，ブタなどに先天性欠損症や不妊が起こる可能性を述べている．別の研究によると，農業者やその家族ではグリホサートの血中濃度が高く，また高濃度のグリホサートはヒトについてある種の重大な病気，たとえば多発性骨髄腫にかかる危険性と関連しているという．

もっと悪いことに，ラウンドアップ®に耐性がある雑草は，40000 km^2 以上のアメリカの農地に生えている．つまり農業者は毎年約 16000 トンのラウンドアップ®を農作物に対して使っているが，若干の雑草は生えてくる．要するに，GMO は人間に対して，また環境に対して，無害とはいえないかもしれないし，安全とはいえないかもしれない．

多くの人々は，昆虫あるいは除草剤への抵抗性を高めるために遺伝子操作されたトウモロコシのことをあまり気にしない．遺伝子操作されたトウモロコシはいまやアメリカでは深く根づいた食料生産の代表となっている．図 14.16 によると，少なくとも 80%のトウモロコシが遺伝子操作されている．フルクトースに富んだコーンスープのように，トウモロコシからつくられる食品には，多くの加工食品，たとえばオーブンで焼いた食べ物，朝食用シリアル，ソーダなどがある．食べ物についての著作の多いマイケル・ポランによると，トウモロコシからつくられた甘味料は，アメリカの平均的食事の 10%以上を占めている．知っているかどうかに関係なく，私たちの多くは GMO 植物由来の食品をいつも食べている．

では GMO 動物はどうだろうか？ 私たちは遺伝子操作によって成長が促進された魚を食べるだろうか？カナダのプリンス島にあるアクアバウンティ社[*11]の施設で，生物工学者たちが，通常より速く成長する魚をつくりだした．これらの魚は自分の DNA に他の魚

*9 菜種油のうち，品種改良されたキャノーラ品種から得られたもの．
*10 イギリスのメアリー・シェリーによるゴシック風のホラー小説『フランケンシュタイン』の主人公フランケンシュタインは自分で制御できない破壊的な力をつくりだす．それをもじった表現．
*11 生物工学の研究・開発を行う会社で，海洋生物の生産性を高めることを目的とする．

図 14.17 遺伝子操作を受けた魚（後ろ）と受けていない魚（手前）との大きさの比較

どちらも同じ親から生まれ，同じ年齢のタイセイヨウサケ（アトランティックサーモン）．

からの遺伝子を継ぎ合わされている．この継ぎ合わせによって，これらの魚は1年中成長ホルモンを分泌する．遺伝子操作を受けていない普通の魚は，成長ホルモンを暖かい時期にだけ分泌する．その結果，GMO魚は普通の魚より2倍速く成長し，短時間のうちに市場に出荷できるようになる．

図 14.17 にアクアバウンティ社で遺伝子操作された魚（後）と，遺伝子操作されていない魚（前）を示した．これらの魚は同じ親から生まれ，まったく同じ年齢で，成長すれば両方とも同じ重さになる．しかし，遺伝子操作を受けた魚は半分の時間でその重さに達する．アメリカでは，この遺伝子操作を受けた魚の販売許可が下りるかどうかの決定がほどなく下される[*12]．

GMOを用いるべきか，用いてはならないかに関する活発で白熱した議論が，アメリカや多くの国で続いている．GMO抜きで全世界の人口を支えられるのか？　14章のこの部分で，遺伝子生物の基本的な説明と，これがどのように発展してきたかを学んだ．この章を読み終えたら，きみは著名な専門家の意見や，別の視点を検討してみるとよい．そうして，きみが選挙の投票所やスーパーマーケットに行ったりしたとき，これまでに得た情報に基づいた，この重要な疑問に関する自分自身の意見による決定を下すことができる．

問題 14.7　図14.16によると，2013年に農業者たちはどの穀物について2004年に比べて約4倍多くのHT耐性種を収穫したか．

解答 14.7　図14.16によると，アメリカでは2004年にはHTトウモロコシはトウモロコシ全体の収量の20%を占めている．2013年にはトウモロコシ全体の収量の85%を占めている．

＊12　2015年11月19日，アメリカ食品医薬品局（FDA）は，アクアドバンテージ・サーモンに対して遺伝子組換え動物食品として初の食用認可を行った．

14.4 炭水化物

● アメリカでは子どもにも大人にも肥満症がはやっている

アメリカは世界で最も肥満率が高い．おおざっぱにいって，アメリカ人の32%が肥満だが，この数字を超える国はメキシコだけで，ここは32.8%の成人が肥満だ．肥満度は**ボディマス指数**（body mass index；**BMI**），すなわち身長と体重に基づく計算によって決まる（**図 14.18**）．アメリカの子どものBMIを見ると，現在では17%の子どもが肥満だが，1960年には5%だった．食生活の習慣は明らかに悪い方向に変化している．

アメリカの農務省（USDA）と保健社会福祉省（HHS）は5年ごとにアメリカ市民のための栄養ガイドラインを発表し，市民に健康な食生活をすすめている．長年にわたりこれらの機関は**図 14.19（a）**に示すような「食品ピラミッド」に健康な食事のガイドラインをまとめていた．このピラミッドに従って食事をとると，ピラミッドの頂点の食べ物は少しだけで，ピラミッドの底辺の食べ物は好きなだけ食べてよい，と受け取れる．頂点には最も健康によくない食物，たとえばバター，塩，キャンディーなど，底辺にはパン製品，米，パスタなどがある．

BMIの範囲

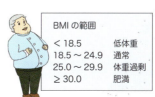

< 18.5	低体重
18.5～24.9	通常
25.0～29.9	体重過剰
≥ 30.0	肥満

体重：50 kg
身長：1.6 m

BMI計算例

$$\mathrm{BMI} = \frac{w}{t^2}$$

$$\mathrm{BMI} = \frac{50}{(1.6)^2} = \frac{50}{2.56} = 19.5 \text{（単位は kg/m}^2\text{）}$$

図 14.18　BMIの計算例と範囲

natureBOX・天然オレンジジュースの終焉

カンキツグリーニング病[*13]は柑橘類，とくにオレンジの病気だ．細菌による感染が原因のこの病気は，1942 年に中国ではじめて見つかった．この病気はアジアからアフリカに拡がり，オレンジ果樹園が大打撃を受けた．

細菌による感染症は，人間のあいだではいろいろな仕方で伝染する．たとえばバスのなかで誰かがくしゃみをしたとする．病原菌を含んだ粘液が側に立っている人にうつると，その人はバスを降りたあと，病原菌をもち運ぶ．しかし，オレンジの木の場合はどうか？オレンジの木はバスに乗らないし，そもそも動くことはないのに，どうして細菌に感染するのだろうか？答えは木から木へと病原菌を運ぶ昆虫が原因だ．カンキツグリーニング病はアジアミカンキジラミ（asian citrus psyllid，**図 14 A**）が，病気にかかっている木の樹液を吸い，病気を木から木へと運ぶ．さらにこのキジラミは別の木の樹液を吸うことで病気を拡げる．

世紀の変わり目の直後に，カンキツグリーニング病はフロリダの柑橘類果樹園を襲い，アメリカのオレンジ農家を意気阻喪させることになった．アメリカでは，この病気はカンキツグリーニング病とよばれるが，この名前はバクテリアが果実にどんな影響を与えるかを示している．**図 14 B** は病気に冒された果実を示す．実の下部は緑色になり，味も苦い．

図 14 A　アジアミカンキジラミ
この昆虫はカンキツグリーニング病，別名黄龍病とよばれる病気にかかった木から細菌を運ぶ．

カンキツグリーニング病はアメリカではカリフォルニアまで拡がった．放置すれば，この病気は，ほとんどのアメリカ人の朝食の食卓に欠かせないオレンジジュースを過去のものにしてしまうほどだ．

この恐るべき現実が大きく迫ってきて，アメリカのオレンジジュース業界は厳しい決定を下すかどうかを迫られた．これまでカンキツグリーニング病対策としてはあまりうまくいっていなかったが，オレンジの木にいままで以上の殺虫剤を散布し続けるか，それともバクテリアによる病気に抵抗するためにオレンジの木に遺伝子操作をほどこすべきか，だ．オレンジジュース業界にとって，第二の選択は深刻な選択だった．というのも，天然産の健全な果実から純粋なジュースをつくることは，彼らのプライドにかかわることだからだ．

アメリカの巨大なオレンジ産業の一つで，フロリダに本社がある Southern Gardens Citrus 社は「フロリダスナチュラル」と「トロピカーナ」という商品名でオレンジジュースを供給していた．2008 年に社長クレス（Riche Kress）は，まず病気に対する自然の抵抗力をもつオレンジの木を発見して問題を解決しようとした．だが，そんな木はなかった．会社を救うための絶体絶命の努力として，彼は遺伝子操作されたオレンジの木を開発するのに数百万ドルを投資することにした．

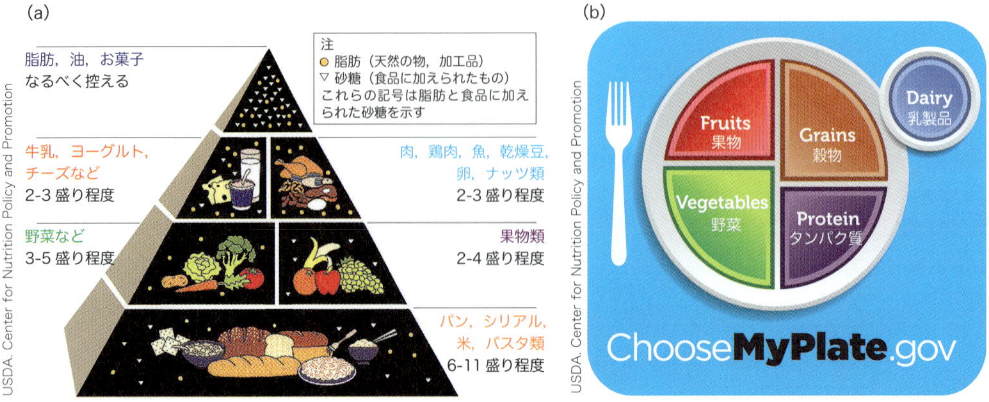

図 14.19　健康な食事についてのアメリカ政府の方針：昔と今
(a) 食品ピラミッドは 1990 年代にアメリカ政府によって推進された．(b) 食品ピラミッドはその後「マイプレート：私の皿」に置き換えられた．健康な食事とはどんなものかを示している．

クレスは5人の科学者を選び，それぞれが植物の遺伝子操作を研究するグループを率いた．五つの研究グループのうち四つは，オレンジの木のDNAにカンキツグリーニング病のバクテリアに対する耐性を与える遺伝子を挿入するために，異なる生物から異なる遺伝子を選んだ．遺伝子はホウレンソウ，タマネギ，ブタ，ウイルスなどからとられた．第五のグループはゼロから出発しようと決めた．現時点で最も有望な結果は，ホウレンソウとブタの遺伝子から得られた．しかしそのように遺伝子操作された木から得られたジュースは，テストする段階にも達していない．というのも，若木が生育して実を結ぶまでには何年もかかるからだ．

オレンジ農業者の心中にある疑問は，「もしこの方法がうまくいっても，アメリカ人の多くは，果たして遺伝子操作されたオレンジジュースを飲んでくれるだろうか？」．これは深刻な問題だ．というのも，アメリカ人の多くはGMOについて十分な知識をもっているとはいえないからだ．遺伝子操作されたジュースについて聞かれると，アメリカ人の多くはブタの遺伝子で操作されたジュースはポークのような味がすると心配するだろう．人々はただ1個の遺伝子――それはポークがどんな味がするかにまったく関係ない――がオレンジの遺伝子操作に用いられる点を理解していない．別の人々は，遺伝子操作は安全でなく，病気にしてしまうと信じている．

GMOの問題は複雑で，それぞれのGMOの背後にはユニークな物語があり，それらは考慮に値する．たとえばモンサント社は，モンサント社自身が販売しているある除草剤に抵抗できるようにHT修飾農作物を開発した．農業者は雑草の生育を押さえるために大量のその殺虫剤を使用した．このGMOの使用は，特定

図14B　カンキツグリーニング病の影響　病気に冒された木になった果実の下の部分は緑色で，苦い味がする．

の化学薬品を農作物に与えることになる．化学薬品の使用は，GMOを開発したモンサントにとっては利益を生むが，アメリカ人の健康に重大な結果を及ぼすかもしれない．

カンキツグリーニング病の場合は話が違う．この病気と戦う手段として，柑橘類の農業者は，カンキツグリーニング細菌を運ぶアジア柑橘類のキジラミを殺すために，使用する殺虫剤の量を劇的に増やさざるをえなかった．遺伝子組換えは理想的には木に細菌に対する耐性を与え，必要な殺虫剤の使用量を減らす．オレンジ農業者はGMOの助けがなければ，商売あがったりになるかもしれない．

オレンジの木がどんどんカンキツグリーニング病に負けてしまい，クレスのGMOを施された木が生育し，実をつけるようになると，公開の場で勝負は終わるだろう．あるフロリダの科学者によると，「人々は遺伝子操作されたオレンジジュースを飲むか，リンゴジュースを飲むかの選択を迫られるだろう」．

＊13　中国名は黄龍病（Huanglongbing）．英語ではCitrus Greening Disease（CG）ともいう．柑橘類にとって致命的な病害で，葉に黄色い斑ができ，葉と枝が変形する．木は次第に衰弱して最後には枯死する．果実は小さく，表面に緑色の斑ができ，かつ苦い．

最近，食品ピラミッドは姿を消し，代わりにマイプレートが登場した．これは政府の栄養学者たちが，何を食べるべきかという考え方が変化した傾向を反映している．**図14.19（b）**にマイプレートを示した．マイプレートと食品ピラミッドを比較すると，ある食物の推奨される割合が変化したとわかる．乳製品はコップ1杯の牛乳で表されているが，他の酪農製品，たとえばチーズや卵は皿のなかのタンパク質部分にある．果物と野菜はいまや皿の半分を占めている．食品ピラミッドでは最大の部分を占めていたパン，米，パスタの類は，皿の4分の1の「穀物」と表示された部分を占めているにすぎない．

マイプレートが示すように，もっとパンや穀物製品を食べるべきという食品ピラミッドの推奨から，少ない量だけ食べるという推奨に次第に移行している．しかし，より重要なのは，私たちが食べるパンや穀物製品の種類だ．通常の表現では，パンや米などの穀物製品は主として炭水化物からなるとみなしている．だが，炭水化物という言葉は複雑だ．というのも，炭水化物はクッキーやポテトチップから全粒のパンや玄米まで

すべての主要な構成成分だからだ．

どの炭水化物が複合的なのだろうか？ どの炭水化物が健康によいのだろうか？ この節では，いろいろな種類の炭水化物を調べることにする．炭水化物の多様性を理解し，なぜある炭水化物が健康によいが，他の炭水化物はよくないのかを理解するために，炭水化物とはどんな分子かを理解しなければならない．

問題 14.8 マイプレートに従って，次の食物を食べるべき量の順（最少から最多）に並べよ．

菓子，穀物，野菜，果物

解答 14.8 菓子 ＜ 果物 ＜ 穀物 ＜ 野菜

● 炭水化物には単純なものも，複雑なものもある

この章では，タンパク質，それに DNA や RNA も，モノマーこそ異なれ，ポリマーだと学んだ．主要栄養素の**炭水化物**（carbohydrates）もまた天然のポリマーで，**糖類**（saccharide）は炭水化物をつくるモノマーだ．ただ 1 個のモノマー単位からできている炭水化物は単糖類，2 個のモノマー単位を含むものは二糖類，多数のモノマー単位を含むものを多糖類という．多糖類 1 分子は何千ものモノマーを含む．炭水化物という名称は，大小に関係なく，すべての糖類に用いられる．さらに，1 個または 2 個のモノマー単位をもつだけの炭水化物には**糖**（sugar）と特別な名前がつけられている．したがって，糖は単糖類，二糖類両方に対する同意語となる．

日常的に糖はショ糖（sucrose）とよばれる特定の二糖類を指す．キャンデーのように特別に甘い食品はおもにショ糖のような単純な糖からできている．**複合炭水化物**（complex carbohydrate [*14]）は，何百，何千の糖類モノマーを含む多糖類をいう．複合炭水化物はジャガイモ，米，パンなどの食べ物の主要成分だ．この用語はいささかまぎらわしいので，炭水化物についての専門用語を図 14.20 に整理した．

マイプレート栄養ガイドラインは炭水化物のなかでも，とくに穀物を食べるよう勧める．マイプレートのウェブサイトによると，少なくとも半分の穀物を「全粒穀物」で食べるべきだと勧めている．「穀物」という言葉は，おもに複合炭水化物（多糖類）からなる食べ物を指す．これらは小麦，米，大麦，トウモロコシからなる食べ物だ．「**全粒穀物**（whole grain）」は図 14.21 に示す小麦の粒のような，丸ごとの，加工されていないものを指す．1 粒の小麦には，フスマ（ぬか），タネ，胚乳を含む．全粒粉パン，オートミール，玄米のような全粒穀物を含む食事をとると，それらはすべての部分を含むことになる．フスマ（ぬか），タネは栄養に富んでおり，健康な消化機能を保つ．

穀物が処理されると，胚乳だけが残る．精製穀物とよばれる，胚乳だけからなる穀物は，組織が軟らかく，加工しやすい．その種の食品には，白いパスタ，白いパン，さまざまなクラッカー，めん類，トルティーヤ[*15]が含まれる．フスマ（ぬか）やタネを欠いているので，それらは全粒穀物がもつ栄養成分を欠いている．だから「穀物の半分を全粒穀物に」というよびかけは，全粒穀物の高い栄養価のことを私たちに思い出させる．

*14 複合炭水化物は単純炭水化物が長くつながった多糖類で，玄米，小麦製品（パン，めん類など），その他の穀類（ライ麦，トウモロコシなど），豆類，根菜類（ジャガイモなど）に含まれる．消化・吸収が遅い．これに対し，単純炭水化物はグルコースやフルクトースなどの糖類，精白した穀類などに含まれる．消化や吸収は速い．

*15 トウモロコシ粉あるいは小麦粉をこね，薄く円形に焼いたメキシコ料理．

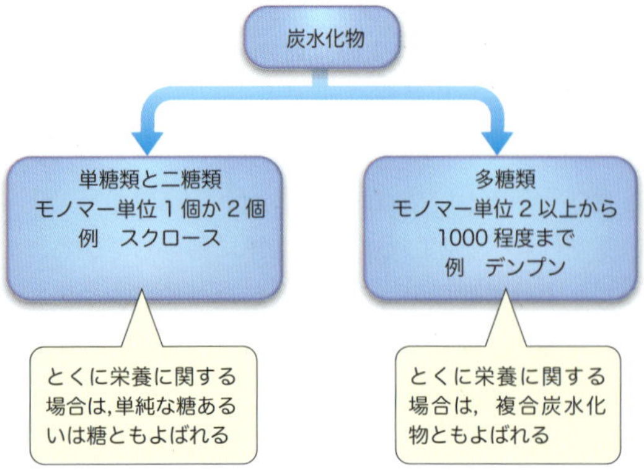

図 14.20 炭水化物の用語

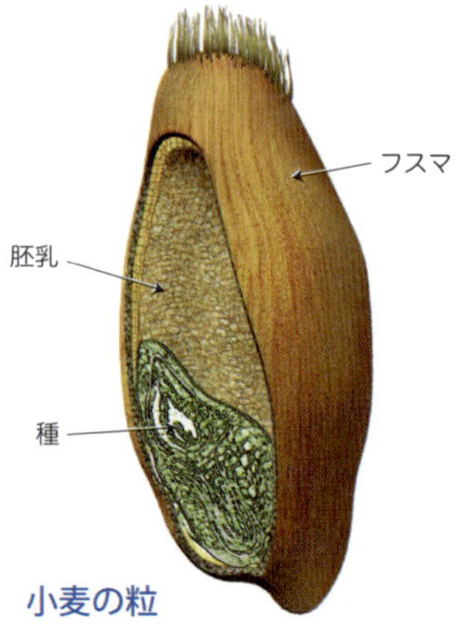

図 14.21 小麦の粒

● 消化によって複合炭水化物は単糖類，二糖類に分解される

きみが炭水化物をひと口食べ，噛みはじめると，食べ物のなかの分子は口内の唾液に触れるやいなや，分解がはじまる．唾液はアミラーゼとよばれる酵素を含んでいる．アミラーゼは多糖類を小さい分子に切る働きをもつ．今度パンを食べるとき，ちょっとした実験を試してみよう．パンを普段よりうんと長いあいだ噛んで，パンが口内の唾液と十分に混ざるようにする．パンの味に何か変化が起こらなかったか？　とくに甘くなったと感じないか？　もしきみが「そう感じた」としたら，それはパンのなかにある多糖類の長い鎖を小さい断片に切るアミラーゼにより，生じた断片の一部は二糖類となる．きみがパンをよく噛んだあとに甘いと感じた二糖類はマルトース（maltose）とよばれる．このありふれた，単純な糖は甘いが，他の二糖類やほとんどの単糖類も甘い．

ひと口のパンを噛むという簡単な実験から炭水化物について二つのことがわかる．第一に，炭水化物は酵素の働きで切れる結合をもっている．第二に，たとえばパンのなかに含まれている多糖類は，マルトースのような小さな糖類とは性質が違う．パンの実験から，甘いと感じる性質は，多糖類の分解によって生じた単純な糖のためだ．

よく噛んだパンが胃袋に達すると，唾液のなかのアミラーゼは分解を続ける．最終的には，胃のなかの酸や他の酵素が，元の多糖類がだんだん小さくなった残りに働く．これらの酵素は二糖類を単糖類に分解できる．この過程を**図 14.22** に示した．

パスタのような複合炭水化物が消化によってより小さな糖類に分解するとき，生じる最も普通の単糖類はフルクトース（fructose，果糖ともいう），グルコース，ガラクトースだ．これらの単糖類は典型的な炭水化物で，その構造を**図 14.23** に示した．炭水化物の基本構造は炭素と酸素を含んでいることに注意しよう．実際，図に示す三つの構造は同じ分子式 $C_6H_{12}O_6$ をもつ．この式の配列を変えると，$C_6(H_2O)_6$ のように書ける．こう考えて見ると，これらの分子が炭＋水（和物）[*16] とよばれる理由がわかる．いまでは実際にはこれらの分子に水は含まれていないことはわかっているが，名前は残った．消化のあいだに，これらの小さい炭水化物は内臓の壁をつくっている細胞に吸収される．

図 14.22　複合炭水化物の消化
図では，● の一つが糖類の分子を表す．

ある種の多糖類はヒトの消化能力の限界を超えている．たとえば，植物や果物の細胞壁をつくるセルロース（cellulose）は消化できない．しかし，これらの炭水化物は人体で重要な役割を果たしている．消化されない炭水化物を**食物繊維**（dietary fiber）という．全粒穀物から得られるフスマ（ぬか）は，固体なので消化されないが，消化器官をよい状態に保つのに役立つ．腸に湿り気を与え，不要物がその最終目的地に移動するのを助ける．

問題 14.9　次の消化過程を実際に起こる順に並べよ．
(a) 複合炭水化物は酵素や酸の働きで切れる
(b) 単糖類や二糖類は内臓の壁に吸収される
(c) 炭水化物を噛む
(d) 唾液中の酵素が複合炭水化物を分解する

*16 英語では炭水化物は carbo ＋ hydrate，おおまかに訳せば炭素＋水を含む化合物となる．

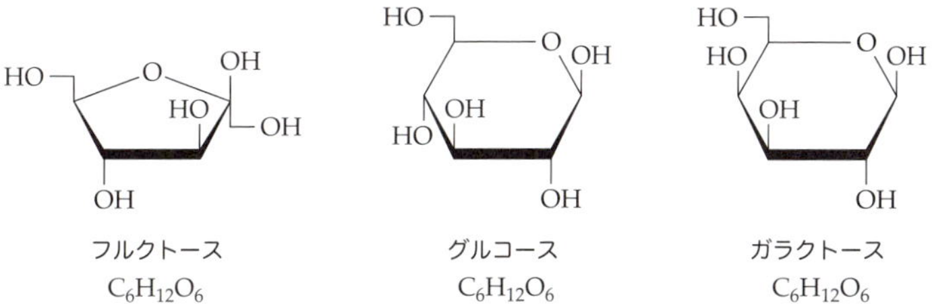

図 14.23　3 種類の単純な糖
図に示したのは，食事に含まれている最も普通の単糖類：フルクトース，グルコース，ガラクトース．

解答 14.9 (c) → (d) → (a) → (b)

14.5 脂 肪

● ヒトはエネルギーを脂肪の形で蓄える

過去数十年のあいだにアメリカ人のライフスタイルが変化してきた様子を考えると，浴室の体重計の目盛りがこっそりと次第に大きくなってきているのに気づく．21世紀のアメリカ人はほとんどが，まったく体を使わずにさまざまな気晴らしを楽しむことができる．インターネット，ビデオゲーム，テレビなど，カロリーをほとんど消費しない，座ったままできる娯楽が容易に手に入る．この低レベルの運動に加えて，便利なファーストフード，脂肪だらけの食事を考えると，アメリカの成人の1/3が肥満なのは驚くに当たらない．

アメリカ政府は相当額の予算を市民の体重データを集めるのに使っている．だが，政府はなぜ市民の体重に気を遣うのだろうか？ 私たちの体とそれが含んでいる物質の質量は，私たち自身だけの問題でなく，誰かの，たとえば政府の問題なのだろうか？ 答えは，肥満はアメリカのヘルスケアシステムにとって大きな負担だからだ．試算によると，アメリカのヘルスケア予算のおよそ10%が肥満に直接関係している問題に費やされ，また肥満の人の死亡の危険性は普通の体重の人のそれよりも50～100%高い．

体重の増えている人が食事のかたちで日々消費するエネルギーは，1日の活動を通して消費するエネルギーよりも多い．身体はあるレベルの活動を支える燃料としてのエネルギーを必要とする．一定の体重を保つために，身体はそれだけのエネルギーを食物の形で消費しなければならない．問題は，多すぎるカロリーを摂取したときに起こる．多くの場合，この過剰のエネルギーは脂肪と炭水化物の形で摂取される．脂肪が過剰に摂取されると，燃料として用いられなかった部分は，脂肪組織（adipose tissue）に蓄えられる．過剰の炭水化物が消費されると，残りは脂肪に変換され，この脂肪は脂肪組織のなかで長期間保存される．

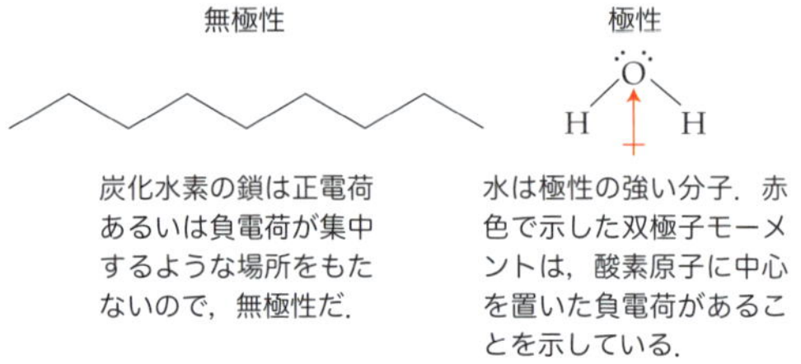

図 14.24 極性分子と無極性分子

● 脂質は疎水性分子でポリマーではない

私たちが口にするほとんどの食べ物は，14.1節で紹介した主要栄養素の，タンパク質，炭水化物，脂肪という3種類の生体分子の組合せでできている．食べ物はそれに加え少量の核酸を含む．これら4種類の主要な生体分子，すなわち核酸，タンパク質，炭水化物，脂肪のなかで，脂肪だけがポリマーではない．つまり脂肪は小さい分子の繰返し単位でできているのではない．脂肪は無極性の溶媒に容易に溶ける**脂質**（lipid）という生体分子として定義されている．脂質は一般的に**疎水性**（hydrophobic）で，水になじまない．それは水のような極性分子ではないからだ．脂質はまったく極性をもたない長い炭化水素の鎖をもつ．図14.24に，これら二つのタイプの構造の違いを示した．

最も簡単な脂質は**脂肪酸**（fatty acids）だ．すべての脂肪酸は長い炭化水素の鎖と，一方の末端についた官能基，カルボキシ基（−COOH）からなる（図14.25）．カルボキシ基があると，通常その分子は極性をもつ．というのも，この官能基は分子中の電子密度を偏らせる働きをもつ電気陰性な原子を含んでいるからだ．それとは逆に，炭化水素基だけしか含まない分子は，まったく極性がない．脂肪酸は極性と無極性の両方の性質をもっているのに，なぜ無極性脂質に分類されるのだろうか？ それは脂肪酸内の炭化水素の鎖がきわめて長いので，鎖の無極性がカルボキシ基の極性を上回るからだ．無極性が優勢なので，脂肪酸は無極性溶媒に溶け，脂質に分類される．

脂肪酸は飽和脂肪酸と不飽和脂肪酸とに分類できる．飽和，不飽和は，脂肪酸分子が図14.26に示すように，炭素-炭素二重結合を含むかどうかを示す．炭素原子

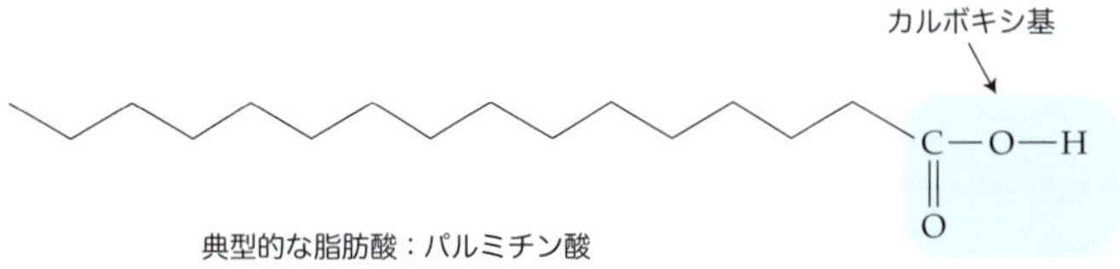

図 14.25 典型的な脂肪酸の構造
パルミチン酸は脂肪酸だ．そのカルボキシ基を青のアミ掛けで示した．

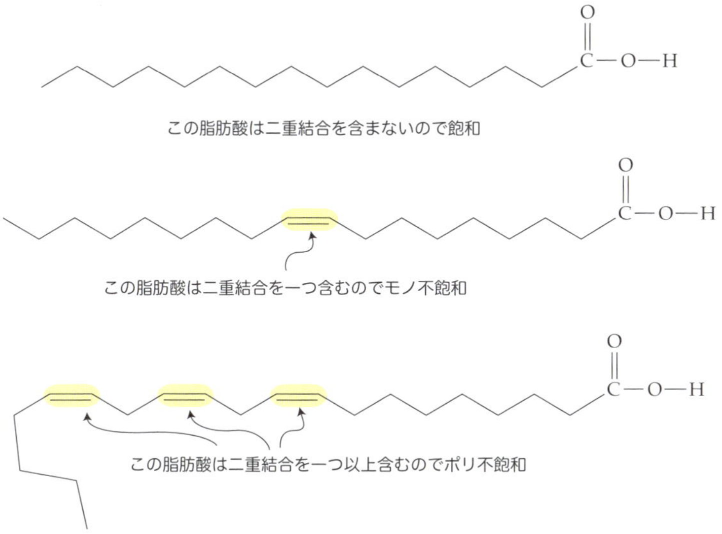

図 14.26　飽和および不飽和脂肪酸

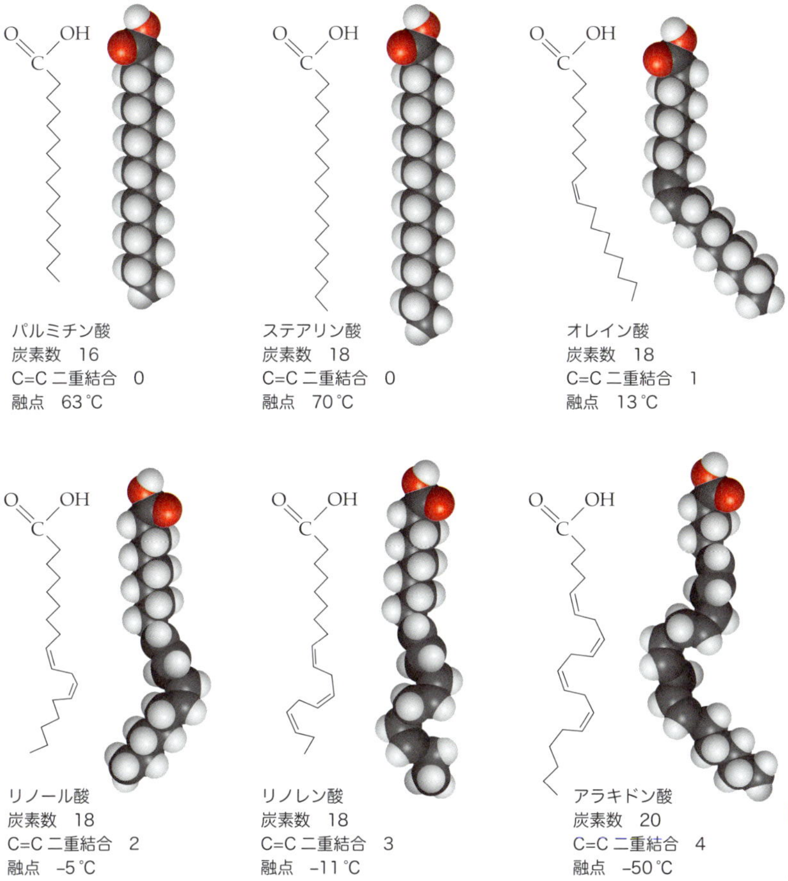

図 14.27　代表的な脂肪酸
六つの脂肪酸分子の線構造式と空間充填型分子模型を示した.

のあいだに単結合しかもっていない脂肪酸は飽和脂肪酸とよばれる．一つまたはそれ以上の二重結合を含むものは不飽和脂肪酸とよばれる．モノ不飽和脂肪酸は二重結合を 1 個，ポリ不飽和脂肪酸は 1 個以上の二重結合を含む.

飽和の脂肪と不飽和の脂肪は同じように体によいとはいえない．アメリカ心臓学会によると，飽和の脂肪の含有量が多い食べ物を食べると，心臓病や脳溢血の危険性が著しく増大する．食事のガイドラインで，通常，飽和脂肪の含有量が小さく，不飽和脂肪の含有量が大きい脂肪を選ぶように勧めるのはこのためだ．**図 14.27** に，食事に含まれる脂肪酸の例を示す.

問題 14.10 図 14.27 の脂肪酸について，それぞれが飽和か，モノ不飽和，ポリ不飽和かを示せ．
解答 14.10 パルミチン酸とステアリン酸は飽和，オレイン酸はモノ不飽和，残りはポリ不飽和．

● 脂肪酸の性質の多くは，その脂肪酸が含んでいる二重結合の数で決まる

脂肪酸の物理的性質は含まれる炭素 - 炭素二重結合の数に劇的に影響される．図 14.27 に示した代表的な脂肪酸の融点を考えよう．図には炭素-炭素二重結合の数も記してある．二重結合の数と融点との相関を考えよう．図に示された二つの脂肪酸，パルミチン酸と，ステアリン酸の融点は室温（約 25 ℃）より高い．四つの不飽和脂肪酸，オレイン酸，リノール酸，リノレン酸，アラキドン酸はそれぞれ二重結合を一つ，二つ，三つ，四つもっている．二重結合の数が増えるにつれ，融点が次第に低くなるのに注目しよう．図に示した不飽和脂肪酸の融点はすべて室温以下であり，どれも室温では液体だとわかる．

脂肪酸のもつ二重結合の数が増えるにつれ，融点 / 沸点が下がるのは明らかだ．では，なぜこの関係があるのだろう．二重結合がどのようにして，脂肪酸が固相から液相に変わるのに影響するのだろう．図 14.27 が答えを与えてくれる．図からわかるように，脂肪酸 7

THE green BEAT ● 環境に関する話題

屋内農場：世界的な食糧不足に対する答え

世界の 75 億の人口を養うために，より極端な農業方法に頼らざるをえないというのが，ほとんどの専門家の意見である．伝統的な農業では，収穫と収穫のあいだに農地が回復するための時間を設ける必要がある．つまり翌年によい収穫が得られるよう，栄養分と良質な土壌を補う時間が必要だった．しかし現在では，人工的な栄養源である肥料のおかげで，農地を連続的に使うことができるようになった．過剰な耕作は土地を荒廃させ，農薬の使いすぎや汚染は土壌の質を低下させる．

シェフィールド大学の科学者によると，過去 40 年で世界の耕地の 3 分の 1 が，土地の荒廃と汚染によって失われているそうだ．現在，淡水の 70%が農業に用いられているが，気候変動の影響によって食糧の栽培に利用できる淡水の量は減ると考えられている．

2050 年までに 90 億に達する世界の人口に食糧を供給するためには，明らかにこれまでとは異なる革新的な方法での農業が必要である. 斬新な提案のなかには，限界にきた農業システムにさらに手を加えるものもある．たとえばヒトの排泄物，つまり「下肥」を天然肥料として利用することを支持する人もいる．人工肥料がもたらす問題は解決してくれるかもしれないが，地球を養うためには，もっとよい方法がありそうである．

革新的な思想家のなかには，抱えている農業の課題は結局のところ土壌問題にあると気づいている人もいる．90 億の人口を養うには，現在の耕地面積から得られる収穫高にブラジルの広さに相当する農地から得られる収穫高を足す必要がある．しかし，農地を増やすことはしばしば森林破壊を伴い，化石燃料の燃焼による二酸化炭素の増加を食い止める手段として期待されている森林による二酸化炭素の吸収量を減少させる．土壌の量や質が問題の核心であるなら，食物を育てるのに土壌は必要ないという考え方もある．この急進的な発想は，私たちの食糧問題に持続可能で長期的な解決策を提供するかもしれない．

土壌は植物を温め，安定させ，まっすぐ育つようにする．また，水や酸素を含む栄養物を循環させる．だが，土壌がなくてもこれらを植物に与えることができるとしたらどうだろう．実際，土壌を使わない園芸は水耕栽培 (hydroponics) として知られ，何十年も前から行われている．水耕栽培の植物は遮光された台のなかで栽培されることが多い．プラットホームの一方では葉が生長し，太陽（温室など）あるいは人工照明で光が与えられる．反対側は光が遮られ，根は栄養豊富な水溶液に浸されている．長年にわたり水耕栽培は最適化され，技術も習得されてきた．その一部は，法の目から逃れようと不法に屋内で栽培していたマリファナ栽培者によってなされた．今日，水耕栽培は屋内農

の鎖のなかに二重結合があると，分子はねじれる．脂肪酸（このことに関するかぎり，ほとんどの他の物質でも）が液相から固相に変化すると，分子は近くに集まって，硬い固体をつくる．脂肪酸分子にねじれがあると，この硬く詰まる動きの効率は悪くなる．通常，脂肪酸のなかにねじれが多ければ多いほど，脂肪酸分子にとって互いに硬く詰まるのが難しくなる．いいかえれば，ねじれが多ければ多いほど，液体から固体になる温度は下がる．

バター，マーガリン，サラダオイル，その他の液体など，普通食べ物と考えているものはすべて，脂肪酸の混合物を含んでいる．固体の脂質と液体の脂質に対する用語の使い分けについて，この本では，日本の高等学校化学で使われている方式を使う．すなわち室温で固体であれば脂肪，室温で液体であれば脂肪油という[*17]．**表 14.1** にはよくある脂肪と脂肪油，さらにそ

表 14.1　いくつかの油脂と油の脂肪酸含有量

製　品	飽和（%）	モノ不飽和（%）	ポリ不飽和（%）
バター	68.2	27.8	4.0
硬いマーガリン	18. 2	50.5	31.3
軟らかいマーガリン	17.1	36.5	46.4
植物油	10.8	20.4	68.8

＊17 脂肪は fat，脂肪油は oil にほぼ対応する．

場での作物栽培に用いられている．

コロラド州レイクウッドにあるインフィニット・ハーベスト社（Infinite Harvest）では 5400 平方フィート（約 5 平方キロメートル）の敷地に，通常の農法に比べてわずかな量の水と，人工照明の下で，水耕栽培のハーブを育てている．土壌がないので雑草や昆虫が発生せず，除草剤や殺虫剤を使わない．そのうえ，多くの遺伝子組換え (GMO) 植物は虫を寄せつけず，雑草も生えないように設計されているが，こうした遺伝子組換え (GMO) 植物の種子を使う必要もない（訳注：GMO は今後重要性が増すので，生化学の教科書などで学ぶことをおすすめする）．このため，土壌を使わない農場では，GMO 農作物がつくられないのである．さらに土がないので，水耕栽培でつくったレタスは汚れを除くための 3 回もの水洗いが不要である．水耕栽培で得られる最大の利点は，季節の変化を無視できることだ．外気温をまったく気にせずに，いつでも，どこでも好きな作物でも育てることができる．

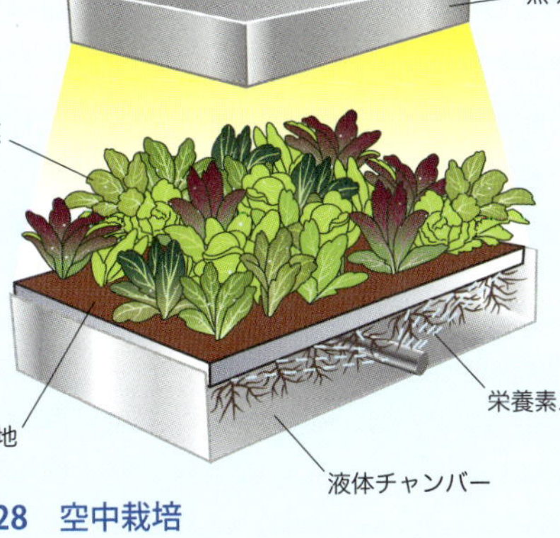

図 14.28　空中栽培

現代の農家のなかには，一歩進んだ農場もある．空中栽培 (aeroponic) は水耕栽培と同じだが，栄養価の高い水を植物の根に噴霧するというものだ（**図 14.28** 参照）．空中栽培の提唱者によると，水耕栽培に比べて作物に与える水の量を 40%減らせるそうだ．

近い将来，近所の農場市場で，空中栽培による〝栽培トラック (grow truck)〟を見かけるかもしれない（**図 14.29**）．これらのトラックのトレーラー部分は，空間を最大限利用できるように，垂直の塔，あるいは積み重ねられる台で植物を栽培する〝空中農場〟に改造されている．光は屋根の上のソーラーパネルでまかない，種子はリサイクル可能なプラスチックボトルからつくられた布で発芽させることができる．これらのトラックは従来の農場の 25 倍の生産性を発揮し，移動も可能だ．栽培トラックは近くの農場市場に立ち寄り，数分前に収穫されたばかりの作物を届けることもできる．もっとも新鮮で，最高にクリーンな食品を手に入れたいのなら，八百屋に立ち寄るのをやめて，地元の栽培トラックを探すのがよかろう．

Courtesy of Art Garden Growing Systems, LLC

図 14.29　栽培トラック

れらが含む脂肪酸を示した．表の数値が示すように，製品が硬ければ硬いほど，飽和脂肪酸の割合が高い．たとえば，飽和脂肪酸の割合が一番低いのは，室温では完全に液体の植物油だ．この傾向は分子構造の直接の結果だ．この本を通じて見てきたように，ある物質の構造は，しばしばその物質の物理的性質を決める．

問題 14.11 冷蔵庫で冷やされると，油状物質が固体になるのを観察したことがあるだろう．油が融点以下に冷やされると固体になる．きみの冷蔵庫は 3 ℃にセットしてあるとしよう．図 14.27 に示した不飽和脂肪酸のうちのどれが冷蔵庫のなかで固体になるか．

解答 14.11 冷蔵庫の温度より高い融点をもつすべての酸はこの温度では固体だ．したがって，オレイン酸，ステアリン酸，パルミチン酸は，3 ℃にセットされた冷蔵庫のなかでは固体．

● 脂肪酸はトリグリセリドとして蓄えられる

人体で脂質は**トリグリセリド**（triglyceride，別名トリグリセロール triglyceole；TAG）の形で蓄えられる．TAG 1 分子（**図 14.30a**）はグリセリン 1 分子が脂肪酸 3 分子と結合したものだ（**図 14.30b**）．TAG は脂肪組織細胞，すなわち体内で脂肪を蓄える細胞の主要成分だ．

脂肪組織は動物の体内でさまざまな役割を果たす．たとえば，きわめて寒い地域に住む動物にとっては絶縁体となる．体内でエネルギーが必要になったとき，TAG 分子中のグリセリンと脂肪酸を結んでいる結合が切れ，体のための燃料として使われる脂肪酸が放出される．つまり TAG は脂肪酸をまとめ，蓄える効率のよい方法といえる．

この章で，主要栄養素，タンパク質，炭水化物，脂肪を扱ってきた．また，アメリカ政府がまとめた栄養指針を議論してきた．これらの指針は，健康と優れた栄養に結ぶ確立された事実に基づいている．たとえば全粒のパンが，加工された小麦粉を含むパンよりもより健康的なのは事実だ．飽和脂肪を過剰に摂取すると，心臓病を招くのも事実，肥満が糖尿病のような病気にかかる確率を高くするのも事実だ．しかし，アメリカにかぎらず，世界の多くの国で肥満の大人や子どもの割合は増えつづけているようである．

これほど多くの栄養に関する情報が得られるのに，体重が超過し，肥満の大人や子どもが減らないのはなぜだろう．一つ目の原因は，栄養に関するよい情報と悪い情報の混在だ．適当量の脂肪と炭水化物をとるように勧めている一方で，一部では，脂肪はすべて悪い，あるいは炭水化物はすべて悪いと信じている人もいる．

もう一つの原因は，食品メーカーの過剰ともいえる宣伝だ．自社の製品を食べてほしい食品メーカーのいうがままになっている．スーパーマーケットに置かれている食べ物のパッケージは魅力的で，つい買いたくなってしまう．しかし賢い消費者であれば，「何を食べるべきか，何を食べるのを控えるべきか」についての知識をきちんと整理して，氾濫する宣伝に迷わされることなく，自分の判断に基づいて選択するだろう．とくにこの本の読者は，必ず賢い消費者になってくれるだろう．

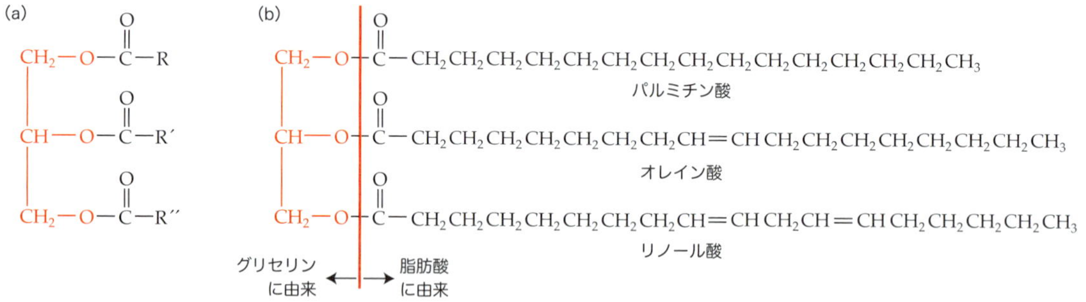

図 14.30 トリグリセリド（TAG）の構造
(a) この一般的な構造式は，トリグリセリドがグリセリン 1 分子（赤色）と脂肪酸 3 分子（黒色）からどのようにつくられるかを示す．(b) パルミチン酸，オレイン酸，リノール酸からできているトリグリセリド．

用語解説

あ

圧力（pressure） ある面積に及ぼされた力

アニオン（anion） 負電荷を帯びたイオン

アノード（anode） 化学電池で酸化反応が起こるほうの電極

アボガドロ数（Avogadro's number） 物質 1 mol に含まれる構成粒子の数．6.02×10^{23}

アボガドロの法則（Avogadro's law） 気体の体積は気体粒子の物質量に比例する，という気体の法則

アミド（amide） 官能基の一種．窒素，炭素，酸素を含む

アミノ酸（amino acid） タンパク質の構成単位で，構造が少し異なるものが 20 種ある

アミン（amine） 官能基の一種．窒素原子 1 個を含む

アモントンの法則（Amontons' law） 気体の圧力はその温度に正比例する，という気体の法則．日本ではあまり使われない

α 壊変（alpha decay） 放射性壊変の一種．α 粒子（ヘリウムの原子核）が放出される

安全飲料水法（Safe Drinking Water Act U. S.） 公共に供される水の質を守るために 1974 年にアメリカで成立した法律

イオン（ion） 正味の正電荷または負電荷をもつ原子，または原子団

イオン結合（ionic bond） 反対符号の電荷をもつイオンのあいだの相互作用

イオン性化合物（ionic compound） 反対符号の電荷をもつイオンからなる化合物

イオン - 双極子相互作用（ion-dipole interaction） 分子中の双極子とイオンとのあいだの引力

遺伝子（gene） 核酸の塩基配列にコードされる遺伝情報

遺伝子組換え作物（GMO）（genetically modified organism） 人間によって遺伝子を操作された作物

遺伝子工学（genetic engineering technology） 生体の細胞内にある遺伝物質を人間が操作する技術

遺伝子コード（genetic code） RNA 中の窒素を含む 4 種類の塩基が 20 のアミノ酸に翻訳されるシステム

遺伝子導入生物（transgenic organism） 遺伝子工学によって他の生物からの遺伝物質が導入されて一部修正された生物

ウォーターフットプリント（water footprint） ヒト，企業，製造工業，国家，あるいは世界全体によって使用される水の量の勘定書

栄養素（nutrient） 生命の成長と維持に必要な栄養を与える物質

栄養不良（malnutrition） 適切な栄養が不足している状態

液体（liquid） 通常の物質の三態の一つ．液体物質は容器を底まで満たし，また表面をもつ

エネルギー（energy） 系が離れたところに力を及ぼす能力

エネルギー準位（energy level） 原子のなかで電子が占める仮想的な場所

塩（salt） 陽イオンと陰イオンからなるイオン性化合物

塩基（base） 水環境のなかで OH^- の濃度を増加させる物質

塩基性（basic） 塩基がもつ性質．25 ℃で pH が 7.00 より大きい水溶液は塩基性

オクテット則（octet rule） 電子を得たり，失ったりして，原子が 8 個の価電子をもつ傾向

温室効果（greenhouse effect） 大気中の分子による熱の吸収によって生じる地球の温度上昇

温室効果ガス（greenhouse gas） 大気中の熱を捕捉することによって地球大気の温度上昇に貢献する気体

温室効果の拡大（enhanced greenhouse effect） 化石燃料の使用による温室効果の拡大

か

解離（dissociation） 塩あるいは酸，塩基などがその成分に分離する過程．水のなかの場合が多い

化学結合（chemical bond） 二つの原子あるいはイオンを束ねる力

化学式（chemical formula） 元素あるいは化合物の元素組成を表す方法の一つ

科学的記数法（scientific notation） 指数項を用いて数を表現するシステム

科学的方法（scientific method） 世界中で用いられている科学実験に対する一般的方法．観察，実験，測定，仮説の形成と理論の厳密な再現性，検証を含む

化学電池（electrochemical cell） 化学エネルギーと電気エネルギーを相互変換させる装置

化学反応（chemical reaction） 物質間の相互作用．そのあいだに電子は再配列，移動，あるいは共有される

化学反応式（chemical equation） 反応物と生成物の化学式を用いた，化学反応の表現法

化学変化（chemical change） 物質の特性を変える変化

化学量論（stoichiometry） バランスのとれた化学反応式を用いて，反応物と生成物の量を定めること

核（nucleus） 原子核ともいう．原子内にあり，プロトンと中性子を含み，正電荷を帯びた高密度の部分

拡散（diffusion） ある気体または液体と他の気体または液体との混合

核酸（nucleic acid） ヌクレオチドをつくる生体分子

核反応（nuclear reaction） 原子核内の電子や中性子の数が何らかの方法で変わる反応

核分裂（nuclear fission） 原子核の分裂

化合物（compound） 1 種類以上の元素を含む純物質

可視光（visible light） ヒトの目が感知できる範囲の電磁波

化石燃料（fossil fuel） 地質学的年代にわたって分解された植物や動物の化石を含む有機物由来の炭素を元にした

化合物

仮説（hypothesis） 自然に関するある問題に対する最良の手はじめの推論

カソード（cathode） 化学電池で還元反応が起こるほうの電極

ガソリン（gasoline） 炭化水素の混合物で，燃焼反応の燃料となる

カチオン（cation） 正電荷を帯びたイオン

活性化エネルギー（activation energy） 化学反応がエネルギーの山を越えるのに必要なエネルギー

価電子（原子価電子）（valence electron） 原子の最外殻に位置する電子

カーボンフットプリント（carbon footprint） 個人，企業，製造工程，国，あるいは世界に関連した温室効果ガス排出量の勘定書

カルボン酸（carboxylic acid） 官能基の一種．炭素原子 1 個，酸素原子 2 個，水素原子 1 個を含む

環境保護庁（EPA）（Environmental Protection Agency） 環境保護を管轄するアメリカ政府の機関

還元（reduction） 電子，または水素を得ること，または酸素を失うこと

換算係数（conversion factor） 異なる単位で表現された同じ量を関連づける分数．単位の変換に用いられる

緩衝剤（buffer） 酸性または塩基性を相殺する物質

官能基（functional group） 有機化合物の特色を表す部分．ヘテロ原子，あるいヘテロ原子の基を含むものが多い

γ 放射線（gamma radiation） 電磁放射の一種できわめて高エネルギーの放射線

気圧（atm，atmosphere） よく用いられる圧力の単位

気圧計（barometer） 大気圧を測定する装置

貴ガス（noble gas） オクテット則を満たす原子価電子をもっているので何物とも反応しない気体．ヘリウム，ネオン，アルゴン，クリプトン，キセノン，ラドン

貴ガスの電子配置（noble gas） 最外殻が電子で満たされた電子配置

企業別平均燃費法（CAFE）（Corporate Average Fuel Economy） 自動車，トラックの燃費の最低水準を定めたアメリカの法律

気候変動（climate change） 地球温暖化の影響．たとえば海面上昇など

気体（gas） 通常の物質の三態の一つ．容器を完全に満たす蒸気のような物質

気体の法則（gas law） 気体の変数を変化させたときの関係を表す法則

基底状態（ground state） 原子のなかで電子が占めることのできるエネルギーが最低の準位

揮発性有機物（VOC）（volatile organic compound） 容易に気化する有機化合物

基本量（base unit） メートル法によるすべての物理量（測定値）は固有の次元をもつ七つの基本量によって組み立てられる

球状タンパク質（globular protein） タンパク質の二つのタイプのうちの一つ．アミノ酸の糸状鎖からつくられる

吸熱的（endothermic） 熱を吸収する

凝固点（freezing point） 液相から固相への相変化が起こる温度

強酸（strong acid） 水のなかでほぼ完全に電離する酸

凝集剤（flocculant） 水の浄化過程で水から粒子を除くのに用いられる物質

凝縮（condensation） 気相から液相への相変化

共有結合（covalent bond） 原子間で電子対が共有される化学反応

極性（polar） 結合あるいは分子で電子の偏りによって起こる状態

きれいな火力発電所（clean coal plant） 有害な汚染物質を除く装置（スクラバー）を備えた火力発電所

金属（metal） 光沢があり，展性，延性をもち，電子を失いやすい元素．周期表の左側に階段状に位置している

金属結合（metallic bond） 金属結晶のなかにある化学結合．「電子の海」といわれることもある

グラファイト（graphite） 炭素がつくる二次元シートからなる炭素の同素体

グラフェン（grapheme） グラファイトの 1 層をはがしたもの

係数（coefficient） バランスのとれた化学反応式で，反応物や生成物の前に置かれる数字

軽量化（light weighting） 環境に関する場合，容器に用いるプラスチックの質量を減らす工程

結合エネルギー（bond energy） 特定の化学結合の切断に必要なエネルギー

結合距離（bond length） 共有結合に関与する 2 個の原子の距離

結晶（crystal） 塩についていえば，陽イオンと陰イオンの繰返しパターンからなる固体

原子（atom） 物質の最小単位．化学的または物理的方法では壊すことができない

原子スケール（atomic scale） 原子や分子のレベルに立ったものの見方

原子番号（atomic number） 原子核に含まれるプロトンの数

元素（element） ただ 1 種類の原子からなり，より簡単な物質に分解されない純粋な化学物質

元素記号（atomic symbol） 各元素に与えられたアルファベット 1 文字または 2 文字からなる表記

合金（alloy） 金属の混合物

光合成（photosynthesis） 植物が光を利用して，二酸化炭素と水から酸素と糖をつくる過程

降水（precipitation） 大気中の水が雪，霙（みぞれ），霰（あられ），雹（ひょう），雨などになって地上に戻ること（8 章）

酵素（enzyme） 化学反応を触媒するタンパク質

光電池（photovoltaic cell） 太陽エネルギーを電気に変える装置

固体（solid） 物質の三態の一つ．硬く，液体でも，気体でもなく，容器の形に従わない

固定（fixation） 気体物質が大きな非気体分子に取り込まれる過程

孤立電子対（lone pair） 非共有電子対ともいう．はじめから対になっているが結合に関与しない電子対（日本の高等学校，大学では孤立電子対はほとんど使わず，非共有電子対を用いる）

混合物（mixture） 二つあるいはそれ以上の純物質の組合せ

さ

酸（acid） 水環境のなかで H^+ の濃度を増加させる物質

酸化（oxidation） 酸素を得る，あるいは水素を失う，あるいは電子を失う過程

酸性（acidic） 25 ℃で pH が 7.00 より小さい水溶液は酸性

酸性雨（acid rain） 自然の，汚染されていない雨よりも低い pH をもつ雨

酸性溶液（acidic solution） 酸を含む水溶液

次元解析（dimensional analysis） 単位のあいだの変換法の一つ．換算係数を参照

脂質（lipid） 生体分子の一種で，主要栄養素の一つの脂肪の別名

指示薬（indicator） 溶液の pH が変化するにつれてその色を変える明るい色の分子

ジスルフィド結合（disulfide bond） 2 個の硫黄原子からなる結合で，タンパク質鎖をつなぐ

持続可能性（sustainability） 我慢できる能力．環境に関しては，生物系がその多様性と生産性を維持できる能力

実験室スケール（laboratory scale） 実験室で通常用いられる現実的な量に基づいたものの見方

質量（mass） ある物体に含まれる物質の量

質量数（mass number） 原子に含まれるプロトンと中性子を足し合わせた数

質量パーセント（mass percent） 混合物の各成分の質量比のパーセント表示

質量保存の法則（law of conservation of mass） 物質はつくられたり，壊されたりすることはないことを述べた法則

自動イオン化（autoionization） 水分子が H^+ と OH^- に解裂する化学反応．日本ではあまり用いない

シーベルト（Sv）（sievert） ヒトの放射線被曝量を量る単位

脂肪酸（fatty acid） 長い炭化水素の鎖とカルボキシ基を含む脂質の一種

弱酸（weak acid） 水のなかで一部だけが解離している酸

シャルルの法則（Charles's law） 気体の体積は圧力に正比例するという気体の法則

周期（period） 周期表で横の列に並んだ元素

周期表（periodic table） 元素を組織的に整理して表にしたもの．元素を族と周期に分類する

樹脂識別コード（resin ID code） リサイクル可能性に応じてプラスチックを分類するための数字

受動的核安全性（passive nuclear） 核反応炉のシャットダウンに人間や電気信号を必要としない安全バックアップシステム

主要栄養素（macronutrient） ヒトの食事に大量に必要な物質

純物質（pure substance） 単一の元素，あるいは化合物を指すが，微量の不純物を含むこともある

昇華（sublimation） 固相から気相への相の直接変化

蒸発（evaporation） 液相から気相への相変化の一つの形

触媒（catalyst） 化学反応速度を速める物質

触媒変換器（catalytic converter） 排気管から出る望ましくない気体を除くために自動車に用いられる装置

食物繊維（dietary fiber） ヒトの消化酵素では消化されない，食物に含まれる炭化水素

親水性（hydrophilic） 水を容易に引きつけたり，混ざったりする性質

浸透圧（osmosis） 低濃度の領域から高濃度への領域へ，半透膜を通した溶媒分子，たとえば水の移動

森林破壊（deforestation） 土地を他の目的に利用するために森林を伐採してしまうこと

水酸化物イオン（hydroxide ion） OH^- イオン

水蒸気（water vapor） 気相の水

水素化（hydrogenation） 脂肪に含まれる二重結合が水素分子の付加によって単結合に変化する過程

水素結合（hydrogen bond） ある種の水素を含む分子のあいだに生じる分子間力の一種

水溶液（aqueous solution） 水分子と塩のような物質との均一な混合物

水和（hydration） イオンが水分子に取り囲まれる過程

スーパーファンドサイト（Superfund site） 有害物質が無制御に放置されている，あるいは遺棄されている場所

スルフィド（sulfide） 硫黄原子 1 個を含む官能基

正確度（accuracy） ある数値が知られている，確立された標準値とどのくらい近いかの目安

制御棒（control rods） 核反応が起こっている反応炉の中心に沈められて過熱を防ぐ固体の棒

正四面体（tetrahedron） 四つの頂点をもつ四面体．炭素原子が 4 個の他の原子または原子団と単結合で結合すると，この形をとる

生成物（product） 化学反応を経て生じた物質

生体分子（biomolecule） 生命を支える過程に関与する分子

精度（precision） 測定値が互いにどのくらい近いかの程度

生分解（biodegrade） 環境のなかで自然の力に接したときに起こる分解

セ氏温度スケール（Celsius temperature scale） 水の凝固点と沸点を基礎にしたメートル法の温度スケール

石灰散布（liming） 酸性の水や土を中和するために，塩基の石灰を加えること

線構造式（line structure） 有機化合物の構造を元素記号や結合を用いずに線だけで表記する方法

全構造式（full structure） すべての原子と結合を含んだ有機化合物の表記

線スペクトル（line spectrum） ある元素から放出される特定波長の光

全粒穀物（whole grain）　加工によってフスマ，種，胚乳などが除かれていない穀物
相（phase）　物質が存在する状態．気相，液相，固相
双極子（dipole）　分離して生じる正電荷と負電荷の対
双極子 - 双極子相互作用（dipole-dipole interaction）　隣接する分子のなかで，適当に配列された双極子のあいだに働く分子間相互作用の一種
相補的塩基対（complementary base pair）　核酸の相補的鎖にある窒素塩基の対の一つ
族（family/group）　周期表で元素の縦に並んだ列．グループともいう
疎水性（hydrophobic）　水と反発したり，容易には混ざったりしない性質
組成式（formula unit）　イオン結晶で，組成イオンの種類と数の割合を最も簡単な整数比で表した式．共有結合の結晶も組成式で表される
ソーラーエネルギー（solar energy）　太陽から得られるエネルギー

た

大気圧（atmospheric pressure）　大気中の気体がおよぼす圧力
大気浄化法（Clean Air Act）　アメリカで，大気への放出が許される汚染気体の量を制限する法律．1970 年に成立した
対照実験（control experiment）　一つあるいはそれ以上の変数を確実に制御して，変数を変化させることによる効果を明らかにする実験
体積モル濃度（molarity）　濃度の単位．溶液 1 L 中の溶質の物質量（mol）
多原子イオン（polyatomic ion）　2 個またはそれ以上の原子からなるイオン
多重結合（multiple bond）　有機分子で二重，あるいは三重の共有結合
単塩（simple salt）　それぞれ 1 種類の陽イオンと陰イオンからなる塩
炭化水素（hydrocarbon）　炭素原子と水素原子だけからなる有機化合物
単原子イオン（monatomic ion）　原子 1 個だけのイオン
淡水（fresh water）　塩分濃度が低い，あるいはゼロの水
炭水化物（carbohydrate）　主要栄養素の一つ．糖類からなる高分子
タンパク質（protein）　主要栄養素で，アミノ酸のポリマー
力（force）　物体を押したり引いたりする作用
窒素塩基（nitrogenous base）　ヌクレオチドの成分で，タンパク質をつくるのに必要なコードをつくる
中性子（neutron）　原子核内に含まれる中性の粒子
中性（neutral）　酸性でも塩基性でもない溶液の性質
中和（neutralization）　酸と塩基との反応で互いの性質を打ち消す反応
沈殿（precipitation）　溶液中の物質が固体になること，また生じた物質
DNA（deoxyribonucleic acid）→　デオキシリボ核酸を見よ
定比例の法則（law of constant composition）　反応に関与する物質の質量の割合，つまりある物質中に含まれる原子の種類と数は常に一定，という法則
デオキシリボ核酸（DNA）（deoxyribonucleic acid）　生体の遺伝情報を蓄える役割をもつ核酸
デッドゾーン（dead zone）　生命が維持できない地域
デュエット則（duet rule）　小さい原子用のオクテット則．日本ではあまり用いられない
電荷（charge）　物質が他の物質を引きつける性質
電解質（electrolyte）　水に溶ける荷電物質
電気陰性度（electronegativity）　共有結合をつくる原子の一つが電子を自分のほうに引きつける強さ
電気分解（electrolysis）　電流を用いた物質の分解
電子（electron）　原子のなかに存在する負電荷を帯びた粒子
電磁スペクトル（electromagnetic spectrum）　すべての電磁波の周波数の範囲
電磁放射線（electromagnetic radiation）　光の別の表現
電子密度（electron）　原子核のまわりにある，高速で移動している電子の一つの表現
転写（transcription）　DNA の鋳型から RNA 鎖をつくる過程
電池（battery）　二つの半反応に基礎を置いた化学電池
電流（electric current）　電子の流れ
電力（power）　ある時間内に用いられた，あるいはつくられた電気エネルギー
糖（sugar）　糖類の別のよびかた
同位体（isotope atoms）　同一元素の原子だが中性子の数が互いに異なる原子
同素体（allotrope）　二つあるいはそれ以上の異なる形をもつ元素
糖類（saccharide）　糖分子．より複雑な糖類を構成するための要素
独自性原理（uniqueness principle）　第二周期の元素はとりわけ小さく，そのため特別の性質をもつ，という原理．日本ではあまり使われない
トランス脂肪酸（trans fat）　トランス配置の二重結合をもつ脂肪酸
トリグリセリド（triglyceride）　3 分子の脂肪酸と結合したグリセリンからなる貯蔵型の脂肪の一種
トリプレット（triplet）　タンパク質合成で，遺伝子コードにしたがった特定のアミノ酸に等価された三つの RNA 塩基

な

内殻電子（core electron）　原子のなかの電子で，価電子ではないもの
二原子分子（diatomic molecule）　原子 2 個からなる分子．同種の原子からなるものは等核二原子分子，異種の原子からなるものは異核二原子分子という
二重らせん（double helix）　DNA の二つの相補的鎖がつくる形
ヌクレオチド（nucleotide）　核酸高分子の構成要素

熱可塑性ポリマー (thermoplastic polymer)　融解され，別の形に再形成できるポリマー

熱曲線 (heating curve)　ある物質の相変化を表すグラフ

熱硬化性ポリマー (thermosetting polymer)　熱しても形が変わらない，きわめて硬いポリマー

ネットメータリング (net metering)　家庭のソーラーパネルでつくられた余剰電力を電力会社が買い取る制度

ネットワーク構造 (network solid)　共有結合の連続したネットワークでつくられる物質の構造

熱力学第一法則 (first law of thermodynamics)　エネルギーはつくりだされることも，壊されることもないという科学の法則

燃焼 (combustion)　燃料と酸素源とのあいだの発熱反応

燃焼排ガス脱硫 (flue gas desulfurization)　硫黄を含む物質を除去するために，きれいな火力発電所で用いられる方法

燃費 (fuel economy)　自動車が使用する燃料の量．アメリカでは 1 ガロン当たりの走行マイル数（mpg）で，日本では 1 リットル当たりの走行キロ（km/L）で表示される

燃料電池 (fuel cell)　酸化還元反応を用いて水素と酸素から水とエネルギーをつくる装置

濃度 (concentration)　単位体積に含まれる溶質の量

は

バイオディーゼル (biodiesel)　化石燃料に由来しない燃料

バイオプラスチック (bioplastic)　植物からつくられた高分子

橋架け構造 (cross-links)　大きな分子のなかで，分子が互いに結合している部分

波長 (wavelength)　波の頂点と次の波の頂点との距離

パッシブソーラー (passive solar)　家庭やビルで得られる太陽エネルギーの一形態

発熱的 (exothermic)　熱を放出する

半減期 (half-life)　放射性試料が壊変して元の量の半分になるまでの時間

半導体 (semiconductor)　特定の条件のときだけ電流を通じる物質

半透膜 (semipermeable membrane)　ある種の物質だけに通過を許す薄い，柔軟なシートまたは障壁

反応のエネルギー図 (reaction energy diagram)　化学反応の進行の関数としての系のエネルギーを図示したもの

反応物 (reactant)　化学反応を受ける物質

光 (light)　電磁波の一種．とくに「光」を可視光線と限定して用いることもある

非共有電子対 (unshared electron pair)　孤立電子対を参照

非極性 (nonpolar)　電子が均等に分布している結合の性質

非金属 (nonmetal)　金属性をもたず，電子を受け取りやすい元素．周期表の右側に階段状に位置している

微結晶 (crystallite)　ポリマーのなかの高度の秩序をもつ結晶部分

ビスフェノール A（BPA） (bisphenol A)　一部のプラスチックに含まれる内分泌攪乱物質

ヒドロニウムイオン (hydronium ion)　H_3O^+ イオン．よび方に諸説がある

比熱 (specific heat)　物質 1 g の温度を 1 ℃上昇させるのに必要なエネルギー

pH　水素イオン指数．プロトンのモル濃度の逆数の対数．酸性度，塩基性度の目安

ppm (parts per million)　濃度の単位，百万分の一. 百万分率ともいう

ppb (parts per billion)　濃度の単位，十億分の一. 十億分率ともいう

標準 (standard)　正確に定められた量で，測定値はこの量と比べられる

標準状態（STP） (standard temperature and pressure)　この本では 0 ℃，1 気圧を標準状態とする

微量栄養素 (micronutrient)　ヒトの食事に少量含まれている必要がある物質

富栄養化 (eutrophication)　天然の水から酸素を奪う汚染物質によって起こされた生物の過剰成長

複合炭水化物 (complex carbohydrate)　糖類の長い鎖からできている炭水化物

副生成物 (side product)　化学反応でバランスのとれた反応式には現れていない生成物

腐食 (corrosion)　環境にさらされた金属が徐々に劣化する化学反応

物質 (matter)　質量をもち，空間を占めるすべてのもの

沸点 (boiling point)　液相から気相への相変化が起こる温度

物理変化 (physical change)　物質の特性を変化させない変化

プラスチック (plastic)　成形可能な有機高分子

フラーレン (fullerene)　炭素の同素体．炭素原子 60 個を含む球形構造をもつ．バッキーボール（buckyball）ともいう

プロトン (proton)　原子内にある，正電荷を帯びた粒子．H^+ に相当

分子 (molecule)　共有結合で束ねられた原子のグループ

分子間力 (intermolecular force)　分子のあいだの求引力

分子構造 (molecular structure)　線が結合を，元素記号が原子を表す分子の表現法

分留 (fractionation)　混合している分子をその大きさや性質に基づいた分離

平均自由行程 (mean free path)　気体分子が衝突のあいだに移動する平均距離

平衡 (equilibrium)　系に正味の変化はなく，反応が正負両方向に同じ速度で進む状態

β壊変 (beta decay)　放射性壊変の一種．β粒子（電子）が放出される

ヘテロ原子 (heteroatom)　有機化合物のなかで，炭素あるいは水素以外のすべての原子

ペプチド結合 (peptide bond)　2 分子のアミノ酸がつくる結合

変換係数 (conversion factor)　異なる単位で表された等しい量を関係づける分数．単位の間の変換に用いられる

変数 (variable)　変更できる条件

ボイルの法則 (Boyle's law)　気体の体積と圧力は反比例するという気体の法則

放射 (radiation)　エネルギーの放出

放射性壊変 (radioactive decay)　ある放射性同位体がエネルギーに富んだ生成物を放出する過程

放射性壊変系列 (radioactive decay series)　最終的に安定同位体に達するまで続く一連の放射化学反応

放射性トレーサー (radioactive tracer)　人体内の異常を視覚化するのに用いられる放射性同位体

放射能 (radioactive)　核反応の際にエネルギーまたは粒子を放出する物質がもつ性質

飽和溶液 (saturated solution)　溶質を限界まで溶かしている溶液

ボディマス指数 (BMI) (body mass index)　ヒトの体重と身長を組み合わせた肥満に関する指標

翻訳 (translation)　RNA 塩基鎖内のコードがアミノ酸配列を規定する過程

ま

水の循環 (water cycle)　環境のなかを循環するあいだに，水がさまざまな場所や貯水場に分配される仕方

密度 (density)　一定の体積に含まれる物質の質量

ミリメートル水銀 (mmHg) (millimeters of mercury)　気圧計の水銀柱の高さを測定する単位

無機 (inorganic)　有機物ではなく，原則として炭素を含まない物質の説明

メタロイド (metalloid)　金属と非金属の中間の性質をもつ元素

メタン (methane)　天然ガスの主成分の簡単な有機化合物．化学式は CH_4

メートル (meter)　この本で用いられる長さの基本量

メートル法 (metric system)　世界のほとんどの国で用いられている科学的測定と単位の統一された系

モデル (model)　自然を理解するのに役立つような現実の表現

モノマー (monomer)　繰返し結合して高分子（ポリマー）をつくる小さい分子．単量体

モル (mole)　物質の量の単位．6.02×10^{23} 個の粒子の集団を 1 mol と定義する

モル質量 (molar mass)　純物質 1 mol の質量

モル体積 (molar volume)　気体 1 mol が標準状態で占める体積：22.4 L

や・ら・わ

有機 (organic)　炭素骨格を含む物質の説明

融点 (melting point)　固体から液体へと相転移する温度

ゆりかごからゆりかごまで (cradle-to-cradle Describes)　ある物質からつくられた製品の寿命が尽きたとき，その物質が異なる製品となって再利用されること

溶解 (dissolve)　液体に溶けて溶液の一部になること

溶解度 (solubility)　ある物質が他の液体に溶ける度合い

溶質 (solute)　溶媒に溶けている物質

溶媒 (solvent)　一つあるいはそれ以上の溶質が溶ける物質

ライフサイクルアセスメント (LCA) (life-cycle assessment)　ある製品をつくり，それを廃棄するまでに要した全エネルギーと全物質の評価

ラドン (radon)　放射性の貴ガス元素

リサイクル可能の (recyclable)　再利用可能な材料が含まれているもの（たとえば，新たなプラスチック製品に溶融し，再成形することができる熱可塑性ポリマー）

リットル (liter)　この本で用いられる体積を表す基本量の名称

リボ核酸 (RNA) (ribonucleic acid)　糖類のリボースを含む核酸の一種

理論 (theory)　科学実験で集積されたデータの詳細な説明

臨界質量 (critical mass)　核分裂可能な物質が連鎖反応を維持できる最少量

ルイス点電子式 (Lewis dot diagram)　原子，イオン，あるいは分子のもつ価電子を「点」で表す表記法

励起状態 (excited state)　基底状態よりも高エネルギーにある電子の状態

レドックス反応 (redox reaction)　酸化反応と還元反応の組合せ

レム (rem)　放射線の被曝を示す単位．100 レム ＝ 1 シーベルト (Sv)

連鎖反応 (chain reaction)　核分裂反応で多くの反応を開始させることにより反応を増幅させる反応

ワット (watt)　毎秒，移動されるジュール単位のエネルギー

索 引

■ま

■や・ら・わ

◈ **訳者略歴** ◈

竹内　敬人(たけうち　よしと)
1934年　東京都生まれ
1960年　東京大学教養学部教養学科卒業
1962年　東京大学大学院化学系研究科修士課程修了
1970年　東京大学教養学部助教授
1984年　東京大学教養学部教授
1995年　神奈川大学教授
この間，放送大学客員教授(1992〜2000)，国際教養大学客員教授(2005〜2009)を歴任
2024年　逝去
現　在　元東京大学名誉教授，元神奈川大学名誉教授
理学博士
専　門　有機合成化学，物理有機化学，化学教育

● 本書で学習する際に役立つおもな著書
『基本化学』，廣川書店(1976)
『化学の基礎(化学入門コース1)』，岩波書店(1996)
『ビジュアルエイド化学入門』，講談社サイエンティフィク(2008)
『人物で語る化学入門』，岩波新書(2010)
『ベーシック化学』，化学同人(2015)

● 本書で学習する際に役立つおもな翻訳書
『物理化学　生命科学へのアプローチ』，アンドリウス著，共訳，廣川書店(1972)
『化学の歴史』，アイザック・アシモフ著，玉虫文一との共訳，ちくま学芸文庫(2010)
『ロウソクの科学』，ファラデー著，岩波文庫(2010)

この他にも多数の著書，翻訳書を手がけた．

本書の感想を
お寄せください

教養としての化学入門(第2版)——未来の環境・食・エネルギーを考えるために

2016年8月20日　第1版　第1刷　発行
2022年3月30日　第2版　第1刷　発行
2025年2月10日　　　　　第4刷　発行

検印廃止

訳　　者　竹内敬人
発 行 者　曽根良介
発 行 所　(株)化学同人

〒600-8074　京都市下京区仏光寺通柳馬場西入ル
編 集 部　TEL 075-352-3711　FAX 075-352-0371
企画販売部　TEL 075-352-3373　FAX 075-351-8301
振替　01010-7-5702
e-mail　webmaster@kagakudojin.co.jp
URL　http://www.kagakudojin.co.jp
印刷・製本　シナノパブリッシングプレス

ISBN978-4-7598-2078-2